Rheinland-Pfalz

Bigalke | Köhler
Mathematik

Gymnasiale Oberstufe

Grenzwerte, Differentialrechnung, Integralrechnung, Exponentialfunktionen

Grundfach **Band 1**

Herausgegeben von
Dr. Anton Bigalke   Dr. Norbert Köhler

Erarbeitet von
Dr. Anton Bigalke
Dr. Norbert Köhler
Dr. Gabriele Ledworuski
Dr. Horst Kuschnerow
Dr. Jürgen Wolff

unter Mitarbeit der Verlagsredaktion
und Beratung von
Hellen Ossmann, Bingen

Cornelsen

Bigalke | Köhler
Mathematik

Redaktion: Dr. Jürgen Wolff
Layout: Klein und Halm Grafikdesign, Berlin
Bildrecherche: Dieter Ruhmke

Grafik: Dr. Anton Bigalke, Waldmichelbach; Dr. Jürgen Wolff, Wildau (77-2, 232-1)
Illustration: Detlev Schüler †, Berlin; Gudrun Lenz, Berlin (18-1, 22-1, 25-4, 38-1, 38-2, 40-1, 49-2, 51-2, 51-4, 88-1)
Umschlaggestaltung: Klein und Halm Grafikdesign, Hans Herschelmann, Berlin
Technische Umsetzung: CMS – Cross Media Solutions GmbH, Würzburg

www.cornelsen.de

Die Webseiten Dritter, deren Internetadressen in diesem Lehrwerk angegeben sind, wurden vor Drucklegung sorgfältig geprüft. Der Verlag übernimmt keine Gewähr für die Aktualität und den Inhalt dieser Seiten oder solcher, die mit ihnen verlinkt sind.

1. Auflage, 4. Druck 2020

Alle Drucke dieser Auflage sind inhaltlich unverändert
und können im Unterricht nebeneinander verwendet werden.

© 2016 Cornelsen Schulverlag GmbH, Berlin
© 2017 Cornelsen Verlag GmbH, Berlin

Das Werk und seine Teile sind urheberrechtlich geschützt.
Jede Nutzung in anderen als den gesetzlich zugelassenen Fällen bedarf der vorherigen schriftlichen Einwilligung des Verlages.
Hinweis zu §§ 60a, 60b UrhG: Weder das Werk noch seine Teile dürfen ohne eine solche Einwilligung an Schulen oder in Unterrichts- und Lehrmedien (§ 60b Abs. 3 UrhG) vervielfältigt, insbesondere kopiert oder eingescannt, verbreitet oder in ein Netzwerk eingestellt oder sonst öffentlich zugänglich gemacht oder wiedergegeben werden.
Dies gilt auch für Intranets von Schulen.

Druck: Mohn Media Mohndruck, Gütersloh

ISBN 978-3-06-004840-3

PEFC zertifiziert
Dieses Produkt stammt aus nachhaltig bewirtschafteten Wäldern und kontrollierten Quellen.
www.pefc.de

Inhalt

☐ Wiederholung
■ Basis
◪ Basis/Erweiterung
☐ Vertiefung

Vorwort 4

I. Grundlagen
☐ 1. Reelle Funktionen 10
☐ 2. Lineare Funktionen 14
☐ 3. Quadratische Funktionen 27
☐ 4. Potenzfunktionen 42
■ 5. Ganzrationale Funktionen ... 51

II. Grenzwerte
■ 1. Folgen 66
■ 2. Der Grenzwert einer Zahlenfolge 75
◪ 3. Grenzwerte von Funktionen... 83

III. Einführung des Ableitungsbegriffs
■ 1. Die mittlere Steigung einer Funktion 96
■ 2. Die lokale Steigung einer Funktion 104
■ 3. Die Ableitungsfunktion 114
■ 4. Elementare Ableitungsregeln.. 118
◪ 5. Erste Anwendungen der Ableitung 127

IV. Eigenschaften von Funktionen
■ 1. Steigung und erste Ableitung.. 146
■ 2. Ableitungsregeln und höhere Ableitungen 149
■ 3. Krümmung und zweite Ableitung 151
■ 4. Extrempunkte............... 154
■ 5. Wendepunkte 160
◪ 6. Funktionsuntersuchungen 165
◪ 7. Einfache Kurvenscharen 176

V. Anwendungen der Differentialrechnung
◪ 1. Kurvenuntersuchungen bei realen Prozessen......... 188
◪ 2. Bestimmung von Funktionsgleichungen 196
◪ 3. Extremalprobleme 206

VI. Grundlagen der Integralrechnung
■ 1. Stammfunktion und unbestimmtes Integral 226
■ 2. Das bestimmte Integral 231

VII. Anwendungen der Integralrechnung
◪ 1. Flächenberechnungen 244
◪ 2. Volumenberechnungen....... 263
◪ 3. Rekonstruktion von Beständen................. 272
☐ 4. Exkurs: Uneigentliche Integrale 283

VIII. Exponentialfunktionen
☐ 1. Grundlagen / Wiederholungen zu exponentiellem Wachstum 290
■ 2. Die natürliche Exponentialfunktion $f(x) = e^x$. 295
◪ 3. Die Produktregel 300
☐ 4. Exkurs: Die Kettenregel...... 303
◪ 5. Funktionsuntersuchungen 308
◪ 6. Wachstums- und Zerfallsprozesse............. 316
☐ 7. Exkurs: Modellierungen mit Exponentialfunktionen....... 329

Testlösungen 339
Stichwortverzeichnis........... 348
Bildnachweis 352

Vorwort

Lehrplan
In diesem Buch wird der Lehrplan Mathematik für das Grundfach in der gymnasialen Oberstufe (Mainzer Studienstufe) konsequent umgesetzt und eine intensive Vorbereitung der Schülerinnen und Schüler auf das Abitur gewährleistet.

Der modulare Aufbau des Buches und der einzelnen Kapitel ermöglichen dem Lehrer individuelle Schwerpunktsetzungen. Die Lernenden können sich aufgrund des beispielbezogenen und selbsterklärenden Konzeptes problemlos orientieren und zielgerichtet vorbereiten.

Druckformat
Das Buch besitzt ein weitgehend zweispaltiges Druckformat, was die Übersichtlichkeit deutlich erhöht und die Lesbarkeit erleichtert.
Lehrtexte und Lösungsstrukturen sind auf der linken Seitenhälfte angeordnet, während Beweisdetails, Rechnungen und Skizzen in der Regel rechts platziert sind.

Beispiele
Wichtige Methoden und Begriffe werden auf der Basis anwendungsnaher, vollständig durchgerechneter Beispiele eingeführt, die das Verständnis des klar strukturierten Lehrtextes instruktiv unterstützen. Diese Beispiele können auf vielfältige Weise als Grundlage des Unterrichtsgesprächs eingesetzt werden. Im Folgenden werden einige Möglichkeiten skizziert:

- Die Aufgabenstellung eines Beispiels wird problemorientiert vorgetragen. Die Lösung wird im Unterrichtsgespräch, in Partner- oder in Stillarbeit entwickelt, wobei die Schülerbücher geschlossen bleiben. Im Anschluss kann die erarbeitete Lösung mit der im Buch dargestellten Lösung verglichen werden.

- Die Schülerinnen und Schüler lesen ein Beispiel und die zugehörige Musterlösung. Anschließend bearbeiten sie eine an das Beispiel anschließende Übung in Einzel- oder Partnerarbeit. Diese Vorgehensweise ist auch für Hausaufgaben gut geeignet.

- Ein Schüler wird beauftragt, ein Beispiel zu Hause durchzuarbeiten und als Kurzreferat zur Einführung eines neuen Begriffs oder Rechenverfahrens im Unterricht vorzutragen.

Übungen
Im Anschluss an die durchgerechneten Beispiele werden exakt passende Übungen angeboten.

- Diese Übungsaufgaben können mit Vorrang in Stillarbeitsphasen eingesetzt werden. Dabei können die Lernenden sich am vorangegangenen Unterrichtsgespräch orientieren.

- Eine weitere Möglichkeit: Die Lernenden erhalten den Auftrag, eine Übung zu lösen, wobei sie mit dem Lehrbuch arbeiten sollen, indem sie sich am Lehrtext oder an den Musterlösungen der Beispiele orientieren, die vor der Übung angeordnet sind.

- Weitere Übungsaufgaben auf zusammenfassenden Übungsseiten finden sich am Ende der meisten Abschnitte. Sie sind für Hausaufgaben, Wiederholungen und Vertiefungen geeignet.

- Zahlreiche Übungen besitzen Anwendungsbezügen und erfordern Modellierungen. Man beachte, dass die Behandlung von Anwendungsaufgaben zeitaufwendig ist.

Vorwort

Überblick, Test und mathematische Streifzüge
An jedem Kapitelende sind in einem Überblick die wichtigsten mathematischen Regeln, Formeln und Verfahren des Kapitels in knapper Form zusammengefasst.
Auf der letzten Kapitelseite findet man einen Test, der Aufgaben zum Standardstoff des Kapitels beinhaltet. So kann der Lernerfolg überprüft oder vertieft werden. Der Test kann auch zur Selbstkontrolle verwendet werden. Die Lösungen findet man im Buch ab Seite 339.
Jedes Kapitel enthält mindestens einen „Mathematischen Streifzug", der besonders interessierten Schülerinnen und Schülern Vertiefungsmöglichkeiten bietet.

Gesamtkonzeption
Die beiden Grundfachbände sind so angelegt, dass die Ziele und Inhalte des Lehrplans abgedeckt werden. Dabei sollen die Lernenden die drei klassischen Tragpfeiler der Mathematik, die Analysis, die Lineare Algebra/Analytische Geometrie und die Stochastik in der für die Mathematik typischen klaren Fachsystematik kennenlernen.
Der vorliegende Band 1 beinhaltet nach einer Wiederholung von Grundlagen die Themenfelder Grenzwerte, Differentialrechnung, Integralrechung und Exponentialfunktionen.
Im Band 2 werden die Themenfelder Lineare Gleichungssysteme, Vektoren, Matrizen, Geraden und Ebenen im Raum und Stochastik behandelt.

Im Folgenden werden Hinweise für die einzelnen Kapitel gegeben.

I. Grundlagen
Die ersten vier Abschnitte des Kapitels dienen der Wiederholung und Anpassung. Der Lehrer muss unter Berücksichtigung der Vorkenntnisse entscheiden, welche Teile wiederholt oder vertieft werden. Ausgehend vom Funktionsbegriff werden zunächst wichtige Eigenschaften linearer Funktionen und Techniken zu ihrer Untersuchung wiederholt (Geradengleichungen, relative Lage von Geraden, Schnittpunkt und Schnittwinkel). Im Bereich der quadratischen Funktionen stehen die Verschiebungen und Streckungen der Normalparabel, die Scheitelpunktsform sowie die Berechnung der Nullstellen im Zentrum. Die Wiederholung schließt mit einem Abschnitt zu Potenzfunktionen mit ganzzahligen Exponenten sowie einfachen Wurzelfunktionen.
Im fünften Abschnitt wird mit den ganzrationalen Funktionen die Funktionenklasse eingeführt, für die zunächst die Infinitesimalrechnung entwickelt wird. Dabei soll ein Verständnis für den Funktionsverlauf herausgebildet und es sollen wichtige Konzepte wie Symmetrie, Nullstellen, Steigungsverhalten, Hoch- und Tiefpunkte auf elementarer Ebene kennengelernt werden.

II. Grenzwerte
In den ersten beiden Abschnitten über Folgen werden zunächst der Begriff der Zahlenfolge, explizite und rekursive Bildungsgesetze, arithmetische und geometrische Folgen und die Zinseszinsformel behandelt. Anschließend wird der Folgengrenzwert thematisiert. Als Grenzwert einer Zahlenfolge wird anschaulich diejenige Zahl g charakterisiert, bei der jeder beliebig schmale $(g - r; g + r)$-Streifen stets unendlich viele Folgenglieder enthält und außerhalb des Streifens immer nur endlich viele Folgenglieder liegen. Den Abschluss bilden die Grenzwertsätze.
Im dritten Abschnitt wird der Grenzwertbegriff für Funktionen weitgehend propädeutisch mit Hilfe von Testeinsetzungen und Wertetabellen eingeführt. Dabei werden die Fälle $x \to \pm\infty$ und $x \to x_0$ betrachtet. Die exakte Berechnung mittels Termumformung bzw. h-Methode wird anschließend behandelt. Alternativ ist es möglich, den dritten Abschnitt hier ganz auszulassen und Funktionsgrenzwerte bei der Einführung des Begriffs der lokalen Steigung zu erörtern.

III. Einführung des Ableitungsbegriffs

Im ersten Abschnitt werden mittlere Steigung und mittlere Geschwindigkeit behandelt, wobei Anwendungsaspekte betont werden. Hier sollte man sich auf nur wenige typische Beispiele beschränken. Man kann diesen Abschnitt auch ohne Probleme auslassen und direkt mit dem zweiten Abschnitt über die lokale Steigung einer Funktion beginnen, denn mittlere Steigungen und mittlere Änderungsraten können später im Rahmen der Differentialrechnung exemplarisch bei Einzelproblemen eingeführt werden.

Der zweite Abschnitt enthält den klassischen geometrischen Zugang zur Differentialrechnung über die lokalen Steigung als Grenzwert von Sekantensteigungen (von der Sekante zur Tangente). Dieser Abschnitt und die folgenden Abschnitte 3 (Ableitungsfunktion) und 4 (Ableitungsregeln) enthalten zentrale Gedanken, Ideen und Techniken, die gut durchdrungen werden sollten, da sie das theoretische Gebäude der Analysis bilden. Hier sind auch die Beweise der Ableitungsregeln mittels h-Methode enthalten, aber auch graphisches Differenzieren zur Erhöhung der Anschaulichkeit. In diesen Abschnitten sollte man strikt auf die Genauigkeit der Fachsprache und die Sorgfalt beim Üben achten. Das dürfte sich später auszahlen.

Man könnte nun direkt zur Untersuchung von Funktionen mit Hilfe der Differentialrechnung übergehen. Allerdings würde dann dem bis zu dieser Stelle recht theoretisch geprägtem Ablauf eine weitere Theoriephase folgen. Daher erscheint es didaktisch günstiger, in Abschnitt 5 einen pragmatischen Vorgriff auf erste praktischen Anwendungen des Ableitungsbegriffs vorzunehmen. Hier werden in knapper Form – jeweils auf einer Seite – Steigungsproblem, Steigungswinkelproblem, Extremalproblem, Tangentenproblem, Schnittwinkelproblem und Berührproblem angesprochen. Dies verbessert die Motivation, da exemplarisch gezeigt wird, wozu die Ableitungstheorie gut ist. Außerdem können ähnliche Probleme nun schlagwortartig angesprochen und eingeordnet werden, was die Orientierung erleichtert.

IV. Eigenschaften von Funktionen

Das Kapitel enthält in den ersten fünf Abschnitten die klassischen Zusammenhänge zwischen Monotonie und Ableitung sowie zwischen Krümmung und zweiter Ableitung, das Monotoniekriterium, das Krümmungskriterium und die notwendigen und hinreichenden Kriterien für Extrema und Wendepunkte. Das ist absolutes Pflichtprogramm und praktische Arbeitsbasis für den gesamten Kursverlauf.

Im sechsten Abschnitt werden Untersuchungen ganzrationaler Funktionen durchgeführt. Praktisch untersucht werden Nullstellen, Extrema, Wendepunkte und Winkel. Ein Exkurs über Tangenten und Normalen bietet Vertiefungsmöglichkeiten. Im siebten Abschnitt werden einfache Kurvenscharen behandelt. Alle Abschnitte beinhalten bereits einige Anwendungsprobleme, aus denen man das Passende auswählen kann.

V. Anwendungen der Differentialrechnung

Das Kapitel beginnt mit einem Abschnitt über Kurvenuntersuchungen bei realen Prozessen, wo besonders anwendungsbezogen modelliert wird und verstärkt Änderungsraten einbezogen werden. Dieser Abschnitt kann bei Zeitmangel ausgelassen werden.

Der wichtige zweite Abschnitt über die Bestimmung von Funktionsgleichungen sowie Modellierungen gehört zum klassischen Repertoire. Hier gilt es, aus der Fülle des Angebots einen zeitrealistischen Kurs zu dieser Thematik zusammenzustellen.

Der dritte Abschnitt über Extremalprobleme ist ebenso wichtig, anwendungsbezogen und interessant wie der vorstehende, Auch hier sollte man sich durch Auswahl einiger weniger Problemstellungen einen individuell passenden Kurs zusammenstellen.

Vorwort

VI. Grundlagen der Integralrechnung

Als einführendes Beispiel zur Integralrechnung kann der mathematische Streifzug über die Rekonstruktion einer Funktion aus ihren Änderungsraten, der auf den Begriff der Stammfunktion führt, verwendet werden. Es ist aber auch möglich, in Umkehrung der Differentialrechnung direkt mit dem Begriff der Stammfunktion zu starten und dann das bestimmte Integral zu behandeln. Bestandsrekonstruktionen erfolgen später ausführlich am Ende von Kapitel VII zu den Anwendungen der Integralrechnung, wenn die Lernenden mit den Grundlagen der Integralrechnung vertraut sind.

Die Begriffserklärungen für Stammfunktion und unbestimmtes Integral im ersten Abschnitt können zügig erledigt werden, ebenso die Behandlung der Rechenregeln für unbestimmte Integrale als Umkehrungen der entsprechenden Rechenregeln der Differentialrechnung. Wichtig ist eine intensive Übung zur Berechnung unbestimmter Integrale. Die Methode des Stammfunktionsnachweises durch Differentiation sollte behandelt werden, da diese in Anwendungsaufgaben und beim mündlichen Abitur zur Vereinfachung verwendet wird.

Im zweiten Abschnitt wird der Begriff des bestimmten Integrals als Grenzwert von Streifensummen eingeführt. Zunächst bieten nur Streifensummen die Möglichkeit, Näherungen für bestimmte Integrale numerisch – beispielsweise mit Hilfe von Tabellenkalkulationen – zu berechnen. Anwendbar sind auch Taschenrechner, die die Möglichkeit der Berechnung von Summen mit größerer Anzahl von Summanden gestatten. Erst der Hauptsatz der Differential- und Integralrechnung bildet die Brücke, bestimmte Integrale auch exakt als Differenz von Stammfunktionswerten zu berechnen. Nun ist es sehr einfach, bestimmte Integrale von positiven und negativen Funktionen sowie von Funktionen mit wechselndem Vorzeichen zu berechnen und als vorzeichenbehafteten Flächeninhalt bzw. als Flächenbilanz zu deuten. Der Abschnitt schließt mit Rechenregeln für bestimmte Integrale und deren Anwendung bei formalen Übungen. Ein weiterer mathematischer Streifzug über die Streifenmethode des Archimedes geht auf die Begriffe Unter- und Obersumme ein und beschließt die Grundlagen der Integralrechnung.

VII. Anwendungen der Integralrechnung

In diesem Kapitel geht es um die praktischen Anwendungen der Integralrechnung. Dabei liegt der Schwerpunkt auf den Flächenberechnungen (erster Abschnitt). Zunächst werden die Inhalte von Flächen unter Kurven berechnet. Dabei steigert sich der Schwierigkeitsgrad allmählich. Es folgen Aufgaben mit Parametern, Aufgaben zur Bestimmung von Funktionsgleichungen und Modellierungsaufgaben, wobei vor allem letztere angesprochen werden sollten. Anschließend werden Flächen zwischen Funktionsgraphen betrachtet, wobei meistens nur zwei begrenzende Funktionen im Spiel sind. Man sollte schnell mit der Differenzfunktion arbeiten und Modellierungsaufgaben frühzeitig einbeziehen.

Im zweiten Abschnitt wird die Berechnung des Volumens von Rotationskörpern behandelt, die im Grundfachlehrplan nur am Rande erwähnt wird. Sie stellt aber eine interessante und motivierende Anwendung der Integralrechnung dar. Die Volumenformel für Rotationskörper ist unmittelbar einsichtig. Die exakte Herleitung elementarer Volumenformeln, die die Schülerinnen und Schüler bereits aus der Sekundarstufe 1 kennen, beschließt diesen Abschnitt. Die Begründung des Prinzips des Cavaleri erfolgt in einem mathematischen Streifzug.

Im dritten Abschnitt werden Bestandsrekonstruktionen aus Änderungsraten behandelt. Dabei werden sowohl Bestandsfunktionen als auch Bestandsänderungen bestimmt. Man kann sich auf eine Auswahl aus den zahlreichen Anwendungsproblemen beschränken. Das Kapitel schließt mit einem Exkurs über uneigentliche Integrale, wobei sowohl der Fall eines unbeschränkten Integrationsintervalls als auch der Fall einer unbeschränkten Funktion betrachtet werden.

VIII.   Exponentialfunktionen

Der erste Abschnitt stellt eine kurze Wiederholung von Kenntnissen aus der Sekundarstufe 1 zum Thema Exponentialfunktionen anhand einfacher Wachstums- und Zerfallsprozesse dar. Eine systematische Behandlung ist nicht erforderlich.

Im zweiten Abschnitt wird die Euler'sche Zahl e eingeführt als Basis derjenigen Exponentialfunktion, die mit ihrer Ableitungsfunktion identisch ist. Anschließend wird die natürliche Exponentialfunktion $f(x) = e^x$ entwickelt und die natürliche Logarithmusfunktion $g(x) = \ln x$ als Umkehrfunktion der natürlichen Exponentialfunktion eingeführt und damit der logarithmus naturalis angesprochen, den man zum Lösen einfacher Exponentialgleichungen benötigt.

Im dritten und vierten Abschnitt werden Produkt- und Kettenregel eingeführt. Die Produktregel wird als fachliche Kompetenz unter der Leitidee „Funktionaler Zusammenhang" in den Bildungsstandards gefordert, für die Kettenregel gilt dies nicht. Der Abschnitt über die Kettenregel ist deshalb als Exkurs ausgewiesen; man sollte aber wenigstens die Kettenregel mit linearer innerer Funktion behandeln, denn der Lehrplan fordert, dass die Schülerinnen und Schüler die Ableitung von Funktionen der Form $f(x) = a \cdot e^{kx}$ kennen und anwenden.

Mit Kenntnis der Produktregel und der Kettenregel mit linearer innerer Funktion können Funktionstypen bearbeiten werden, deren Funktionsterme sich aus Polynomen und Exponentialtermen durch Produktbildung und Verkettung zusammensetzen lassen, wie beispielsweise die Funktion zu $f(x) = (x^2 - 2x) \cdot e^{-0,5x}$. Man ist dann freier in der Auswahl der zu untersuchenden Probleme und Funktionen.

Im fünften Abschnitt erfolgt die Anwendung der Kenntnisse aus den ersten vier Abschnitten bei Funktionsuntersuchungen, bei der Lösung von Extremalproblemen und bei Flächenberechnungen, wobei die erforderlichen Integrationsregeln als Umkehrungen der entsprechenden Differentiationsregeln für Exponentialfunktionen gewonnen werden.

Im sechsten Abschnitt werden die Modelle des unbegrenzten und des begrenzten Wachstums und Zerfalls vorgestellt und anhand von Anwendungsaufgaben behandelt.

Das Kapitel schließt mit einem Exkurs zur Modellierung mit Exponentialfunktionen.

I. Grundlagen

1. Reelle Funktionen

A. Der Funktionsbegriff

Die beiden folgenden Beispiele bereiten die exakte Definition des Begriffs der *Funktion* vor.

▶ **Beispiel: Zensurenspiegel**
Die Tabelle zeigt das Resultat einer Klassenarbeit als Zensurenspiegel. Jeder Zensur ist eine Anzahl zugeordnet.

Zensur	1	2	3	4	5	6
Anzahl	1	7	9	3	2	2

Die Abbildung zeigt das Pfeildiagramm dieser Zuordnung.

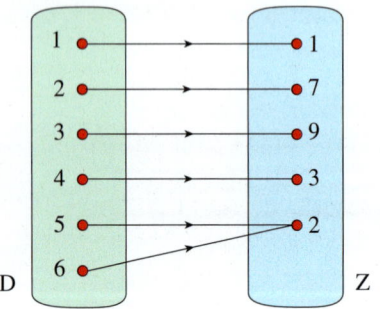

Jeder Zahl aus der Menge D ist genau eine Zahl aus der Menge Z zugeordnet.

Eine solche eindeutige Zuordnung nennt
▶ man eine *Funktion*.

Erlaubte Situationen	
$x_1 \to y_1$ $x_2 \to y_2$	$x_1 \to y$ $x_2 \to y$

▶ **Beispiel: Teilerzahl**
Jeder Zahl aus der Menge {2; 15; 23} werden ihre von 1 verschiedenen positiven Teiler zugeordnet.

Zahl	2	15	23
Teiler	2	3 ; 5 ; 15	23

Auch diese Zuordnung lässt sich in einem Pfeildiagramm anschaulich darstellen.

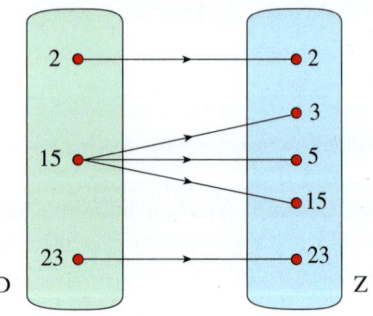

Es gibt eine Zahl aus der Menge D, der mehrere Zahlen aus der Menge Z zugeordnet sind.
Die Zuordnung ist nicht eindeutig. Sie ist
▶ keine Funktion.

Verbotene Situation
$x \nearrow y_1$ $\searrow y_2$

Übung 1
Prüfen Sie, ob die gegebene Zuordnung eine Funktion ist.
a) Es sei D = {2; 4; 6; 7; 10; 12}. Jedem $x \in D$ werden die geraden Zahlen aus {x − 1; x; x + 1} zugeordnet.
b) Es sei D = $\mathbb{N}$. Jedem $x \in D$ werden diejenigen der drei auf x folgenden Zahlen zugeordnet, die durch 3 teilbar sind.

Die Abbildung rechts dient zur Veranschaulichung der Begriffe, die wir nun noch einführen.

Definition I.1: Eine Zuordnung f, die jedem x einer Menge D (Definitionsmenge) genau ein Element f(x) einer Menge Z (Zielmenge) zuordnet, heißt *Funktion*.

Jeder Zahl $x \in \{1; 2; 3\}$ wird die Zahl $2x$ zugeordnet.

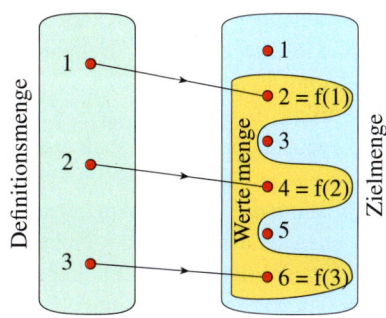

f(x) heißt *Funktionswert* von x. Die Menge aller Funktionswerte heißt *Wertemenge* der Funktion. Die Wertemenge ist eine Teilmenge der Zielmenge.
Eine Funktion, deren Definitionsmenge und deren Wertemenge Teilmengen von $\mathbb{R}$ sind, heißt *reelle Funktion*.

Im Folgenden werden nur reelle Funktionen betrachtet. Auf die Angabe der Definitionsmenge wird meistens verzichtet, insbesondere wenn $D = \mathbb{R}$ ist.

B. Zuordnungsvorschrift und Funktionsgraph

Jede Funktion besitzt eine *Zuordnungsvorschrift*. Gemeint ist damit das Gesetz, mit dem man zu jedem x-Wert den zugehörigen Funktionswert finden kann.

Zuordnungsvorschrift:
Jeder Zahl $x \in \mathbb{R}$ wird die Zahl $0{,}5x$ zugeordnet.

Häufig ist die Darstellung des Gesetzes mit Hilfe einer *Funktionsgleichung* möglich, z. B. $f(x) = 0{,}5x$, $x \in \mathbb{R}$.

Funktionsgleichung:
$f(x) = 0{,}5x$, $x \in \mathbb{R}$

Neben der Darstellung durch eine Funktionsgleichung benutzt man gelegentlich die *Pfeilschreibweise* $f: x \mapsto 0{,}5x$, $x \in \mathbb{R}$.

Pfeilschreibweise:
$f: x \to 0{,}5x$, $x \in \mathbb{R}$

Man kann die Funktion in einer *Wertetabelle* darstellen. Zu einigen x-Werten bestimmt man dann die zugehörigen y-Werte.

Wertetabelle:

x	−1	0	1	2	3	5	10
f(x)	−0,5	0	0,5	1	1,5	2,5	5

Man kann eine Funktion f auch als Punktmenge in einem kartesischen Koordinatensystem darstellen. Erfasst werden alle *Zahlenpaare* (x|y), die aus einem x-Wert sowie dem zugehörigen Funktionswert $y = f(x)$ bestehen. So entsteht der *Graph der Funktion*.
Am Graphen kann man oft schon Eigenschaften der Funktion erkennen.
Symbol für den Graphen: f oder G_f.

Funktionsgraph:

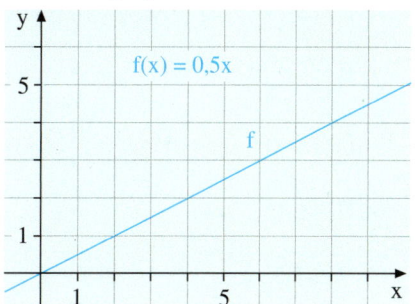

Übungen

2. Funktionsgleichungen
Geben Sie jeweils die Gleichung der Funktion f an sowie die Definitions- und Wertemenge.
a) f ordnet der Seitenlänge x eines Quadrates seinen Flächeninhalt zu.
b) Ein Rechteck hat den Flächeninhalt 10. Seine Länge sei die Zahl x. f ordnet der Länge des Rechtecks seine Breite zu.
c) f ordnet dem Radius r eines Kreises seinen Umfang zu.
d) f ordnet dem Flächeninhalt eines Kreises seinen Radius zu.

3. Definitionsmenge und Wertemenge
Gegeben sei die Funktion f. Geben Sie die größtmögliche Definitionsmenge D sowie die zugehörige Wertemenge W an. Legen Sie außerdem eine Wertetabelle an und zeichnen Sie den Graphen von f in einem sinnvollen Bereich.
a) $f(x) = 2x - 4$
b) $f(x) = x^2 - 2x$
c) $f(x) = \frac{1}{x}$
d) $f(x) = \sqrt{x}$
e) $f(x) = \frac{1}{x-2}$
f) $f(x) = \frac{1}{x^2}$
g) $f(x) = \sqrt{\frac{1}{2}x - 2}$
h) $f(x) = |x|$

4. Gebirgszug
Abgebildet ist die Profilkurve f eines Gebirges.
a) Wie lang ist das gesamte Gebirge?
b) Wie viele Höhenmeter sind beim Aufstieg von der westlichen Ebene auf Gipfel A zu überwinden?
c) Welche Höhendifferenz weisen die beiden Gipfel A und B auf? Wie groß ist ihre direkte Entfernung (Luftlinie)?

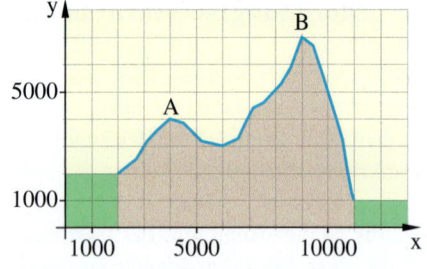

d) Wie lautet die Wertemenge von f, wenn das Intervall [2000; 11 000] die Definitionsmenge ist?
e) Wie groß ist die mittlere Steigung in Prozent beim Aufstieg von A auf den Gipfel B?

5. Gleichung und Graph
Entscheiden Sie argumentativ, welche Gleichung zu welchem Graphen gehört. Ein Kästchen entspricht einer Einheit. Kontrollieren Sie ihr Ergebnis durch Zeichnen mit dem TR/Computer:

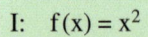 I: $f(x) = x^2$

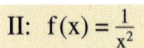 II: $f(x) = \frac{1}{x^2}$

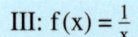 III: $f(x) = \frac{1}{x}$

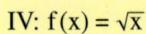 IV: $f(x) = \sqrt{x}$

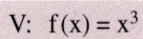 V: $f(x) = x^3$

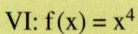 VI: $f(x) = x^4$

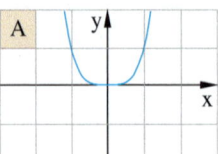 A

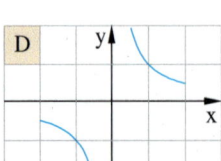 D

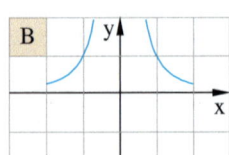 B

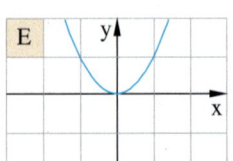 E

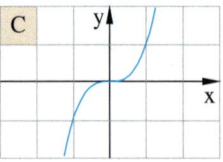 C

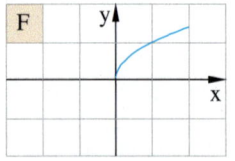 F

6. Der Linientest

Mit dem *Linientest* kann man feststellen, ob ein Graph eindeutig ist und daher eine Funktion darstellt.

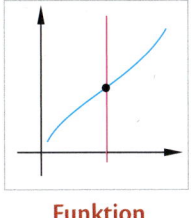
Funktion

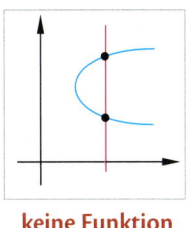
keine Funktion

> Schneidet jede senkrechte Linie den Graphen stets maximal einmal, so liegt eine Funktion vor, sonst nicht.

Prüfen Sie mit dem Linientest, ob die folgenden Graphen Funktionen darstellen.

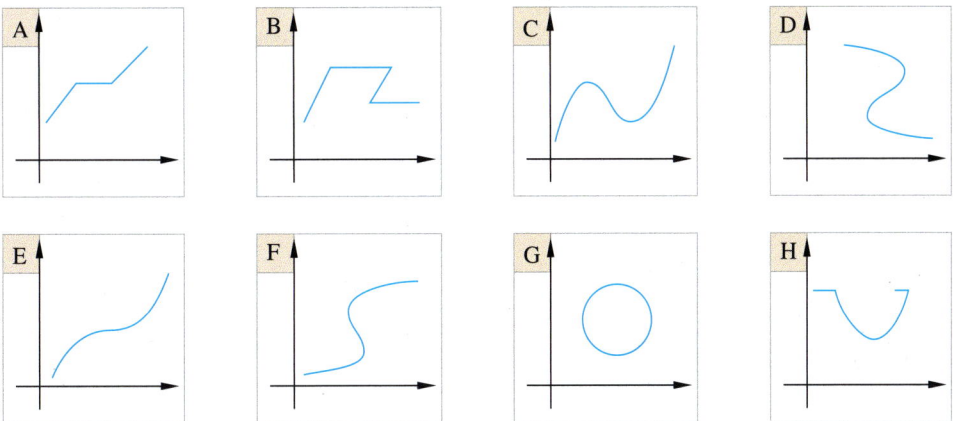

7. Der Fahrtenschreiber

Mit dem Fahrtenschreiber wurde die Geschwindigkeit eines Schwertransporters in Abhängigkeit von der Zeit aufgezeichnet. Die Fahrt soll nun ausgewertet werden.

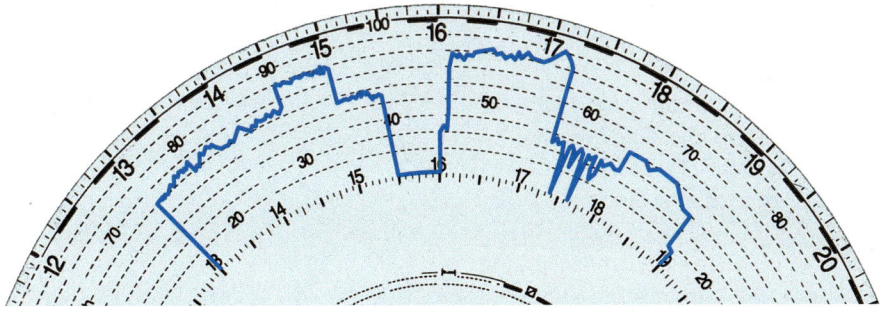

a) Wann begann die Fahrt? Wie lange dauerte sie insgesamt? Welche Höchstgeschwindigkeit wurde erreicht? Wie lang war die Pause, die der Fahrer einlegte?

b) In welchem Zeitraum durchquerte das Fahrzeug eine Großstadt? Wurde dabei die zulässige Höchstgeschwindigkeit von 50 km/h überschritten?

c) Bestimmen Sie die Länge der zwischen 13 Uhr und 15 Uhr zurückgelegten Strecke angenähert. Schätzen Sie grob ab, welche Durchschnittsgeschwindigkeit das Fahrzeug zwischen 14 Uhr und 17.30 Uhr erzielte.

2. Lineare Funktionen

A. Der Begriff der linearen Funktion

Die Klasse der *linearen Funktionen* ist bereits aus der Sekundarstufe 1 bekannt. Es sind diejenigen Funktionen, deren Graphen Geraden sind. Sie können mit dem *Lineal* gezeichnet werden. Die Funktionsgleichungen aller linearen Funktionen haben die gleiche Gestalt.

Definition I.2: Alle Funktionen mit der Definitionsmenge $\mathbb{R}$ und der Funktionsgleichung
$f(x) = mx + n \ (m, n \in \mathbb{R})$
heißen *lineare Funktionen*.

Beispiele für lineare Funktionen:
$f(x) = 3x + 5 \quad m = 3, \quad n = 5$
$f(x) = 1 - 1{,}7x \quad m = -1{,}7, \quad n = 1$
$f(x) = 8x \quad m = 8, \quad n = 0$
$f(x) = 5 \quad m = 0, \quad n = 5$

B. Der Graph einer linearen Funktion

Graphen von linearen Funktionen sind Geraden. Sie lassen sich besonders einfach zeichnen. Oft verwendet man dazu zwei Punkte, die nicht zu dicht beieinander liegen sollten.

▶ **Beispiel: Lineare Funktion**
Zeichnen Sie den Graphen der linearen Funktion $f(x) = 2x - 1$.
Welche Steigung hat die Gerade?
Wo schneidet sie die y-Achse?

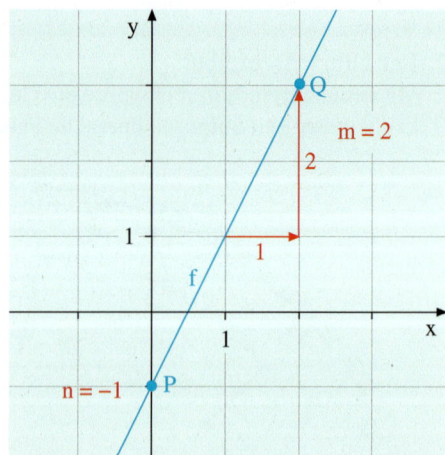

Lösung:
Wir wählen die x-Werte 0 und 2 und erhalten durch Einsetzen in die Geradengleichung die Punkte $P(0|-1)$ und $Q(2|3)$. Durch P und Q legen wir eine Gerade.

Die Steigung der Geraden ist 2, denn wenn wir x um 1 erhöhen, so erhöht sich $f(x)$ um 2 (Abbildung: rotes Dreieck).

Die y-Achse wird bei $y = -1$ geschnitten,
▶ denn es gilt $f(0) = -1$.

Übung 1
Zeichnen Sie den Graphen von f. Bestimmen Sie die Steigung von f. An welcher Stelle wird die y-Achse geschnitten? An welcher Stelle wird die x-Achse geschnitten?
a) $f(x) = 0{,}5x + 1$ b) $f(x) = -2x + 3$ c) $f(x) = 2$ d) $f(x) = x - 1$

C. Die Steigung einer linearen Funktion

Die Steigung des abgebildeten Hangs wird mit Hilfe eines Steigungsdreiecks definiert.
Sie beträgt 50 % = 0,5, weil auf 4 m in der Horizontalen 2 m in der Vertikalen gewonnen werden.
Man kann die Steigung als Quotient der Differenzen $\Delta y = 2$ und $\Delta x = 4$ definieren:

$$\frac{\Delta y}{\Delta x} = \frac{2}{4} = 0{,}5.$$

Man bezeichnet einen solchen Quotienten auch als *Differenzenquotienten*.

Den Differenzenquotienten kann man verwenden, um die Steigung einer linearen Funktion zu definieren.

> **Definition I.3:** f sei eine lineare Funktion. $P_0(x_0|y_0)$ und $P_1(x_1|y_1)$ seien zwei beliebige Punkte des Graphen von f. Dann bezeichnet man den Quotienten
>
> $$\frac{\Delta y}{\Delta x} = \frac{y_1 - y_0}{x_1 - x_0} = \frac{f(x_1) - f(x_0)}{x_1 - x_0}$$
>
> als *Steigung* der Funktion f.

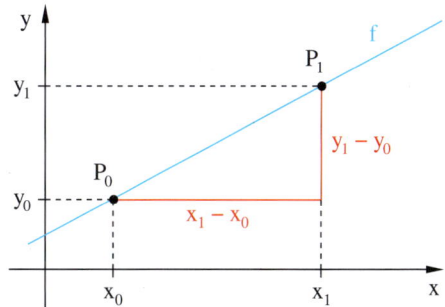

Übung 2
Berechnen Sie die Steigung der Funktion f mit Hilfe des Differenzenquotienten.
a) $f(x) = 0{,}5\,x + 1$ b) $f(x) = -2x + 3$ c) $f(x) = 2$ d) $f(x) = x - 1$

Übung 3
Gegeben sind die abgebildeten Funktionen f, g und h. Führen Sie zu jeder Funktion folgende Operationen durch.
a) Zeichnen Sie ein gut ablesbares Steigungsdreieck.
b) Bestimmen Sie dessen Katheten Δy und Δx durch Ablesen aus dem Graphen.
c) Berechnen Sie die Steigung der Funktion mit Hilfe des Differenzenquotienten.

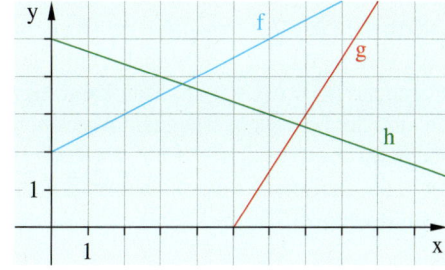

Übung 4
Gegeben ist die lineare Funktion $f(x) = mx + n$. Berechnen Sie allgemein die Steigung der Funktion mit Hilfe des Differenzenquotienten (Definition I.3).

Berechnen wir mit Hilfe des Differenzenquotienten die Steigung der allgemeinen linearen Funktion f(x) = mx + n, so erhalten wir als Resultat den Parameter m. Dies besagt der folgende Satz.

Satz I.1: $f(x) = mx + n$ sei eine lineare Funktion.
Dann gilt für beliebige Stellen $x_0 \neq x_1$:

$$m = \frac{f(x_1) - f(x_0)}{x_1 - x_0}$$

Beweis von Satz I.1
Sei $f(x) = mx + n$ und sei $x_0 \neq x_1$.
Steigung von f nach Definition I.3:

$$\frac{f(x_1) - f(x_0)}{x_1 - x_0} = \frac{(mx_1 + n) - (mx_0 + n)}{x_1 - x_0}$$

$$= \frac{mx_1 - mx_0}{x_1 - x_0} = \frac{m(x_1 - x_0)}{x_1 - x_0} = m$$

Diese Formel zur Berechnung der Steigung einer Geraden ist besonders wichtig und wird im Folgenden sehr oft angewandt.

D. Die geometrische Bedeutung der Parameter m und n

Die *Bedeutung des Parameters m* als Steigung der linearen Funktion $f(x) = mx + n$ ist uns bekannt. Satz I.1 bestätigt dies. Das Vorzeichen von m bestimmt, ob der Graph von f steigt oder fällt. Die Größe des Zahlenwertes von m bestimmt die Stärke des Steigens oder Fallens. Man sagt: m ist ein „Maß" für die Steigung.

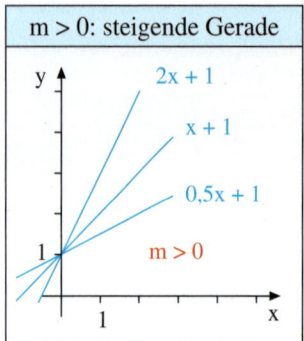

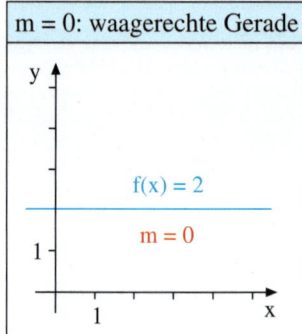

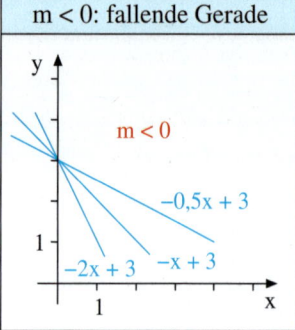

Die *Bedeutung des Parameters n* ist ebenfalls klar. n gibt den y-Achsenabschnitt der Geraden $f(x) = mx + n$ an. Man kann dies anhand der Bilder gut erkennen. Aber auch rechnerisch ergibt sich $f(0) = n$, was bedeutet, dass die Gerade f durch den Achsenabschnittpunkt $P(0|n)$ verläuft.

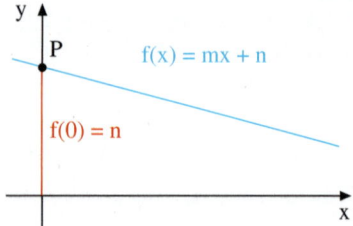

Übung 5
a) Zeichnen Sie eine Gerade mit der Steigung −3, welche die y-Achse in $P(0|5)$ schneidet. Wie lautet die Gleichung dieser Geraden?
b) Welche Steigung hat die Gerade, welche die x-Achse bei 2 und die y-Achse bei 5 schneidet?

E. Bestimmung von Geradengleichungen

Bei zahlreichen Anwendungsproblemen muss die Funktionsgleichung zu einer Geraden bestimmt werden. Meistens sind zwei Punkte oder ein Punkt und die Steigung gegeben.

▶ **Beispiel: Gerade durch zwei Punkte**
Bestimmen Sie die Gleichung der Geraden durch die Punkte $P(3|2)$ und $Q(2|4)$.

Lösung 1:
Wir berechnen zunächst die Steigung m mit Hilfe des Differenzenquotienten. Anschließend können wir den Achsenabschnitt n wie rechts dargestellt bestimmen.
Resultat: $f(x) = -2x + 8$.

Lösung 2:
Es gibt eine zweite Möglichkeit, die Aufgabe zu lösen.
Wir setzen zunächst die Koordinaten der Punkte P und Q in die Geradengleichung ein und erhalten ein lineares Gleichungssystem. Aus diesem können wir m und n
▶ nach der Subtraktionsmethode berechnen.

Rechnung zu Lösung 1:
Wir bestimmen die Geradensteigung:
$$m = \frac{f(x_1) - f(x_0)}{x_1 - x_0} = \frac{4-2}{2-3} = -2.$$
Daraus ergibt sich der Ansatz:
$f(x) = -2x + n$.
Da $P(3|2)$ auf der Geraden liegt, gilt:
$f(3) = -6 + n = 2$,
$n = 8$.

Rechnung zu Lösung 2:
Ansatz: $f(x) = mx + n$
Da $P(3|2)$ und $Q(2|4)$ auf der Geraden liegen, gilt:
$f(3) = 2 \Rightarrow$ I: $m \cdot 3 + n = 2$,
$f(2) = 4 \Rightarrow$ II: $m \cdot 2 + n = 4$.

Auflösen dieses Gleichungssystems nach m und n ergibt $m = -2$ und $n = 8$, sodass wir $f(x) = -2x + 8$ erhalten.

Verallgemeinerung zu Formeln:

Punktsteigungsform
Geht die Gerade $y = mx + n$ durch den Punkt $P(x_0|y_0)$, so gilt $y_0 = mx_0 + n$.
Daraus folgt $n = y_0 - mx_0$.
Setzt man dies in die Gleichung $y = mx + n$ ein, so erhält man $y = mx + y_0 - mx_0$, woraus $y = m(x - x_0) + y_0$ folgt.

Zweipunkteform
Geht die Gerade $y = mx + n$ durch die Punkte $P_0(x_0|y_0)$ und $P_1(x_1|y_1)$, so gilt ebenfalls die Punktsteigungsform $y = m(x - x_0) + y_0$ und zusätzlich kann die Steigung m nach Definition 1.3 mit der Formel $m = \frac{y_1 - y_0}{x_1 - x_0}$ aus den Punktkoordinaten berechnet werden.

> **Punktsteigungsform der Geradengleichung**
> Die Gerade durch den Punkt $P(x_0|y_0)$ mit der Steigung m hat die Funktionsgleichung
> $$f(x) = m(x - x_0) + y_0.$$

> **Zweipunkteform der Geradengleichung**
> Die Gerade durch die Punkte $P_0(x_0|y_0)$ und $P_1(x_1|y_1)$ hat die Gleichung
> $$f(x) = m(x - x_0) + y_0 \text{ mit } m = \frac{y_1 - y_0}{x_1 - x_0}.$$

Übung 6
Bestimmen Sie die Gleichung der Geraden durch die Punkte P und Q.
a) $P(3|5)$, $Q(8|20)$ 　　 b) $P(0|3)$, $Q(8|7)$ 　　 c) $P(a|a)$, $Q(a+2|2a)$

Häufig werden mit Geraden Anwendungsprobleme gelöst, wie im folgenden Beispiel.

▶ **Beispiel: U-Boot-Kurs**
Ein U-Boot gleitet in Schleichfahrt über den Grund des Meeres. Es wird an den Koordinaten $P(1|1)$ und später bei $Q(4|2)$ geortet bei geradlinigem Kurs.
a) Stellen Sie die Geradengleichung auf.
b) Trifft das Boot auf das Korallenriff bei $K(10|5)$.

Lösung zu a:
Wir verwenden den Ansatz $f(x) = mx + n$. Die Steigung berechnen wir mit Hilfe des Differenzenquotienten. Sie beträgt $m = \frac{1}{3}$. Daher gilt $f(x) = \frac{1}{3}x + n$ als neuer Ansatz. Durch Einsetzen eines Punktes der Geraden in die Funktionsgleichung kann man den y-Achsenabschnitt n errechnen.
Wir verwenden den Punkt $P(1|1)$ und erhalten $n = \frac{2}{3}$. Also gilt $f(x) = \frac{1}{3}x + \frac{2}{3}$.

Bestimmung der Geradengleichung:
Ansatz: $f(x) = mx + n$
$m = \frac{f(x_2) - f(x_1)}{x_2 - x_1} = \frac{f(4) - f(1)}{4 - 1} = \frac{2 - 1}{4 - 1} = \frac{1}{3}$
neuer Ansatz: $f(x) = \frac{1}{3}x + n$
$P(1|1)$ liegt auf $f \Rightarrow f(1) = 1$
$\frac{1}{3} \cdot 1 + n = 1, \quad n = \frac{2}{3}$
Resultat: $f(x) = \frac{1}{3}x + \frac{2}{3}$

Lösung zu b:
Wir prüfen mittels Punktprobe, ob der Punkt $K(10|5)$ auf der Geraden f liegt. Es ergibt sich ein Widerspruch.
Also liegt K nicht auf dem Kurs des U-Bootes. Es kommt nicht zur Kollision mit
▶ dem Korallenriff.

Kollisionsuntersuchung (Punktprobe):
$K(10|5)$ auf f? $\Rightarrow f(10) = 5$
$\frac{1}{3} \cdot 10 + \frac{2}{3} = 5$
$4 = 5$ WID!
$\Rightarrow$ K liegt nicht auf f $\Rightarrow$ keine Kollision

Hinweis: Man kann die Geradengleichung auch mit Hilfe eines Rechners bestimmen. Dazu setzt man beide Punkte P und Q in den Ansatz $f(x) = mx + n$ ein und erhält so ein lineares Gleichungssystem. Dieses kann man mit der entsprechenden Rechneroption lösen.
Das Resultat ist $m = \frac{1}{3}, n = \frac{2}{3}$. Die Geradengleichung lautet $f(x) = \frac{1}{3}x + \frac{2}{3}$.

Bestimmung der Geradengleichung mittels Rechner: $P(1|1) \in f \Rightarrow$ I. $\quad m + n = 1$
$Q(4|2) \in f \Rightarrow$ II. $4m + n = 2$

Übung 7 Golf
Der Golfspieler, dessen Ball an der Position $S(30|20)$ liegt, visiert das Loch bei $L(230|70)$ mit einem flachen Schlag an. Kommt er am Maulwurfshügel $M(160|50)$ und am Baum $B(190|60)$ vorbei?

2. Lineare Funktionen

F. Der Steigungswinkel einer Geraden

Definition I.4: Der *Steigungswinkel* α einer Geraden ist der im mathematisch positiven Sinne gemessene Winkel zwischen der x-Achse und der Geraden.

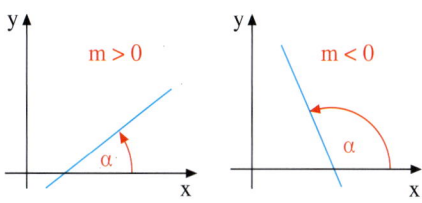

Der rechnerische Zusammenhang zwischen der Steigung m einer linearen Funktion $f(x) = mx + n$ und dem Steigungswinkel α ist sehr einfach.

Satz I.2: Die Steigung einer Geraden ist gleich dem Tangens ihres Steigungswinkels.
$$m = \tan\alpha \quad (\alpha \neq 90°)$$

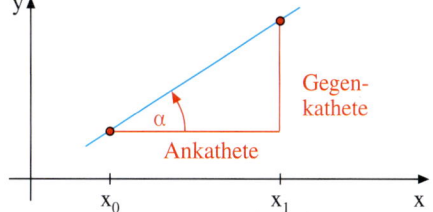

Beweis für $0° < \alpha < 90°$:
$$\tan\alpha = \frac{\text{Gegenkathete}}{\text{Ankathete}} = \frac{f(x_1) - f(x_0)}{x_1 - x_0} = m$$

▶ **Beispiel: Steigung**
Eine Gerade hat den Steigungswinkel α. Berechnen Sie die Steigung m für α = 30° sowie für α = 110°.

Lösung:
Wir bestimmen tan α mit dem Taschenrechner und erhalten nebenstehende Resultate.

Rechnung:
$m = \tan\alpha = \tan 30° \approx 0{,}5774$
$m = \tan\alpha = \tan 110° \approx -2{,}7475$

▶ **Beispiel: Steigungswinkel**
Berechnen Sie den Steigungswinkel der Geraden f.
a) $f(x) = 3x - 1$ b) $f(x) = -2x + 3$

Rechnung zu a:
$\tan\alpha = m$
$\Rightarrow \tan\alpha = 3$
$\Rightarrow \alpha \approx 71{,}6°$

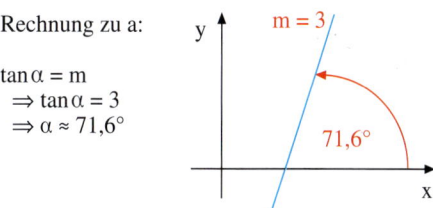

Lösung:
Zur Lösung dieser Aufgabe benötigen wir die Umkehrfunktion des Tangens. Hierzu wenden wir die Taste $\boxed{\tan^{-1}}$ an.

Der Taschenrechner* liefert hier den negativen Winkel $\alpha' \approx -63{,}4°$. Bilden wir den Ergänzungswinkel zu 180°, also $\alpha = 180° - |\alpha'|$, so erhalten wir den positiven Winkel $\alpha \approx 116{,}6°$.

Rechnung zu b:
$\tan\alpha = -2$
$\Rightarrow \alpha' \approx -63{,}4°$
$\Rightarrow \alpha \approx 180° - 63{,}4°$
$\Rightarrow \alpha \approx 116{,}6°$

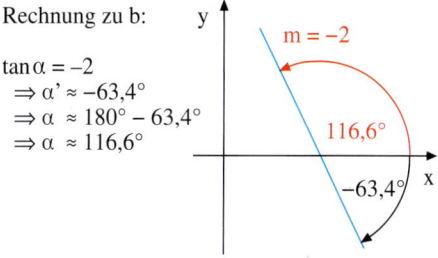

---

* Den Taschenrechner auf den Winkelmodus DEG (0 ≤ α ≤ 360°) einstellen.

Übungen

8. Der Punkt P liegt auf der Geraden f. Berechnen Sie die fehlende Koordinate.
a) $P(x_0|3)$, $f(x) = 2x + 2$
b) $P(3|y_0)$, $f(x) = \frac{1}{2}x - \frac{3}{2}$
c) $P(x_0|-2)$, $f(x) = -2x + 7$

9. Von der Geraden f sind die Steigung m und der y-Achsenabschnitt n bzw. die Geradengleichung bekannt. Zeichnen Sie die Gerade (mit Hilfe eines Steigungsdreiecks). Geben Sie an, ob die Gerade steigend oder fallend ist.
a) $m = -2$; $n = 5$
b) $m = 0$; $n = -2$
c) $m = 0{,}5$; $n = 0$
d) $f(x) = 2x - 3$
e) $f(x) = -\frac{2}{3}x + 5$
f) $f(x) = -3$

10. Bestimmen Sie jeweils die Gleichung der rechts abgebildeten Geraden.

11. Bestimmen Sie die Steigung der Geraden durch die Punkte P und Q.
a) $P(2|3)$, $Q(3|5)$
b) $P(1|-1)$, $Q(4|2)$

12. Bestimmen Sie die Gleichung der Geraden mit der Steigung m, die durch den Punkt P geht.
a) $m = 3$, $P(2|5)$
b) $m = -2$, $P(-1|3)$
c) $m = -0{,}5$, $P\left(\frac{1}{2}\Big|\frac{1}{3}\right)$

13. Bestimmen Sie die Gleichung der Geraden durch die Punkte P und Q.
a) $P(-2|-1)$, $Q(3|14)$
b) $P(0|0)$, $Q(3|1)$
c) $P(4|2)$, $Q(7|2)$
d) $P(1|1)$, $Q(2a|6a)$
e) $P(-3|4)$, $Q\left(\frac{1}{3}\Big|\frac{2}{3}\right)$
f) $P(3|4)$, $Q(3|7)$

14. a) Eine Gerade schneidet die y-Achse unter einem Winkel von 30°. Welche Steigung kann sie haben?
b) Bestimmen Sie die Gleichung einer Geraden, die die x-Achse bei $x = 2$ unter einem Winkel von 20° schneidet.
c) Bestimmen Sie den Steigungswinkel der Geraden, die durch die Punkte $P(-2|6)$ und $Q(2|-4)$ geht.

15. Auf dem Monitor eines Fluglotsen erscheint ein ankommendes Flugzeug in kurzen Abständen als Leuchtfleck. So kann der Fluglotse erkennen, ob sich das Flugzeug im zugeteilten Luftkorridor bewegt.
Bestimmen Sie die Gleichung der Fluggeraden eines Hubschraubers, der in konstanter Höhe fliegt und über $(8|5)$ sowie später über $(6|4)$ geortet wird.
Ist er auf Kollisionskurs mit dem Berggipfel über $(1|2)$ bzw. dem Wetterballon über $(-2|0)$?

G. Die relative Lage von Geraden/Schnittpunkt und Schnittwinkel

Zwei Geraden können sich schneiden, echt parallel sein oder sogar identisch. Parallelität erkennt man an der übereinstimmenden Steigung m. Bei identischen Geraden sind zudem die y-Achsenabschnitte n gleich.

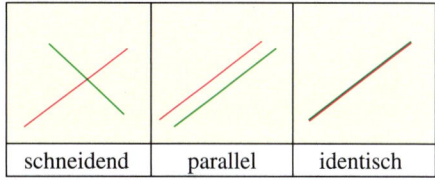

schneidend — parallel — identisch

▶ **Beispiel: Schnittpunkt**
Bestimmen Sie den Schnittpunkt der nicht parallelen Geraden $f(x) = -0{,}5\,x + 2$ und $g(x) = x - 1$.

Lösung:
Möglich ist eine zeichnerische Lösung oder die exakte rechnerische Lösung durch Gleichsetzen der Funktionsterme:

$$\left.\begin{array}{r} f(x) = g(x) \\ -0{,}5\,x + 2 = x - 1 \\ 1{,}5\,x = 3 \\ x = 2 \\ y = f(2) = 1 \end{array}\right\} \Rightarrow \text{Schnittpunkt } S(2|1)$$

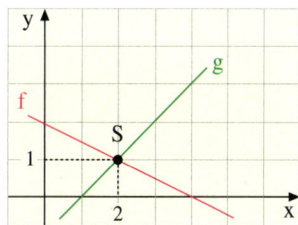

Zwei Geraden, die sich schneiden, bilden *zwei* Winkel miteinander.
Als Schnittwinkel γ bezeichnet man den kleineren Winkel, der 90° nicht übersteigt.
Man kann den Schnittwinkel γ aus den beiden Steigungswinkeln α und β der Geraden bestimmen.
Es gilt $\gamma = |\beta - \alpha|$ oder $\gamma = 180° - |\beta - \alpha|$ (s. Abb.).

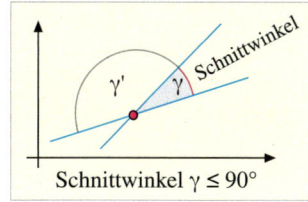

Schnittwinkel γ ≤ 90°

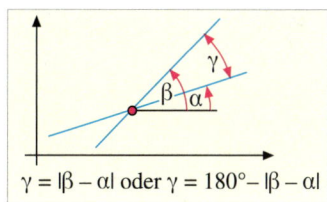

$\gamma = |\beta - \alpha|$ oder $\gamma = 180° - |\beta - \alpha|$

▶ **Beispiel: Schnittwinkel**
Bestimmen Sie den Schnittwinkel der Geraden $f(x) = -0{,}5\,x + 2$ und $g(x) = x - 1$.

Lösung:
Wir errechnen aus den Steigungen die Steigungswinkel α ≈ 153,4° und β = 45°. Die Winkeldifferenzen lauten 108,4° und 71,6°.
▶ Daher gilt γ ≈ 71,6°.

$m_f = -\frac{1}{2} \Rightarrow \tan\alpha = -\frac{1}{2} \Rightarrow \alpha \approx 153{,}4°$
$m_f = 1 \Rightarrow \tan\beta = 1 \Rightarrow \beta = 45°$
$\left.\begin{array}{r} |\beta - \alpha| = 108{,}4° \\ 180° - |\beta - \alpha| = 71{,}6° \end{array}\right\} \Rightarrow \gamma \approx 71{,}6°$

Übung 16 Schnittpunkt/Schnittwinkel
Berechnen Sie Schnittpunkt und Schnittwinkel der Geraden f und g.
a) $f(x) = x - 1$, $g(x) = 3x + 8$ b) $f(x) = 2x + 1$, $g(x) = -2x + 3$ c) $f(x) = x$, $g(x) = -x + 2$

Übung 17 Karawane

Eine Karawane bewegt sich auf dem Pfad f von der Oase O(66|41) in Richtung der Felsenburg bei F(30|95) (Angaben in km). Ein Wassertransporter fährt auf dem Interdesert-Highway $g(x) = \frac{2}{3}x + 10$.
Er startet bei T(0|10).
a) Wie lautet die Gleichung von f?
b) Wo könnte die Karawane Wasser aufnehmen (Hinweis: Schnittpunkt)?
c) Die Karawane bewegt sich mit 5 km/h, der Transporter mit 30 km/h. Ist die Karawane rechtzeitig an der Straße?
d) Gesucht: Kreuzungswinkel der Routen?

Übung 18 Hausgiebel

Die Abbildung zeigt die Giebelseite eines Hauses.
a) Bestimmen Sie die Neigungswinkel α und β der Dachflächen des abgebildeten Daches gegen die Horizontale.
b) Welchen Winkel γ bilden die Dachflächen bei D miteinander?

Schnittpunktbestimmung mit dem TR oder Computer

Man kann den Schnittpunkt von zwei Geraden recht einfach mit einem graphikfähigen Taschenrechner oder einem Computerprogramm bestimmen.

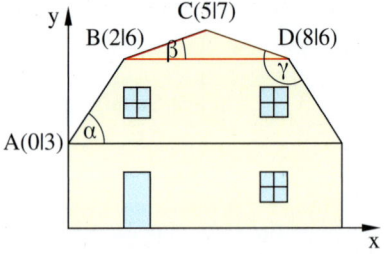

Zu diesem Zweck gibt man die beiden Funktionsgleichungen im Rechner ein, um anschließend die beiden Geraden im Graphikfenster zu zeichnen.

Dazu wählt man die Option zur Bestimmung der Schnittpunkte von Funktionen aus, woraufhin die Koordinaten des Schnittpunktes in der Graphik angezeigt werden.

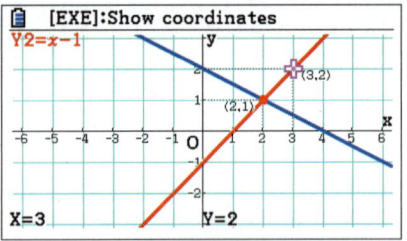

Rechts ist dies für zwei verschiedene Rechnermodelle exemplarisch dargestellt.

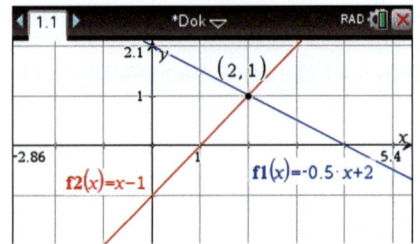

Übung 19 Schnittpunkt und Schnittwinkel

Bestimmen Sie mit dem TR/Computer Schnittpunkt und Schnittwinkel der Geraden f und g.
a) $f(x) = \frac{1}{2}x$
   $g(x) = -x + 6$
b) $f(x) = x$
   $g(x) = \frac{1}{3}x + 2$
c) $f(x) = 2x - 2$
   $g(x) = -\frac{1}{2}x + 3$

2. Lineare Funktionen

EXKURS: Weg-Zeit-Funktionen

Weg-Zeit-Diagramme und Weg-Zeit-Funktionen beschreiben den zeitlichen Ablauf von Bewegungsvorgängen. Sie enthalten Informationen über den nach einer bestimmten Zeit zurückgelegten Weg und implizit auch über die Geschwindigkeit.

> **Beispiel: Urlaubsfahrt**
> Johannes G. und Florian H. fahren mit ihren Familien von Frankfurt nach Dänemark in den Urlaub. Die Fahrtstrecke beträgt 800 km. Familie G ist am Freitag losgefahren, um bei der Oma zu übernachten. So haben sie bereits 250 km zurückgelegt.
> Familie H möchte eine Durchschnittsgeschwindigkeit von 120 km/h erreichen, Familie G gibt sich mit 80 km/h zufrieden.
> a) Zeichnen Sie die Weg-Zeit-Funktionen beider Fahrten in das gleiche Koordinatensystem. Geben Sie für jedes Diagramm die passende Funktionsgleichung an.
> b) Nach wie viel Stunden treffen die Familien am Ziel ein?
> c) Nach wie viel Stunden überholt Familie H die Familie G?

Lösung zu a:
Wir bestimmen für beide Familien zwei Punkte der zugehörigen Graphen g und h:
Familie G:
$t = 0$, $s = 250$ und $t = 5$, $s = 650$
Familie H:
$t = 0$, $s = 0$ und $t = 5$, $s = 600$
Durch die beiden Punkte legen wir jeweils eine Gerade. So ergeben sich g und h.

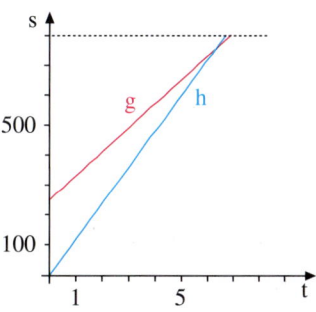

Die Gleichungen der Geraden lauten:
$g(t) = 80t + 250$
$h(t) = 120t$
Rechts ist die Rechnung für g aufgeführt.
Die Rechnung für h ist fast analog.

Geradengleichung von g:
Ansatz: $g(t) = mt + n$
$m = \frac{g(5) - g(0)}{5 - 0} = \frac{650 - 250}{5 - 0} = 80$
$n = g(0) = 250$
$\Rightarrow g(t) = 80t + 250$

Lösung zu b:
Am Ziel haben beide Fahrzeuge 800 km zurückgelegt.
Aus $g(t) = 800$ folgt $t = 6{,}875$ Stunden.
Aus $h(t) = 800$ folgt $t = 6\frac{2}{3}$ Stunden.

Zeitpunkt des Eintreffens am Ziel:
Ansatz: $g(t) = 800$
$80t + 250 = 800 \Rightarrow t = 6{,}875$
Ansatz: $h(t) = 800$
$120t = 800 \Rightarrow t = 6\frac{2}{3}$

Lösung zu c:
Der Ansatz $g(t) = h(t)$ liefert $t = 6{,}25$ Stunden für die Zeit bis zum Zusammentreffen der beiden Fahrzeuge. Familie H überholt also Familie G kurz vor der Ankunft bei
▶ Kilometer 750.

Zeitpunkt des Zusammentreffens:
Ansatz: $g(t) = h(t)$
$80t + 250 = 120t$
$40t = 250$
$t = 6{,}25$ Stunden

EXKURS: Orthogonale Geraden

Die Abbildung rechts zeigt, wie durch eine 90°-Drehung aus einer Geraden f eine zu f orthogonale, d. h. senkrecht stehende Gerade g entsteht. Dabei dreht sich auch das Steigungsdreieck um 90°.

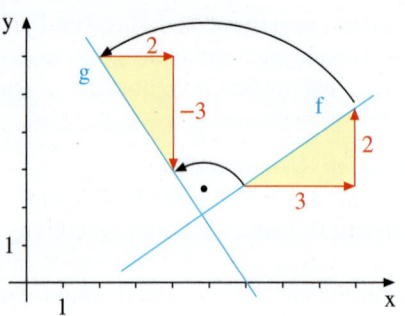

Dies führt zum folgenden Zusammenhang zwischen den Steigungen orthogonaler Geraden.

> **Satz I.3:** Die Graphen der linearen Funktionen f und g sind genau dann *orthogonal*, wenn für ihre Steigungen m_f und m_g gilt:*
>
> $$m_g = -\frac{1}{m_f} \quad \text{bzw.} \quad m_f \cdot m_g = -1.$$

Steigung von f: | Steigung von g:

$m_f = \frac{2}{3}$ | $m_g = \frac{-3}{2} = -\frac{3}{2}$

Zusammenhang: $m_g = -\frac{1}{m_f}$

> **Beispiel: Orthogonale Geraden**
> a) Zeigen Sie: Die Graphen von $f(x) = 2x - 1$ und $g(x) = -\frac{1}{2}x + 18$ sind orthogonal.
> b) Zeigen Sie, dass jede Gerade mit der Steigung 2 orthogonal ist zu der Geraden g durch $P(1|1)$ und $Q(7|-2)$.
> c) Bestimmen Sie die Gleichung der Geraden f durch den Punkt $P(1|2)$, die orthogonal ist zum Graphen von $g(x) = \frac{1}{3}x - 1$.

Lösung:

a) $m_g = -\frac{1}{2} = -\frac{1}{m_f}$

b) $m_g = \frac{-2-1}{7-1} = \frac{-3}{6} = -\frac{1}{2} = -\frac{1}{m_f}$, also $m_f = 2$

c) Die Orthogonalität liefert:

$m_g = \frac{1}{3} = -\frac{1}{m_f}$, also $m_f = -3$

Da $P(1|2)$ auf f liegt, gilt nach der Punktsteigungsform:

$f(x) = -3(x - 1) + 2 = -3x + 5$

Übung 20 Orthogonale Geraden
a) Untersuchen Sie die Gerade $f(x) = 3x - 1$ und die Gerade g, die durch $P(2|1)$ und $Q(-4|-1)$ geht, auf Orthogonalität.
b) Welche Ursprungsgerade ist orthogonal zur Geraden $f(x) = -\frac{1}{5}x + 3$?
c) Bestimmen Sie die Gleichung der Geraden, welche den Graphen von $f(x) = 0{,}5x$ im Punkt $P(2|1)$ senkrecht schneidet.
d) Bestimmen Sie die Gleichung der Geraden, die orthogonal zur Winkelhalbierenden des 1. Quadranten ist und durch den Punkt $P(1|3)$ geht.

---

* Man bezeichnet die Steigungen orthogonaler Geraden als „negativ reziprok" zueinander.

Übungen

21. Bestimmen Sie die Lagebeziehungen von jeweils zwei der folgenden Geraden:

$f(x) = 4x + 5$

$g(x) = 2x - 10$

$i(x) = -4x + 5$

$h(x) = 2x - 1$

$j(x) = 1 + 2x$

22. Bestimmen Sie die Lagebeziehung der Geraden f und g. Berechnen Sie ggf. den Schnittpunkt und den Schnittwinkel der Geraden f und g.
   a) $f(x) = 2x - 3$; $g(x) = 4x - 1$
   b) $f(x) = 2$; $g(x) = -3x$
   c) $f(x) = 0{,}5x - 3$; $g(x) = 0{,}5x - 4$
   d) $f(x) = x + 1$; $g(x) = -x + 1$

23. Bestimmen Sie die Gleichung der Geraden, die
   a) durch den Punkt $P(1|3)$ geht und parallel zur Geraden $g(x) = 6x + 4$ ist.
   b) durch $P(1|2)$ geht und orthogonal zur Geraden durch $Q(-4|2)$ und $R(0|-6)$ ist.
   c) durch den Ursprung geht und orthogonal zur Geraden durch $P(3|2)$ und $Q(4|-9)$ ist.

24. Untersuchen Sie die Geraden f und g auf Orthogonalität.
   a) $f(x) = 3x - 1$; g geht durch $P(2|1)$ und $Q(-4|-1)$.
   b) Der Graph von f hat den Achsenabschnitt $n = 2$ und die Nullstelle $x_N = -3$; g ist eine Ursprungsgerade durch $P(16|-24)$.

25. Ordnen Sie Gerade und Graph einander zu. Bestimmen Sie alle noch fehlenden Funktionsgleichungen.

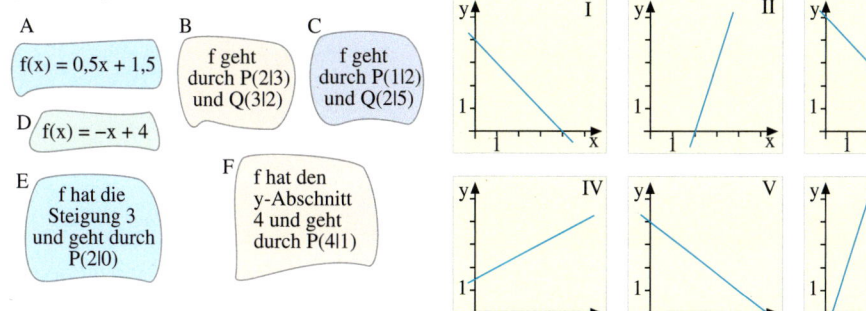

26. Johannes möchte einen Vertrag für mobiles Internet abschließen. Er hat drei Angebote.
   a) Stellen Sie für alle drei Angebote den Preis als Funktion der Downloadmenge in Gigabyte dar.
   b) Zeichnen Sie den Graphen und geben Sie für jeden Tarif den Bereich an, in dem er am günstigsten ist.

Zusammengesetzte Aufgaben und Anwendungen

27. Gegeben ist die Funktion $f(x) = -\frac{1}{3}x + 5$.
 a) Bestimmen Sie die Nullstelle und den Steigungswinkel der Geraden f.
 b) Berechnen Sie Schnittpunkt und Schnittwinkel der Geraden f und $g(x) = x - 1$.
 c) Welche Ursprungsgerade ist orthogonal zur Geraden f?

28. Gegeben ist die Funktion $f(x) = -3x + 0{,}5$.
 a) Zeichnen Sie den Graphen von f.
 b) Prüfen Sie rechnerisch, ob der Punkt $P(3{,}5|12)$ auf der Geraden f liegt.
 c) Die Punkte $P(x_0|8)$ und $Q(-2|y_0)$ liegen auf der Geraden f. Berechnen Sie x_0 und y_0.
 d) Bestimmen Sie die Gleichung einer zur Geraden f parallelen Geraden durch $P(-3|0)$.

29. Die Gerade f geht durch die Punkte $P(2|-3)$ und $Q(4|3)$.
 a) Bestimmen Sie die Gleichung von f.
 b) Geben Sie die Achsenschnittpunkte der Geraden f an.
 c) Berechnen Sie die Koordinaten des Mittelpunktes der Strecke PQ.
 d) Bestimmen Sie den Steigungswinkel der Geraden sowie ihre Schnittwinkel mit den Koordinatenachsen.

30. Die Achsenschnittpunkte der Geraden f haben den Abstand 5. Ein Achsenschnittpunkt ist $P(-4|0)$. Der zweite Achsenschnittpunkt liegt auf der positiven y-Achse.
 a) Berechnen Sie die Koordinaten des zweiten Achsenschnittpunktes. Kontrolle: $Q(0|3)$
 b) Bestimmen Sie die Gleichung von f.
 c) Bestimmen Sie den Inhalt der von den Koordinatenachsen und der Geraden f eingeschlossenen Fläche.

31. Auf dem Radarbildschirm einer Flugüberwachungsstation liegt der zu beobachtende Flugkorridor zwischen den Geraden $f(x) = 0{,}5x + 2$ und $g(x) = 0{,}5x - 1$. Bei welcher Position verlässt ein Flugzeug, das zunächst bei $P_1(9|6)$ und dann bei $P_2(3|1)$ gesichtet wurde, den Luftkorridor?

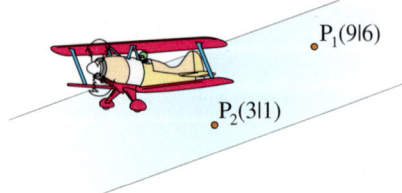

32. Auf der Insel Bora liegen die drei Dörfer A, B und C. Sie haben die in der Karte eingezeichneten Koordinaten. Nun soll eine Rettungsstation gebaut werden. An welcher Position P sollte die Rettungsstation liegen, damit die Entfernung zu allen drei Dörfern gleich weit ist?
 a) Lösen Sie die Aufgabe zeichnerisch und rechnerisch.
 b) Ist es sinnvoll, die Station gleich weit von den Dörfern zu bauen? Untersuchen Sie zum Vergleich die Position $P(7|4)$.

3. Quadratische Funktionen

Bei Brücken, Bögen und Gewölben treten durch die Schwerkraft Belastungen auf, die in die Fundamente abgeleitet werden müssen, um sich dort im Erdreich verteilen zu können. Am besten geht das mit parabelförmigen Tragwerkbögen wie bei der abgebildeten Müngstener Brücke, der höchsten Eisenbahnbrücke Deutschlands, die das Tal der Wupper zwischen Solingen und Remscheid mit 465 m Länge 107 m hoch überspannt.

Ein solcher Tragwerkbogen kann mathematisch durch eine quadratische Funktion modelliert werden. Das ist eine Funktion mit der Gleichung **$f(x) = ax^2 + bx + c$**, wobei die Koeffizienten a, b und c reelle Zahlen sind, a ≠ 0. Ihr Graph wird als *quadratische Parabel* bezeichnet.

Der Graph einer quadratischen Parabel lässt sich durch Verschiebungen, Streckungen und Stauchungen aus dem Graphen der einfachsten quadratischen Funktion $f(x) = x^2$, der sog. Normalparabel, gewinnen.

Diese Methode kann die Untersuchung von komplizierten Funktionen deutlich vereinfachen. Sie wird im Folgenden am Beispiel der quadratischen Funktionen detailliert dargestellt und kann dann später bei anderen Funktionsklassen ebenfalls verwendet werden.

A. Die Normalparabel

Die einfachste aller quadratischen Funktionen ist die Funktion mit der Gleichung

$$f(x) = x^2, \quad D = \mathbb{R}.$$

Ihr Graph wird *Normalparabel* genannt. Er ist rechts abgebildet.

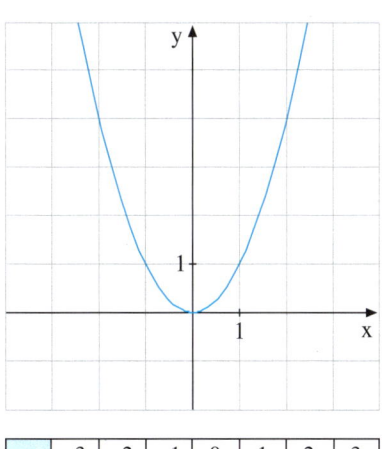

Die Normalparabel ist achsensymmetrisch zur y-Achse.
Sie ist streng monoton fallend bis für $x \leq 0$ und streng monoton steigend für $x \geq 0$.
Der Punkt $S(0|0)$ ist ihr tiefster Punkt. Er wird als *Scheitelpunkt* der Parabel bezeichnet.

x	−3	−2	−1	0	1	2	3
y	9	4	1	0	1	4	9

Übung 1
a) Zeichnen Sie die Normalparabel im Bereich −2,5 ≤ x ≤ 2,5 (1 LE = 1 cm).
b) Wo hat die Normalparabel den Funktionswert 6?
c) Zeichnen Sie den Graphen von $f(x) = -x^2$ im Bereich −2,5 ≤ x ≤ 2,5.

B. Achsenparallele Verschiebungen der Normalparabel

▶ **Beispiel: Verschiebung längs der y-Achse**
Die Normalparabel wird um zwei Einheiten in Richtung der positiven y-Achse verschoben. Wie lautet die Gleichung der so entstandenen Funktion g?

Lösung:
Jeder Funktionswert von f wird um zwei erhöht. Daher gilt: $g(x) = f(x) + 2$
▶ Resultat: $g(x) = x^2 + 2$

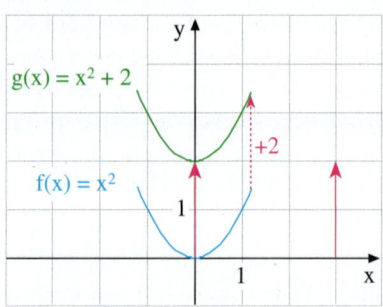

Übung 2
Wie lautet die Gleichung der Funktion g, die sich ergibt, wenn man die Normalparabel um 2 Einheiten nach unten verschiebt?

Übung 3
Welche aus der Normalparabel in y-Richtung verschobene Funktion geht durch P?
a) $P(1|8)$ b) $P(-2|1)$ c) $P(20|380)$ d) $P(a|(a+1)^2)$

▶ **Beispiel: Verschiebung längs der x-Achse nach rechts**
Die Normalparabel wird um drei Einheiten in Richtung der positiven x-Achse verschoben. Wie lautet die Gleichung der resultierenden Parabel g?

Lösung:
g besitzt an der Stelle x den gleichen Funktionswert, den f an der Stelle x − 3 hat. Daher gilt: $g(x) = f(x - 3)$.
Resultat: $g(x) = (x - 3)^2$
Durch Auflösen der Klammer erhält man die
▶ äquivalente Gleichung $g(x) = x^2 - 6x + 9$.

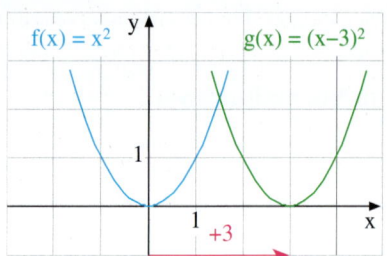

▶ **Beispiel: Verschiebung längs der x-Achse nach links**
Durch Verschiebung der Normalparabel längs der x-Achse erhält man die Funktion mit der Gleichung $g(x) = x^2 + 4x + 4$. Wie lautet die Verschiebung? Wo liegt der Scheitelpunkt von g?

Lösung:
Man zeichnet den Graphen von g. Der Scheitelpunkt von g liegt bei $S(-2|0)$. Die Normalparabel wurde also um 2 in negativer x-Richtung verschoben. Daher gilt
▶ $g(x) = f(x + 2) = (x + 2)^2$.

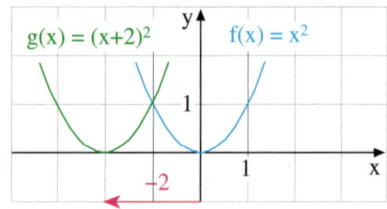

Übung 4 Verschiebungen
Wie entsteht der Graph von $g(x) = (x + 5)^2$ aus der Normalparabel? Wo liegt der Scheitelpunkt der Parabel mit der Gleichung $h(x) = x^2 - 2x + 1$? Welche Verschiebungen der Normalparabel in x-Richtung führen zu einer Funktion k, die durch den Punkt $P(3|2,25)$ geht?

3. Quadratische Funktionen

▶ **Beispiel: Verschiebung längs beider Achsen**
Die Normalparabel $f(x) = x^2$ soll so verschoben werden, dass der Scheitelpunkt der entstehenden Parabel g bei $S(3|2)$ liegt. Wie lautet die Gleichung der Funktion g?

Lösung:
Eine Verschiebung der Normalparabel um 3 Einheiten in positive x-Richtung führt auf die Parabel $g_1(x) = (x-3)^2$ mit dem Scheitelpunkt $S_1(3|0)$.
Eine zweite Verschiebung um +2 in y-Richtung führt auf $g(x) = (x-3)^2 + 2$ mit dem Scheitelpunkt $S(3|2)$.
▶ Resultat: $g(x) = (x-3)^2 + 2 = x^2 - 6x + 11$

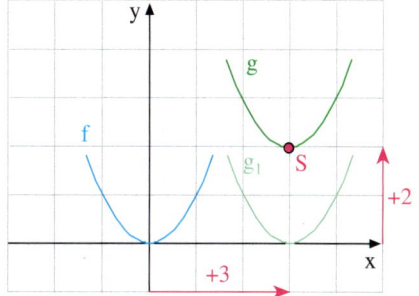

Wir können die Erfahrungen aus den vorhergehenden Beispielen nun verallgemeinern.

Erzeugung von $g(x) = (x - x_s)^2 + y_s$ aus $f(x) = x^2$
Der Graph der Funktion $g(x) = (x - x_s)^2 + y_s$ entsteht aus dem Graphen der Normalparabel $f(x) = x^2$ durch Verschiebung um x_s in Richtung der x-Achse und um y_s in Richtung der y-Achse. x_s und y_s sind die Koordinaten des Scheitelpunktes von g.

Eine verschobene Normalparabel erkennt man an ihrer Funktionsgleichung. Diese hat stets die Form $g(x) = x^2 + bx + c$. Der Koeffizient des quadratischen Terms x^2 ist also 1. Wenn diese Form der Darstellung gegeben ist, kann man den Scheitelpunkt von g mit der Methode der quadratischen Ergänzung berechnen. Andere Möglichkeiten: Zeichnung oder Berechnung mittels TR/Computer.

▶ **Beispiel: Scheitelpunktsberechnung mit quadratischer Ergänzung**
Gesucht ist der Scheitelpunkt der Funktion $g(x) = x^2 + 6x + 11$.

Lösung:
Wir formen den Funktionsterm von g mittels quadratischer Ergänzung in die Form $(x - x_S)^2 + y_S$ um.
$x^2 + 6x + 11 = x^2 + 6x + 9 - 9 + 11$
$ = (x+3)^2 + 2$
Es handelt sich also um eine Verschiebung um −3 in x-Richtung und um +2 in y-Richtung. g ist also eine verschobene Normalparabel mit dem Scheitelpunkt $S(-3|2)$.
Wir können g auch mit dem TR/Computer zeichnen und dann das Minimum bestimmen.

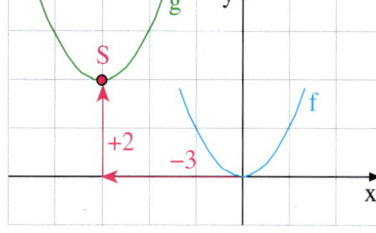

Übung 5 Scheitelpunkt
Bestimmen Sie den Scheitelpunkt von f.
a) $f(x) = x^2 - x + 4$
b) $f(x) = x^2 + bx + c$

Übung 6 Verschiebungen
Welche Verschiebungen überführen den Graphen von $f(x) = x^2 - 2x - 2$ in den Graphen von $g(x) = x^2 + 5x + 1{,}75$?

C. Streckung der Normalparabel in y-Richtung

> **Beispiel: Streckung in y-Richtung**
> Erzeugen Sie den Graphen von $g(x) = 2x^2$ aus dem Graphen der Normalparabel $f(x) = x^2$.

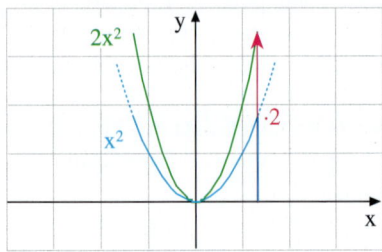

Lösung:
Jeder Funktionswert von g ist zweimal so groß wie der Funktionswert von f an der gleichen Stelle. Daher gilt $g(x) = 2f(x)$.
Resultat: $g(x) = 2x^2$
Es handelt sich um eine Streckung des Graphen der Normalparabel in y-Richtung. Die Parabel g ist „schlanker" oder „enger" als die Normalparabel f.

D. Spiegelung der Normalparabel an der x-Achse

Ist der Streckfaktor kleiner als 1, so wird die Funktion f gestaucht. Ist der Streckfaktor negativ, so bewirkt das Minuszeichen eine zusätzliche Spiegelung an der x-Achse. Im folgenden Beispiel wird beides kombiniert.

> **Beispiel: Stauchung in y-Richtung und Spiegelung an der x-Achse**
> Zeichnen Sie den Graphen von $g(x) = -0{,}5x^2$. Wie entsteht er aus der Normalparabel $f(x) = x^2$?

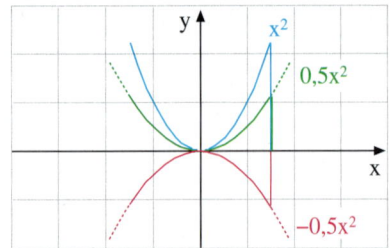

Lösung:
Wir überführen zunächst x^2 in $0{,}5x^2$ und dann weiter in $-0{,}5x^2$. Die erste Operation halbiert jeden Funktionswert von f (Stauchung). Das Minuszeichen spiegelt ihn an der x-Achse. Rechts sind die beiden Operationen graphisch dargestellt.
Man könnte auch erst spiegeln und dann stauchen.

Übung 7 Zuordnung
Ordnen Sie Funktionsterm und Graph einander passend zu und begründen Sie. Ein Kästchen entspricht einer Einheit. Die Ergebnisse können durch Zeichnen mit dem TR/Computer überprüft werden.

I	$(x-1)^2 + 1$
II	$\frac{1}{2}x^2$
III	$2(x+2)^2$

IV	$1 - \frac{1}{2}x^2$
V	$2(x-1)^2$
VI	$\frac{3}{2}x^2$

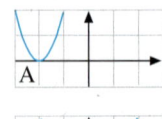
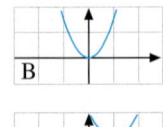
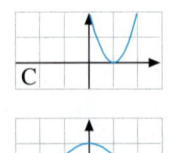

E. Scheitelpunktsform der Gleichung einer Parabel

Wir sind nun in der Lage, den Graphen einer beliebigen quadratischen Funktion durch Streckungen und Verschiebungen der Normalparabel zu erzeugen.

▶ **Beispiel:** Bestimmen Sie, welche Streckungen und Verschiebungen erforderlich sind, um den Graphen der Funktion $g(x) = -2x^2 + 4x + 2$ aus der Normalparabel zu erzeugen.

Rechnung:
Der Streckfaktor -2 wird ausgeklammert:
$g(x) = -2x^2 + 4x + 2 = -2 \cdot (x^2 - 2x - 1)$
Nun wird quadratisch ergänzt und wieder ausmultipliziert:
$g(x) = -2 \cdot (x^2 - 2x + 1 - 1 - 1)$
$= -2 \cdot [(x-1)^2 - 2] = -2 \cdot (x-1)^2 + 4$

1. Streckung mit Faktor 2
2. Spiegelung an der x-Achse
3. x-Verschiebung um $+1$
4. y-Verschiebung um $+4$

Lösung:
Wir stellen die Funktionsgleichung von g in einer Scheitelpunktsform dar:
$$g(x) = -2(x-1)^2 + 4.$$
Nun können wir ablesen, dass eine Streckung mit dem Faktor 2 mit anschließender Spiegelung an der x-Achse und weiter eine x-Verschiebung um 1 sowie eine
▶ y-Verschiebung um 4 vorliegen.

Wir halten das Prinzip in folgender verallgemeinerter Form fest:

> **Scheitelpunktsform der Parabelgleichung**
> Die Gleichung einer beliebigen quadratischen Funktion f lässt sich in der Form
> $$f(x) = a \cdot (x - x_s)^2 + y_s$$
> darstellen, wobei x_s und y_s die Koordinaten des Scheitelpunktes sind.

a: Streckfaktor in y-Richtung
$a < 0$: Spiegelung an der x-Achse*
x_s: Verschiebung in x-Richtung
y_s: Verschiebung in y-Richtung

Übung 8 Scheitelpunktsform
Bestimmen Sie die Scheitelpunktsform der Funktion f. Erläutern Sie anschließend die zugehörigen Streckungen und Verschiebungen der Normalparabel. Skizzieren Sie den Graphen von f.
a) $f(x) = 3x^2 + 6x - 3$ b) $f(x) = -3x^2 + 12x$ c) $f(x) = 0{,}5x^2 - 3x + 2$ d) $f(x) = -4x^2 + 4x - 9$

Übung 9 Parabeln
Bestimmen Sie die Gleichungen der abgebildeten Parabeln, die durch Streckungen und Verschiebungen aus der Normalparabel hervorgegangen sind.

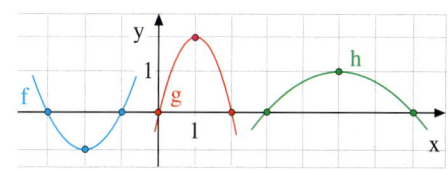

---

* Die Spiegelung an der x-Achse und die Streckung müssen vor den Verschiebungen erfolgen.

Die Scheitelpunktsform bei Anwendungsproblemen

Mit Hilfe der Scheitelpunktsform kann man bei quadratischen Anwendungsproblemen wie z. B. Flugbahnparabeln oder Brückenbögen wichtige Parabeleigenschaften erkennen.

▶ **Beispiel: Gipfelpunkt einer Flugbahn**
Ein Sportler trainiert den Ballwurf. Der Ball beschreibt unter dem Einfluss der Schwerkraft eine parabelförmige Flugbahn, deren Bahngleichung durch

$$y(x) = -\tfrac{1}{20}x^2 + 2x + 2$$

erfasst wird, wobei x und y die Ballkoordinaten in m sind.
a) Bestimmen Sie die maximale Flughöhe.
b) Welche Wurfweite wird erreicht?

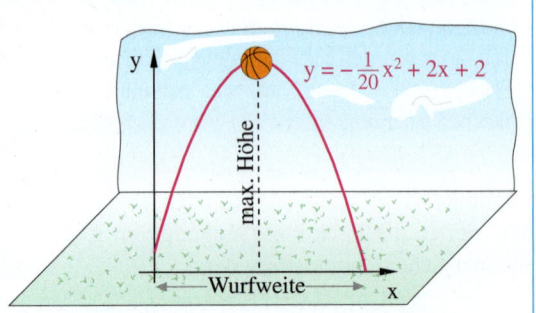

Lösung zu a:
Wir formen die Parabel in die Scheitelpunktsform um. Dazu verwenden wir die Methode der quadratischen Ergänzung, wie schon im vorigen Beispiel.
Wir erhalten nach nebenstehender Rechnung $y(x) = -\tfrac{1}{20}(x - 20)^2 + 22$ als Ergebnis. Der Scheitel liegt bei S(20|22). Die maximale Flughöhe beträgt also 22 m.

Scheitelpunktsform der Parabel

$$-\tfrac{1}{20}x^2 + 2x + 2 = -\tfrac{1}{20}(x^2 - 40x - 40)$$
$$= -\tfrac{1}{20}(x^2 - 40x + 400 - 440)$$
$$= -\tfrac{1}{20}(x - 20)^2 + \tfrac{440}{20}$$
$$= -\tfrac{1}{20}(x - 20)^2 + 22$$

$$\Rightarrow \begin{array}{l} x_s = 20 \\ y_s = 22 \end{array} \Rightarrow S(20|22)$$

Lösung zu b:
Zur Berechnung der Wurfweite benötigen wir die weiter rechts liegende Nullstelle von y. Diese können wir durch Nullsetzen der Scheitelpunktsform von y errechnen. Die Details sind rechts dargestellt.
▶ Resultat: Die Wurfweite beträgt 40,98 m.

Nullstellen der Parabel

$$-\tfrac{1}{20}(x - 20)^2 + 22 = 0$$
$$(x - 20)^2 = 440$$
$$x - 20 = \pm\sqrt{440} \approx \pm 20{,}98$$
$$x \approx 20 \pm 20{,}98$$
$$x \approx 40{,}98 \quad (x \approx -0{,}98)$$

Mit den TR/Computer kann man die Aufgabe ebenfalls lösen. Man gibt die Funktionsgleichung ein, zeichnet den Graphen und ruft die Routinen zur Berechnung der Nullstellen und des Maximums auf.

Übung 10 Torbogen
Durch welche Streckung, Spiegelung und Verschiebung geht die Parabel des Torbogens aus der Normalparabel hervor?
Wie lautet die Gleichung der Torbogenparabel? Kontrollieren Sie Ihr Resultat durch Zeichnung mit dem TR/Computer.

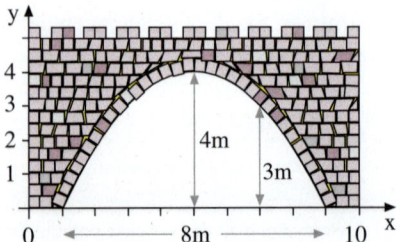

3. Quadratische Funktionen

F. Streckung, Verschiebung und Spiegelung beliebiger reeller Funktionen

Funktionen können durch Streckungen, Stauchungen, Verschiebungen und Spiegelungen modifiziert werden. Im Folgenden werden die Modifikationen systematisch dargestellt.

VERTIKALE VERSCHIEBUNG EINER FUNKTION		
Gleichung	**Operation**	**Graph**
$y = f(x) + c$ $c > 0$	Vertikale **Hebung** des Graphen von f um c Einheiten **nach oben**.	
$y = f(x) - c$ $c > 0$	Vertikale **Senkung** des Graphen von f um c Einheiten **nach unten**.	

HORIZONTALE VERSCHIEBUNG EINER FUNKTION		
Gleichung	**Operation**	**Graph**
$y = f(x - c)$ $c > 0$	Horizontale **Verschiebung** des Graphen von f um c Einheiten **nach rechts**.	
$y = f(x + c)$ $c > 0$	Horizontale **Verschiebung** des Graphen von f um c Einheiten **nach links**.	

VERTIKALE STRECKUNG/STAUCHUNG EINER FUNKTION		
Gleichung	**Operation**	**Graph**
$y = a \cdot f(x)$ $a > 1$	Vertikale **Streckung** des Graphen von f mit dem Faktor a: Jeder Funktionswert wird mit a multipliziert.	
$y = a \cdot f(x)$ $0 < a < 1$	Vertikale **Stauchung** des Graphen von f mit dem Faktor a: Jeder Funktionswert wird mit a multipliziert.	

HORIZONTALE STRECKUNG/STAUCHUNG EINER FUNKTION		
Gleichung	**Operation**	**Graph**
$y = f(a \cdot x)$ $a > 1$	Horizontale **Stauchung** des Graphen von f mit dem Faktor $\frac{1}{a}$. Der Schnittpunkt mit der y-Achse bleibt.	
$y = f(a \cdot x)$ $0 < a < 1$	Horizontale **Streckung** des Graphen von f mit dem Faktor $\frac{1}{a}$. Der Schnittpunkt mit der y-Achse bleibt.	

SPIEGELUNG EINER FUNKTION		Graph
Gleichung y = –f(x)	**Operation** **Spiegelung** des Graphen von f an der x-Achse.	
y = f(–x)	**Spiegelung** des Graphen von f an der y-Achse.	

Übung 11 Manipulation von Graphen
Zeichnen Sie den Graphen der Funktion g und bestimmen Sie die Funktionsgleichung.
a) Der Graph von g entsteht aus dem Graphen von $f(x) = x^2$ durch vertikale Stauchung mit dem Faktor 0,25, Rechtsverschiebung um +3 und Spiegelung an der x-Achse.
b) Der Graph von g entsteht aus dem Graphen von $f(x) = 0{,}5\,x^2 - 1$ durch vertikale Streckung mit dem Faktor 2, Linksverschiebung um 2 und Spiegelung an der y-Achse.
c) Der Graph von g entsteht aus dem Graphen von $f(x) = (x - 1)^2$ durch horizontale Stauchung auf die „halbe Breite" und anschließende Verschiebung um eine Einheit nach rechts.

Übung 12
Ordnen Sie die Funktionsgleichungen und die Graphen einander zu.
I. $y = 0{,}5\,f(x) - 4$
II. $y = 0{,}5\,f(x)$
III. $y = -f(x + 7)$
IV. $y = f(x - 5) - 1$
V. $y = f(-x)$

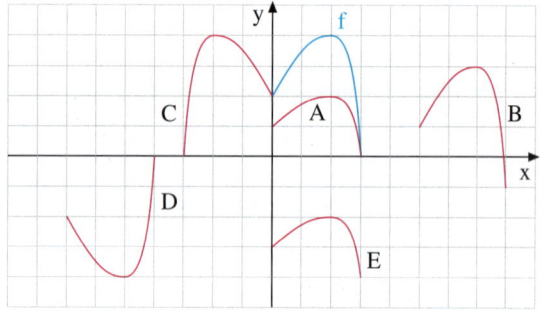

Übung 13 E-Bike
Der Absatz von Fahrrädern mit Elektro-Antrieb in Deutschland kann zwischen 2009 und 2015 durch die Funktion
$$f(t) = \sqrt{29\,400 \cdot t} + 100$$
erfasst werden. t ist die Zeit in Jahren seit 2009, d. h. t = 0 steht für 2009. f(t) ist die Absatzrate zur Zeit t in Tausend/Jahr.

a) Bestimmen Sie den Term einer Funktion g, welche die gleiche Entwicklung der Absatzrate wie f darstellt, allerdings um ein Jahr verzögert?
b) Wie müsste der Term einer Funktion h lauten, wenn es gelungen wäre, die Entwicklung der Absatzrate beim gleichen Ausgangswert 100 doppelt so schnell voranzutreiben?
c) Wie müsste der Term einer Funktion k lauten, wenn sich die Entwicklung der Absatzrate um drei Jahre verzögert hätte und dann bei gleichem Ausgangswert 100 nur halb so schnell vonstatten gegangen wäre?
d) Fertigen Sie eine Skizze an, welche die Graphen aller vier Funktionsterme in einem gemeinsamen Koordinatensystem zeigt.

Übungen

Achsenparallele Verschiebungen der Normalparabel

14. Durch Verschiebung der Normalparabel längs der x-Achse erhält man den Graphen der Funktion g. Bestimmen Sie den Scheitelpunkt von g.
    a) $g(x) = x^2 + 6x + 9$ b) $g(x) = x^2 - 2{,}2x + 1{,}21$ c) $g(x) = x^2 - 9x + 20{,}25$

15. Zeichnen Sie den Graphen der Funktion f. Bestimmen Sie den Scheitelpunkt.
    a) $f(x) = x^2 - 4x - 1$ b) $f(x) = x^2 + 6x + 3$ c) $f(x) = x^2 - 9x + 20$

16. Gegeben ist die quadratische Funktion f. Berechnen Sie die Scheitelpunktsform der Funktionsgleichung. Zeichnen Sie anschließend den Graphen.
    a) $f(x) = x^2 - x + 5{,}25$ b) $f(x) = x^2 + x$ c) $f(x) = x^2 + 22x + 120$

17. Welche Verschiebungen führen den Graphen von f in den Graphen von g über?
    a) $f(x) = x^2 - 12x + 30$; $g(x) = x^2 + x + 4$
    b) $f(x) = x^2 + 3x - 3$; $g(x) = x^2 + x$

18. Bestimmen Sie die Gleichungen der rechts abgebildeten Parabeln.

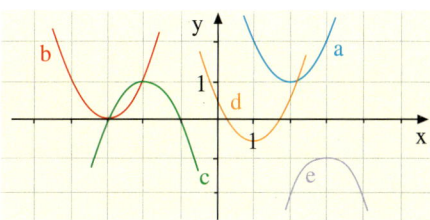

Scheitelpunktsform der Gleichung einer quadratischen Funktion

19. Bestimmen Sie die Scheitelpunktsform der Funktion f. Erläutern Sie die zugehörigen Verschiebungen und Streckungen.
    a) $f(x) = -x^2 - 2x - 2$ b) $f(x) = 2{,}5x^2 + 5x - 5$ c) $f(x) = -0{,}5x^2 + 2x - 1$

20. Zeichnen Sie den Graphen von f und bestimmen Sie den Scheitelpunkt
    a) $f(x) = 2x^2 + 6x + 7$ b) $f(x) = -x^2 + 4x - 3$ c) $f(x) = \frac{1}{2}x^2 - x + 2$

21. Der Scheitel einer Parabel liege im Punkt S und P sei ein Punkt der Parabel. Bestimmen Sie die Scheitelpunktsform der zugehörigen Funktionsgleichung.
    a) $S(1|1); P(0|-2)$ b) $S(-1|-1); P(1|1)$ c) $S(-3|0); P(3|6)$

22. Welche Verschiebungen und Streckungen sind notwendig, um aus der Parabel f die Parabel g zu erhalten?
    a) $f(x) = 2x^2 + 6x - 1$, $g(x) = 2x^2$
    b) $f(x) = 3x^2 - 6x + 2$, $g(x) = -6x^2 + 2x - \frac{1}{6}$

23. Die Fahrbahn einer historischen Hängebrücke ist mit jeweils 9 Haltestäben an zwei mächtigen parabelförmigen Stahlseilen aufgehängt.
    a) Bestimmen Sie die Scheitelpunktsform der Gleichung des vorderen Stahlseils.
    b) Wie lang sind die neun Haltestäbe, welche am vorderen Stahlseil hängen?

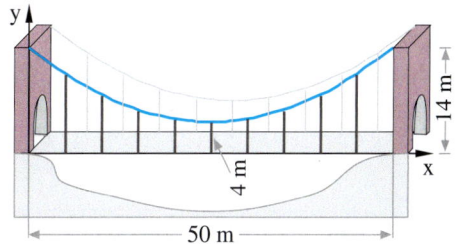

G. Nullstellen quadratischer Funktionen

Der Graph einer beliebigen quadratischen Funktion $f(x) = ax^2 + bx + c$ ist stets eine Parabel, die aus der Normalparabel durch Verschiebung, Streckung und Spiegelung hervorgeht. Daher besitzt f höchstens zwei Nullstellen (Schnittstellen mit der x-Achse).

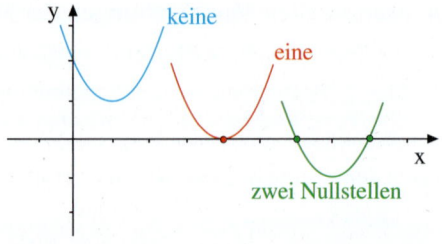

Die Nullstellen einer quadratischen Funktion lassen sich mit Hilfe der p-q-Formel rechnerisch einfach bestimmen.

> **Die p-q-Formel**
> Die Gleichung $x^2 + px + q = 0$ ist nur dann lösbar, wenn $\frac{p^2}{4} - q \geq 0$ gilt.
> Die Lösungen sind dann
> $x = -\frac{p}{2} + \sqrt{\frac{p^2}{4} - q}$ und $x = -\frac{p}{2} - \sqrt{\frac{p^2}{4} - q}$.

Herleitung der p-q-Formel:
$x^2 + px + q = 0;\ x^2 + px = -q$
$x^2 + px + \frac{p^2}{4} = -q + \frac{p^2}{4}$
$\left(x + \frac{p}{2}\right)^2 = \frac{p^2}{4} - q$
$x + \frac{p}{2} = \pm\sqrt{\frac{p^2}{4} - q},\quad x = -\frac{p}{2} \pm \sqrt{\frac{p^2}{4} - q}$

▶ **Beispiel:** Bestimmen Sie die Nullstellen der quadratischen Funktion f.
a) $f(x) = 2x^2 + 2x - 12$
b) $f(x) = -3x^2 + 30x - 75$
c) $f(x) = 4x^2 + 8x + 8$

Rechnung:
zu a: $2x^2 + 2x - 12 = 0$
$x^2 + x - 6 = 0$ (Normalform)
$x = -0{,}5 \pm \sqrt{0{,}25 + 6}$
$x = 2$ sowie $x = -3$

zu b: $-3x^2 + 30x - 75 = 0$
$x^2 - 10x + 25 = 0$ (Normalform)
$x = 5 \pm \sqrt{25 - 25} = 5 \pm 0$
$x = 5$

Lösungsweg:
Wir führen die Gleichung $f(x) = 0$ in die Normalform über und wenden sodann die p-q-Formel an.
Je nachdem, ob der Ausdruck unter der Wurzel – die Diskriminante – größer, gleich oder kleiner als 0 ist, gibt es zwei, eine oder
▶ gar keine Nullstelle.

zu c: $4x^2 + 8x + 8 = 0$
$x^2 + 2x + 2 = 0$ (Normalform)
$x = -1 \pm \sqrt{1 - 2} = -1 \pm \sqrt{-1} \notin \mathbb{R}$
keine Lösung

Übung 24
Bestimmen Sie den Scheitelpunkt sowie die Achsenschnittpunkte von f. Skizzieren Sie den Graphen unter Verwendung der Resultate. Kontrollieren Sie mit dem TR/Computer.
a) $f(x) = 2x^2 + 4x$
b) $f(x) = -3x^2 - 6x + 9$
c) $f(x) = -x^2 - x + 12$
d) $f(x) = 2x^2 + 12x + 18$

3. Quadratische Funktionen

H. Parabeln und Geraden

Schneidet eine Gerade eine Parabel in zwei Punkten, so heißt sie eine *Sekante* der Parabel.
Schneidet eine Gerade, die nicht vertikal verläuft, die Parabel in einem Punkt, so nennt man sie eine *Tangente* der Parabel. Der Schnittpunkt ist ein Berührpunkt.
Schneidet eine Gerade die Parabel überhaupt nicht, so heißt sie eine *Passante*.

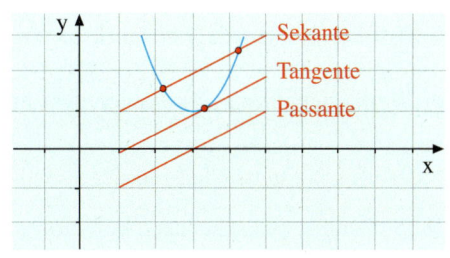

Welcher der drei Fälle jeweils vorliegt, lässt sich mit Hilfe einer einfachen Rechnung analysieren.

▶ **Beispiel:** Gegeben ist die quadratische Funktion $f(x) = x^2 - 2x + 3$. Prüfen Sie, welche Lage die Gerade g relativ zum Graphen von f einnimmt (Sekante, Tangente, Passante).

a) $g(x) = 2x$ b) $g(x) = 2x - 2$ c) $g(x) = 2x - 1$

Lösung:
Wir setzen die Funktionsterme von f und g gleich. Es entsteht eine quadratische Gleichung.

Wir lösen diese Gleichung mit Hilfe der p-q-Formel auf.

Aus der Anzahl der Lösungen können wir schließen, wie die Gerade g relativ zur Parabel f liegt, denn die Anzahl der Lösungen ist gleich der Anzahl der Schnittpunkte von f und g.

Resultate:
a) Zwei Lösungen: g ist Sekante.
b) Keine Lösung: g ist Passante.
▶ c) Eine Lösung: g ist Tangente.

Rechnung:
a) $f(x) = g(x)$
$x^2 - 2x + 3 = 2x$
$x^2 - 4x + 3 = 0$
$x = 2 \pm \sqrt{1}$
$x = 1, x = 3$
  2 Schnittpunkte
  $P(1|2); Q(3|6)$
  Sekante

b) $x^2 - 2x + 3 = 2x - 2$
$x^2 - 4x + 5 = 0$
$x = 2 \pm \sqrt{-1}$
keine Lösung
  keine Schnittpunkte
  Passante

c) $x^2 - 2x + 3 = 2x - 1$
$x^2 - 4x + 4 = 0$
$x = 2 \pm \sqrt{0}$
$x = 2$
  1 Berührpunkt
  $P(2|3)$
  Tangente

Übung 25
Die Eisenbahnlinie hat zwei Brücken über den Fluss. Wie weit sind diese voneinander entfernt?
(1 LE = 1 km)

$f(x) = x^2 - 5x + 4$
$g(x) = x - 1$

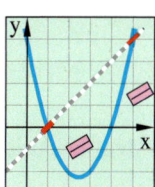

Übung 26
Prüfen Sie, ob die Gerade g Sekante, Passante oder Tangente der Parabel $f(x) = 2x^2 - 3x + 2$ ist.
a) $g(x) = x$ b) $g(x) = 3x - 2$ c) $g(x) = 3x - 3$ d) $g(x) = 5x - 2$ e) $g(x) = ax + 2$

Übungen

Nullstellen quadratischer Funktionen

27. Bestimmen Sie die Nullstellen der Funktion f.
 a) $f(x) = x^2 + 2x - 4$
 b) $f(x) = -0{,}5x^2 - 1{,}25x - 2{,}5$
 c) $f(x) = (x + 1{,}4)(x - 1{,}2)$
 d) $f(x) = -x^2 + 2x + 3$
 e) $f(x) = -2{,}2x^2 + x - 3{,}6$
 f) $f(x) = -7x^2 + 3x + 1$

28. Stellen Sie den gegebenen Funktionsterm als Produkt von Linearfaktoren dar.
 Beispiel: $x^2 + x - 2 = (x - 1)(x + 2)$. Berechnen Sie zunächst die Nullstellen.
 a) $f(x) = x^2 - 8x + 16$
 b) $f(x) = x^2 - 36$
 c) $f(x) = 2x^2 + 2x - 40$
 d) $f(x) = 2x^2 + 3x - 9$
 e) $f(x) = x^2 + (1 - a)x - a$
 f) $f(x) = 2x^2 - (a + 4)x + 2a$

29. Die quadratische Funktion $f(x) = x^2 + bx + c$ habe die Nullstellen x_1 und x_2. Bestimmen Sie die Funktionsgleichung und stellen Sie diese in der Scheitelpunktsform dar.
 a) $x_1 = -3{,}5;\ x_2 = 2{,}5$
 b) $x_1 = 3;\ x_2 = 4$
 c) $x_1 = -5;\ x_2 = -2$
 d) $x_1 = 1{,}5;\ x_2 = 0$
 e) $x_1 = 0;\ x_2 = 0$
 f) $x_1 = -0{,}4;\ x_2 = a$

30. Atoll
Die Profilkurve eines Atolls in der Südsee wird durch die Funktion $f(x) = -\frac{4}{9}x^2 + \frac{32}{9}x + \frac{8}{9}$ (1 LE = 1 m) beschrieben. Das Wasser ist 4 m tief.
 a) Wie breit ist der Teil der Insel, der aus dem Wasser ragt?
 b) Wie hoch ragt die Insel aus dem Wasser?

31. Hochbehälter
Die Höhe des Wasserstandes in einem Hochbehälter, welcher entleert wird, wird beschrieben durch die Funktion $h(t) = \frac{1}{8}t^2 - 2t + 8$ (t in min, h in m).
 a) Zeichnen Sie den Graphen von h.
 b) Wann ist der Hochbehälter leer?
 c) Wann ist der Behälter zur Hälfte leer bzw. nur noch 1/4 gefüllt?
 d) Wie groß ist die Sinkgeschwindigkeit des Wassers im Durchschnitt?

Parabeln und Geraden

32. Prüfen Sie, welche Lage die Gerade g relativ zum Graphen von f einnimmt.
 a) $f(x) = x^2 - 5x,\ g(x) = -x - 4$
 b) $f(x) = 2x^2 - 4x + 1,\ g(x) = 3x - 4$
 c) $f(x) = 3x^2 - 2x,\ g(x) = -2x + 3$
 d) $f(x) = x^2 + 4x + 1,\ g(x) = 2ax,\ a > 0$

3. Quadratische Funktionen

I. Anwendungen von Parabeln

Bestimmung der Gleichung einer Parabel

Zwei Punkte ihres Graphen legen die Gleichung einer Geraden eindeutig fest. Bei einer Parabel reichen drei Punkte aus, wenn sie nicht auf einer Geraden liegen.

▶ **Beispiel: Funktionssteckbrief**
Wie lautet die Gleichung der per Funktionssteckbrief gesuchten Parabel?

Lösung:
Die Parabel geht offensichtlich durch die Punkte $P_1(1|1)$, $P_2(2|2)$ und $P_3(3|5)$.

Wir verwenden den allgemeinen Parabelansatz $f(x) = ax^2 + bx + c$.

Durch das Einsetzen der Punktkoordinaten in diesen Ansatz erhalten wir drei Gleichungen I, II und III, welche ein lineares Gleichungssystem bilden.

Mit dem Subtraktionsverfahren können wir die Variable c eliminieren. Es verbleibt ein System mit zwei Variablen IV ind V.

Nun wird b eliminiert. Es verbleibt Gleichung VI, die wir nach a auflösen können.

Wir erhalten a = 1 und durch Rückeinsetzung in IV und I erst b = −2 und dann c = 2.

Ansatz:
$f(x) = ax^2 + bx + c$

Gleichungssystem:
$P_1(1|1) \in f \Rightarrow$ I: $\quad a + b + c = 1$
$P_2(2|2) \in f \Rightarrow$ II: $\ 4a + 2b + c = 2$
$P_3(3|5) \in f \Rightarrow$ III: $\ 9a + 3b + c = 5$

Lösung des Gleichungssystems:
II − I: $\Rightarrow$ IV: $3a + b = 1$
III − I: $\Rightarrow$ V: $\ 8a + 2b = 4$

V − 2 · IV: $\Rightarrow$ VI: $2a = 2$

aus VI: a = 1
aus IV: b = −2 $\Rightarrow f(x) = x^2 − 2x + 2$
aus I: c = 2

▶ **Resultat:** $f(x) = x^2 − 2x + 2$

Übung 33 Steckbrief
Gesucht ist die Gleichung der Parabel f mit den aufgeführten Eigenschaften:
a) $A(−1|11)$, $B(0|5)$, $C(2|5)$ liegen auf f.
b) f geht durch $P(2|5)$ und hat den Scheitelpunkt $S(1|2)$.
c) f ist achsensymmetrisch zur senkrechten Geraden x = 2, hat eine Nullstelle bei x = 5 und geht durch $P(0|−5)$.
d) f hat genau eine Nullstelle bei x = 4 und schneidet die y-Achse bei y = 8.

Übung 34 Burggraben

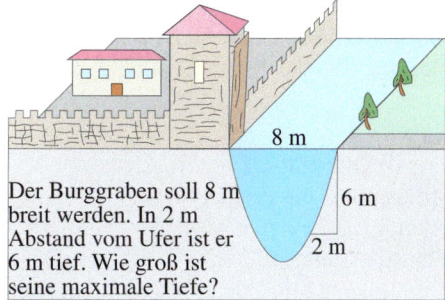

Der Burggraben soll 8 m breit werden. In 2 m Abstand vom Ufer ist er 6 m tief. Wie groß ist seine maximale Tiefe?

Im folgenden Beispiel geht es um einen dynamischen Bewegungsvorgang. Die beschreibenden Funktionen ergeben sich dabei aus dem physikalischen Gesetz des freien Falls.

> **Beispiel: Klippenspringer**
> Acapulco in Mexiko ist für seine Klippenspringer bekannt. Wagemutige junge Männer stürzen sich von steinigen Felsen aus großer Höhe ins Wasser.
>
> Ein Sportler springt mit Anlauf schräg nach oben so ab, dass er kurz darauf den höchsten Punkt S (2,5|31,25) der Flugparabel durchfliegt.
> a) Bestimmen Sie die Gleichung der Parabelbahn.
> b) Wie lange braucht er von S bis zum Eintauchen?
> c) Mit welcher Geschwindigkeit taucht er ein?
> d) Wie lange dauert der gesamte Flug?
>
>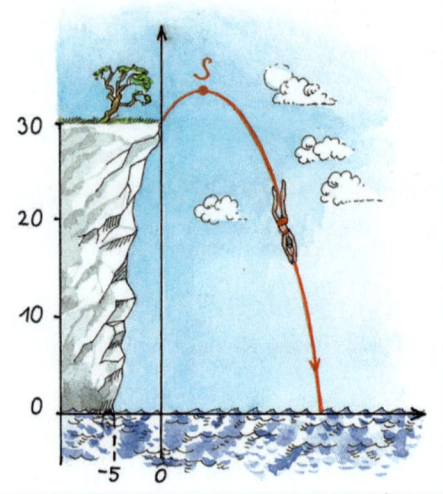

Lösung zu a :
Als Ansatz benutzen wir die Scheitelpunktsform der Parabel, denn der Scheitel S ist bekannt.
Einsetzen der Absprungkoordinaten $x = 0$ und $y = 30$ liefert den noch fehlenden Streckfaktor $a = -\frac{1}{5}$.

Parabelgleichung:
$y(x) = a(x - x_0)^2 + y_0$
$y(x) = a(x - 2{,}5)^2 + 31{,}25$
$30 = a \cdot 6{,}25 + 31{,}25 \Rightarrow a = -\frac{1}{5}$
$y(x) = -\frac{1}{5}(x - 2{,}5)^2 + 31{,}25$

Lösung zu b :
Die Fallstrecke beträgt 31,25 m. Die Fallzeit berechnet sich bekanntlich nach dem Gesetz des freien Falls $h(t) = \frac{1}{2}g \cdot t^2$, wobei $g \approx 10\,\text{m/s}^2$ die Erdbeschleunigung ist. Sie beträgt 2,5 Sekunden.

Fallzeit:
$h(t) = \frac{1}{2}g \cdot t^2 \quad (g \approx 10\,\tfrac{m}{s^2})$
$31{,}25 = 5 \cdot t^2$
$t = 2{,}5$

Lösung zu c:
Die Eintauchgeschwindigkeit entspricht der Fallgeschwindigkeit nach 2,5 s, ausgehend von $v = 0\,\text{m/s}$ im Punkt S.
Resultat: Er taucht mit 90 km/h ins Wasser.

Eintauchgeschwindigkeit :
$v(t) = g \cdot t$
$v(2{,}5) \approx 10 \cdot 2{,}5 = 25$
$25\,\tfrac{m}{s} = 90\,\tfrac{km}{h}$

Lösung zu d:
Wir benötigen noch die Steigzeit vom Absprungpunkt bis zum Punkt S.
Analog zu c) ergibt sich hier eine halbe Sekunde Steigzeit.
▶ Der gesamte Flug dauert also 3 Sekunden.

Flugdauer:
$1{,}25 = 5 \cdot t^2$
$t = \sqrt{0{,}25} = 0{,}5$
$T = 2{,}5 + 0{,}5 = 3$

Übungen

35. Bestimmen Sie die Gleichung der Parabel f, die durch die gegebenen Punkte A, B, C geht.
   a) A(0|4), B(1|5), C(3|−5)
   b) A(3|6), B(−3|6), C(6|9)
   c) A(1|−5), B(2|4), C(3|19)
   d) A(−2|22), B(1|7), C(3|2)

36. Wie lautet die Gleichung der Parabel durch den Punkt P(−1|7) mit dem Scheitelpunkt S(2|1)?

37. Die Parabel f entsteht aus der Normalparabel durch Verschiebungen. Sie schneidet die Achsen an den gleichen Stellen wie die Gerade y = 2x − 5. Wo liegt der Scheitelpunkt der Parabel?

38.  Im Jahre 1947 schrieb die Stadt Saint Louis einen Wettbewerb für ein Bauwerk aus, das die Öffnung Amerikas nach Westen symbolisieren sollte. Der 1. Preis ging an den Finnen Eero Saarinen, dessen Werk eine Art Triumphbogen war und erst 1965, 4 Jahre nach seinem Tod, vollendet wurde. Die Form des inneren und äußeren Bogens kann durch eine Parabel modelliert werden. Bestimmen Sie ein geeignetes Koordinatensystem und geben Sie die zugehörigen Funktionsgleichungen an.

Maße des äußeren Bogens: Höhe: 192 m   Breite: 192 m
Maße des inneren Bogens: Höhe: 187 m   Breite: 163 m

39. An einem Hang mit der Steigung 15 % sind zwei Strommasten von 45 m Höhe aufgestellt. Zwischen den Strommasten hängt ein Kabel, das in 150 m Entfernung vom linken Mast wieder die Höhe 45 m zur Horizontalen erreicht. Der horizontale Abstand der Fußpunkte der Strommasten beträgt 200 m.
   a) Fertigen Sie eine Skizze an und fügen Sie ein Koordinatensystem so ein, dass dessen Ursprung im Fußpunkt des linken Mastes liegt.
   b) Der Kabelverlauf soll durch eine quadratische Parabel approximiert werden. Bestimmen Sie deren Funktionsgleichung. An welcher Stelle hängt das Kabel am stärksten durch?

40. Eine Kette wurde an beiden Enden auf einem großen Brett, auf dem sich ein Koordinatensystem befand, aufgehängt und es wurden folgende Messwerte abgelesen: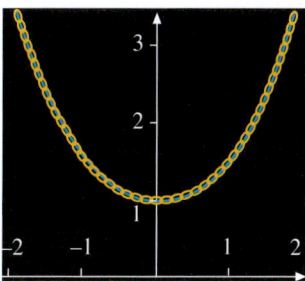

x	−2	−1,5	−1	−0,5	0	0,5	1	1,5	2
y	3,8	2,4	1,7	1,1	1	1,0	1,5	2,5	3,8

Modellieren Sie die Kettenlinie durch eine quadratische Parabel, welche annähernd auf die Tabelle passt.

4. Potenzfunktionen

A. Die Funktion $f(x) = x^n$ ($n \in \mathbb{N}$)

Eine Galeere zählte zu den gefährlichsten Schiffstypen der Antike. Sie konnte auch bei Windstille hohe Rudergeschwindigkeiten erreichen und Segelschiffe angreifen. An Nachbauten zeigte sich, dass für eine Geschwindigkeit von v km/h die Leistung $P(v) = 0{,}004 \cdot v^3$ (in kW) erforderlich war.

Definition I.5: Potenzfunktionen
Die Funktion $f(x) = x^n$ ($n \in \mathbb{N}$)* heißt Potenzfunktion vom Grad n.

▶ **Beispiel: Potenzfunktionen mit geradem Grad**
Zeichnen Sie die Graphen von $f(x) = x^2$, $f(x) = x^4$ und $f(x) = x^6$ und sammeln Sie gemeinsame Eigenschaften.

Lösung:

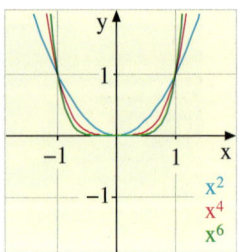

1. **Gemeinsame Punkte/Graph:**
   $P(-1|1)$, $S(0|0)$ und $Q(1|1)$
   Graph liegt im 1. und 2. Quadranten.

2. **Steigungsverhalten und Krümmung:**
   $x \leq 0$: fallend
   $x \geq 0$: steigend
   $S(0|0)$ ist ein Tiefpunkt.
   Linkskrümmung.

3. **Verhalten an den Rändern:**
   Für $x \to -\infty$ strebt $f(x)$ gegen ∞.
   Für $x \to \infty$ strebt $f(x)$ gegen ∞.

4. **Symmetrie:**
▶   Achsensymmetrie zur y-Achse.

▶ **Beispiel: Potenzfunktionen mit ungeradem Grad**
Zeichnen Sie die Graphen von $f(x) = x$, $f(x) = x^3$ und $f(x) = x^5$. Listen Sie die gemeinsamen Eigenschaften auf.

Lösung:

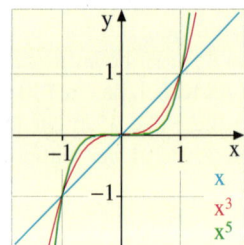

1. **Gemeinsame Punkte/Graph:**
   $P(-1|-1)$, $W(0|0)$ und $Q(1|1)$
   Graph liegt im 1. und 3. Quadranten.

2. **Steigung und Krümmung******:
   Durchgängig steigend
   $x \leq 0$: Rechtskrümmung
   $x \geq 0$: Linkskrümmung
   W ist ein sog. Wendepunkt.

3. **Verhalten an den Rändern:**
   Für $x \to -\infty$ strebt $f(x)$ gegen $-\infty$.
   Für $x \to \infty$ strebt $f(x)$ gegen ∞.

4. **Symmetrie:**
   Punktsymmetrie zum Ursprung.

---
* Man kann auch $f(x) = 1$ als Potenzfunktion $f(x) = x^0$ betrachten.   ** Ausnahme $f(x) = x^1$

B. Symmetrie von Funktionen

Eine wichtige Rolle bei der Beschreibung der Potenzfunktionen $f(x) = x^n$ ($n \in \mathbb{N}$) spielt das *Symmetrieverhalten*. Diese Eigenschaft kann man am Graphen gut ablesen, aber man benötigt natürlich auch exakte und allgemeine Nachweismethoden. Die folgenden beiden Kriterien gelten für beliebige Funktionen. Sie betreffen die sog. Standardsymmetrien zum Ursprung des Koordinatensystems und zur y-Achse.

> **Definition I.6: Achsensymmetrie**
> Eine Funktion f heißt achsensymmetrisch zur y-Achse,
> wenn für alle $x \in D$ gilt: $\quad f(-x) = f(x)$.

> **Definition I.7: Punktsymmetrie**
> Eine Funktion f heißt punktsymmetrisch zum Ursprung,
> wenn für alle $x \in D$ gilt: $\quad f(-x) = -f(x)$.

▶ **Beispiel: Rechnerische Symmetrieuntersuchung**
Untersuchen Sie $f(x) = x^2$, $g(x) = x^3$ und $h(x) = \frac{1}{2}x^3 + \frac{3}{2}x^2$ auf Achsensymmetrie zur y-Achse bzw. auf Punktsymmetrie zum Ursprung. Führen Sie den exakten Nachweis.

Lösung:
Die Parabel $f(x) = x^2$ ist achsensymmetrisch zur y-Achse, denn es gilt nach nebenstehender Rechnung $f(-x) = f(x)$.

$g(x) = x^3$ ist punktsymmetrisch zum Ursprung, denn es gilt $g(-x) = -g(x)$.

$h(x) = \frac{1}{2}x^3 + \frac{3}{2}x^2$ weist keine der beiden Standardsymmetrien auf, da weder $h(-x) = h(x)$ noch $h(-x) = -h(x)$ generell gilt.

Dennoch ist die Funktion h zu einem Punkt P punktsymmetrisch, was wir am Graphen
▶ sehen können. Es ist der Punkt $P(-1|1)$.

Symmetrie von $f(x) = x^2$:
$f(-x) = (-x)^2 = x^2 = f(x)$

Symmetrie von $g(x) = x^3$:
$g(-x) = (-x)^3 = -x^3 = -g(x)$

Symmetrie von $h(x) = \frac{1}{2}x^3 + \frac{3}{2}x^2$
$h(-x) = \frac{1}{2}(-x)^3 + \frac{3}{2}(-x)^2 = -\frac{1}{2}x^3 + \frac{3}{2}x^2$
$h(x) = \frac{1}{2}x^3 + \frac{3}{2}x^2$
$-h(x) = -\frac{1}{2}x^3 - \frac{3}{2}x^2$
$\Rightarrow$ keine Übereinstimmung

Übung 1
a) Untersuchen Sie durch Skizze oder eine Zeichnung, ob die Funktionen I–VIII achsensymmetrisch zur y-Achse oder punktsymmetrisch zum Ursprung sind.
b) Untersuchen Sie die Funktionen rechnerisch auf das Vorliegen der Standardsymmetrien.
  I $\quad f(x) = x$ $\qquad$ II $\quad f(x) = x^4$ $\qquad$ III $\quad f(x) = x^5$ $\qquad$ IV $\quad f(x) = x^6$
  V $\quad f(x) = 3x^2$ $\qquad$ VI $\quad f(x) = x + x^3$ $\qquad$ VII $\quad f(x) = x^2 + x^4$ $\qquad$ VIII $\quad f(x) = x + x^4$
c) Finden Sie durch Skizzieren des Graphen heraus, zu welchem Punkt bzw. zu welcher Achse $f(x) = x^3 - 3x^2$ bzw. $g(x) = x^2 - 4x$ symmetrisch sind.

C. Das Steigungsverhalten von Funktionen

Das Steigungsverhalten ist ebenfalls eine charakteristische Eigenschaft von Funktionen. In der Mathematik bezeichnet man das Steigungsverhalten als *Monotonieverhalten* und spricht von monotonem Steigen und Fallen. Wir werden dies erst in Kapitel IV intensiver benötigen.

Definition I.8: Monotones Steigen
Eine Funktion heißt monoton steigend auf dem Intervall I = [a; b], wenn für je zwei beliebige Stellen x_1, x_2 aus I mit $x_1 < x_2$ stets gilt:
$$f(x_1) \le f(x_2).$$
Sie heißt streng monoton steigend, wenn sogar $f(x_1) < f(x_2)$ gilt.

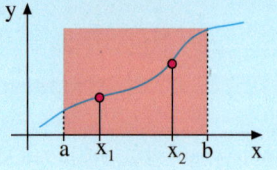

Definition I.9: Monotones Fallen
Eine Funktion heißt monoton fallend auf dem Intervall I = [a; b], wenn für je zwei beliebige Stellen x_1, x_2 aus I mit $x_1 < x_2$ stets gilt:
$$f(x_1) \ge f(x_2).$$
Sie heißt streng monoton fallend, wenn sogar $f(x_1) > f(x_2)$ gilt.

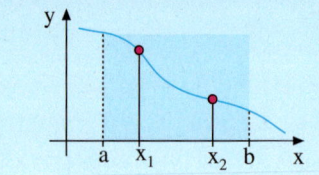

Steigungsverhalten der Potenzfunktionen

Die Potenzfunktionen $f(x) = x^n$ ($n \in \mathbb{N}$) sind für ungerades n streng monoton steigend. Für gerades n sind sie dagegen streng monoton fallend für $x \le 0$ und streng monoton steigend für $x \ge 0$.

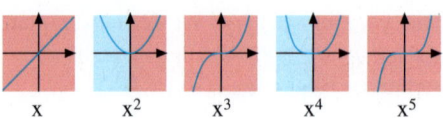

▶ **Beispiel: Steigen und Fallen**
Gegeben sind die Funktionen $f(x) = \frac{1}{2}x^2 + 1$ und $g(x) = -x^3$ aufgrund einer Zeichnung des Graphen. Bestimmen Sie die Bereiche des Steigens und Fallens.

Lösung:
$f(x) = \frac{1}{2}x^2 + 1$ hat zwei Monotoniebereiche. f fällt für $x \le 0$ und steigt für $x \ge 0$. Bei $x = 0$ liegt ein Tiefpunkt T, der die beiden Bereiche trennt.

▶ $g(x) = -x^3$ verläuft durchgehend fallend.

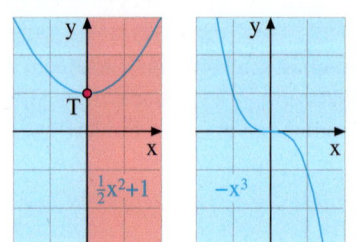

Übung 2 Steigungsverhalten
Untersuchen Sie f auf Steigen und Fallen.
a) $f(x) = x^5$ b) $f(x) = x^2 - 4x$
c) $f(x) = 1 - x^3$ d) $f(x) = x^3 - 4x$
e) $f(x) = 1$ f) $f(x) = \frac{1}{x}$

g)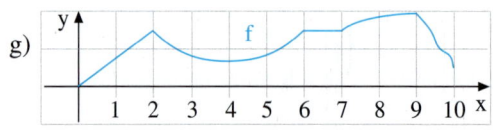

4. Potenzfunktionen

D. Exkurs: Anwendungen

Potenzfunktionen haben zahlreiche Anwendungen, z. B. in technischen Zusammenhängen.

> **Beispiel: Höchstgeschwindigkeit eines Autos**
> Die Geschwindigkeit eines Autos hängt von der Motorleistung und vom Luftwiderstand ab, der mit zunehmender Geschwindigkeit steigt und dazu führt, dass das Fahrzeug dann nicht weiter beschleunigt. Die Formel $P(v) = 10^{-5} \cdot v^3$ gibt an, welche Leistung P in kW ein normales Auto aufbringen muss, um die Höchstgeschwindigkeit v (in km/h) zu erreichen.
>
>
>
> a) Zeichnen Sie P für $0 \leq v \leq 400$ km/h.
> b) Wie viel kW bzw. PS benötigt man für 250 km/h?
> c) Vergleichen Sie: Ein VW-Käfer (1959) mit 30 PS schaffte eine Spitze von ca. 115 km/h.
> d) Wie schnell kann ein 100 PS starkes Auto fahren?
> $$1\,\text{kW} = 1{,}36\,\text{PS}$$

Lösung:

a) Der Graph zeigt den mit zunehmender Geschwindigkeit kubisch ansteigenden Leistungsbedarf.

b) Aus der Zeichnung lässt sich die Frage nur ungenau beantworten, also vielleicht ca. 150 kW.
Durch Einsetzen in die Formel erhält man:
$P(250) = 10^{-5} \cdot 250^3 \approx 156\,\text{kW} \approx 212\,\text{PS}$

c) Durch Einsetzen der Höchstgeschwindigkeit in die Formel erhält man:
$P(115) = 10^{-5} \cdot 115^3 \approx 15{,}21\,\text{kW} \approx 20{,}68\,\text{PS}$
Damals waren Motoren und Windschnittigkeit noch nicht optimal, weshalb man für 115 km/h mehr Leistung brauchte, als die Formel ansagt.

d) 100 PS entsprechen ca. 74 kW. Der Zeichnung entnehmen wir, dass man damit unter 200 km/h liegt. Zum exakten Berechnen muss die Formel $P = 10^{-5} \cdot v^3$ nach v aufgelöst werden. Wir erhalten so die „Umkehrfunktion" $v(P) = \sqrt[3]{10^5 \cdot P}$.
Einsetzen von $P = 74$ kW liefert ca. 195 km/h.*

Leistung und Höchstgeschwindigkeit:

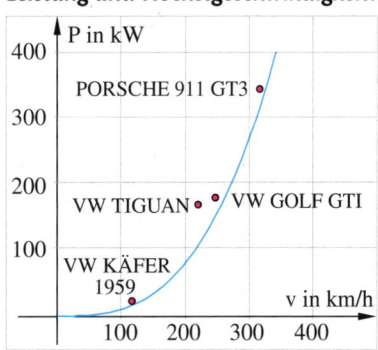

Auflösen der Formel nach v:
$P = 10^{-5} \cdot v^3 \qquad | \cdot 10^5$
$10^5 \cdot P = v^3 \qquad | \sqrt[3]{}$
$\sqrt[3]{10^5 \cdot P} = v$
$v(P) = \sqrt[3]{10^5 \cdot P}$

Übung 3 Schlittenfahrt

Ein Schlitten erreicht bei der Abfahrt von einem Hügel der Höhe h die Geschwindigkeit $v(h) = \sqrt{20h}$, wenn man von Reibungsverlusten absieht (h in m, v in m/s).
a) Welche Geschwindigkeit erreicht man bei der Abfahrt von einem 20 m hohen Hügel?
b) Stellen Sie h als Funktion von v dar und zeichnen Sie den Graphen von h.
c) Welche Hügelhöhe wird benötigt, um auf 100 km/h Geschwindigkeit zu kommen?

---
* Zum Vergleich: Tragen Sie Daten von aktuellen Autos in die Graphik als Punkte ein.

E. Potenzfunktionen mit negativen Exponenten: $f(x) = \frac{1}{x^n}$ bzw. $f(x) = x^{-n}$

In vielen Anwendungen der Mathematik – z. B. bei antiproportionalen Zuordnungen – kommen Funktionen vom Typ $f(x) = \frac{1}{x^n}$ bzw. $f(x) = x^{-n}$ ($n \in \mathbb{N}$) vor, d. h. Potenzfunktionen mit negativen Exponenten. Die Prototypen sind die Funktionen $f(x) = \frac{1}{x}$ und $f(x) = \frac{1}{x^2}$. Die Graphen der Funktionsklasse heißen *Hyperbeln.* Ihre Eigenschaften stellen wir nun zusammen.

$f(x) = \frac{1}{x^n}$ (n ungerade)

Wertetabelle von $f(x) = \frac{1}{x}$:

x	−10	−2	−1	−0,1	0	0,1	1	2	10
y	−0,1	−0,5	−1	−10	−	10	1	0,5	0,1

Graphen:

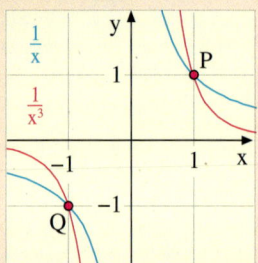

$f(x) = \frac{1}{x^n}$ (n gerade)

Wertetabelle von $f(x) = \frac{1}{x^2}$:

x	−10	−2	−1	−0,1	0	0,1	1	2	10
y	0,01	0,25	1	100	−	100	1	0,25	0,01

Graphen:

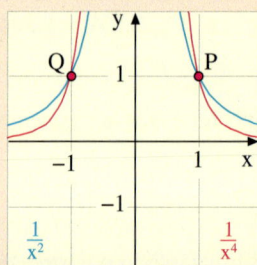

Eigenschaften:

1. f ist für x = 0 nicht definiert.
2. f verläuft im 1. und 3. Quadranten.
3. f ist punktsymmetrisch zum Ursprung.
4. f verläuft überall fallend.
5. $x \to \pm\infty$: Anschmiegung an x-Achse.
6. $x \to 0$: Anschmiegung an y-Achse.
7. P(1|1) und Q(−1|−1) liegen auf f.

Eigenschaften:

1. f ist für x = 0 nicht definiert.
2. f verläuft im 1. und 2. Quadranten.
3. f ist achsensymmetrisch zur y-Achse.
4. f ist steigend für x < 0 und fallend für x > 0.
5. $x \to \pm\infty$: Anschmiegung an x-Achse.
6. $x \to 0$: Anschmiegung an y-Achse.
7. P(1|1) und Q(−1|1) liegen auf f.

Einige der Eigenschaften weisen wir in den folgenden Übungen rechnerisch nach.

Übung 4 Gemeinsamkeiten
Skizzieren Sie die Graphen von $f(x) = \frac{1}{x^n}$ und beschreiben Sie Gemeinsamkeiten.
a) n = 1, n = 3 und n = 5   b) n = 2, n = 4 und n = 6

Übung 5 Symmetrien
Untersuchen Sie die Funktion $f(x) = \frac{1}{x^n}$ rechnerisch auf das Vorliegen der Grundsymmetrien.
a) n = 1, n = 3   b) n = 2, n = 4

Übung 6 Große oder kleine Funktionswerte
Wo sind die Funktionswerte von $f(x) = \frac{1}{x^n}$ größer als 400 bzw. kleiner als 0,05?
a) n = 1, n = 3   b) n = 2, n = 4

4. Potenzfunktionen

Übung 7 Symmetrien
Zeichnen Sie den Graphen von f. Untersuchen Sie f rechnerisch auf Achsensymmetrie zur y-Achse und Punktsymmetrie zum Ursprung.
a) $f(x) = x^2$ b) $f(x) = x^{-4}$ c) $f(x) = x^2 + x^6$ d) $f(x) = x^{-5} + x^3 + \frac{1}{x}$ e) $f(x) = \sqrt{x}$

Verschiebungen und Streckungen

Mit Hilfe von Verschiebungen, Streckungen und Spiegelungen lässt sich die Klasse der Potenzfunktionen mit negativen ganzzahligen Exponenten beträchtlich erweitern.

▶ **Beispiel: Manipulation einer Hyperbel**
Strecken Sie den Graphen von $f(x) = \frac{1}{x^2}$ mit dem Faktor 0,5 und verschieben Sie Ihn anschließend um 2 nach rechts und 1 nach oben.
Wie lautet die Gleichung der resultierenden Funktion $g(x)$? Beschreiben Sie Eigenschaften.

Lösung:
Wir führen die Operationen nacheinander aus.

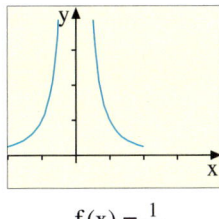 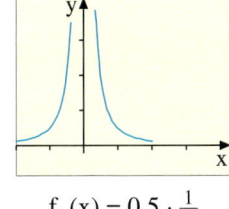 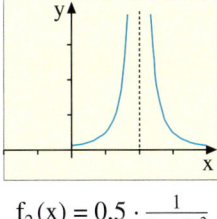 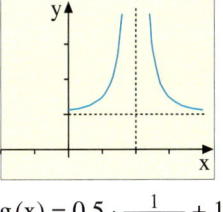

$f(x) = \frac{1}{x^2}$ $f_1(x) = 0{,}5 \cdot \frac{1}{x^2}$ $f_2(x) = 0{,}5 \cdot \frac{1}{(x-2)^2}$ $g(x) = 0{,}5 \cdot \frac{1}{(x-2)^2} + 1$

Durch Eingabe des letzten Funktionsterms g in einen TR/Computer könnte man das Resultat auch optisch noch einmal auf Richtigkeit kontrollieren.

Die Ergebnisfunktion g bezeichnet man übrigens als eine gebrochen-rationale Funktion. Sie ist bei x = 2 nicht definiert, sondern schmiegt sich dort an die senkrechte Gerade x = 2, die man auch als *Polgerade* bezeichnet, beliebig dicht an. Für x → ±∞ nähern sich die Funktionswerte von g
▶ immer mehr der waagerechten Geraden $y(x) = 1$, die man auch als *Asymptote* bezeichnet.

Übung 8 Verschiebungen/Streckungen
Welche Verschiebungen und Streckungen von $f(x) = \frac{1}{x}$ führen zum Graphen von $g(x)$?
a) $g(x) = \frac{2}{x+1} - 3$ b) $g(x) = \frac{1}{2(x-1)} + 1$ c) $g(x) = \frac{2}{2x-6}$ d) $g(x) = \frac{x+2{,}5}{x+2}$

Übung 9 Verschiebung
Der Graph von $f(x) = \frac{1}{x^2}$ wird längs der x-Achse so verschoben, dass er durch $P(1|4)$ geht.
Wie lautet die Gleichung der resultierenden Funktion $g(x)$?

Übung 10 Spiegelungen
$f(x) = \frac{1}{x^2}$ wird an der x-Achse gespiegelt. Wie lautet die neue Funktionsgleichung? (vgl. S. 34).

$f(x) = \frac{1}{x-2}$ wird an der y-Achse gespiegelt. Wie lautet die neue Funktionsgleichung? (vgl. S. 34).

Übungen

Übung 11 Milchkühe
Ein Bauer besitzt 60 ha (Hektar) Land, auf dem er Milchkühe züchten möchte.
Die Funktion $A(x) = \frac{60}{x}$ (x: Zahl der Kühe) gibt an, wie viel Hektar Weideland pro Kuh zur Verfügung stehen.
a) Zeichnen Sie den Graphen von A.
b) Wie viel Weideland pro Kuh ergibt sich bei 20 Kühen?
c) Die biologische Nutzung des Landes ist nur gewährleistet, wenn man mit einem Bedarf von 1,5–2,5 ha pro Kuh rechnet. Wie viele Kühe kann der Bauer halten?

Übung 12 Vulkane
Das Profil des rechten Hangs eines Vulkankegels kann grob durch die Funktion $f(x) = \frac{25}{x^2}$ beschrieben werden.
($2 \leq x \leq 6$, 1 LE = 100 m)
a) Der Krater ist 400 m breit. Wie hoch ist der Vulkanberg?
b) In welcher Höhe hat der Vulkanberg einen Durchmesser von 1 km?
c) Ein weiterer Vulkan hat das Profil $g(x) = \frac{100}{x^3}$ ($3 \leq x \leq 9$).
Der Kraterdurchmesser ist 600 m. Welcher Vulkan ist höher?
In welcher Höhe haben beide Vulkane den gleichen Durchmesser?
d) Zeichnen Sie beide Berge im Schnitt.

Übung 13 Känguru
Die Känguruherde auf Mr. Johns Tierfarm wird durch $K(t) = \frac{2000t}{t+1}$ beschrieben.
t: Zeit in Monaten; K(t): Zahl der Kängurus
a) Zeichnung des Graphen K ($0 \leq t \leq 12$).
b) Zeigen Sie: $K(t) = -\frac{2000}{t+1} + 2000$
c) Wie viele Kängurus gab es Anfang Mai?
d) Wann werden es 1800 Kängurus sein?
e) Welche Zahl von Kängurus kann auch langfristig nicht überschritten werden?

F. Exkurs: Die Wurzelfunktion $f(x) = x^{\frac{1}{n}}$ bzw. $f(x) = \sqrt[n]{x}$

Wir behandeln nun Potenzfunktion mit einem Stammbruch als Exponenten, d. h. $f(x) = x^{\frac{1}{n}}$. Diese Funktion kann man auch als n-te Wurzel darstellen, d. h. $f(x) = \sqrt[n]{x}$.

Quadrat- und Kubikwurzelfunktion

Die einfachsten Vertreter dieser Funktionsklasse sind die Quadratwurzelfunktion $f(x) = \sqrt{x}$ bzw. $f(x) = x^{\frac{1}{2}}$ und die Kubikwurzelfunktion $f(x) = \sqrt[3]{x}$ bzw. $f(x) = x^{\frac{1}{3}}$. Sie sind nur für $x \geq 0$ definiert und verlaufen ganz im ersten Quadranten, streng monoton steigend und mit einer Rechtskrümmung versehen, ohne jede Symmetrie.
Es gilt: $D = \mathbb{R}_0^+$, $W = \mathbb{R}_0^+$

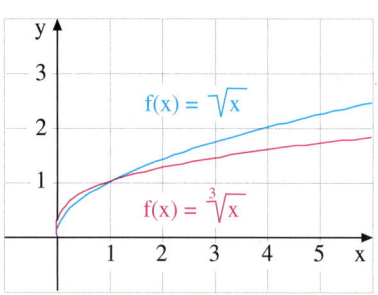

▶ **Beispiel: Das Fadenpendel**
Ein Fadenpendel der Länge l hat auf der Erde die Schwingungsdauer $T(l) \approx 2\sqrt{l}$.
a) Welche Schwingungsdauer (hin und zurück) hat ein 2 m langes Pendel?
b) Wie lang muss ein sog. Sekundenpendel sein (T = 1 Sekunde)?
c) Wie lange dauert es, bis der Stuntman die gegenüberliegende Hauswand erreicht hat? Sein Seil ist 30 m lang. Er führt eine Viertelschwingung aus.

Lösung:
a) Eine Hin- und Herschwingung des Pendelkörpers am Seil dauert bei einer Seillänge von 2 m ca. 2,8 Sekunden.
b) Der Ansatz $T(l) = 1$ führt auf eine Seillänge von 0,25 m, d. h. 25 cm. Ein 25-cm-Pendel schwingt in einer Sekunde genau einmal hin und her.
▶ c) Ein 30 m langes Seil hat eine Schwingungsdauer von ca 10,95 Sekunden. Da der Stuntman aber nur eine Viertelschwingung macht, geht es mit 2,73 Sekunden doch recht schnell.

Schwingungsdauer bei 2 m Länge:
$T(2) \approx 2\sqrt{2}$; $T(2) \approx 2{,}82\,s$

Länge des Sekundenpendels:
$T(l) = 1$
$2\sqrt{l} = 1$
$\sqrt{l} = \frac{1}{2}$
$l = \frac{1}{4}$
$l = 0{,}25\,m$

Schwingungsdauer bei 30 m Länge:
$T(30) \approx 2\sqrt{30}$; $T(30) \approx 10{,}95\,s$

Übung 14 Pendel auf anderen Planeten
Allgemein gilt die Pendelgleichung $T(l) \approx 2\pi \cdot \sqrt{\frac{l}{g}}$, wobei g die Schwerebeschleunigung in m/s² am Pendelort ist. Auf der Erde gilt g = 9,81 m/s². Lösen Sie die Aufgaben aus dem Beispiel oben für die gleichen Pendelvorgänge auf dem Mond (g = 1,62 m/s²) und dem Jupiter (g = 24,79 m/s²).

Durch Streckungen/Stauchungen, Verschiebungen und Spiegelungen kann man Modifikationen der Quadrat- und der Kubikwurzelfunktion erzeugen.

> **Beispiel: Eine Wurzelfunktion**
> Gegeben ist die Funktion $g(x) = \frac{1}{2}\sqrt{x+2} + 1$.
> a) Wie entsteht der Graph von g aus dem Graphen von $f(x) = \sqrt{x}$?
> b) Zeichnen Sie den Graphen von g. Verwenden sie zur Kontrolle den TR/Computer.
> c) Wie lauten Definitions- und Wertemenge von g?

Lösung zu a:
Folgende Modifikationen von f sind nötig:
① $f(x) = \sqrt{x}$ — Ausgangslage
② $f_1(x) = \frac{1}{2}\sqrt{x}$ — Stauchung, Faktor: $\frac{1}{2}$
③ $f_2(x) = \frac{1}{2}\sqrt{x+2}$ — x-Verschiebung: -2
④ $g(x) = \frac{1}{2}\sqrt{x+2} + 1$ — y-Verschiebung: $+1$

Lösung zu c:
g ist nur dort definiert, wo der Radikand der Wurzel nicht negativ ist, also für $x \geq -2$.
▶ Für die Funktionswerte gilt $g(x) \geq 1$.

Lösung zu b:

Definitions- und Wertemenge von g
$D = \{x \in \mathbb{R}: x \geq -2\}$
$W = \{y \in \mathbb{R}: x \geq 1\}$

Übung 15 Definitions- und Wertemenge
Zeichnen Sie die Graphen von f. Geben Sie außerdem die Definitions- und Wertemenge von f an.
a) $f(x) = 2\sqrt{x-3}$
b) $f(x) = \sqrt{-x}$
c) $f(x) = \frac{1}{2}\sqrt{2x+4}$
d) $f(x) = 2 - \sqrt{x+4}$

Übung 16
Bestimmen Sie die Achsenschnittpunkte der Funktionen aus Übung 15. An welcher Stelle haben die Funktionen den Funktionswert 1 bzw. den Funktionswert 4?

Übung 17 Schnittpunkt
Zeichnen Sie die Graphen von $f(x) = \sqrt{x}$ und $g(x) = 3 - \frac{1}{2}\sqrt{x}$ und bestimmen Sie ihren gemeinsamen Schnittpunkt.

Übung 18 Halfpipe
Die abgebildete Halfpipe wird aus drei Funktionen f, g und h zusammengesetzt.
a) Bestimmen Sie die Parameter a, b und c aus den Daten der Skizze.
b) In welchem Bereich beträgt die Höhe der Bahn mindestens 1,50 m?

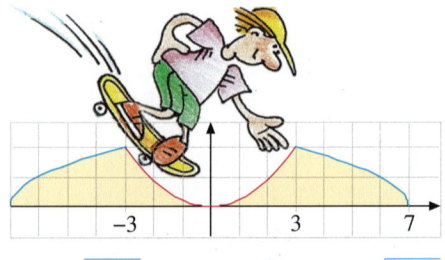

$f(x) = \sqrt{a+x}$ $g(x) = bx^2$ $h(x) = \sqrt{c-x}$

5. Ganzrationale Funktionen

A. Einstiegsbeispiel

Im Folgenden untersuchen wir Polynomfunktionen, die sich aus Potenzfunktionen zusammensetzen lassen. Mit diesen Funktionen lassen sich viele Anwendungsprozesse beschreiben.

> **Beispiel: Kuschelkasten**
> Anja möchte aus einem 30 cm × 30 cm großen Pappquadrat durch Abschneiden von vier quadratischen Eckstücken und Hochbiegen der Seiten einen Kuschelkasten für ihr Zwergkaninchen bauen.
> Welche Seitenlänge x müssen die abgeschnittenen Eckquadrate haben, wenn das Volumen des Kastens maximal sein soll?

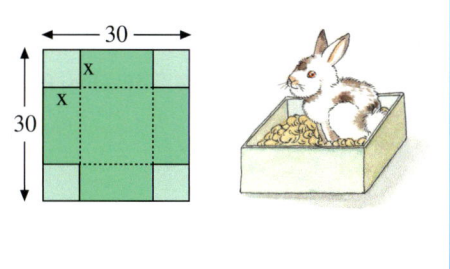

Lösung:
Man kann das Problem durch den Bau einiger Kästen aus Pappe veranschaulichen, z. B. für x = 2, x = 7 und x = 10, deren Inhalt man durch Befüllen direkt vergleicht.

Eine systematische Lösung wird möglich, wenn man das Volumen V des Kastens als Funktion der Größe x darstellt.
Die Höhe des Kastens sei also x. Seine Länge ist dann 30 − 2x und die Breite ist ebenfalls 30 − 2x, wobei 0 ≤ x ≤ 15 gilt.
Dann lautet die Funktion für das Volumen:
$V(x) = (30 - 2x) \cdot (30 - 2x) \cdot x$ bzw.
$V(x) = 4x^3 - 120x^2 + 900x$

Mittels Wertetabelle zeichnen wir den Graphen von V. Er lässt vermuten, dass das Maximum von V bei x = 5 liegt und den Wert V(5) = 2000 hat.
Man kann dieses Ergebnis auch mit dem Rechner automatisiert bestimmen.
▶ Anja sollte also Eckquadrate der Größe 5 cm × 5 cm abschneiden.

Bastellösung:

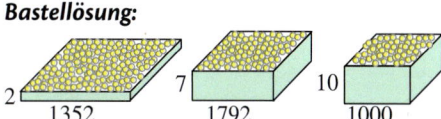

Wertetabelle:

x	0	2	4	6	8
V	0	1352	1936	1944	1568

x	10	12	14	15
V	1000	432	56	0

Graph:

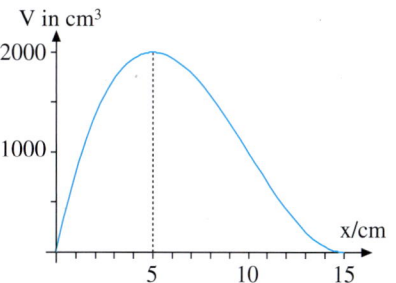

Übung 1
Wo liegt der höchste Bahnpunkt einer Achterbahn mit der Profilkurve f?
$f(x) = -\frac{1}{8}x^4 - \frac{1}{3}x^3 + \frac{1}{4}x^2 + x + 2$
(1 LE = 10 m, −3 ≤ x ≤ 2)

B. Der Begriff der ganzrationalen Funktion

Die ganzrationalen Funktionen ergeben sich durch Vervielfachung und Addition von Potenzfunktionen. Sie werden auch als Polynome bezeichnet.

Definition I.10
Eine Funktion mit der Gleichung
$f(x) = a_n x^n + a_{n-1} x^{n-1} + \ldots a_1 x + a_0$
heißt *ganzrationale Funktion* oder *Polynom* vom Grad n.
Die reellen Zahlen a_i heißen Koeffizienten von f. Es gilt $a_n \neq 0$.
a_0 heißt absolutes Glied.

Beispiele:

$f(x) = x^3 + 2x$: $n = 3$; $a_3 = 1$, $a_2 = 0$, $a_1 = 2$, $a_0 = 0$

$f(x) = 2x^2 + 4$: $n = 2$; $a_2 = 2$, $a_1 = 0$, $a_0 = 4$

$f(x) = -3$: $n = 0$; $a_0 = -3$

Ganzrationale Funktionen verhalten sich in der Regel wesentlich komplexer als Potenzfunktionen. Im Folgenden werden sie mit unterschiedlichen Methoden untersucht, wobei die graphische Darstellung zunächst im Vordergrund steht.

▶ **Beispiel: Der Graph eines Polynoms**
Gegeben ist die Funktion $f(x) = \frac{1}{3}x^3 + \frac{1}{2}x^2 - 2x$. Zeichnen Sie den Graphen für $-4 \leq x \leq 3$. Wie verhält sich die Funktion für betragsgroße Werte von x, d.h. für $x \to \infty$ und $x \to -\infty$?*

Lösung: Wir zeichnen den Graphen mit Hilfe einer Wertetabelle oder gleich automatisiert mit dem TR/Computer.

Der Graph steigt zunächst an. Er erreicht eine Nullstelle bei $x = -3{,}3$ und dann einen Hochpunkt bei H($-2|3{,}3$). Nun fällt er unter Durchlaufen einer Nullstelle bei $x = 0$ bis zum Tiefpunkt T($1|-1{,}2$), um dann weiter anzusteigen, wobei er bei $x = 1{,}8$ eine weitere Nullstelle durchläuft.
Er ist zunächst rechtsgekrümmt bis zu einem sog. Wendepunkt W($-0{,}5|1$), danach verläuft er mit Linkskrümmung.
Alle diese Eigenschaften werden später genauer untersucht.
Für große Werte von x, für $x \to \infty$*, wie man sagt, steigt er ins Unendliche, er strebt gegen ∞. Für kleine Werte von x, für
▶ $x \to -\infty$, strebt er gegen $-\infty$.

x	−4	−3	−2	−1	0	1	2	3
y	−5,3	1,5	3,3	2,2	0	−1,2	0,7	7,5

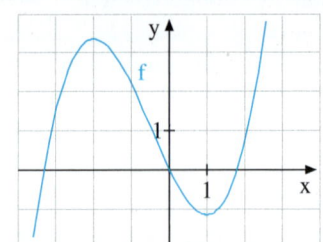

x	1	2	3	5	10	→ ∞
y	−1,2	0,7	7,5	44	363	→ ∞

x	−1	−2	−3	−5	−10	→ ∞
y	2,2	3,3	1,5	−19	−263	→ −∞

Übung 2 Graphen von Polynomen
Zeichnen Sie den Graphen von f. Beschreiben Sie anschließend seine Eigenschaften.
a) $f(x) = x^2 + 2x - 2$ b) $f(x) = x^3 - 3x$ c) $f(x) = 2x^2 - x^4$ d) $f(x) = x^3 + 3x^2$

---
* $x \to \infty$: Gelesen: „x strebt gegen Unendlich". *Gemeint:* Die Werte für x werden unbegrenzt größer.

5. Ganzrationale Funktionen

C. Hoch- und Tiefpunkte ganzrationaler Funktionen

Die Graphen ganzrationaler Funktionen zeigen je nach Komplexität des Funktionsterms oft abenteuerliche Schwankungen mit Hoch- und Tiefpunkten.
Im späteren Kursverlauf können wir Letztere mit neuen Methoden exakt berechnen. Zum jetzigen Stand können wie sie nur angenähert aus Zeichnungen bestimmen.

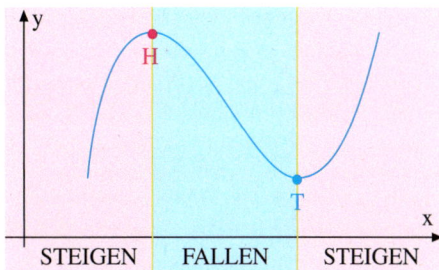

▶ **Beispiel: Hochpunkt**
Bestimmen Sie den lokalen Hochpunkt von $f(x) = -\frac{1}{3}x^3 + 1{,}05\,x^2$ angenähert durch Zeichnen des Graphen.

Lösung:
Wir fertigen eine Wertetabelle an und zeichnen den Graphen von f, aus der wir die Lage des lokalen Hochpunktes ablesen. Er scheint ca. bei H(2|1,5) zu liegen.

Wertetabelle:

x	−3	−2	−1	0	1	2	3	4
y	18,5	6,9	1,4	0	0,7	1,5	0,5	−4,5

Durch Verfeinern der Wertetabelle in der Nähe des Hochpunktes oder durch Zeichnen des Graphen mit einem Rechner.
Auf diese Weise erhalten wir als Resultat den Hochpunkt H(2,1|1,54).

Graph:

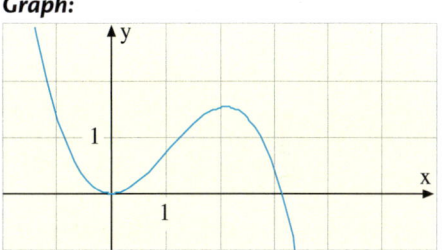

f kommt aus dem positiv Unendlichen und fällt bis zum Tiefpunkt T(0|0), steigt dann bis zum Hochpunkt H(2,1|1,54), um dann
▶ ins negativ Unendliche zu fallen.

Verfeinerte Wertetabelle:

x	1,9	2,0	2,1	2,2
y	1,50	1,53	1,54	1,53

Übung 3
Zeichnen Sie den Graphen von f, bestimmen Sie die Lage der Hoch- und Tiefpunkte angenähert und beschreiben Sie das Monotonieverhalten von f.
a) $f(x) = \frac{1}{6}x^3 - 0{,}025\,x^2 - 1{,}9\,x$ b) $f(x) = \frac{1}{4}x^4 - 2x^2 + 2$ c) $f(x) = -\frac{1}{3}x^3 - 0{,}1\,x^2 + 2{,}2\,x$

Übung 4
Zeichnen Sie den Graphen von f. Bestimmen Sie Hoch- und Tiefpunkte angenähert.
a) $f(x) = x^2 + 1{,}2\,x - 5{,}4$ b) $f(x) = x^4 - 2x^2$ c) $f(x) = \frac{1}{100}(x^5 - 5x^4)$

D. Das Symmetrieverhalten ganzrationaler Funktionen

Polynome weisen oft eine der Standardsymmetrien auf, d. h. Punktsymmetrie zum Ursprung oder Achsensymmetrie zur y-Achse. Diese Symmetrien kann man am Graphen erkennen, aber auch rechnerisch aufgrund der Kriterien bestimmen, die auf Seite 43 zusammengestellt sind.

> **Beispiel: Symmetrieverhalten**
> Untersuchen Sie, ob eine der Standardsymmetrien vorliegt.
> a) $f(x) = 0{,}25\,x^4 - x^2$ 　　　b) $f(x) = x^3 - 2x$ 　　　c) $f(x) = x^2 - 2x$

Lösung zu a) 　　　　　　　Lösung zu b) 　　　　　　　Lösung zu c)

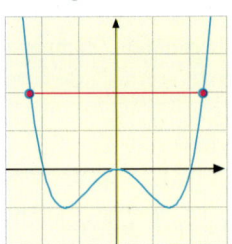 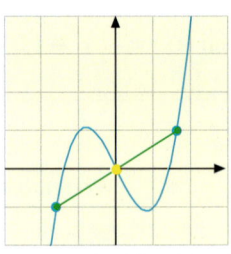 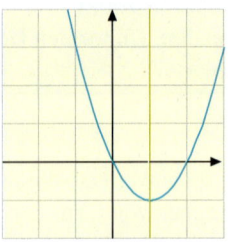

$f(-x) = 0{,}25\,(-x)^4 - (-x)^2$ 　　$f(-x) = (-x)^3 - 2(-x)$ 　　$f(-x) = (-x)^2 - 2(-x)$
$\qquad = 0{,}25\,x^4 - x^2$ 　　　　　$\qquad = -x^3 + 2x$ 　　　　　　$\qquad = x^2 + 2x$
$\qquad = f(x)$ 　　　　　　　　　　$\qquad = -f(x)$ 　　　　　　　　　　$\neq f(x)$ und $\neq -f(x)$
$\Rightarrow$ *Symmetrie* 　　　　　　　$\Rightarrow$ *Symmetrie* 　　　　　　　$\Rightarrow$ *keine Standard-*
zur y-Achse 　　　　　　　　　*zum Ursprung* 　　　　　　　　*symmetrie*

Bei Polynomen kann man die Standardsymmetrien durch einen besonders einfachen Test feststellen. Er wird im folgenden Kriterium formuliert und in Beispielen demonstriert.

> **Symmetrietest für Polynome**
> Haben alle Summanden eines Polynoms gerade Exponenten, so ist es *achsensymmetrisch* zur y-Achse.
> Haben alle Summanden ungerade Exponenten, so ist es *punktsymmetrisch* zum Ursprung.
> Besitzt es Summanden mit geraden und mit ungeraden Exponenten, so liegt *keine der beiden Standardsymmetrien* vor.

Beispiele:

$f(x) = 0{,}25\,x^4 - x^2$
Achsensymmetrisch zur y-Achse

$f(x) = x^3 - 2x = x^3 - 2x^1$
Punktsymmetrisch zum Ursprung

$f(x) = x^2 - 2x + 1 = x^2 - 2x^1 + 1x^0$
Keine der beiden Standardsymmetrien

Übung 5 Symmetrien
Die Funktion f soll auf Symmetrien untersucht werden.
I: $f(x) = x^4 - 2x^2$ 　　II: $f(x) = \tfrac{1}{3}x^3 - 4x$ 　　III: $f(x) = x^2 - 4x$ 　　IV: $f(x) = \tfrac{1}{10}(x^5 - 2x)$
a) Führen Sie den allgemeinen rechnerischen Nachweis zu den Standardsymmetrien.
b) Wenden Sie den obigen Symmetrietest für Polynome an.
c) Kontrollieren Sie ihre Ergebnisse durch eine Skizze.

E. Nullstellen ganzrationaler Funktionen

Ein wichtiges Kennzeichen ganzrationaler Funktionen neben Globalverlauf, Monotonieverhalten und Symmetrien sind ihre Nullstellen. Diese kann man z.T. rechnerisch exakt bestimmen, aber oft ist man auf eine Näherung durch Ablesen am Graphen oder dem TR/Computer angewiesen.

▶ **Beispiel: Lineare und quadratische Funktionen**
Bestimmen Sie die Nullstellen von $f(x) = \frac{1}{2}x - 3$ und $g(x) = \frac{1}{2}x^2 + \frac{1}{2}x - 3$ rechnerisch.

Lösung:
Die Nullstelle der linearen Funktion berechnen wir durch Nullsetzen ihres Funktionsterms.

$$f(x) = 0$$
$$\frac{1}{2}x - 3 = 0 \quad |\cdot 2$$
$$x - 6 = 0 \quad +6$$
$$x = 6$$

Die Nullstellen der quadratischen Funktion berechnen wir mit der p-q-Formel.

$$f(x) = 0$$
$$\tfrac{1}{2}x^2 + \tfrac{1}{2}x - 3 = 0 \quad |\cdot 2$$
$$x^2 + x - 6 = 0 \quad | \text{p-q-Formel}$$
$$x = -\tfrac{1}{2} \pm \sqrt{\tfrac{1}{4} + 6}$$
$$x = -\tfrac{1}{2} \pm \tfrac{5}{2}$$
$$x = -3, \quad x = 2$$

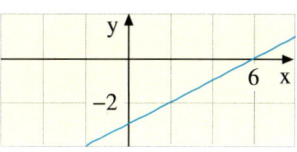
$f(x) = \frac{1}{2}x - 3$

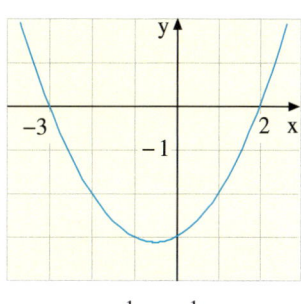
$g(x) = \frac{1}{2}x^2 + \frac{1}{2}x - 3$

Die Nullstellen von Polynomen vom Grad 3 oder höher lassen sich mit unseren Mitteln nur noch in Sonderfällen rechnerisch exakt bestimmen. Hierzu geben wir nun einige Beispiele.

▶ **Beispiel: Kubische Funktion**
Gesucht sind die Nullstellen der kubischen Funktion $f(x) = \frac{1}{4}x^3 - \frac{1}{2}x^2 - 2x$.

Lösung:
Das Besondere am Funktionsterm ist hier, dass jeder Summand den Faktor x enthält. Daher können wir x ausklammern, so dass eine Produktgleichung entsteht:

$$x \cdot \left(\tfrac{1}{4}x^2 - \tfrac{1}{2}x - 2\right) = 0$$

Da ein Produkt genau dann null ist, wenn einer der Faktoren null ist, führt der erste Faktor auf die Nullstelle $x = 0$, während der zweite Faktor über die p-q-Formel die Nullstellen $x = -2$ und $x = 4$ liefert.

Berechnung der Nullstellen:
$$f(x) = 0$$
$$\tfrac{1}{4}x^3 - \tfrac{1}{2}x^2 - 2x = 0 \quad | \text{x ausklammern}$$
$$x \cdot \left(\tfrac{1}{4}x^2 - \tfrac{1}{2}x - 2\right) = 0 \quad | \text{Produktsatz}$$
$$x = 0 \text{ oder } \tfrac{1}{4}x^2 - \tfrac{1}{2}x - 2 = 0 \quad |\cdot 4$$
$$x = 0 \qquad x^2 - 2x - 8 = 0 \quad | \text{p-q-Formel}$$
$$x = 1 \pm \sqrt{9}$$
$$x = -2, \quad x = 4$$

Beispiel: Kubische Funktion (Faktorisierung vorgegeben)
Gegeben ist die Funktion $f(x) = x^3 - x^2 - 4x + 4$. Berechnen Sie die Nullstellen von f. Zeigen Sie zunächst, dass $f(x) = (x - 1) \cdot (x^2 - 4)$ gilt.

Lösung:
Wir zeigen durch Ausmultiplikation des Produktes $(x - 1) \cdot (x^2 - 4)$, dass dies den Funktionsterm von f darstellt.
Nun berechnen wir die Nullstellen von f, indem wir die Produktterme null setzen. Dann liefert der Faktor $x - 1$ die Nullstelle $x = 1$ und der Faktor $x^2 - 4$ die beiden Nullstellen $x = -2$ und $x = 2$.

Nachweis der Termengleichheit:
$$(x - 1) \cdot (x^2 - 4) = x^3 - 4x - x^2 + 4$$
$$= x^3 - x^2 - 4x + 4 = f(x)$$

Berechnung der Nullstelle:
$$f(x) = 0$$
$$(x - 1) \cdot (x^2 - 4) = 0$$
$$x - 1 = 0 \quad \text{oder} \quad x^2 - 4 = 0$$
$$x = 1 \qquad\qquad x^2 = 4$$
$$\qquad\qquad\qquad x = 2, \, x = -2$$

Beispiel: Biquadratische Funktion (Substitution)
Bestimmen Sie die Nullstellen von $f(x) = x^4 - 5x^2 + 4$ und zeichnen Sie den Graphen von f.

Lösung:
Hier ist das Besondere am Funktionsterm, dass er nur geradzahlige Exponenten hat.

Dann kann man die Substitution $x^2 = u$ durchführen, d.h. man ersetzt x^2 durch u und x^4 durch u^2. So entsteht eine quadratische Gleichung $u^2 - 5u + 4 = 0$, die wir mit Hilfe der p-q-Formel lösen. Die beiden Lösungen sind $u = 1$ und $u = 4$. Nun resubstituieren wir $u = x^2$ und erhalten $x^2 = 1$ und $x^2 = 4$.
Hieraus folgen die vier Nullstellen $x = -1$, $x = 1$, $x = -2$ und $x = 2$.

Den Graphen von f erhalten wir durch Einzeichnen der Nullstellen und mit einer ergänzenden Wertetabelle.

Nullstellen:
$$f(x) = 0$$
$$x^4 - 5x^2 + 4 = 0 \quad | \, x^2 = 0 \text{ Substitution}$$
$$u^2 - 5u + 4 = 0 \quad | \text{ p-q-Formel}$$
$$u = 2{,}5 \pm \sqrt{6{,}25 - 4}$$
$$u = 2{,}5 \pm 1{,}5$$
$$u = 1 \text{ oder } u = 4 \quad | \text{ Resubstitution } u = x^2$$
$$x^2 = 1 \text{ oder } x^2 = 4$$
$$x = 1, \, x = -1, \, x = 2, \, x = -2$$

Graph:

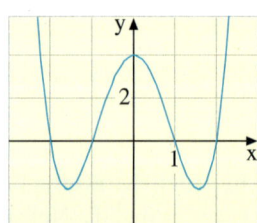

Übung 6 Lineare und quadratische Funktionen
Berechnen Sie die Nullstellen der Funktion f und zeichnen Sie den Graphen von f.
a) $f(x) = 4x - 2$
b) $f(x) = \frac{1}{2}x^2 - 2x - \frac{5}{2}$
c) $f(x) = \frac{1}{2}x^2 - 2x + 2$

Übung 7 Faktorisieren
Gesucht sind die Nullstellen von f. Zeichnen Sie den Graphen von f.
a) $f(x) = x^3 - x^2 - 2x$
b) $f(x) = x^4 - 3x^3$
c) $f(x) = (x - 2) \cdot (x^2 - 3x - 10)$

Übung 8 Biquadratische Funktion (Substitution)
Gesucht sind die Nullstellen von f. Zeichnen Sie den Graphen von f.
a) $f(x) = x^4 - 3x^2 - 4$
b) $f(x) = \frac{1}{8}x^4 + \frac{10}{8}x^2 + 3$
c) $f(x) = \frac{1}{4}x^4 - \frac{5}{4}x^2 + 1$

5. Ganzrationale Funktionen

Übungen

Der Begriff der ganzrationalen Funktion

9. Die ganzrationale Funktion $g(x) = \frac{1}{2}x^3 - 2x$ hat den Grad 3 und die Koeffizienten $a_3 = \frac{1}{2}$, $a_2 = 0$, $a_1 = -2$ und $a_0 = 0$. Geben Sie analog Grad und Koeffizienten von f an.
   a) $f(x) = 2x^4 - x^2 + x$ b) $f(x) = 4 - x^3 + x^2$ c) $f(x) = 2$
   d) $f(x) = 2(x-1)^2$ e) $f(x) = (2-x) \cdot (2+x^4)$ f) $f(x) = (x-1)^3$

10. Welche Terme sind nicht ganzrational?
    Welche Definitionsmenge hat der jeweilige Term?

    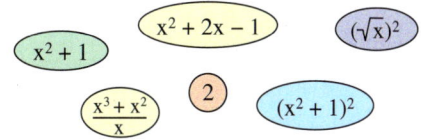

11. Gesucht ist eine ganzrationale Funktion mit folgenden Eigenschaften.
    a) f hat den Grad 2, ist symmetrisch zur y-Achse, hat bei $x = -2$ eine Nullstelle und bei $x = 0$ den Funktionswert -2.
    b) f hat den Grad 3, ist symmetrisch zum Ursprung und geht durch $P(1|-3)$ und $Q(2|0)$.

Nullstellen ganzrationaler Funktionen

12. Bestimmen Sie die Nullstellen von f.
    a) $f(x) = 4 - x$ b) $f(x) = ax + b$ c) $f(x) = 2x^2 - 2x$ d) $f(x) = x^2 + 2x - 3$

13. Gesucht sind die Nullstellen von f. Klammern Sie zunächst x aus.
    a) $f(x) = x^2 - 4x$ b) $f(x) = x^3 - 3x^2$ c) $f(x) = x^4 - 4x^2$
    d) $f(x) = 2x^3 - 4x$ e) $f(x) = \frac{1}{4}x^4 - 2x$ f) $f(x) = x^3 - 2x^2 + x$

14. Bestimmen Sie die Nullstellen der faktorisierten Funktion.
    a) $f(x) = (x-2) \cdot (2x+6)$ b) $f(x) = (x+1) \cdot (2x-1) \cdot x$ c) $f(x) = (x^2 - 3x + 2) \cdot (x-2)$

15. Gesucht sind die Nullstellen der biquadratischen Funktion. Substituieren Sie $u = x^2$.
    Kontrollergebnisse:
    a) $\pm 1, \pm 2$
    b) ± 2
    c) keine Lösungen
    a) $f(x) = x^4 - 5x^2 + 4$ b) $f(x) = x^4 - 3x^2 - 4$ c) $f(x) = x^4 + 5x^2 + 4$

16. Zeichnen Sie den Graphen von f mit dem Rechner. Bestimmen Sie mit dem Rechner auch die Nullstellen.
    a) $f(x) = x^3 - 5{,}25x + 2{,}5$ b) $f(x) = 0{,}2x^4 - 1{,}05x^2 - 1{,}25$ c) $f(x) = x^3 - 2x^2 - x + 2$

17. Berechnen Sie die Schnittpunkte von f und g sowie die Nullstellen der Funktionen.
    a) $f(x) = x^2$, $g(x) = 2x^3 - x$ b) $f(x) = \frac{1}{2}x^2 - 2x + 3$, $g(x) = 3 - \frac{1}{2}x^2$

Graphen ganzrationaler Funktionen

18. Skizzieren Sie den Graphen von f mit Hilfe einer Wertetabelle.
Prüfen Sie das Verhalten von f für x → ±∞ (Wertetabelle oder Argumentation).
a) $f(x) = -\frac{1}{2}x^2 + 2x$
$-2 \leq x \leq 6$
b) $f(x) = (2-x) \cdot \left(\frac{1}{2}x^2 - 2\right)$
$-2 \leq x \leq 3$
c) $f(x) = \frac{1}{2}x^4 - 2x^2$
$-2{,}5 \leq x \leq 2{,}5$

19. Welche Gleichung gehört zu welchem Graphen? (1 Kästchen entspricht 1 Einheit.)

I $f(x) = -\frac{1}{2}x^2 + \frac{5}{2}x - 2$

II $f(x) = \frac{1}{2}x^3 - \frac{5}{2}x^2 + 2x + 1$

III $f(x) = \frac{1}{2}(x^3 - 4x)$

IV $f(x) = -x^3 + 2x^2$

V $f(x) = -x^3 + 2x$

VI $f(x) = x^4 - 2x^2$

A 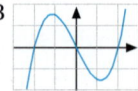 B 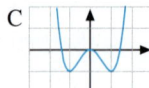 C

D  E 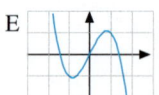 F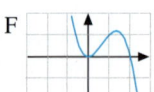

20. Konstruieren Sie eine Funktionsgleichung, die dem Graphen vom Typ grob entspricht.
(1 Kästchen entspricht 1 Einheit.)

a) 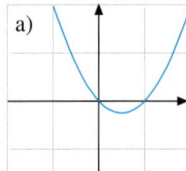 b) 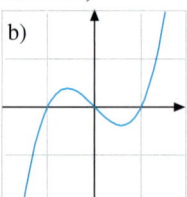 c) 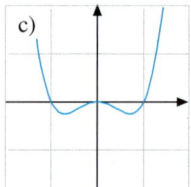 d)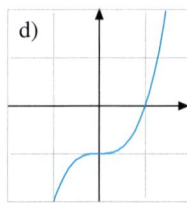

Symmetrie von Funktionen

21. Untersuchen Sie die Funktion f auf Symmetrie zur y-Achse bzw. zum Ursprung.
a) $f(x) = x^3 - 2x$
b) $f(x) = 1 - x^2 + x^4$
c) $f(x) = (x^2 - 1) \cdot 2x$
d) $f(x) = (x^2 - 4) \cdot (x^2 + 1) + 3$

Steigungsverhalten, Hoch- und Tiefpunkte

22. Gegeben ist die Funktion f. Skizzieren Sie den Graphen von f anhand einer Wertetabelle. Lesen Sie die ungefähre Lage der Hoch- und Tiefpunkte ab und beschreiben Sie, wo f steigt und fällt. Kontrollieren Sie Ihre Ergebnisse.
a) $f(x) = x^3 - 4x$
b) $f(x) = \frac{1}{6}x^2 \cdot (x - 5)$
c) $f(x) = x^4 - 2x^3$

Knobelaufgabe

Felix geht eine Rolltreppe hoch. Geht er 1 Stufe pro Sekunde, ist er nach 20 Stufen oben. Geht er 2 Stufen pro Sekunde, so ist er nach 32 Stufen oben.

Wie viele Stufen hat die Rolltreppe im Stillstand?

Zusammengesetzte Aufgaben

23. Gegeben sei die ganzrationale Funktion $f(x) = x^3 + 3x^2 + 2{,}25x$, $x \in \mathbb{R}$.
  a) Geben Sie den Grad von f an.
  b) Bestimmen Sie die Nullstellen von f.
  c) Untersuchen Sie f auf Symmetrie.
  d) Liegen die Punkte $P(5|112{,}25)$ und $Q(1|6{,}25)$ auf dem Graphen von f?
  e) Bestimmen Sie a so, dass der Punkt $R(3|9a)$ auf dem Graphen von f liegt.
  f) Zeichnen Sie den Graphen von f für $-2{,}5 \leq x \leq 0{,}5$.
  g) Bestimmen Sie die Schnittpunkte der Graphen von f und $g(x) = 2{,}25x$.
  h) Unter welchem Winkel schneidet der Graph von g die x-Achse?

24. Gegeben sei die ganzrationale Funktion $f(x) = x^4 - 3{,}25x^2 + 2{,}25$, $x \in \mathbb{R}$.
  a) Bestimmen Sie die Nullstellen von f.
  b) Untersuchen Sie f auf Symmetrie.
  c) Liegen die Punkte $P(2|5{,}25)$ und $Q(0{,}5|0{,}75)$ auf dem Graphen von f?
  d) Zeichnen Sie den Graphen von f für $-2 \leq x \leq 2$.
  e) Welche Verschiebung längs der Achsen muss durchgeführt werden, damit die verschobene Funktion g genau drei Nullstellen besitzt?
  Geben Sie die Gleichung von g an.
  f) Bestimmen Sie die Schnittpunkte von f und $h(x) = x^2 - 1$.
  g) Verschieben Sie h so, dass der Scheitel in $P(1|0)$ liegt.
  h) Bestimmen Sie die Gleichung der Geraden durch die Punkte $P(0|-1)$ und $Q(1|0)$.

25. Gegeben sei die ganzrationale Funktion $f(x) = \frac{2}{25}x^5 - x^3 + \frac{25}{8}x$, $x \in \mathbb{R}$.
  a) Bestimmen Sie die Nullstellen von f.
  b) Untersuchen Sie f auf Symmetrie.
  c) Zeichnen Sie den Graphen von f für $-3 \leq x \leq 3$.
  d) Zeigen Sie, dass der Graph von f und der Graph von $g(x) = -x^3 + 2x$ nur einen gemeinsamen Punkt haben.
  e) Strecken Sie g mit dem Faktor $-1{,}5$ und geben Sie das zugehörige Polynom an.
  f) Verschieben Sie g um a in Richtung der y-Achse.
  Geben Sie die verschobene Funktion an und bestimmen Sie dann a so, dass bei $x = 1$ eine Nullstelle liegt.

26. Gegeben sei die ganzrationale Funktion $f(x) = x^3 - 9x^2 + 24x - 16$, $x \in \mathbb{R}$.
  a) Zeigen Sie, dass f bei $x = 1$ eine Nullstelle mit Vorzeichenwechsel und bei $x = 4$ eine Nullstelle ohne Vorzeichenwechsel besitzt.
  b) Untersuchen Sie f auf Symmetrie.
  c) Zeichnen Sie den Graphen von f für $0{,}5 \leq x \leq 5$.
  d) Zeigen Sie, dass die Punkte $P_1(2|f(2))$, $P_2(3|f(3))$ und $P_3(4|f(4))$ auf einer Geraden g liegen. Bestimmen Sie die Geradengleichung von g.
  e) Eine Gerade h schneidet die y-Achse bei $y = -16$ und den Graphen von f bei $x = 3$. Bestimmen Sie die weiteren Schnittpunkte von h und f.
  f) Gegeben sei die Funktionenschar $f_a(x) = a(x^3 - 9x^2 + 24x - 16)$, $a > 0$, $x \in \mathbb{R}$.
  Führen Sie die Teilaufgaben a und d für die Funktionenschar f_a durch.

Überblick

Funktionsbegriff — Eine Funktion ist eine eindeutige Zuordnung. Jedem x-Wert ist genau ein y-Wert zugeordnet.

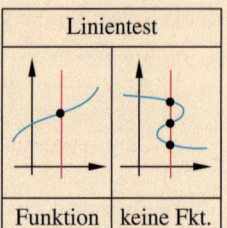

Definitionsmenge / Wertemenge
D: Menge aller möglichen x-Werte
W: Menge aller zugeordneten y-Werte

Funktionsgleichung / Wertetabelle / Graph

$f(x) = \frac{1}{2}x^2$

↑ Funktionsname   Funktionsterm

x	-2	-1	0	1	2
y	2	0,5	0	0,5	2

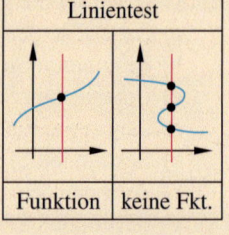

Lineare Funktion

Gerade:
Gleichung: $f(x) = mx + n$ oder $y = mx + n$
Steigung: $m = \frac{\Delta y}{\Delta x}$
y-Achsenabschnitt: $n = f(0)$

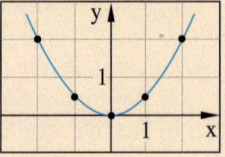

Punktsteigungsform einer Geraden

Eine Gerade mit der Steigung m, die durch den Punkt $P(x_0|y_0)$ geht, hat die Gleichung:
$y = m(x - x_0) + y_0$

Zweipunkteform der Geradengleichung

Eine Gerade, die durch die beiden Punkte $P_1(x_1|y_1)$ und $P_2(x_2|y_2)$ geht, hat die Gleichung
$y = m(x - x_1) + y_1$ mit $m = \frac{y_2 - y_1}{x_2 - x_1}$

Steigungswinkel α einer Geraden

Winkel α, den die Gerade zur Horizontalen einnimmt:
$\tan \alpha = m$
$\alpha = \arctan m$
$\alpha = \tan^{-1} m$

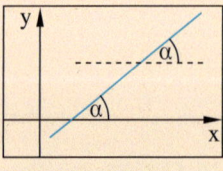

$0° \leq \alpha \leq 180°$

Schnittwinkel γ zweier Geraden

Zwei Geraden f und g bilden zwei Winkel γ und γ' miteinander.
Der Schnittwinkel ist derjenige, der 90° nicht übersteigt.

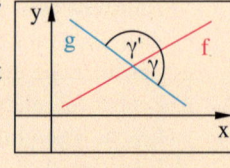

$0° \leq \alpha \leq 90°$

Schnittwinkel γ bei gegebenen Steigungswinkeln α und β

Es gilt: $\gamma = |\beta - \alpha|$ oder $\gamma = 180° - |\beta - \alpha|$
α: Steigungswinkel von f
β: Steigungswinkel von g

I. Grundlagen

Quadratische Funktion	$f(x) = ax^2 + bx + c,\ a \neq 0$ Normalparabel: $f(x) = x^2$
Scheitelpunktsform einer Parabel	$f(x) = a(x - x_s)^2 + y_s$ Scheitelpunkt: $S(x_s \mid y_s)$

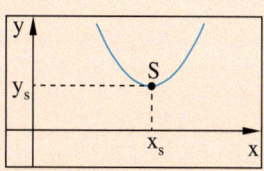

Nullstellen quadratischer Funktionen	Parabeln haben keine, eine oder zwei Nullstellen. Diese können mit der p-q-Formel berechnet werden.

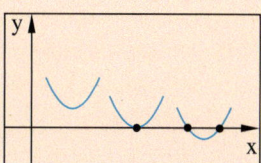

p-q-Formel

Die Gleichung $x^2 + px + q = 0$ hat die Lösungen

$$x_{1/2} = -\frac{p}{2} \pm \sqrt{\frac{p^2}{4} - q}$$

Verschiebungen, Streckungen und Spiegelung reeller Funktionen

Verschiebung um a in y-Richtung: $\quad y = f(x) + a$
Verschiebung um a in x-Richtung: $\quad y = f(x - a)$
Streckung mit dem Faktor a in y-Richtung: $\quad y = a \cdot f(x)$
Streckung mit dem Faktor a in x-Richtung: $\quad y = f(a \cdot x)$
Spiegelung an der x-Achse: $\quad y = -f(x)$

Potenzfunktionen mit natürlichen Exponenten

$f(x) = x^n,\ n \in \mathbb{N}$
Parabeln

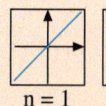 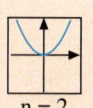 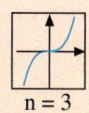

$n = 1 \qquad n = 2 \qquad n = 3$

Potenzfunktionen mit negativen ganzen Exponenten

$f(x) = x^{-n} = \frac{1}{x^n},\ n \in \mathbb{N}$
Hyperbeln

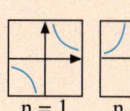

$n = 1 \qquad n = 2$

Standardsymmetrie

Symmetrie
zur y-Achse: $\quad f(-x) = f(x)$
zum Ursprung: $\quad f(-x) = -f(x)$

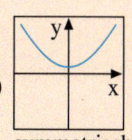 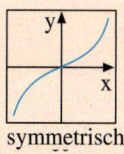

symmetrisch symmetrisch

Ganzrationale Funktionen (Polynome)

$f(x) = a_n x^n + a_{n-1} x^{n-1} + \ldots + a_0$
Koeffizienten $a_i \in \mathbb{R};\ a_n \neq 0$
Grad des Polynoms: n

Nullstellen von Polynomen

Ein Polynom n-ten Grades hat maximal n Nullstellen.
Methoden zur Nullstellenberechnung:
Auflösen nach x, Ausklammern, Faktorisieren,
Substitution bei biquadratischen Funktionen

Wie heiß ist es in Amerika?

Ist Ihnen das auch schon einmal so ergangen? Auf dem Urlaubsflug ins ferne Amerika fällt Ihnen eine amerikanische Zeitung in die Hand. Der Wetterbericht meldet, dass am nächsten Tag mit 92 Grad zu rechnen ist. Da wird einem richtig heiß. Natürlich ist sofort klar, dass damit Grad Fahrenheit gemeint sind und nicht Grad Celsius. Aber was kann ein Europäer mit dieser Information anfangen? Wie rechnet man das um und wie kam es überhaupt zu so unterschiedlichen Temperaturskalen?

Anders Celsius

1701–1744; schwedischer Astronom, Mathematiker und Physiker; definierte die nach ihm benannte Temperaturskala *Grad Celsius*; Fixpunkte: Gefrierpunkt (0°) und Siedepunkt (100°) von Wasser; Carl von Linné drehte im Jahre 1745 kurz nach Celsius Tod die Skala um.

Daniel Gabriel Fahrenheit

1686–1736; deutscher Physiker und Instrumentenbauer aus Danzig; definierte die noch heute in den USA verwendete Temperaturskala *Grad Fahrenheit*; Fixpunkte: die niedrigste damals im Labor erzeugbare Temperatur mit 0° Fahrenheit und die Körpertemperatur des Menschen mit 100° Fahrenheit.

Man benötigt zwei Informationen, um eine Umrechnung vornehmen zu können.

1. Misst man auf der Fahrenheitskala den Gefrierpunkt des Wassers, so erhält man 32 °F. Also entsprechen sich 0 °C und 32 °F. Misst man auf der Fahrenheit-Skala den Siedepunkt des Wassers, so ergeben sich 212 °F. Also entsprechen sich 100 °C und 212 °F.

2. Einer Celsius-Differenz von 100° entspricht also eine Fahrenheit-Differenz von 180°. Man kann auch sagen: Ein Celsius-Grad entspricht $\frac{9}{5} = 1{,}8$ Fahrenheit-Grad.

Damit ergeben sich zwei interessante *Umrechnungsformeln*, die aber praktisch nicht viel nützen, denn wer trägt ständig einen Taschenrechner mit sich herum?

$$F = \frac{9}{5} \cdot C + 32$$

$$C = \frac{5}{9} \cdot (F - 32)$$

Allerdings lassen sie das Herz des Mathematikers höher schlagen, denn es sind lineare Funktionen. Diese kann man ganz wunderbar graphisch darstellen, in einem so genannten *Nomogramm*. Und aus einem solchen Diagramm kann man dann durch Ablesen und ohne sich den Kopf durch Rechnen zu zerbrechen, die Umrechnungswerte gewinnen.

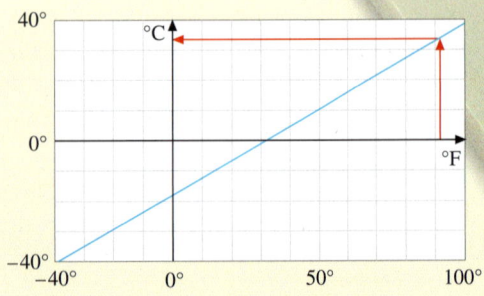

Wie heiß ist es in Amerika?

Mit dem Diagramm ist es ganz leicht, 92° Fahrenheit in Celsiusgrade umzuwandeln. Nach unserem Diagramm sind es 32° Celsius, vielleicht auch 33° Celsius. So ganz genau kann man es nicht ablesen. Wenn wir es exakt wissen wollen, müssen wir doch die Formel $C = \frac{5}{9} \cdot (F - 32)$ heranziehen. Wir erhalten dann 33,3 °C.

Nun haben wir zwar das genaue Ergebnis, aber für praktische Zwecke ist das Verfahren doch sehr umständlich. Mit einer einfachen und ganz leicht zu merkenden **Faustformel** kommt man viel besser durchs Leben. Wie sie lautet?

Wie rechnet man Fahrenheit in Celsius um?

Nehmen Sie die Fahrenheit-Temperatur, ziehen Sie 30 ab und teilen Sie das Ergebnis durch 2. Dann erhalten Sie angenähert die Celsius-Temperatur.
92 °F minus 30 ergibt 62. 62 geteilt durch 2 ergibt 31 °C. Das ist nicht ganz exakt, aber leicht zu merken und für praktische Zwecke völlig ausreichend.

Ziehe 30 ab und teile durch 2.

Die Frage ist nun:

Ist die Faustformel mathematisch einigermaßen zu rechtfertigen? Wie kann man das überprüfen?

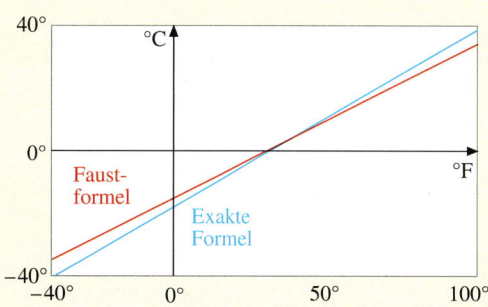

Wir stellen erst einmal eine Gleichung auf für die Faustformel. Sie lautet:
$C = \frac{1}{2}(F - 30)$ oder $F = 2C + 30$.

Diese Formel vergleichen wir nun mit der exakten Formel $C = \frac{5}{9} \cdot (F - 32)$. Am besten geht das graphisch.

Wir erkennen, dass sich die beiden Geraden nur wenig unterscheiden. Die Faustformel ist in weiten Bereichen eine gute Annäherung.

Nun wissen wir also, wie die Amerikaner Temperaturen messen, woher ihr Messverfahren stammt, wie man umrechnen kann und wie die einfache Faustformel zur Umrechnung mathematisch modelliert und begründet werden kann.

Zur Anregung

Nicht nur die Temperaturmessung in Amerika unterscheidet sich von der unseren. Die Amerikaner verwenden einige für uns unübliche Maßeinheiten.
- Was bedeutet 9:00 a.m. bzw. 11:00 p.m.?
- Was bedeutet 12:00 a.m., Mitternacht oder Mittag?
- Was ist mit der Datumsangabe 12 – 3 – 2004 gemeint?
- Was bedeutet die Längenangabe 22 feet 9 inches beim Weitsprung?
- Was ist mit 3 gallons gemeint?
- Was bedeutet ein speed limit von 75 mi/h auf dem interstate highway?

Test

Grundlagen

1. Geraden

Ein Flugzeug wird an den Positionen P(0|5) und Q(6|2) geortet.
a) Bestimmen Sie die Gleichung der Flugbahn f des Flugzeugs.
b) Berechnen Sie, wo der Kurs den Fluss kreuzt, der längs der x-Achse verläuft.
c) Unter welchem Winkel α wird der Fluss überflogen?

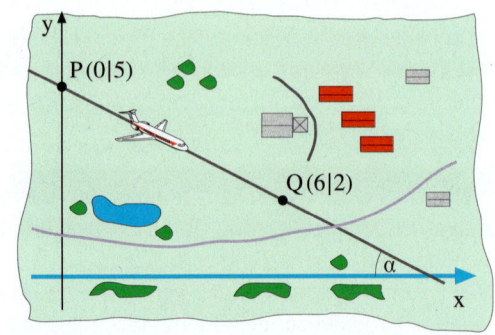

2. Verschiebungen und Streckungen

Erläutern Sie, welche Verschiebungen und Stauchungen/Streckungen bzw. Spiegelungen die Normalparabel $f(x) = x^2$ in die Funktion $g(x) = -\frac{1}{2}(x-2)^2 + 1$ überführen.

3. Scheitelpunktsform der Parabelgleichung

Gegeben ist die quadratische Funktion $f(x) = 2x^2 - 4x - 6$.
a) Bestimmen Sie die Scheitelpunktsform der Gleichung von f.
b) Berechnen Sie die Nullstellen von f.
c) Zeichnen Sie den Graphen von f.

4. Ganzrationale Funktionen

Gegeben ist die ganzrationale Funktion $f(x) = \frac{1}{2}x^3 - 2x$.
a) Berechnen Sie die Nullstellen von f.
b) Untersuchen Sie f auf Symmetrie zur y-Achse bzw. zum Ursprung.
c) Legen Sie eine Wertetabelle an und zeichnen Sie den Graphen von f für $-2{,}5 \leq x \leq 2{,}5$.

5. Entleerung einer Regentonne

Eine volle Regentonne wird entleert. Die Höhe des Wasserstandes wird durch die Funktion $h(t) = 5t^2 - 60t + 180$ beschrieben, wobei t die Zeit in Minuten und h die Wasserstandhöhe in cm ist.
a) Wann ist das Fass leer?
b) Wie hoch ist der Wasserstand zu Beginn?
c) Das Fass soll bis auf ein Viertel des Inhalts geleert werden. Wie lange muss der Hahn geöffnet bleiben?
d) Um welche Höhe verringert sich der Wasserstand in der ersten Minute bzw. in der letzten Minute des Ablaufvorgangs?

Lösungen: S. 339

II. Grenzwerte

1. Folgen

A. Der Begriff der Zahlenfolge

In Intelligenztests kommt oft der rechts abgebildete Aufgabentyp vor. Die Testperson soll vorgegebene Anordnungen von Zahlen sinnvoll fortsetzen. Dazu muss ein passendes, hinter der Anordnung verborgenes Bildungsgesetz entdeckt werden. Ist ein solches Gesetz gefunden, so ist es leicht, die Anordnung fortzusetzen.

INTELLIGENZTEST								
1	2	4	8	16	32	_	_	_
0	−3	6	−9	12	−15	_	_	_
1	$\frac{1}{2}$	1	$\frac{1}{3}$	1	$\frac{1}{4}$	_	_	_
1	3	9	27	81	243	_	_	_
2	3	5	7	11	13	_	_	_
2	5	10	17	26	37	_	_	_
1	1	2	3	5	8	_	_	_
Setze jede Zeile fort.								

Eine *reelle Zahlenfolge* besteht aus unendlich vielen reellen Zahlen $a_1, a_2, a_3, \ldots$, die in einer festen Reihenfolge angeordnet sind – so wie Perlen auf einer unendlich langen Schnur.

Die Zahl mit dem *Index* n, also die Zahl a_n, steht dabei an n-ter Stelle in der Reihenfolge und heißt daher n-tes Folgenglied.
Für die Folge als Ganzes verwendet man die Kurzschreibweise (a_n).
Der Index n ist also eine natürliche Zahl aus der Menge $\{1; 2; 3; \ldots\} = \mathbb{N}$.

Eine Zahlenfolge (a_n) als Perlenkette:

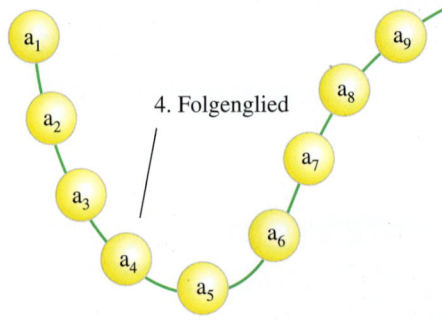

4. Folgenglied

Beispiele für Folgen:

$a_1, a_2, a_3, a_4, a_5, a_6, \ldots$

Die Folge der Quadrate der natürlichen Zahlen: 1, 4, 9, 16, 25, 36, …
Die Folge der Primzahlen in natürlicher Ordnung: 2, 3, 5, 7, 11, 13, …
Eine konstante Folge: 3, 3, 3, 3, 3, …
Eine scheinbar gesetzlose Folge: 7, 12, 15, 16, …

Für die meisten Folgen, die wir betrachten werden, lässt sich ein einfaches *Bildungsgesetz* für das n-te Folgenglied a_n angeben. Oft lässt sich a_n durch einen Term ausdrücken, der nur die Variable n enthält.
So gilt z. B. für die Folge der Quadratzahlen das Bildungsgesetz $a_n = n^2$. Auf die oben angegebene scheinbar gesetzlose Folge passen mehrere Bildungsgesetze, z. B. $a_n = 8n - n^2$ und $a_n = n^4 - 10n^3 + 34n^2 - 42n + 24$. Dies ist leicht zu erklären, denn durch die Angabe endlich vieler Glieder ist natürlich in keiner Weise festgelegt, wie die restlichen unendlich vielen Glieder beschaffen sind.

1. Folgen

▶ **Beispiel: Bildungsgesetz**
Gegeben ist die Folge (a_n) durch das Bildungsgesetz $a_n = n^2 - 5n$ $(n \in \mathbb{N})$:

a) Geben Sie die ersten sieben Folgenglieder an.
b) Berechnen Sie das 20. Folgenglied.
c) Stellen Sie die ersten sechs Folgenglieder graphisch als Punkte auf der Zahlengeraden dar.

Lösung:
zu a: $a_1, a_2, a_3, a_4, a_5, a_6, a_7, \ldots$
       $-4, -6, -6, -4, 0, 6, 14, \ldots$

zu b: $a_{20} = 20^2 - 5 \cdot 20 = 300$

zu c:
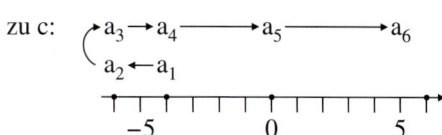

Abschließend sei erwähnt, dass eine Folge (a_n) als reelle Funktion mit dem Definitionsbereich $\mathbb{N}$ aufgefasst werden kann: Jeder Indexzahl $n \in \mathbb{N}$ ist in eindeutiger Weise das zugehörige Folgenglied a_n zugeordnet.
Vorteil: Man kann die Funktion und damit die Folge in einem Koordinatensystem graphisch darstellen. Eigenschaften der Folge wie steigen und fallen werden somit leichter erkennbar.
Nachteil: Bei vielen innermathematischen Anwendungen von Folgen müssen diese wie im vorigen Beispiel auf der Zahlengeraden dargestellt werden und nicht als Funktionsgraph wie im folgenden Beispiel.

▶ **Beispiel: Folge als Funktion**
Stellen Sie die Folge (a_n) mit $a_n = \frac{10n}{n^2 + 1}$ als Funktion f dar und zeichnen Sie den Graphen von f in ein Koordinatensystem.

Lösung:
Die Funktionsgleichung lautet:
▶ $f(n) = \frac{10n}{n^2 + 1}$, $n \in \mathbb{N}$:

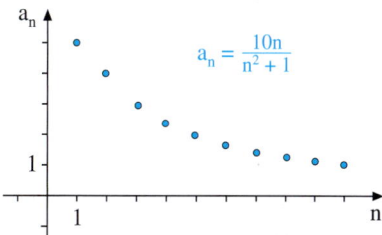

Der Graph einer Folge ist keine durchgehende Linie, sondern er besteht aus nicht verbundenen einzelnen Punkten.

Übung 1
Berechnen Sie die Folgenglieder a_1 bis a_9 und stellen Sie die Folge (a_n) sowohl auf der Zahlengeraden als auch im Koordinatensystem dar.

a) $a_n = \frac{1}{n+2}$ b) $a_n = (-2)^n$ c) $a_n = 2 \cdot [1 + (-1)^n]$ d) $a_n = 1 + \frac{1}{n}$ e) $a_n = \frac{\text{Anzahl der positiven Teiler von } n}{}$

Übung 2
In einem Einstellungstest wird den Kandidaten die Aufgabe gestellt, die vorgegebene Zahlensequenz 2, 5, 10, 17, 26 in sinnvoller Weise um drei weitere Zahlen fortzusetzen.
Lösen Sie diese Aufgabe, geben Sie ein passendes Bildungsgesetz an und kommentieren Sie den folgenden Lösungsvorschlag: 2, 5, 10, 17, 26, 1, 1, 1.

Übung 3
Berechnen Sie, welches Glied der Folge (a_n) den Wert x hat.

a) $a_n = \frac{1}{n^2}$, $x = \frac{1}{100}$ b) $a_n = 1 + \frac{1}{n}$, $x = 1{,}0001$ c) $a_n = 1 + \frac{1}{2^n}$, $x = \frac{5125}{5120}$

d) $a_n = \frac{n}{n^3 - 504}$, $x = 1$ e) $a_n = \frac{n^2 - 1}{2n}$, $x = \frac{3}{4}$ f) $a_n = 5 - \frac{3}{n}$, $x = \frac{15}{4}$

B. Explizite und rekursive Bildungsgesetze

Es gibt im Prinzip zwei Möglichkeiten, das Bildungsgesetz einer Folge festzulegen.

1. Ein explizites Bildungsgesetz:
Hierbei wird das n-te Folgenglied in direkter Form durch einen Term angegeben.

Beispiel: Folge der Quadratzahlen
1, 4, 9, 16, 25, 36, ...
$1^2, 2^2, 3^2, 4^2, 5^2, 6^2, ...$

EXPLIZIT
$a_n = n^2$, $n \in \mathbb{N}$

2. Ein rekursives Bildungsgesetz
Hierbei wird das 1. Folgenglied angegeben sowie eine Rekursionsgleichung, die a_{n+1} auf a_n zurückführt.

Beispiel: Folge der Quadratzahlen
$1^2, 2^2, 3^2, 4^2, 5^2, 6^2, ...$
$a_{n+1} = (n+1)^2 = n^2 + 2n + 1 = a_n + 2n + 1$

REKURSIV
$a_1 = 1$, $a_{n+1} = a_n + 2n + 1$, $n \in \mathbb{N}$

▶ **Beispiel: Explizit → Rekursiv**
Wie lautet das rekursive Bildungsgesetz der Folge $a_n = 5n + 3$ bzw. der Folge $a_n = 3 \cdot 4^n$?

Lösung:
Für die Folge $a_n = 5n + 3$ errechnet man a_{n+1} und erkennt, dass $a_{n+1} = a_n + 5$ gilt. Nimmt man nun noch den Rekursionsstart $a_1 = 8$ hinzu, ist die Rekursion vollständig.

Rekursion zu $a_n = 5n+3$:
$a_{n+1} = 5(n+1) + 3 = 5n + 3 + 5 = a_n + 5$

$a_1 = 8$
$a_{n+1} = a_n + 5$

Für die Folge $a_n = 3 \cdot 4^n$ geht man analog vor. Es ergibt sich der Zusammenhang $a_{n+1} = 4 a_n$. Durch Hinzunahme des Rekursionsanfangs $a_1 = 12$ erhalten wir die voll-
▶ ständige Lösung.

Rekursion zu $a_n = 3 \cdot 4^n$:
$a_{n+1} = 3 \cdot 4^{n+1} = 3 \cdot 4^n \cdot 4 = 4 \cdot 3 \cdot 4^n = 4 a_n$

$a_1 = 12$
$a_{n+1} = 4 a_n$

▶ **Beispiel: Rekursiv → Explizit**
a) Wie lautet das explizite Bildungsgesetz der Folge (a_n) mit $a_{n+1} = a_n + 3$, $a_1 = 4$?
b) Welches explizite Bildungsgesetz hat die Folge (a_n) mit $a_{n+1} = 4 a_n$, $a_1 = 5$?

Lösung zu a:
Herleitung des expliziten Gesetzes:
$a_1 = 4$
$a_2 = a_1 + 3 = 4 + 3$
$a_3 = a_2 + 3 = 4 + 2 \cdot 3$
.
.
$\Rightarrow a_n = 4 + (n - 1) \cdot 3$

▶ Resultat: $a_n = 3n + 1$, $n \in \mathbb{N}$

Lösung zu b:
$a_1 = 5$
$a_2 = 4 \cdot a_1 = 4 \cdot 5$
$a_3 = 4 \cdot a_2 = 4^2 \cdot 5$
.
.
$\Rightarrow a_n = 4^{n-1} \cdot 5$

Resultat: $a_n = 5 \cdot 4^{n-1}$, $n \in \mathbb{N}$

1. Folgen

Übungen

4. Explizites Bildungsgesetz
Stellen Sie ein explizites Bildungsgesetz der Folge auf.
a) 3, 6, 12, 24, 48, 96, ...
b) $\frac{1}{2}, \frac{4}{3}, \frac{9}{4}, \frac{16}{5}, \frac{25}{6}, \frac{36}{7}, \ldots$
c) $3, \frac{3}{2}, 1, \frac{3}{4}, \frac{3}{5}, \frac{1}{2}, \ldots$
d) 2, 6, 12, 20, 30, 42, ...
e) 1, −2, 3, −4, 5, −6, ...
f) $\frac{4}{1}, \frac{6}{2}, \frac{8}{3}, \frac{10}{4}, \frac{12}{5}, \frac{14}{6}, \ldots$

5. Rekursives Bildungsgesetz
Stellen Sie ein rekursives Bildungsgesetz der Folge auf.
a) 2, 4, 6, 8, 10, 12, ...
b) 8, 16, 32, 64, 128, 256, ...
c) 4, 10, 22, 46, 94, 190, ...
d) 8, 15, 29, 57, 113, 225, ...
e) $1, \frac{3}{2}, \frac{5}{4}, \frac{7}{8}, \frac{9}{16}, \frac{11}{32}, \ldots$
f) 2, 4, 12, 44, 172, 684, ...

6. Rekursiv → Explizit
Stellen Sie das explizite Bildungsgesetz der rekursiv gegebenen Folge auf.
a) $a_1 = 1$
$a_{n+1} = a_n + 3$
b) $a_1 = 5$
$a_{n+1} = 5 a_n$
c) $a_1 = 7$
$a_{n+1} = a_n - 2$
d) $a_1 = 5$
$a_{n+1} = a_n \cdot \frac{1}{5}$

7. Explizit → Rekursiv
Wie lautet eine rekursive Bildungsvorschrift für die Folge (a_n)?
a) $a_n = 3n + 2$
b) $a_n = 2n^2 + 4n$
c) $a_n = 2 \cdot 5^{n-1}$
d) $a_n = 4 - \left(\frac{1}{2}\right)^n$

8. Die Fibonacci-Folge
Die Fibonacci-Folge beginnt folgendermaßen: 1, 1, 2, 3, 5, 8, 13, 21, ...
Man erkennt, dass die Summe zwei aufeinanderfolgender Glieder das nächste Glied ergibt.
Es gilt die Rekursionsvorschrift: $f_1 = 1, \quad f_2 = 1$
$f_{n+2} = f_n + f_{n+1}; \quad n \in \mathbb{N}$

a) Setzen Sie den oben gegebenen Folgenanfang um fünf Glieder fort.
b) Die Fibonacci-Folge hat die explizite Darstellung $f_n = \frac{1}{\sqrt{5}} \cdot \left(\left(\frac{1+\sqrt{5}}{2}\right)^n - \left(\frac{1-\sqrt{5}}{2}\right)^n\right)$.
Weisen Sie dies für n = 1, 2, 3, 4 nach.

9. Erwärmung eines Getränks
Ein Getränk wird dem Kühlschrank entnommen, wo es auf 8 °C abgekühlt wurde. Die Umgebungstemperatur beträgt 22 °C. Alle 30 Minuten erhöht sich die Temperatur des Getränks um 25 % der Differenz aus Umgebungstemperatur und aktueller Flüssigkeitstemperatur.
a) Stellen Sie ein rekursives Gesetz für die Folge der Temperatur t_n nach n Minuten auf.
b) Wie lautet das explizite Gesetz für die Temperatur t_n nach n Minuten?
c) Welche Temperatur hat das Getränk nach 10 Minuten?
d) Wann beträgt die Temperatur ca. 20 °C?

C. Arithmetische und geometrische Folgen

▶ **Beispiel: Schneckentempo**
Eine Schnecke kriecht an einem 10 m hohen Mast empor. Tagsüber kriecht sie 10 cm nach oben, nachts rutscht sie wieder 3 cm nach unten. Am wievielten Tag erreicht sie das Ende?

Rechnung:
$h_1 = 10$ cm Höhe am 1. Tag
$h_2 = 10$ cm $+ 7$ cm 2. Tag
$h_3 = 10$ cm $+ 2 \cdot 7$ cm 3. Tag
$\vdots$
$h_n = 10$ cm $+ (n-1) \cdot 7$ cm n-ten Tag

Lösung:
h_n sei die am n-ten Tag maximal erreichte Höhe.
Dann gilt: $h_n = 10$ cm $+ (n-1) \cdot 7$ cm.
Der Ansatz $h_n \geq 1000$ cm liefert $n \geq 143$.
▶ Die Schnecke ist am 143. Tag oben.

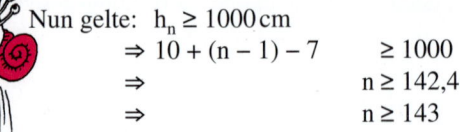

Nun gelte: $h_n \geq 1000$ cm
$\Rightarrow 10 + (n-1) \cdot 7 \geq 1000$
$\Rightarrow n \geq 142{,}4$
$\Rightarrow n \geq 143$

Die im obigen Beispiel auftretende Folge (h_n) hat die Eigenschaft, dass die Differenz zweier aufeinander folgender Glieder stets 7 ergibt: $h_2 - h_1 = 7$, $h_3 - h_2 = 7$, $h_4 - h_3 = 7$ usw.
Es handelt sich um eine sehr einfache Folgenart, eine sogenannte **arithmetische Folge**.

Definition II.1: Arithmetische Folge
Eine Folge (a_n) heißt eine **arithmetische Folge**, wenn die Differenz zweier aufeinander folgender Glieder stets dieselbe reelle Zahl d ergibt, d.h.:

$a_{n+1} - a_n = d$ für alle $n \in \mathbb{N}$

Beispiel:
Die Folge (a_n) mit $a_n = 5n + 8$ ist eine arithmetische Folge, denn es gilt:

$a_{n+1} - a_n = [5(n+1) + 8] - [5n + 8] = 5$.

Wir zeigen nun, dass arithmetische Folgen ein besonders einfaches Bildungsgesetz besitzen und schon durch die Angabe des „Anfangsgliedes" a_1 und der „Differenz" d eindeutig festgelegt sind.

Satz II.1: Bildungsgesetz
Ist (a_n) eine arithmetische Folge so gilt für alle $n \in \mathbb{N}$:

$a_n = a_1 + (n-1) \cdot d$ ($d \in \mathbb{R}$).

Beweis: Nach Definition II.1 gilt für alle $n \in \mathbb{N}$: $a_{n+1} = a_n + d$. Die Formel folgt hiermit nach nebenstehender Rechnung.

Rechnung:
$a_2 = a_1 + d$
$a_3 = a_2 + d = a_1 + 2d$
$\vdots$
$a_n = a_{n-1} + d = a_1 + (n-1) \cdot d$

1. Folgen

▶ **Beispiel: Bildungsgesetz der arithmetischen Folge**
Wie lautet das Bildungsgesetz der arithmetischen Folge mit den angegebenen Eigenschaften?
a) $a_1 = 4$, $d = -2$ b) $a_5 = 18$, $a_7 = 24$

Lösung zu a:

$a_n = a_1 + (n-1) \cdot d$
$ = 4 + (n-1) \cdot (-2)$
▶ $\Rightarrow a_n = -2n + 6$

Lösung zu b:

$a_7 = a_5 + 2d \Rightarrow 24 = 18 + 2d \Rightarrow d = 3$
$a_1 = a_5 - 4d \Rightarrow a_1 = 18 - 12 = 6$
$\Rightarrow a_n = 6 + (n-1) \cdot 3 \Rightarrow a_n = 3n + 3$

▶ **Beispiel:** Stellen Sie den Graphen der arithmetischen Folge mit $a_1 = 2$ und $d = 0{,}5$ in einem Koordinatensystem dar. Sie werden feststellen, dass die Punkte dieses Graphen auf einer Geraden liegen. Bestimmen Sie deren Gleichung.

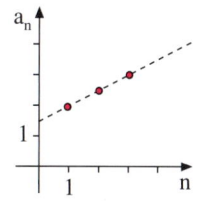

n-tes Folgenglied:
$a_n = 0{,}5\,n + 1{,}5$

Geradengleichung:
$y = 0{,}5\,x + 1{,}5$

Das nun folgende Beispiel führt auf eine zweite Art besonders einfach gebauter Folgen.

▶ **Beispiel:** Es heißt, dass der Erfinder des Schachspiels vom König aufgefordert wurde sich eine Belohnung zu wünschen.
„EIN WEIZENKORN AUF DAS ERSTE FELD, ZWEI KÖRNER AUF DAS ZWEITE FELD, VIER KÖRNER AUF DAS DRITTE FELD UND AUF JEDES WEITERE FELD DOPPELT SO VIELE KÖRNER WIE AUF DAS VORHERGEHENDE FELD!"
Dies sprach der Mann zum Erstaunen des Königs, der mit solcher Bescheidenheit nicht gerechnet hatte. Berechnen Sie, wie viele Körner auf das letzte Feld entfallen.

Vor 2000 Jahren wurde in Indien das Strategiespiel Tschaturunga gespielt. Die Spielfiguren symbolisierten die Kampftruppen eines Heeres.
Über den Orient kam das Spiel vor ca. 1000 Jahren als Schachspiel auch nach Europa. Seit 400 Jahren wird es etwa so gespielt, wie wir es kennen. Der Name soll aus dem Persischen kommen (schah = König).

Lösung:
Auf das 64. Feld entfielen nicht weniger als $2^{63} = 9\,223\,372\,036\,854\,775\,808$ Körner, d. h. über eine Trillion Körner. Nimmt man an, dass 20 Körner 1 Gramm wiegen, so erhält man die un-
▶ vorstellbare Gesamtmasse von über 460 Milliarden Tonnen Weizen.

Die in diesem Beispiel maßgebliche Folge mit dem allgemeinen Glied $a_n = 2^{n-1}$ gehört zu den sogenannten **geometrischen Folgen**, die vor allem bei **Wachstumsproblemen** wichtig sind und deren exakte Definition wir nun geben.

Definition II.2: Geometrische Folge
Eine Folge (a_n) mit $a_n \neq 0$ heißt **geometrische Folge**, wenn der Quotient aufeinanderfolgender Glieder stets dieselbe reelle Zahl $q \neq 0$ ergibt, d.h.:

$$\frac{a_{n+1}}{a_n} = q \quad \text{für alle } n \in \mathbb{N}$$

Beispiel:
Die Folge (a_n) mit $a_n = 3 \cdot 2^n$ ist eine geometrische Folge, denn es gilt für $n \in \mathbb{N}$:

$$\frac{a_{n+1}}{a_n} = \frac{3 \cdot 2^{n+1}}{3 \cdot 2^n} = 2$$

Die Glieder einer geometrischen Folge entstehen aus dem Anfangsglied a_1 durch fortlaufende Multiplikation mit der „Konstanten" q, sodass sich ein einfaches Bildungsgesetz für a_n ergibt.

Satz II.2: Bildungsgesetz
Ist (a_n) eine geometrische Folge so gilt für alle $n \in \mathbb{N}$:

$$a_n = a_1 \cdot q^{n-1} \quad (q \in \mathbb{R}, q \neq 0).$$

Beweis:
Nach Definition II.2 gilt $a_{n+1} = a_n \cdot q$.
Daher gilt: $a_2 = a_1 \cdot q \quad = a_1 \cdot q^1$
$a_3 = a_2 \cdot q \quad = a_1 \cdot q^2$
$\vdots \qquad\qquad \vdots$
$a_n = a_{n-1} \cdot q = a_1 \cdot q^{n-1}$

▶ **Beispiel: Geometrische Folgen**
a) Bestimmen Sie das Bildungsgesetz der geometrischen Folge (a_n) mit $a_1 = 48$ und $q = -3$.
b) Setzen Sie die geometrische Folge (b_n) um drei Glieder fort: 2, 6, 18, 54, …
c) Für welche Werte von n sind die Glieder der geometrischen Folge $c_n = \left(\frac{7}{8}\right)^n$ kleiner als $\frac{1}{1000}$?

Lösung zu a:
Durch Einsetzen der Angaben in das allgemeine Bildungsgesetz erhalten wir

Lösung zu b:
Das Bildungsgesetz lautet offensichtlich
$b_n = 2 \cdot 3^{n-1}, \quad n \in \mathbb{N}$.
Für $n = 5, 6, 7$ erhalten wir
$b_5 = 162, b_6 = 486, b_7 = 1458$

Lösung zu c:
Der Ansatz $c_n < \frac{1}{1000}$, d.h. $\left(\frac{7}{8}\right)^n < \frac{1}{1000}$ kann durch Logarithmieren nach n aufgelöst werden, wie rechts dargestellt. Wir erhalten $n > 51{,}73$. Also sind die Folgenglieder ab dem 52. Glied kleiner als $\frac{1}{1000}$.

a) Bildungsgesetz von (a_n):

$$a_n = a_1 \cdot q^{n-1} = 48 \cdot (-3)^{n-1}$$

b) Fortsetzung von (b_n):

$b_n = b_1 \cdot q^{n-1} = 2 \cdot 3^{n-1}$
⇒ 2, 6, 18, 54, 162, 486, 1458, …

c) Ungleichung $c_n < \frac{1}{1000}$:

$\left(\frac{7}{8}\right)^n < \frac{1}{1000}$ (Ansatz)
$\ln\left(\frac{7}{8}\right)^n < \ln 0{,}001$
$n \cdot \ln\frac{7}{8} < \ln 0{,}001 \quad |: \ln\frac{7}{8}$
$n > \frac{\ln 0{,}001}{\ln\frac{7}{8}} \approx 51{,}73$
$n \geq 52$

1. Folgen

Übungen

10. Arithmetische und geometrische Folgen
Prüfen Sie, ob es sich um eine arithmetische oder um eine geometrische Folge handeln kann. Geben Sie in diesen Fällen das Bildungsgesetz der Folge an.

a) 3, 7, 11, 15, 19, …
b) 4, 1, $\frac{1}{4}$, $\frac{1}{16}$, $\frac{1}{64}$, …
c) 5, 10, 20, 40, 60, …
d) $\frac{1}{8}$, $-\frac{1}{2}$, 2, -8, 32, …
e) $a_1 = 4$, $a_2 = -6$, $a_3 = -16$
f) $a_1 = 4$, $a_3 = 1$, $a_6 = \frac{1}{8}$
g) $\frac{3}{2}$, $\frac{6}{5}$, $\frac{9}{10}$, $\frac{12}{20}$, $\frac{6}{20}$, …
h) $a_1 = 8$, $a_3 = 72$, $a_5 = 648$

11. Geometrische Folgen
Die Glieder einer geometrischen Folge (a_n) mit einem „Quotienten" $q < 1$ werden mit wachsendem n immer kleiner. Bestimmen Sie, vom wievielten Folgenglied ab die Glieder kleiner als $\frac{1}{1000}$ sind.

a) $a_n = \left(\frac{1}{2}\right)^{n-1}$
b) $a_n = \left(\frac{3}{4}\right)^n$
c) $a_n = 400 \cdot \left(\frac{3}{5}\right)^n$
d) $a_n = 0{,}8 \cdot (0{,}7)^{n-1}$

12. Temperatur im Erdinnern
Die Temperatur des Gesteins nimmt zum Erdinnern hin um etwa 3 Grad je 100 m Tiefe zu. In Mitteleuropa herrscht in 25 m Tiefe eine Temperatur von etwa 10 °C.
a) Welche Temperatur herrscht in 10 km Tiefe?
b) In welcher Tiefe siedet Wasser, aus welcher Tiefe kommt eine 45 °C warme Thermalquelle? Luftdruckänderungen sollen hier unberücksichtigt bleiben.

13. Wachstum von Bakterien
In einer Nährlösung befinden sich ca. 1000 Einzeller einer Art, bei der es im Durchschnitt alle 20 Minuten zu einer Teilung kommt.
a) Geben Sie eine Folge an, die das explosive Wachstum dieser Art beschreibt.
b) Berechnen Sie, wie viele Einzeller nach 24 Stunden entstanden sind. Welche Länge ergibt sich, wenn man diese aneinander legt (Länge eines Einzellers: 0,001 mm)?
c) Nach welcher Zeit sind etwa 10 Millionen Einzeller vorhanden?
d) Welche äußeren Faktoren begrenzen das Wachstum?

14. Falten einer Zeitung
Wie oft kann man den üblichen Doppelbogen einer Tageszeitung falten? Ein solcher Bogen hat eine Breite von 800 mm, eine Höhe von 600 mm und ist ca. 0,06 mm dick.
a) Schätzen Sie, wie viele Faltungen maximal möglich sind.
b) Überprüfen Sie Ihre Schätzung durch Ausprobieren.
c) Stellen Sie eine Folge (d_n) auf, welche die Dicke der gefalteten Zeitung nach n Faltungsvorgängen angibt.
d) Wie dick ist das gefaltete Bündel nach 5 Faltungen bzw. nach 10 bzw. nach 50 Faltungen theoretisch?
e) Nach wie vielen Faltungen ist das Blatt theoretisch genauso dick wie breit?

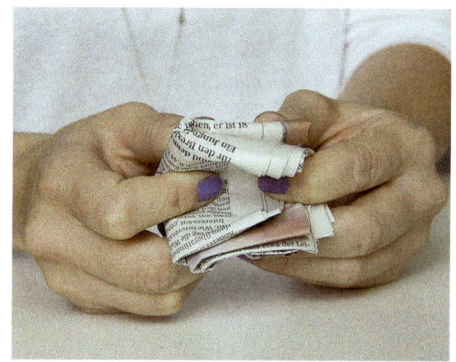

Zinseszinsrechnung

Die geometrische Folge spielt bei der Berechnung von Zinsen eine bedeutende Rolle. Wird ein Kapital K_0 über einen Zeitraum von n Jahren mit einem Zinssatz von p% verzinst, so kommen zum bestehenden Kapital am Ende eines jeden Jahres die Zinsen für dieses Jahr hinzu. Sie werden im Folgejahr mitverzinst. Daher spricht man hier von Zinseszinsen.

> **Zinseszinsrechnung**
> Ein Anfangskapital K_0 wächst in n Jahren bei einem Jahreszinssatz von p% mit Zinseszins auf den Endbetrag K_n an.
> Es gilt $K_n = K_0 \cdot q^n$.
> Dabei ist q der sog. Aufzinsungsfaktor:
> $$q = 1 + \frac{p}{100}.$$

Bei Kapitalverzinsungen müssen unterschiedliche Kalkulationen durchgeführt werden. Das Endkapital, der Zinssatz und die Anlagedauer sind zu berechnen.

▶ **Beispiel: Endkapital**
Auf welchen Endbetrag wächst ein Anfangskapital von 8000 € bei einem Zinssatz von 5% in 7 Jahren an?

Lösung:
Die Anwendung der Grundformel $K_n = K_0 \cdot q^n$ mit $K_0 = 8000$ und $q = 1 + \frac{p}{100} = 1{,}05$ führt
▶ auf ein Endkapital $K_7 \approx 11256$ €.

Berechnung des Endkapitals:
$K_7 = K_0 \cdot q^7 = 8000 \cdot (1 + 0{,}05)^7$
$ = 8000 \cdot 1{,}05^7 \approx 11256$

▶ **Beispiel: Zinseszins**
Johannes möchte 2000 € in 10 Jahren verdoppeln. Welcher Zinssatz ist erforderlich?

Lösung:
Der Ansatz $K_{10} = 4000$ führt nach der rechts aufgeführten Rechnung auf einen Zins von ca. 7,2%.
Solche Zinssätze waren zeitweise erreichbar.
▶ Heute jedoch sind sie völlig unrealistisch.

Berechnung des Zinssatzes:
$K_{10} = K_0 \cdot q^{10} = 2000 \cdot q^{10} = 4000$
$q^{10} = 2$
$q = \sqrt[10]{2} \approx 1{,}072$
$p\% = q - 1 = 0{,}072 = 7{,}2\%$

▶ **Beispiel: Anlagedauer**
Wie lange dauert es, 20000 € bei 3% Zinsen zu verdoppeln?

Lösung:
Der Ansatz $K_n = 40000$ führt nach einer logarithmischen Rechnung zu einer Anlagedauer von $n \approx 23{,}45$ Jahren.
Dies ist eine lange Wartezeit und die Inflation zehrt zudem am Ergebnis.
▶

Berechnung der Anlagedauer:
$K_n = K_0 \cdot q^n = 20000 \cdot 1{,}03^n = 40000$
$1{,}03^n = 2$
$n \cdot \ln 1{,}03 = \ln 2$
$n = \frac{\ln 2}{\ln 1{,}03} \approx 23{,}45$ Jahre

Übung 15 Zinseszins
a) Welches Endkapital ergibt sich bei der Anlage von 50000 € zu 4% für 15 Jahre?
b) Wie lange dauert es, 50000 € bei 4% Zinsen auf 60000 € zu vermehren?
c) Welcher Zinssatz ist erforderlich, um 100000 € in 40 Jahren zu verzehnfachen?

2. Der Grenzwert einer Zahlenfolge

Im Folgenden führen wir den Begriff des Grenzwertes einer Folge a_n ein.

> ▶ **Beispiel: Luchse***
> In einer entlegenen Gegend lebt der Alaskaluchs. Eine Studie hat ergeben, dass die Anzahl der Tiere in diesem Gebiet durch die Folge $a_n = \frac{1000}{4 + 6 \cdot 2^{-0,4n}}$ beschrieben werden kann, wobei n die Zahl der Jahre seit Beginn der Studie und a_n die Anzahl der Luchse ist.
>
>
>
> a) Untersuchen Sie, wie sich die Zahl der Luchse langfristig entwickelt.
> b) Skizzieren Sie den Graphen der Folge unter Berücksichtigung des Ergebnisses von a).

Lösung zu a:
Mit Testeinsetzungen untersuchen wir die langfristige Entwicklung der Population. Wir legen dazu eine Wertetabelle der Folge (a_n) an, die auch große Werte von n enthält, z. B. n = 10, 20, 50.

Wir erkennen, dass die Folge zunächst recht schnell ansteigt, dann langsamer und langsamer wächst und sich schließlich dem Wert 250 immer dichter – aber auch immer langsamer – nähert.

Das ist ebenfalls anhand des Folgengliedes $a_n = \frac{1000}{4 + 6 \cdot 2^{-0,4n}}$ relativ leicht zu erklären: Der Term $2^{-0,4n}$ im Nenner des Bruches nähert sich mit wachsendem Index n wegen des negativen Exponenten immer mehr der Zahl Null. Der ganze Bruch näher sich daher der Zahl $a = \frac{1000}{4} = 250$.

Man bezeichnet die Zahl a als *Grenzwert* der Folge (a_n) für n → ∞.

Lösung zu b:
Skizzieren wir den Graph der Folge anhand der Werte $a_0, a_5, a_{10}, a_{15}, a_{20}, a_{30}$ und a_{40} aus der Wertetabelle, so ergibt sich das Bild rechts, welches das festgestellte Grenz-
▶ wertverhalten anschaulich erkennbar macht.

Testeinsetzungen:

n	0	1	2	5	10	15
a_n	100	117	134	182	229	244

n	20	30	50	n → ∞
a_n	248,5	249,91	249,999	→ 250

Resultat: Die Zahl der Luchse strebt im Laufe der Zeit gegen den Grenzwert 250, der laut Modell nicht überschritten wird. Die Kapazität des Reviers ist begrenzt.

Mathematische Formulierung: Die Folge (a_n) hat für n → ∞ den Grenzwert 250.

Symbolische Schreibweise:

$$\lim_{n \to \infty}\left(\frac{1000}{4 + 6 \cdot 2^{-0,4n}}\right) = 250$$

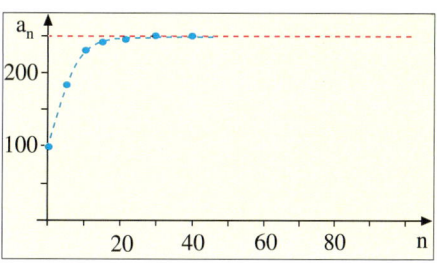

---
* Diese Aufgabenstellung ist theoretisch. Praktisch sind so langfristige Modellaussagen kaum möglich.

Der Begriff des Grenzwertes einer Folge

Die Glieder der Folge (a_n) mit $a_n = \frac{2n+3}{n}$ nähern sich mit wachsender Indexzahl n „beliebig dicht" der Zahl 2.
Der Abstand des Gliedes a_{100} zu 2 ist $\frac{3}{100}$, der von a_{1000} sogar nur noch $\frac{3}{1000}$ usw.
Man sagt: Die Folge (a_n) strebt mit wachsendem n gegen den Grenzwert 2.
Für diesen Sachverhalt wird eine symbolische Kurzschreibweise verwendet.

$$\lim_{n \to \infty} \frac{2n+3}{n} = 2$$

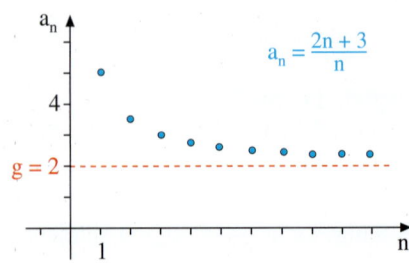

$a_1 = 5$; $a_5 = 2{,}6$; $a_{10} = 2{,}3$; $a_{100} = 2{,}03$
$a_{1000} = 2{,}003$; $a_{10000} = 2{,}0003$ usw.

Man liest: Limes von $\left(\frac{2n+3}{n}\right)$ für n gegen unendlich ist gleich 2.

Reicht die obige Untersuchung, bei der nur zwei Folgenglieder a_{100} und a_{1000} betrachtet werden, für eine allgemeine Begründung aus?

Wir wollen den Sachverhalt genauer untersuchen und betrachten dazu (s. Abbildung) einen schmalen Streifen – z.B. mit $r = \frac{1}{2}$ – um den vermuteten Grenzwert 2.

Man erkennt, dass nur *endlich* viele Glieder der *unendlichen* Zahlenfolge außerhalb des $(g - r, g + r)$-*Streifens* liegen.

Für $r = \frac{1}{2}$ liegen nur die Folgenglieder $a_1, a_2,$ ... a_5 außerhalb des Streifens und $a_6 = 2{,}5$ liegt auf dem Streifenrand.

Erst $a_7 = 2{,}\overline{428571}$ und *alle folgenden* Glieder liegen im betrachteten Streifen.

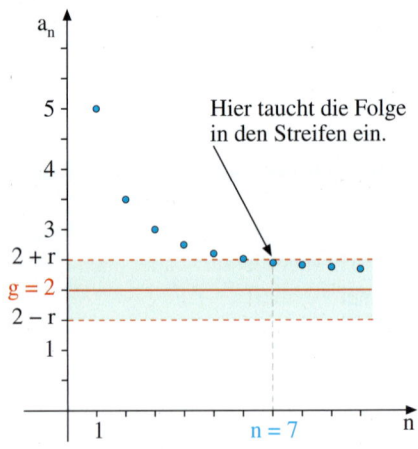

Verringert man r beliebig, wodurch der Streifen beliebig schmal wird, so ändert sich der Sachverhalt nicht: Nur *endlich* viele Folgenglieder liegen außerhalb des Streifens (oder auf dem Streifenrand), aber *unendlich* viele liegen im Streifen.

> **Beispiel: Bestimmung der Folgenglieder außerhalb eines $(g - r, g + r)$-Streifens**
> Welche Glieder der Folge (a_n) mit $a_n = \frac{2n+3}{n}$, liegen für $r = 0{,}1$ außerhalb des Streifens?

Lösung:
Für alle n gilt: $5 \geq a_n > a_n + 1 > 2$. Man nutzt dies und bestimmt einige Folgenglieder, bis man das letzte gefunden hat, das außerhalb des gegebene Streifens liegt.

Es gilt: $a_{30} = \frac{60+3}{30} = 2{,}1$
$a_{31} = \frac{62+3}{31} = 2{,}096\,774\ldots$
Nur die Folgenglieder $a_1, a_2, \ldots, a_{30}$ liegen außerhalb des gegebenen Streifens.

Übung 1
Welche Glieder der Folge (a_n) mit $\frac{2n+3}{n}$, liegen für $r = 0{,}01$ außerhalb des Streifens um g?

Damit können wir folgende Festlegung treffen:

> **Definition II.3: Folgengrenzwert**
> Gilt für *jeden beliebig schmalen* Streifen um die Zahl g, dass außerhalb (bzw. auf dem Rand) nur *endlich* viele Glieder der unendlichen Folge (a_n) liegen, dann ist die Zahlenfolge *konvergent* und g heißt *Grenzwert* der Folge.
> $$\lim_{n \to \infty} a_n = g$$

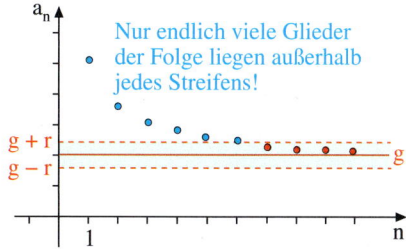

Man liest: Limes von a_n für n gegen unendlich ist gleich g.

Zahlenfolgen, die *nicht* konvergent sind, heißen *divergent*.

Beispiele konvergenter und divergenter Folgen

Auf der vorstehenden Seite wurde bereits eine durch ihr Bildungsgesetz explizit gegebene Folge auf Konvergenz untersucht. Im Folgenden untersuchen wir eine rekursiv gegebene Folge.

▶ **Beispiel: Konvergenzuntersuchung einer Rekursion**
Die Folge (a_n) sei gegeben durch das rekursive Bildungsgesetz $a_{n+1} = \frac{a_n + \frac{2}{a_n}}{2}$. Der Startwert sei $a_1 = 5$. Untersuchen Sie die Zahlenfolge auf Konvergenz bzw. Divergenz.

Lösung:
Ausgehend von $a_1 = 5$ werden mit der Rekursion $a_{n+1} = \frac{a_n + \frac{2}{a_n}}{2}$ die Folgenglieder $a_2, \ldots, a_5$ berechnet. Man kann damit Konvergenz vermuten.

n	1	2	3	4	5
a_n	5	2,7	1,7204	1,4415	1,4144

Die Konvergenz zeigt das nebenstehende Bild. Dabei wird in einem a-b-Koordinatensystem die durch das rekursive Bildungsgesetz gegebene Funktion zu $b = \frac{a + \frac{2}{a}}{2}$ sowie die Gerade zu $b = a$ dargestellt.

Da der Funktionswert $b = \frac{a + \frac{2}{a}}{2}$ jeweils der neue Startwert wird kann man die Rekursion mit Hilfe der Geraden $b = a$ wie abgebildet durchführen. Für den Schnittpunkt der Graphen gilt:
$a = \frac{a + \frac{2}{a}}{2} \Leftrightarrow 2a = a + \frac{2}{a} \Leftrightarrow a = \frac{2}{a} \Leftrightarrow a^2 = 2$,

▶ also $a = \sqrt{2}$, also $\lim_{n \to \infty} a_n = \sqrt{2}$.

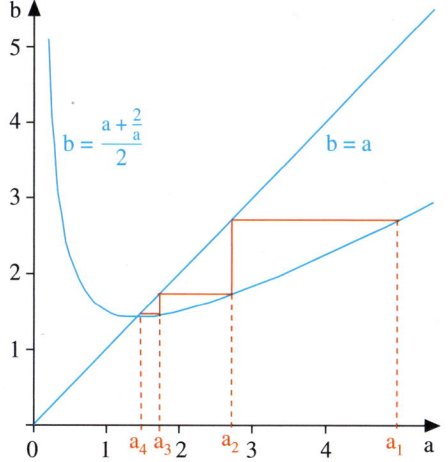

Übung 2 (Fortsetzung des obigen Beispiels)
a) Variieren Sie den Startwert $a_1 > 0$. Was stellen Sie fest?
b) Ermitteln Sie den Grenzwert der Folge mit dem rekursiven Bildungsgesetz $a_{n+1} = \frac{a_n + \frac{3}{a_n}}{2}$.

Nun betrachten wir Beispiele von Folgen, die nicht konvergent sind, also keinen Grenzwert besitzen. Derartige Folgen bezeichnet man als *divergente Folgen*.

> **Beispiel: Divergente Folgen**
> Stellen Sie die Folge (a_n) graphisch dar und begründen Sie, dass die Folge keinen Grenzwert besitzen kann.
> a) $a_n = 1{,}5^n$
> b) $a_n = (-1)^n \frac{n+1}{n}$

Lösung zu a:
Testeinsetzungen zeigen, dass die Folge immer schneller wächst. Sie überschreitet jede denkbare Schranke. Daher können ihre Glieder sich für $n \to \infty$ keiner festen, reellen Zahl g annähern. Die Folge hat keinen Grenzwert. Sie ist divergent.

Man kann aber in diesem Fall das Verhalten der Folge dennoch folgendermaßen beschreiben. Die Folge (a_n) strebt für $n \to \infty$ gegen den *uneigentlichen Grenzwert* ∞.

Schreibweise: $\lim_{n \to \infty} (1{,}5^n) = \infty$

Testeinsetzungen

n	1	5	10	20	50	$\to \infty$
a_n	1,5	7,6	57,7	3325	$6 \cdot 10^8$	$\to \infty$

Graph

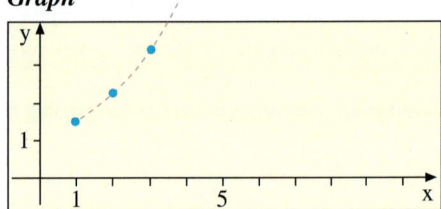

Lösung zu b:
Hier zeigen die Testeinsetzungen, dass die Folgenglieder in jedem Schritt das Vorzeichen wechseln.
Die Glieder mit einer ungeraden Indexzahl n nähern sich für $n \to \infty$ der Zahl -1 an.
Die Glieder mit einer geraden Indexzahl n nähern sich der Zahl 1 an.
Damit ist ausgeschlossen, dass die Glieder sich für $n \to \infty$ einer einzigen festen Zahl g annähern.
Die Folge hat daher keinen Grenzwert. Sie ist divergent.

Testeinsetzungen

n	1	2	3	4	11	12	$\to \infty$
a_n	-2	1,5	-1,33	1,25	-1,09	1,08	$\to \infty$

Graph

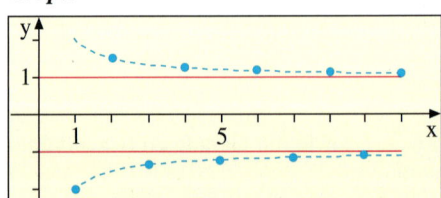

Übung 3 Konvergent oder divergent
Stellen Sie fest, ob die Folge (a_n) konvergent oder divergent ist. Begründen Sie Ihre Aussage stichhaltig.

a) $a_n = \left(\frac{1}{2}\right)^n$
b) $a_n = (1{,}1)^n$
c) $a_n = (-1)^n \frac{1}{n}$
d) $a_n = (-1)^n \frac{2n+1}{n}$
e) $a_n = \frac{n+1}{2n}$
f) $a_n = \frac{n^2}{n+1}$
g) $a_n = \frac{2^n}{n^2}$
h) $a_n = \frac{n+1}{n^2}$
i) $a_n = \left(\frac{4}{5}\right)^n$
j) $a_n = \left(\frac{10}{n}\right)^n$
k) $a_n = \left(\frac{1}{n} + \frac{1}{n+1}\right)^n$
l) $a_n = (-1)^n \frac{2n+1}{n^2}$

2. Der Grenzwert einer Zahlenfolge

Übungen

4. Grenzwertvermutungen
Die Folge (a_n) besitzt einen Grenzwert g. Versuchen Sie, den Grenzwert durch gedankliche Überlegung oder mit Hilfe des Taschenrechners zu bestimmen.

a) $a_n = \frac{1}{n}$
b) $a_n = -\frac{2n}{n+1}$
c) $a_n = 1 - \frac{1}{n}$
d) $a_n = 3 + \frac{2}{n^2}$
e) $a_n = 3$

f) $a_n = \frac{(-1)^n}{n}$
g) $a_n = \frac{n}{n+1} - \frac{2}{n}$
h) $a_n = 1 + \left(-\frac{1}{n}\right)^n$
i) $a_n = \frac{1}{2^n}$
j) $a_n = \frac{1-2n}{n+1}$

5. Konvergent oder divergent
Ist die Folge (a_n) konvergent oder divergent? Geben Sie im Fall der Konvergenz den Grenzwert der Folge an.

a) $a_n = \frac{1}{n^2}$
b) $a_n = -n$
c) $a_n = n + \frac{1}{n}$
d) $a_n = \frac{4n}{n+2}$
e) $a_n = \sqrt{n}$

f) $a_n = \frac{(-1)^n}{n^2}$
g) $a_n = \frac{n}{2} - \frac{2}{n}$
h) $a_n = n \cdot (-1)^n$
i) $a_n = \frac{\sqrt{n}}{n+1}$
j) $a_n = \sin n$

6. Uneigentliche Grenzwerte
Einige der Folgen besitzen uneigentliche Grenzwerte. Um welche Folgen handelt es sich? Wie lauten diese Grenzwerte? Schreiben Sie die Grenzwertaussage mit der symbolischen Schreibweise für uneigentliche Grenzwerte auf.

a) $a_n = \frac{3}{n}$
b) $a_n = -n$
c) $a_n = 4 + n$
d) $a_n = \frac{n-4}{n}$
e) $a_n = \sqrt{n}$

f) $a_n = \frac{(-1)^n \cdot n}{n+1}$
g) $a_n = \frac{n^2 - 1}{n}$
h) $a_n = n \cdot (-1)^n$
i) $a_n = n - n^2$
j) $a_n = 4$

7. Grenzwerte konstruieren
Konstruieren Sie zu jedem „Wert" g zwei unterschiedliche Folgen, die g als Grenzwert oder als uneigentlichen Grenzwert besitzen.

a) $g = 1$
b) $g = -3$
c) $g = 0$
d) $g = \infty$
e) $g = -\infty$

8. Konvergenz begründen
Ermitteln Sie den Grenzwert g der Folge (a_n). Stellen Sie fest, welche Folgenglieder außerhalb des $(g - r, g + r)$-Streifens liegen.

a) $a_n = \frac{3}{n}$ $r = 0{,}1$
b) $a_n = \frac{n+20}{n}$ $r = 0{,}01$
c) $a_n = \frac{1}{n^2}$ $r = 0{,}001$

9. Untersuchung von Rekursionen
Untersuchen Sie das Konvergenzverhalten der Rekursion $a_{n+1} = c \cdot a_n \cdot (1 - a_n)$ für die Fälle $c = 2{,}5$ und $c = 4$. Startwert sei $a_1 = 0{,}3$. Nutzen Sie dabei das graphische Verfahren des Beispiels von Seite 77.

Nullfolgen

Besonders häufig werden Folgen benötigt, die den Grenzwert Null haben. Man bezeichnet diese Folgen als *Nullfolgen*.

> **Beispiel: Nullfolgen**
> Stellen Sie die Folge (a_n) graphisch dar. Begründen Sie, dass (a_n) eine Nullfolge ist.
> a) $a_n = \frac{1}{n}$
> b) $a_n = \left(\frac{1}{2}\right)^n$

Lösung zu a:
Der Zähler des Folgenterms $a_n = \frac{1}{n}$ ist konstant gleich 1. Der Nenner n wird immer größer. Er überschreitet jede denkbare Schranke.
Daher unterschreitet der gesamte Folgenterm jede denkbare noch so kleine positive Zahl r.
Er nähert sich mit wachsender Indexzahl der Zahl Null beliebig dicht an.
Daher gilt: $\lim\limits_{n \to \infty} \left(\frac{1}{n}\right) = 0$

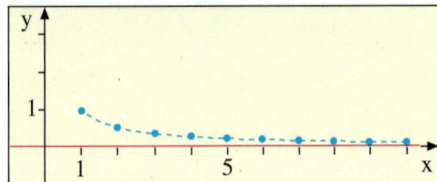

Graph der Folge $a_n = \frac{1}{n}$

a_n: $1, \frac{1}{2}, \frac{1}{3}, \frac{1}{4}, \frac{1}{5}, \ldots$

Lösung zu b:
Erhöht man die Indexzahl n um 1, so halbiert sich der Folgenwert $a_n = \left(\frac{1}{2}\right)^n$.
Auch hier unterschreiten die Folgenglieder mit wachsendem n jeden noch so kleine positive Zahl r.
Sie drängen beliebig dicht an den Wert Null heran, wenn man nur die Indexzahl n genügend groß wählt. Die Folge ist also eine Nullfolge.

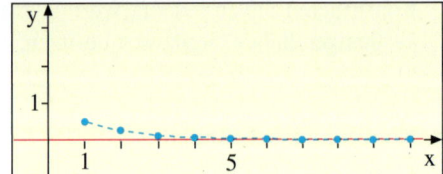

Graph der Folge $a_n = \left(\frac{1}{2}\right)^n$

a_n: $\frac{1}{2}, \frac{1}{4}, \frac{1}{8}, \frac{1}{16}, \frac{1}{32}, \ldots$

▶ Es gilt: $\lim\limits_{n \to \infty} \left(\frac{1}{2}\right)^n = 0$

Übung 10 Nullfolge – ja oder nein?
Stellen Sie fest, ob die Folge (a_n) eine Nullfolge ist. Begründen Sie Ihre Aussage.

a) $a_n = \left(\frac{3}{4}\right)^n$
b) $a_n = (1{,}1)^n$
c) $a_n = (-1)^n \frac{1}{n}$
d) $a_n = (-1)^n \frac{2n+1}{n}$
e) $a_n = \frac{n+1}{2n}$
f) $a_n = \frac{100}{n^2}$
g) $a_n = 1 + \frac{1}{n^2}$
h) $a_n = \frac{n}{2^n}$

Übung 11 Nullfolge
Die Folge (a_n) ist eine Nullfolge. Untersuchen Sie, wie groß man die Indexzahl n wählen muss, damit das Folgenglied a_n kleiner als die vorgegebene kleine positive Zahl r ist.

a) $a_n = \frac{1}{2n+5}$, $r = \frac{1}{1000}$
b) $a_n = \frac{n+1}{n^2}$, $r = \frac{1}{100}$
c) $a_n = \left(\frac{3}{4}\right)^n$, $r = \frac{1}{100}$

2. Der Grenzwert einer Zahlenfolge

Die Grenzwertsätze für Folgen

Mit Hilfe der so genannten *Grenzwertsätze für Folgen* ist es möglich, die Grenzwerte kompliziert aufgebauter Folgen auf die Grenzwerte einfacherer Folgen zurückzuführen. Wir formulieren diese Sätze nun und wenden sie an. Auf den Beweis verzichten wir, da die Sätze anschaulich klar sind.

> **Satz II.4: Grenzwertsätze für Folgen**
> (a_n) und (b_n) seien konvergente Folgen mit den Grenzwerten a bzw. b.
> Dann gelten die folgenden Aussagen:
>
> (1) Die Summenfolge $\quad (s_n) = (a_n + b_n) \quad$ hat den Grenzwert $a + b$.
> (2) Die Differenzfolge $\quad (d_n) = (a_n - b_n) \quad$ hat den Grenzwert $a - b$.
> (3) Die Produktfolge $\quad (p_n) = (a_n \cdot b_n) \quad$ hat den Grenzwert $a \cdot b$.
> (4) Die Quotientenfolge $\quad (q_n) = \left(\dfrac{a_n}{b_n}\right) \quad$ hat den Grenzwert $\dfrac{a}{b}$,
> $\qquad\qquad\qquad\qquad\qquad\qquad\qquad\qquad$ falls $b \neq 0$, $b_n \neq 0$ für $n \in \mathbb{N}$.

▶ **Beispiel: Grenzwertsätze**
Bestimmen Sie den Grenzwert der Folge (c_n) mit Hilfe der Grenzwertsätze.

a) $c_n = 5 + \dfrac{2}{n}$ $\qquad$ b) $c_n = \dfrac{2n+3}{3n-1}$ $\qquad$ c) $c_n = \dfrac{6n-2}{2n^2-n+1}$ $\qquad$ d) $c_n = \dfrac{2n(n+1)}{(1-n^2) \cdot 10^n}$

Lösung zu a:
$$\lim_{n\to\infty}\left(5 + \frac{2}{n}\right) \underset{\text{I}}{=} \lim_{n\to\infty} 5 + \lim_{n\to\infty} \frac{2}{n} \underset{\text{II}}{=} 5 + 0 = 5$$

I: Grenzwertsatz für die Summenfolge
II: Elementare Grenzwerte

Lösung zu b:
$$\lim_{n\to\infty}\frac{2n+3}{3n-1} \underset{\text{I}}{=} \lim_{n\to\infty}\frac{2+\frac{3}{n}}{3-\frac{1}{n}} \underset{\text{II}}{=} \frac{\lim_{n\to\infty}\left(2+\frac{3}{n}\right)}{\lim_{n\to\infty}\left(3-\frac{1}{n}\right)} \underset{\text{III}}{=} \frac{\lim_{n\to\infty}2 + \lim_{n\to\infty}\frac{3}{n}}{\lim_{n\to\infty}3 - \lim_{n\to\infty}\frac{1}{n}} = \frac{2+0}{3-0} = \frac{2}{3}$$

I: Erweitern mit $\frac{1}{n}$ zur Erzeugung konvergenter Folgen in Zähler und Nenner
II, III: Grenzwertsätze für Quotienten-, Summen- und Differenzfolge

Lösung zu c:
$$\lim_{n\to\infty}\frac{6n-2}{2n^2-n+1} = \lim_{n\to\infty}\frac{\frac{6}{n}-\frac{2}{n^2}}{2-\frac{1}{n}+\frac{1}{n^2}} = \frac{\lim_{n\to\infty}\left(\frac{6}{n}-\frac{2}{n^2}\right)}{\lim_{n\to\infty}\left(2-\frac{1}{n}+\frac{1}{n^2}\right)} = \frac{\lim_{n\to\infty}\frac{6}{n} - \lim_{n\to\infty}\frac{2}{n^2}}{\lim_{n\to\infty}2 - \lim_{n\to\infty}\frac{1}{n} + \lim_{n\to\infty}\frac{1}{n^2}} = \frac{0-0}{2-0+0} = 0$$

Lösung zu d:
$$\lim_{n\to\infty}\frac{2n(n+1)}{(1-n^2)\cdot 10^n} = \lim_{n\to\infty}\frac{2n^2+2n}{1-n^2} \cdot \lim_{n\to\infty}\left(\frac{1}{10}\right)^n = \lim_{n\to\infty}\frac{2+\frac{2}{n}}{\frac{1}{n^2}-1} \cdot \lim_{n\to\infty}\left(\frac{1}{10}\right)^n = = \frac{2+0}{0-1} \cdot 0 = 0$$

Übungen

12. Anwendung der Grenzwertsätze
Bestimmen Sie zunächst die Grenzwerte der Folgen (a_n) und (b_n). Bestimmen Sie dann den Grenzwert der Summenfolge, der Differenzfolge, der Produktfolge und der Quotientenfolge, sofern dies möglich ist.

a) $a_n = 2 - \frac{3}{n^2}$, $b_n = 1 - \frac{3}{n}$

b) $a_n = 3 + \frac{1}{n} - \frac{2}{n^2}$, $b_n = 2 - \frac{1}{n}$

c) $a_n = 3$, $b_n = 4 + \frac{2}{n}$

d) $a_n = 1 - \frac{(-1)^n}{n}$, $b_n = \frac{1}{n}$

13. Anwendung der Grenzwertsätze (Kürzen)
Bestimmen Sie den Grenzwert der Folge (c_n) mit Hilfe der Grenzwertsätze. Geben Sie jeweils an, welche Grenzwertsätze angewandt wurden.

a) $c_n = 2 + \frac{3n}{n^3}$

b) $c_n = \frac{3n - 2}{2 + n}$

c) $c_n = \frac{2n^2 + n - 5}{4n - 2n^2}$

d) $c_n = \frac{n + \frac{1}{n}}{n}$

e) $c_n = \frac{3n + 1}{4n + (-1)^n}$

f) $c_n = \frac{4n}{2n + 1} + \left(\frac{1}{10}\right)^n$

g) $c_n = \frac{3n + 1}{n} \cdot \left(-\frac{1}{4}\right)^n$

h) $c_n = \frac{(n - 1)(2n + 1)^2}{n^2 - n^3}$

14. Anwendung der Grenzwertsätze (Erweitern)
Bestimmt werden soll der Grenzwert von (c_n) mit $c_n = \frac{\frac{6}{n} + \frac{1}{n^2}}{\frac{1}{n}}$.

Warum ist der Grenzwertsatz für Quotienten zunächst nicht anwendbar? Erweitern Sie den Quotienten so, dass die Grenzwertsätze danach anwendbar sind.

15. Anwendung der Grenzwertsätze
Bestimmen Sie den Grenzwert der Folge (c_n) mit Hilfe der Grenzwertsätze.

a) $c_n = \frac{2}{n} + \frac{1}{n^2}$

b) $c_n = \frac{3n + 1}{n + 2}$

c) $c_n = \frac{8n + 2}{n^2 + n}$

d) $c_n = \frac{n^2 + n + 4}{n(n + 2)}$

e) $c_n = \frac{2n + 3}{(n + 1) \cdot 2^n}$

f) $c_n = \left(4 - \frac{1}{n^2}\right) \cdot \left(\frac{n + 1}{n}\right)$

g) $c_n = \frac{n - \frac{1}{n}}{n^2 - \frac{1}{n^2}}$

h) $c_n = \frac{\frac{2}{n}}{\frac{3}{n^2} - \frac{1}{n}}$

16. Richtig oder falsch?
Geben Sie an, ob die folgenden Aussagen richtig oder falsch sind. Handelt es sich um eine falsche Aussage, so nennen Sie bitte ein Gegenbeispiel.
a) Die Summenfolge zweier konvergenter Folgen ist ebenfalls konvergent.
b) Die Differenzfolge zweier divergenter Folgen ist divergent.
c) Die Summenfolge zweier divergenter Folgen kann konvergent sein.
d) Eine konstante Folge hat stets einen Grenzwert.
e) Die Glieder einer konvergenten Folge nähern sich dem Grenzwert g zwar beliebig dicht, erreichen ihn aber niemals.
f) Ist die Folge (a_n) konvergent, so ist stets auch die „Kehrwertfolge" $(b_n) = \left(\frac{1}{a_n}\right)$ konvergent.
g) Eine Folge mit positiven Gliedern, die von Glied zu Glied einen kleineren Wert annimmt, hat den Grenzwert null.

3. Grenzwerte von Funktionen

Bei der Untersuchung von Funktionen an den Grenzen ihrer Definitionsmenge oder an bestimmten kritischen Stellen werden oft Grenzwertbetrachtungen erforderlich. Dabei kommt es zu zwei unterschiedlichen Arten von Grenzprozessen, zum einen $x \to \infty$ bzw. $x \to -\infty$ und zum anderen $x \to x_0$.

A. Grenzwerte von Funktionen für $x \to \infty$ und $x \to -\infty$

> **Beispiel: Grenzwertbestimmung mit Testeinsetzungen**
> Die Funktion $f(x) = \frac{2x+1}{x}$, $x > 0$, soll an ihrer rechten Definitionsgrenze untersucht werden.
> a) Wie entwickeln sich die Funktionswerte von f, wenn x beliebig groß wird?
> b) Zeichnen und kommentieren Sie den Graphen von f.

Lösung zu a:
Wir fertigen eine Wertetabelle an mit zunehmend größer werdenden x-Werten. Wir lassen die x-Werte in Gedanken gegen unendlich streben. Wir erkennen, dass die zugehörigen Funktionswerte sich immer mehr der Zahl 2 annähern, die man als Grenzwert bezeichnet.

Die Funktion $f(x) = \frac{2x+1}{x}$ strebt für x gegen unendlich gegen den **Grenzwert** 2.

x	1	10	100	1000	$\to \infty$
y	3	2,1	2,01	2,001	$\to 2$

Zur Beschreibung dieses Verhaltens verwendet man die rechts dargestellte symbolische **Limesschreibweise**.

$$\lim_{x \to \infty} \frac{2x+1}{x} = 2$$

Gelesen: Der Limes von $\frac{2x+1}{x}$ für $x \to \infty$ ist gleich 2.

Lösung zu b:
Graphisch ist dieses Grenzwertverhalten daran zu erkennen, dass sich der Graph von f für $x \to \infty$ von oben an die horizontale Gerade y = 2 anschmiegt. Man bezeichnet diese Schmiegegerade auch als **Asymptote** von f für $x \to \infty$.

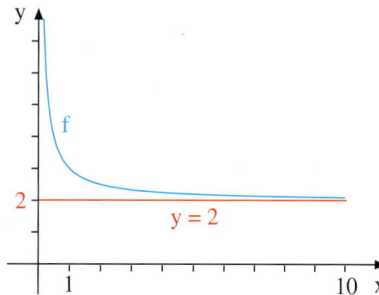

Übung 1
Untersuchen Sie das Verhalten der Funktion f, wenn der angegebene Grenzprozess durchgeführt wird. Verwenden Sie als Methode Testeinsetzungen. Skizzieren Sie den Graphen von f.
a) $f(x) = \frac{2x+1}{x}$, $x < 0$, Grenzprozess: $x \to -\infty$
b) $f(x) = \frac{x+1}{x^2}$, $x > 0$, Grenzprozess: $x \to \infty$

Das Arbeiten mit Testeinsetzungen ist zwar sehr praktisch und wird daher häufig verwendet, aber es ist nicht ganz sicher. Möglicherweise hätte sich im letzten Beispiel als Grenzwert auch 2,000007 ergeben können anstelle von 2. Unsere dort verwendeten Testeinsetzungen hätten dies nicht erkennen lassen. Will man also sichergehen, so muss man allgemeiner argumentieren.

> **Beispiel: Grenzwertbestimmung mittels Termvereinfachung**
> Beweisen Sie durch eine allgemeingültige Argumentation: $\lim_{x \to \infty} \frac{2x+1}{x} = 2$. Vereinfachen Sie hierzu den zu untersuchenden Term so, dass einfacher zu beurteilende Teilterme entstehen.

Lösung:
Wir bringen den Term $\frac{2x+1}{x}$ durch Division in die Gestalt $2 + \frac{1}{x}$.
Die beiden summativen Teilterme sind einfacher zu beurteilen, was ihr Verhalten für $x \to \infty$ angeht.
Der erste Summand 2 verändert seinen Wert bei diesem Grenzprozess nicht.
Der zweite Summand $\frac{1}{x}$ strebt gegen 0, da der Zähler sich nicht verändert, während sein Nenner über alle Grenzen wächst.
Die Summe der beiden Terme strebt also gegen $2 + 0 = 2$.

Grenzwertrechnung:

$$\lim_{x \to \infty} \frac{2x+1}{x}$$

$$= \lim_{x \to \infty} \left(2 + \frac{1}{x}\right) \quad \text{Termvereinfachung durch Division}$$

$$= \lim_{x \to \infty} 2 + \lim_{x \to \infty} \frac{1}{x} \quad \text{Aufteilung in zwei Grenzwerte}$$

$$= 2 + 0 = 2 \quad \text{Bestimmung der Einzelgrenzwerte}$$

Übung 2
Untersuchen Sie das Verhalten von f für $x \to \infty$ und $x \to -\infty$ mit Hilfe der Methode der Termvereinfachung. Kontrollieren Sie das Resultat graphisch mit dem TR/Computer.

a) $f(x) = \frac{4x-1}{x}$
b) $f(x) = \frac{3x^2-4}{x^2}$
c) $f(x) = \frac{2x+x^2}{x^2}$
d) $f(x) = \frac{x^2-x}{3x^2}$
e) $f(x) = \frac{3-x^3}{x^3}$
f) $f(x) = \frac{x^2-1}{x(x-1)}$

Übung 3
Im Intercity-Express ist die Klimaanlage ausgefallen.
Die ansteigende Temperatur wird durch
$$T(t) = \frac{200}{4 + \frac{6}{0,1t+1}}$$
erfasst (t: Minuten, T: °C).

a) Welche Temperatur herrscht zu Beginn?
b) Welche Temperatur herrscht nach einer Stunde?
c) Welche Grenztemperatur stellt sich ein?

3. Grenzwerte von Funktionen

B. Grenzwerte von Funktionen für x → x_0

Gelegentlich kommt es vor, dass eine Funktion f an einer bestimmten Stelle x_0 nicht definiert ist, wohl aber in der Umgebung der Stelle x_0. Man untersucht dann, wie sich die Funktionswerte $f(x)$ verhalten, wenn man die Variable x gegen den Wert x_0 streben lässt. Kurz: Man interessiert sich für den Grenzwert $\lim_{x \to x_0} f(x)$. Es gibt mehrere Methoden zur Grenzwertbestimmung.

▶ **Beispiel: Grenzwertbestimmung mit Testeinsetzungen**
Die Funktion $f(x) = \frac{x^2-4}{x-2}$ ist an der Stelle $x_0 = 2$ nicht definiert. Bestimmen Sie den Grenzwert $\lim_{x \to 2} \frac{x^2-4}{x-2}$, sofern dieser Grenzwert existiert. Arbeiten Sie mit Testeinsetzungen.

Lösung
Wir nähern uns der kritischen Stelle $x_0 = 2$ einmal von links und ein zweites mal von rechts. Wir erhalten in beiden Fällen das gleiche Ergebnis 4.

x	1,5	1,9	1,99	1,999	→2
y	3,5	3,9	3,99	3,999	→4

Linksseitiger Grenzwert: $\lim_{\substack{x \to 2 \\ x < 2}} \frac{x^2-4}{x-2} = 4$

Da links- und rechtsseitiger Grenzwert übereinstimmen, billigt man der Funktion insgesamt den Grenzwert 4 zu:

x	2,5	2,1	2,01	2,001	→2
y	4,5	4,1	4,01	4,001	→4

Rechtsseitiger Grenzwert: $\lim_{\substack{x \to 2 \\ x > 2}} \frac{x^2-4}{x-2} = 4$

▶ $\lim_{x \to 2} \frac{x^2-4}{x-2} = 4.$

Die Methode der Testeinsetzungen ist praktisch, aber mit einer gewissen Unsicherheit behaftet. Daher behandeln wir zwei weitere Methoden, die Grenzwertbestimmung durch Termumformung und die Grenzwertbestimmung mit der sogenannten h-Methode.

▶ **Beispiel: Grenzwertberechnung mittels Termumformung**
Berechnen Sie den Grenzwert $\lim_{x \to 2} \frac{x^2-4}{x-2}$. Vereinfachen Sie hierzu den Term $\frac{x^2-4}{x-2}$.

Lösung:
Wir vereinfachen den Term $\frac{x^2-4}{x-2}$ mit der dritten binomischen Formel und einem anschließenden Kürzungsvorgang.

Es verbleibt der Term $x + 2$, dessen Grenzwert sich auf die elementaren Grenzwerte der Summanden x und 2 zurückführen lässt. Insgesamt gilt:

▶ $\lim_{x \to 2} \frac{x^2-4}{x-2} = 4$

Grenzwertrechnung:

$\lim_{x \to 2} \frac{x^2-4}{x-2}$

$= \lim_{x \to 2} \frac{(x-2)\cdot(x+2)}{x-2}$

$= \lim_{x \to 2} (x+2)$

$= \lim_{x \to 2} x + \lim_{x \to 2} 2$

$= 2 + 2 = 4$

> **Beispiel: Grenzwertberechnung mit der h-Methode**
> Es soll festgestellt werden, ob der Grenzwert $\lim\limits_{x \to 2} \frac{x^2-4}{x-2}$ existiert. Setzen Sie hierzu $x = 2 + h$ und führen Sie den Grenzübergang $h \to 0$ durch.

Lösung:
Der Term $\frac{x^2-4}{x-2}$ ist an der Stelle $x = 2$ nicht definiert. Um sein Verhalten für $x \to 2$ zu untersuchen, setzen wir $x = 2 + h$ mit einer kleinen Größe $h \neq 0$.
Dadurch entsteht ein Term, der sich mit Hilfe der ersten binomischen Formel stark vereinfachen lässt.
Anschließend wird der Grenzübergang $h \to 0$ durchgeführt, der zum Resultat 4 für den gesuchten Grenzwert führt.

Grenzwertrechnung:
$$\lim_{x \to 2} \frac{x^2-4}{x-2}$$
$$= \lim_{h \to 0} \frac{(2+h)^2-4}{(2+h)-2}$$
$$= \lim_{h \to 0} \frac{(4+4h+h^2)-4}{h}$$
$$= \lim_{h \to 0} \frac{4h+h^2}{h}$$
$$= \lim_{h \to 0} (4+h) = 4$$

Ein komplizierteres Beispiel macht den Vorteil der h-Methode noch wesentlich deutlicher.

$$\lim_{x \to 1} \frac{x^3-2x+1}{x-1} = \lim_{h \to 0} \frac{(1+h)^3-2(1+h)+1}{(1+h)-1} = \lim_{h \to 0} \frac{1+3h+3h^2+h^3-2-2h+1}{h}$$
$$= \lim_{h \to 0} \frac{h^3+3h^2+h}{h} = \lim_{h \to 0} (h^2+3h+1) = 0+0+1 = 1$$

Das folgende Beispiel zeigt, dass nicht immer ein Grenzwert existiert.

> **Beispiel:** Gegeben ist die Funktion $f(x) = \frac{x}{2 \cdot |x|}$, $x \neq 0$. Untersuchen Sie das Verhalten der Funktion für $x \to 0$.

Lösung:
Linksseitiger Grenzwert:
Für $x < 0$ gilt $|x| = -x$. Damit folgt:
$$\lim_{\substack{x \to 0 \\ x < 0}} \frac{x}{2|x|} = \lim_{\substack{x \to 0 \\ x < 0}} \frac{x}{2(-x)} = \lim_{\substack{x \to 0 \\ x < 0}} \frac{1}{-2} = -\frac{1}{2}$$

Rechtsseitiger Grenzwert:
Für $x > 0$ gilt $|x| = x$. Damit folgt:
$$\lim_{\substack{x \to 0 \\ x > 0}} \frac{x}{2|x|} = \lim_{\substack{x \to 0 \\ x > 0}} \frac{x}{2x} = \lim_{\substack{x \to 0 \\ x > 0}} \frac{1}{2} = \frac{1}{2}$$

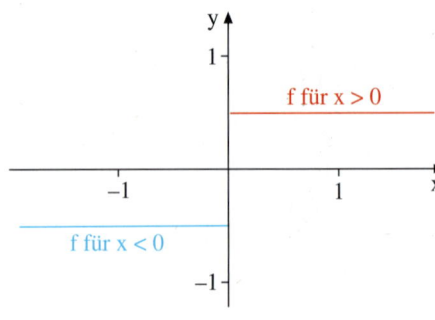

Die Funktion besitzt für $x \to 0$ keinen Grenzwert, da linksseitiger und rechtsseitiger Grenzwert nicht identisch sind. Die Abbildung veranschaulicht, wie sich die Funktion bei Annäherung an die kritische Stelle $x_0 = 0$ verhält. Sie hat dort eine sog. *Sprungstelle*.

Übungen

4. Bestimmen Sie den Grenzwert mit Hilfe von Testeinsetzungen.

a) $\lim\limits_{x \to 5} \frac{x^2 - 25}{x - 5}$ b) $\lim\limits_{x \to 3} \frac{3x^2 - 27}{x - 3}$

c) $\lim\limits_{x \to 1} \frac{x^3 - x}{x - 1}$ d) $\lim\limits_{x \to -2} \frac{x^4 - 16}{x + 2}$

Binomische Formeln:
$(x + a)^2 = x^2 + 2ax + a^2$
$(x + a)^3 = x^3 + 3ax^2 + 3a^2x + a^3$
$(x - a) \cdot (x + a) = x^2 - a^2$

5. Die Funktion f hat an der Stelle x_0 eine Definitionslücke. Untersuchen Sie mit Testeinsetzungen, wie sich die Funktion verhält, wenn man sich dieser Stelle von links bzw. von rechts nähert.

a) $f(x) = \frac{x^2 - 9}{2x - 6}, x_0 = 3$ b) $f(x) = \frac{x + 1}{x}, x_0 = 0$ c) $f(x) = \frac{x + 1}{x^2}, x_0 = 0$

6. Berechnen Sie den Grenzwert durch Termumformung.

a) $\lim\limits_{x \to 4} \frac{x^2 - 16}{x - 4}$ b) $\lim\limits_{x \to -1} \frac{x^3 - x}{x + 1}$ c) $\lim\limits_{x \to 3} \frac{3 - x}{2x^2 - 6x}$ d) $\lim\limits_{x \to 2} \frac{x^4 - 16}{x - 2}$

7. Berechnen Sie den Grenzwert mit Hilfe der h-Methode. Faktorisieren Sie dazu den Zähler.

a) $\lim\limits_{x \to -3} \frac{2x^2 - 18}{x + 3}$ b) $\lim\limits_{x \to 5} \frac{x^2 - 7x + 10}{x - 5}$ c) $\lim\limits_{x \to 1} \frac{x^2 - x}{x - 1}$ d) $\lim\limits_{x \to x_0} \frac{x^2 - x_0^2}{x - x_0}$

8. Gesucht sind die folgenden Grenzwerte. Verwenden Sie Testeinsetzungen.

a) $\lim\limits_{x \to 0} \frac{1}{x^2}$ b) $\lim\limits_{x \to -\infty} 2^x$ c) $\lim\limits_{\substack{x \to 0 \\ x > 0}} \frac{1}{\sqrt{x}}$

9. Technisches Versagen des Taschenrechners?

Gegeben ist die Funktion $f(x) = \sin\frac{1}{x}, x \neq 0$. f ist an der Stelle $x = 0$ nicht definiert.
Untersuchen Sie, ob der Grenzwert $\lim\limits_{x \to 0} \sin\frac{1}{x}$ existiert.
a) Verwenden Sie Testeinsetzungen.
b) Zeichnen Sie mit Hilfe eines graphischen Taschenrechners oder eines Computers den Graphen von f in der Umgebung der Stelle $x = 0$.
c) Schließen Sie vom Verhalten des Terms sin x für $x \to \infty$ auf das Verhalten des Terms $\sin\frac{1}{x}$ für $x \to 0$.

Hinweis: Der Taschenrechner muss bei dieser Übung im Modus RAD betrieben werden.

10. Interessante Fälle

a) $\lim\limits_{x \to \infty} \left(\sqrt{x^2 + x} - x\right)$ b) $\lim\limits_{x \to 0} x^x$ c) $\lim\limits_{x \to \infty} \left(1 + \frac{1}{x}\right)^x$

Knobelaufgabe

In einem Regal steht eine Anzahl von Uhren, darunter genau zwei Kuckucksuhren. Zwischen den beiden Kuckucksuhren stehen genau drei normale Uhren. Die sechste Uhr von links ist eine Kuckucksuhr und ebenfalls die achte Uhr von rechts.
Wie viele Uhren stehen mindestens im Regal?

C. Exkurs: Anwendungen

Grenzwerte werden in der Regel innermathematisch oder im technischen Bereich angewendet. Sie kommen aber beispielsweise auch bei Abkühlungsprozessen vor.

Beispiel: Grenztemperatur

Familie Stein ist im Ferienhaus eingeschneit. In der Nacht fällt auch noch die Heizung aus. Als die Steins um 8.00 Uhr aufwachen, ist es nur noch 20 °C warm statt der üblichen 24 °C. Herr Stein kalkuliert, dass die Temperatur durch $T(t) = \frac{52}{t+2} - 6$ beschrieben werden kann (t: Zeit in Stunden seit 8.00 Uhr, T: °C).
a) Wie tief könnte die Temperatur fallen?
b) Wann wird der Gefrierpunkt erreicht?
c) Wann fiel die Heizung aus?

Lösung zu a:
Wir verwenden eine Wertetabelle mit Testeinsetzungen mit wachsenden Werten für t. Es zeigt sich, dass die Temperatur langfristig gegen −6 °C strebt, keine sehr angenehme Aussicht.

Testeinsetzungen:

t	0	1	10	100	t → ∞
T(t)	20	11,33	−1,67	−5,49	→ −6

$$\lim_{t \to \infty} \left(\frac{52}{t+2} - 6 \right) = -6$$

Lösung zu b:
Der Ansatz $T(t) = 0$ führt nach nebenstehender Rechnung auf $t = 6\frac{2}{3}$ Stunden d.h. 6 Stunden und 40 Minuten. Addiert man dies zu 8.00 Uhr, so erhält man 14.40 Uhr als Beginn der Eiszeit.

Gefrierpunkt:
$T(t) = 0$ (Ansatz)
$\frac{52}{t+2} - 6 = 0$ $| \cdot (t+2)$
$52 - 6t - 12 = 0$
$t = 6\frac{2}{3} h = 6h\,40\,min$

Lösung zu c:
Der Ansatz $T(t) = 24$ führt nach einer zur Lösung zu b analogen Rechnung auf $t = -\frac{4}{15}$ d.h. −16 min. Es war also 7.44 Uhr, als die Heizung ausfiel.

Heizungsausfall:
$T(t) = 24$ (Ansatz)
$\frac{52}{t+2} - 6 = 24$ $| \cdot (t+2)$
$t = -\frac{4}{15} h = -16\,min$

Übung 11

Die Höhe eines schnell wachsenden Bambusrohres wird durch die Funktion $h(t) = \frac{360t + 90}{2t + 3}$ beschrieben (t in Wochen, h(t) in cm).
a) Welche maximale Höhe erreicht das Bambusrohr?
b) Wie hoch war das Rohr am Beginn der Messung?
c) Wann erreicht der Bambus eine Höhe von 150 cm?

Übungen

12. Testeinsetzungen
Berechnen Sie den Grenzwert durch Testeinsetzungen.
a) $\lim\limits_{x \to \infty} \frac{2x+1}{x}$
b) $\lim\limits_{x \to \infty} \frac{1-2x}{x+1}$
c) $\lim\limits_{x \to -\infty} \frac{x^2-x}{1-x^2}$

13. Termumformung
Berechnen Sie den Grenzwert aus Übung 12 mit Hilfe von Termumformungen bzw. mit der h-Methode. Kontrollieren Sie durch Testeinsetzungen.

14. Einseitige Grenzwertuntersuchungen
Untersuchen Sie, ob der Grenzwert existiert, indem Sie sich der kritischen Stelle x_0 einmal von links und einmal von rechts annähern.
Skizzieren Sie zur Kontrolle den Graphen von f mit einem TR/Computer.
a) $f(x) = \frac{1}{x}$, $x_0 = 0$
b) $f(x) = \begin{cases} x-1, & x \leq 0 \\ x^2, & x > 0 \end{cases}$, $x_0 = 0$
c) $f(x) = \begin{cases} x^2+1, & x \leq 1 \\ 3-x, & x > 1 \end{cases}$, $x_0 = 1$

15. Zuordnung
Ordnen Sie jedem Grenzwertterm den zugehörigen Grenzwert zu.

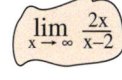
$\lim\limits_{x \to \infty} \frac{2x}{x-2}$

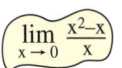
$\lim\limits_{x \to 0} \frac{x^2-x}{x}$

 −1
 0

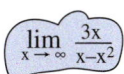
$\lim\limits_{x \to 2} \frac{2x^2-8}{x-2}$

$\lim\limits_{x \to 2} (x^2 + \frac{1}{x})$

 2
 8

 4,5
 ∞

$\lim\limits_{x \to \infty} \frac{3x}{x-x^2}$

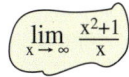
$\lim\limits_{x \to \infty} \frac{x^2+1}{x}$

16. Wärmepack
Ein Thermopack enthält eine Flüssigkeit, die bei Erschütterung zu Kristallen erstarrt und dabei die zuvor beim Erhitzen gespeicherte Schmelzwärme wieder freigibt.
Die Temperatur steigt dann nach der Funktion $T(t) = \frac{40t+20}{t+1}$ (t in min).
a) Welche Temperatur liegt zu Beginn vor?
b) Welche Temperatur liegt nach vier Minuten vor?
c) Welche Temperatur kann langfristig erreicht werden?
d) Wann erreicht die Temperatur 35 °C?

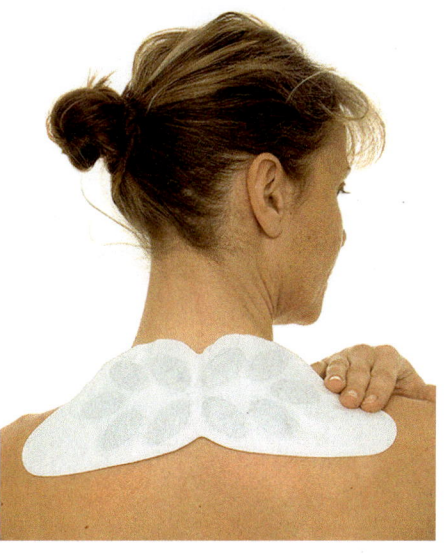

17. Die Kurve des Vergessens

Der deutsche Psychologe Hermann Ebbinghaus untersuchte den Vorgang des Vergessens. Die Kurve $s(t)$ des Vergessens gibt an, welcher Prozentsatz eines Lerninhaltes nach einer bestimmten Zeit t noch aus dem Gedächtnis abrufbar ist.

Beim Auswendiglernen von zusammenhangslosen Silben kann die Kurve des Vergessens durch die Formel
$s(t) = \frac{15t + 95}{150t + 95} \cdot 100$ beschrieben werden.

t: Zeit in Stunden; s: Behaltener Inhalt in Prozent

a) Bestimmen Sie den Prozentsatz der abrufbaren Silben zu Beginn der Beobachtung, nach einer Stunde und nach 24 Stunden. Berechnen Sie, wann 50 % der Silben vergessen sind.
b) Bestimmen Sie mit einer Grenzwertbetrachtung, welcher Prozentsatz der Silben langfristig im Gedächtnis erhalten bleibt. Skizzieren Sie anschließend den Graphen von s.

18. Der freie Fall in der Atmosphäre

Beim freien Fall in Luft – wie er z. B. beim Skydiving praktiziert wird – kann die Fallgeschwindigkeit einer 80 kg schweren Person nach dem erfolgten Absprung angenähert mit der Formel erfasst werden:

$$v(t) = 50 - \frac{100}{1{,}5^t + 1}$$

t: Zeit in Sekunden; v: Geschwindigkeit in m/s

a) Berechnen Sie die Fallgeschwindigkeit nach einer, zwei bzw. nach fünf Sekunden.
b) Bestimmen Sie näherungsweise, nach welcher Zeit der frei fallende Springer ein Fallgeschwindigkeit von ca. 108 km/h erreicht (10 m/s = 36 km/h).
c) Bestimmen Sie mittels einer Grenzwertbetrachtung, welche Geschwindigkeit der Springer im freien Fall maximal erreichen kann. Skizzieren Sie den Graphen von v.

19. Die Abkühlung einer Tasse Kaffee

Johanna trinkt gerade eine Tasse Kaffee. Noch ist der Kaffee zu heiß. Sie weiß aber, das der Abkühlungsprozess angenähert durch die Funktion
$T(t) = \frac{60t^2 + 24\,750}{3t^2 + 17{,}5t + 275}$ erfasst werden kann.

t: Zeit in Minuten; T: Temperatur in °C

a) Welche Temperatur hat der Kaffee zu Beginn der Beobachtung? Welche Temperatur liegt nach fünf Minuten vor?
b) Wie lange muss Johanna warten, wenn sie den Kaffee gerne bei einer geringen Trinktemperatur von 50 °C genießt?
c) Johanna wird abgelenkt und vergisst ihren Kaffee beim Telefonieren. Welche Temperatur wird dieser haben, wenn Johanna erst nach sehr langer Zeit wieder zurückkommt? Wie kommt diese Temperatur physikalisch zustande?

II. Grenzwerte

Überblick

Reelle Zahlenfolge
Eine Folge (a_n) besteht aus einer unendlich langen geordneten Kette reeller Zahlen. a_n bezeichnet das n-te Folgenglied. $n \in \{1; 2; 3; \ldots\}$ heißt Indexzahl. Folgen können explizit oder rekursiv gegeben sein.

Arithmetische Folge
Differenz zweier aufeinander folgender Folgenglieder ist konstant.
Eigenschaft: $a_{n+1} - a_n = d$
Bildungsgesetz (explizit): $a_n = a_1 + (n-1) \cdot d$
Bildungsgesetz (rekursiv): $a_{n+1} = a_n + d$; a_1 gegeben

Geometrische Folge
Quotient zweier aufeinander folgender Folgenglieder ist konstant.
Eigenschaft: $\frac{a_{n+1}}{a_n} = q$
Bildungsgesetz (explizit): $a_n = a_1 \cdot q^{n-1}$
Bildungsgesetz (rekursiv): $a_{n+1} = a_n \cdot q$; a_1 gegeben

Zinseszinsrechnung
Ein Anfangskapital K_0 wächst in n Jahren bei p% Zinsen mit Zinseszins auf den Endbetrag K_n.
Es gilt $K_n = K_0 \cdot q^n$ mit dem Aufzinsungsfaktor $q = 1 + \frac{p}{100}$.

Grenzwert einer Zahlenfolge
Nähern sich die Folgenglieder an einer Zahlenfolge für $n \to \infty$ einer festen Zahl g „beliebig dicht", so heißt g Grenzwert der Folge (a_n).
Symbolische Schreibweise: $\lim\limits_{n \to \infty} a_n = g$.

Folgen mit Grenzwert heißen **konvergent**, Folgen ohne Grenzwert werden als **divergent** bezeichnet.
Folgen mit dem Grenzwert 0 heißen Nullfolgen.

Grenzwertsätze für Zahlenfolgen

Summe: $\lim\limits_{n \to \infty} (a_n + b_n) = \lim\limits_{n \to \infty} a_n + \lim\limits_{n \to \infty} b_n$

Differenz: $\lim\limits_{n \to \infty} (a_n - b_n) = \lim\limits_{n \to \infty} a_n - \lim\limits_{n \to \infty} b_n$

Produkt: $\lim\limits_{n \to \infty} (a_n \cdot b_n) = \lim\limits_{n \to \infty} a_n \cdot \lim\limits_{n \to \infty} b_n$

Quotient: $\lim\limits_{n \to \infty} (a_n : b_n) = \lim\limits_{n \to \infty} a_n : \lim\limits_{n \to \infty} b_n$ $(b_n \neq 0, \lim\limits_{n \to \infty} b_n \neq 0)$

Funktionsgrenzwert für $x \to x_0$
Zahlenwert g, dem sich die Funktionswerte von f für $x \to x_0$ beliebig dicht nähern.
Symbolische Schreibweise:
$$\lim\limits_{x \to x_0} f(x) = g$$

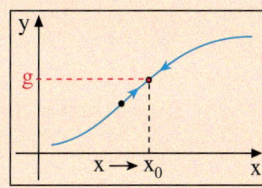

Funktionsgrenzwert für $x \to \pm\infty$
Zahlenwert g, dem sich die Funktionswerte von f für $x \to \infty$ bzw. $x \to -\infty$ beliebig dicht nähern.
Symbolische Schreibweise:
$$\lim\limits_{x \to \infty} f(x) = g, \quad \lim\limits_{x \to -\infty} f(x) = g$$

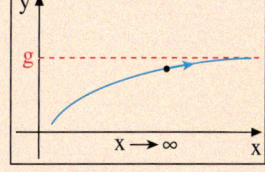

Fraktale

Fraktale sind geometrische Gebilde mit eigentümlichen Eigenschaften. Beispielsweise sind sie selbstähnlich, d. h., vergrößert man einen Teil einer fraktalen Figur, so sieht der vergrößerte Teil genauso aus wie das ganze Fraktal. Die Umrandungslinie einer fraktalen Figur ist ungeheuer zerklüftet, sie kann daher sehr lang sein, viel länger als die Umrandungslinien normaler geometrischer Figuren wie Kreise, Dreiecke etc.

Die Mathematiker haben ein neues Fachgebiet entwickelt, das sich Fraktale Geometrie nennt. Vor allem in der belebten Natur kommen fraktale Strukturen vor, z. B. im Schneekristall. Auch viele Pflanzen, z. B. Farne und manche Blumenblüten, wachsen nach fraktalen Gesetzen. Technische Anwendungen der fraktalen Geometrie stehen bevor. Beispielsweise werden computergenerierte Landschaften, welche für Flugsimulatoren und für Filme verwendet werden, mit fraktalen Methoden erzeugt. 1983 erschien das erste umfassende Buch, die *Fraktale Geometrie der Natur* von Benoit Mandelbrot.

Ein fraktaler Schneekristall

Ein Kristall bildet sich folgendermaßen aus einem 1×1-Quadrat:
Aus drei Quadratseiten sprießen $\frac{1}{3} \times \frac{1}{3}$-Quadrate. Aus jedem dieser Quadrate sprießen wieder $\frac{1}{9} \times \frac{1}{9}$-Quadrate usw.

Die Fläche des Kristalls wächst unaufhaltsam. Dehnt sie sich schließlich bis ins Unendliche aus? Und was ist mit dem Umfang?

Man kann auf anschauliche Weise erkennen, dass die Fläche des Kristalls nicht ins Unendliche wächst, sondern dass ihr Inhalt sich mit jedem Wachstumsschritt dem Wert 1,5 nähert.

Man legt die drei $\frac{1}{3} \times \frac{1}{3}$-Quadrate, wie rechts dargestellt, ins Innere des 1×1-Ausgangsquadrats. Die Diagonale wird an zwei Stellen berührt. Danach legt man die neun $\frac{1}{9} \times \frac{1}{9}$-Quadrate wie abgebildet hinein usw.

$A_1 = 1$ $\qquad = 1$

$A_2 = 1 + 3 \cdot \frac{1}{9}$ $\qquad = 1{,}33\ldots$

$A_3 = 1 + 3 \cdot \frac{1}{9} + 9 \cdot \frac{1}{81}$ $\qquad = 1{,}44$

$\vdots \qquad\qquad\qquad\qquad \vdots$

Man erkennt, dass sich die Gesamtfläche der hineingelegten Quadrate immer genauer der halben Fläche des Ausgangsquadrats nähert. Ihr Inhalt strebt gegen den Grenzwert 0,5.
Hinzu kommt die Fläche des Ausgangsquadrats mit dem Inhalt 1. Das Fraktal hat daher insgesamt den endlichen Flächeninhalt 1,5.

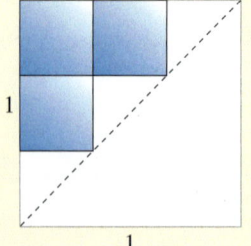
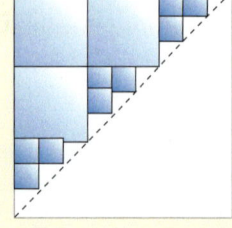

Und nun zum Umfang des fraktalen Kristalls: Der Umfang der ersten Figur ist 4. Bei der zweiten Figur kommt $3 \cdot \frac{2}{3}$ hinzu, also 2. Bei der dritten Figur kommt $9 \cdot \frac{2}{9}$ hinzu, d. h. wieder 2.

Mit jedem Schritt wächst der Umfang also um 2. Daher übersteigt er jede Grenze. Er strebt gegen unendlich.

Das vollständige Fraktalkristall ist also eine ganz erstaunliche Figur: Es hat nur einen endlichen Flächeninhalt, für seine Umrandung aber benötigt man einen unendlichen Umfang.

Der Umfang des fraktalen Kristalls:
$U_1 = 4$
$U_2 = U_1 + 3 \cdot \frac{2}{3} = 4 + 2$
$U_3 = U_2 + 9 \cdot \frac{2}{9} = 4 + 2 + 2$
usw.
$\Rightarrow \lim_{n \to \infty} U_n = \infty$

Übrigens: Man kann den Flächeninhalt des fraktalen Kristalls auch ganz ohne geometrische Tricks berechnen, wie die rechts aufgeführte Rechnung zeigt.

Man stellt zunächst eine Formel für den Inhalt der Figur A_n auf, indem man sich an den Fällen A_1, A_2 und A_3 orientiert.

Anschließend vereinfacht man diese Formel mit Hilfe der *geometrischen Summenformel*

$1 + q + q^2 + \ldots + q^{n-1} = \frac{1-q^n}{1-q}$,

die man in Formelsammlungen findet und hier für $q = \frac{1}{3}$ anwendet. Dann bildet man den Grenzwert.

Alternative Flächeninhaltsberechnung:
$A_1 = 1$
$A_2 = 1 + 3 \cdot \frac{1}{9} = 1 + \frac{1}{3}$
$A_3 = 1 + 3 \cdot \frac{1}{9} + 9 \cdot \frac{1}{81} = 1 + \left(\frac{1}{3}\right)^1 + \left(\frac{1}{3}\right)^2$
.
$A_n = 1 + \left(\frac{1}{3}\right)^1 + \left(\frac{1}{3}\right)^2 + \ldots + \left(\frac{1}{3}\right)^{n-1}$

$A_n = \frac{1 - \left(\frac{1}{3}\right)^n}{1 - \frac{1}{3}} = \frac{3}{2} \cdot \left(1 - \left(\frac{1}{3}\right)^n\right)$
$\lim_{n \to \infty} A_n = \frac{3}{2}$

Das folgende Problem hat ebenfalls fraktalen Charakter. Es kann durch Verwendung von Folgen und Anwendung der geometrischen Summenformel gelöst werden. Versuchen Sie es.

Die Koch'sche Kurve

Helge von Koch untersuchte 1904 die ersten Fraktale. Er ging von einem gleichseitigen Dreieck aus, das er durch Aufsetzen kleinerer Dreiecke Schritt für Schritt in eine Schneeflocke umwandelte. Die terminale Kurve, also das Endergebnis nach unendlich vielen Schritten, wird heute als Koch'sche Kurve bezeichnet.

Die Umrandungskurve der Schneeflocke zerklüftet mit jedem Iterationsschritt stärker. Wie viele Strecken haben die Koch'schen Teilfiguren K_1, K_2, K_3? Wie lang sind diese Strecken? Wie groß ist der Umfang der terminalen Koch'schen Kurve?

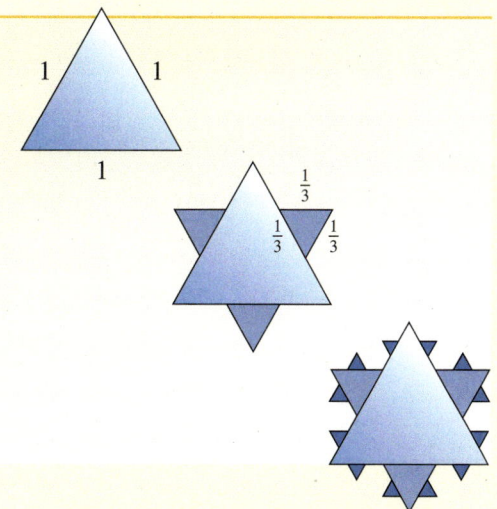

Test

Grenzwerte

1. Bildungsgesetz
Bestimmen Sie ein passendes *explizites Bildungsgesetz* der Folge (a_n).
a) 3, 5, 7, 9, 11, 13, 15, …
b) $\frac{3}{1}, \frac{9}{5}, \frac{27}{9}, \frac{81}{13}, \frac{243}{17}, \ldots$
c) $a_1 = 1$, $a_{n+1} = a_n + 2n + 1$

2. Geometrische Folge
Ein Anfangskapital von $K_0 = 1000\,€$ wird mit Zinseszins angelegt.
a) Welches Kapital ergibt sich nach 10 Jahren bei einem jährlichen Zinssatz von 5 %?
b) Wie lange muss das Kapital mit einem Zinssatz von 5 % angelegt werden, um ein Endkapital von 3000 € zu erwirtschaften?

3. Grenzwertsätze für Folgen
Berechnen Sie den Grenzwert der Folge (a_n) mit Hilfe der Grenzwertsätze, sofern ein Grenzwert existiert. Geben Sie eine Begründung an, falls (a_n) keinen Grenzwert besitzt.
a) $a_n = \frac{4n+4}{2n}$
b) $a_n = \frac{6n+3}{n+n^2}$
c) $a_n = \left(n - \frac{1}{n}\right) \cdot \frac{(n+1)}{n^2}$
d) $a_n = \frac{(2n-1) \cdot (2n+1)}{2n}$

4. Konvergenzkriterium
a) Setzen Sie die beiden Sätze so fort, dass ein Konvergenzkriterium für Folgen entsteht:
  I. Ist die Folge (a_n) monoton steigend und …
  II. Ist die Folge (a_n) monoton fallend und …
b) Zeigen Sie: Die Folge (a_n) mit $a_n = \frac{2n+4}{n}$ ist konvergent.
c) Zeigen Sie: Die Folge (a_n) mit $a_n = 3 - 2 \cdot (0{,}5)^n$ ist konvergent.

5. Geometrische Folge
Untersuchen Sie, für welche Werte der reellen Zahl a die Folge (a_n) mit $a_n = \left(1 + \frac{1}{a}\right)^n$ konvergent ist. Hinweis: Die geometrische Folge (a_n) mit $a_n = q^n$ ist konvergent für $|q| < 1$.

6. Grenzwerte von Funktionen
a) Bestimmen Sie den Grenzwert von $f(x) = \frac{1-2x}{x+2}$ für $x \to \infty$ und $x \to -\infty$ durch Testeinsetzungen.
b) Bestimmen Sie den Grenzwert $\lim\limits_{x \to 4} \frac{2x^2 - 32}{x - 4}$ durch Termumformung oder mit der h-Methode.
c) Ordnen Sie jedem Term seinen Grenzwert für $x \to \infty$ zu.

Lösungen: S. 340

III. Einführung des Ableitungsbegriffs

1. Die mittlere Steigung einer Funktion

A. Die mittlere Steigung einer Funktion in einem Intervall

Steigt man den Hang im Bild von links nach rechts hinauf, so wird dieser zunehmend steiler. Die Hangsteigung verändert sich laufend. Sie kann daher nur schwer kalkuliert werden. Da man den gleichen Höhenunterschied überwindet, wenn man anstelle des Hangs auf der Sekanten emporsteigt, welche Startpunkt P und Zielpunkt Q verbindet, bezeichnet man deren konstante Steigung als *mittlere Steigung von f* zwischen den Punkten P und Q.

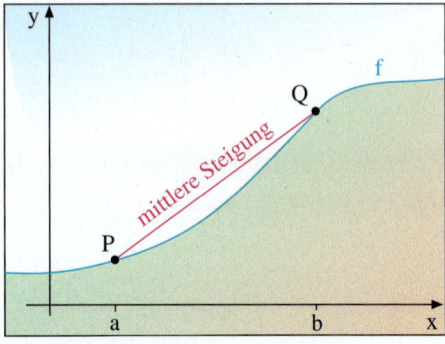

Definition III.1: Mittlere Steigung/mittlere Änderungsrate

Für eine auf dem Intervall [a; b] definierte Funktion f bezeichnet man den Quotienten
$$\frac{\Delta f}{\Delta x} = \frac{f(b) - f(a)}{b - a}$$
als **Differenzenquotienten** von f auf [a; b]. Er wird auch als **mittlere Steigung** von f im Intervall [a; b] bezeichnet.

Anschaulich stellt $\frac{\Delta f}{\Delta x}$ die Steigung der Sekante dar, welche die Punkte P(a|f(a)) und Q(b|f(b)) verbindet.

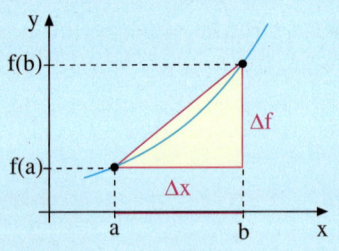

▶ **Beispiel: Berghang**
Die Profilkurve eines Berghanges wird durch die Funktion $f(x) = \frac{1}{50}x^2$ erfasst. Berechnen Sie die mittlere Steigung des Hanges im Intervall [10; 30]. Interpretieren Sie Ihr Resultat.

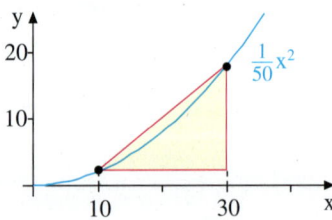

Lösung:
Wir berechnen – wie rechts dargestellt – den Differenzenquotienten von f über dem Intervall [10; 30]. Er hat den Wert 0,8.
Das bedeutet: Bewegt man sich um eine Einheit nach rechts, so geht es im Durchschnitt um 0,8 Einheiten nach oben.

Berechnung des Differenzenquotienten:
$$\frac{\Delta f}{\Delta x} = \frac{f(b) - f(a)}{b - a}$$
$$= \frac{f(30) - f(10)}{30 - 10}$$
$$= \frac{18 - 2}{30 - 10} = \frac{16}{20} = 0{,}8$$

Übung 1
Berechnen Sie die mittlere Steigung der Funktion f über dem Intervall I.
Fertigen Sie dazu eine passende Skizze an.

a) $f(x) = \frac{1}{2}x^2 + 1$, I = [1; 3]
b) $f(x) = \frac{4}{x}$, I = [2; 8]
c) $f(x) = 2x$, I = [0; 1]
d) $f(x) = 2^x$, I = [1; 3]

1. Die mittlere Steigung einer Funktion

Wir betrachten ein weiteres Beispiel zur mittleren Steigung einer Kurve, bei welchem statt einer Funktionsgleichung nur graphische Daten gegeben sind.

▶ **Beispiel: Tour de France**
Rechts ist das Höhenprofil einer Bergetappe der Tour de France abgebildet. Bestimmen Sie die mittlere Steigung für jeden der vier dargestellten Streckenabschnitte.
Beurteilen Sie die Bedeutung der Ergebnisse für den Fahrer.

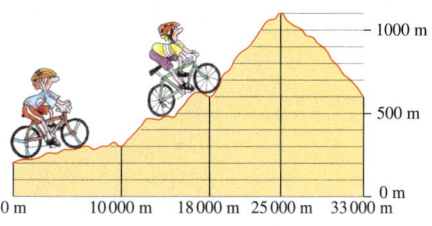

Lösung:
Im ersten Streckenabschnitt werden in der Horizontalen 10 000 m zurückgelegt. Also ist $\Delta x = 10\,000$.
In der Vertikalen werden 100 Höhenmeter gewonnen. Daher ist $\Delta y = 100$.
Der Differenzenquotient $\frac{\Delta x}{\Delta y} = 0{,}01$ ist die Steigung der Sekante, welche Anfangs- und Endpunkt des Abschnittes verbindet. Diese beträgt 1 %. Das ist gleichzeitig die mittlere Steigung der Bergstrecke in diesem Abschnitt. Der Fahrer muss auf 100 m in der Horizontalen nur 1 m Höhe überwinden.

Beurteilung: Im ersten, dritten und vierten Streckenabschnitt verläuft die Kurve ziemlich geradlinig. Hier trifft die mittlere Steigung die realen Verhältnisse gut und ist daher eine wichtige Information für den Fahrer. Im zweiten Streckenabschnitt ist das ganz anders. Hier muss der Fahrer teilweise wesentlich steilere Anstiege bewältigen, als die mittlere Steigung vermuten lässt. ▶

Mittlere Steigungen in den Abschnitten:
1. Abschnitt:
$\frac{\Delta y}{\Delta x} = \frac{100}{10\,000} = 0{,}01 = 1\,\%$

2. Abschnitt:
$\frac{\Delta y}{\Delta x} = \frac{300}{8000} = 0{,}0375 = 3{,}75\,\%$

3. Abschnitt:
$\frac{\Delta y}{\Delta x} = \frac{500}{7000} \approx 0{,}0714 = 7{,}14\,\%$

4. Abschnitt:
$\frac{\Delta y}{\Delta x} = \frac{-500}{8000} = -0{,}0625 = -6{,}25\,\%$

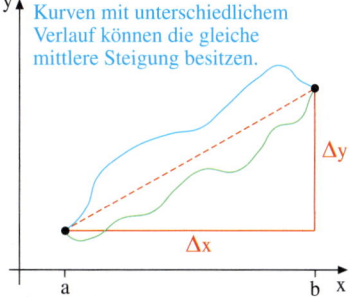

Kurven mit unterschiedlichem Verlauf können die gleiche mittlere Steigung besitzen.

Übung 2 Mittlere Steigung bei gegebener Funktionsgleichung
Gegeben sei die Funktion $f(x) = x^2 - 2x$.
a) Zeichnen Sie den Graphen von f für $-2 \leq x \leq 3$.
b) Berechnen Sie die mittlere Steigung von f in den Intervallen $[-2;\,0]$ und $[0;\,3]$.
c) Wie groß ist die mittlere Steigung im Intervall $[-1;\,3]$? Erläutern Sie das Resultat.

B. Mittlere Änderungsrate und mittlere Geschwindigkeit in einem Intervall

Im Anwendungszusammenhang – z. B. bei einem physikalischen Vorgang – wird die mittlere Steigung meistens als *mittlere Änderungsrate* bezeichnet.

Zur Analyse eines Wettlaufs kann man die mittlere Änderungsrate des Weges – die man auch als *mittlere Geschwindigkeit* bezeichnet – in verschiedenen Phasen des Laufs bestimmen und auswerten. Die mittlere Geschwindigkeit $\bar{v}$ ist der Quotient aus dem zurückgelegten Weg Δs und der benötigten Zeit Δt: $\bar{v} = \frac{\Delta s}{\Delta t}$.

> **Beispiel: Die mittlere Geschwindigkeit**
> Der Rekordlauf über 100 m des jamaikanischen Sprinters Usain Bolt bei der Weltmeisterschaft 2009 in Deutschland wurde zur Analyse in fünf Zeitintervalle aufgeteilt. Die jeweils erreichte Wegstrecke s wurde per Videoaufzeichnung registriert.
>
> | Zeit t in sec | 0 | 1 | 3 | 6 | 8 | 9,58 |
> |---|---|---|---|---|---|---|
> | Weg s in m | 0 | 5,4 | 21 | 56 | 81 | 100 |
>
> a) Skizzieren Sie den Graphen der Weg-Zeit-Funktion s(t) angenähert.
> b) Bestimmen Sie die mittlere Geschwindigkeit in jedem der fünf Beobachtungsintervalle. In welchem der fünf Intervalle war der Sprinter am schnellsten?

Lösung zu a:
Wir kennen nur sechs Punkte des Graphen von s. Wenn wir sie durch Strecken verbinden, erhalten wir zwar nicht den exakten Graphen von s, aber dennoch eine ungefähre Vorstellung von seinem Verlauf.

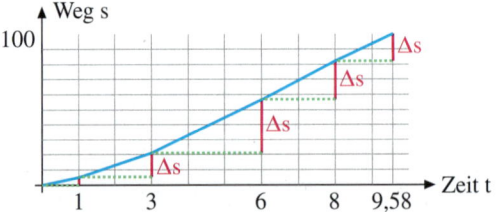

Lösung zu b:
Die *Änderung* des Weges bezeichnen wir mit dem Symbol Δs. Dieses Symbol steht für eine Differenz, denn eine Änderung ist mathematisch eine Differenz. Als Beispiel betrachten wir das Zeitintervall [3; 6]. Für die Änderung von s in diesem Intervall gilt:
$\Delta s = s(6) - s(3) = 56\,\text{m} - 21\,\text{m} = 35\,\text{m}.$

Die Änderung Δs in den Einzelintervallen:

[0; 1]: $\Delta s = s(1) - s(0) = 5,4 - 0 \quad = 5,4\,\text{m}$
[1; 3]: $\Delta s = s(3) - s(1) = 21 - 5,4 \quad = 15,6\,\text{m}$
[3; 6]: $\Delta s = s(6) - s(3) = 56 - 21 \quad = 35\,\text{m}$
[6; 8]: $\Delta s = s(8) - s(6) = 81 - 56 \quad = 25\,\text{m}$
[8; 9,58]: $\Delta s = s(9,58) - s(8) = 100 - 81 = 19\,\text{m}$

1. Die mittlere Steigung einer Funktion

Um beurteilen zu können, wie schnell sich die Funktion s in einem Intervall ändert, muss man die Wegänderung errechnen, die in diesem Intervall pro Sekunde erzielt wird. Man muss also die gesamte Wegänderung Δs im Intervall durch die Intervalllänge Δt dividieren.

Dazu wird der *Differenzenquotient* $\frac{\Delta s}{\Delta t}$ berechnet. Für das Intervall [3; 6] ergibt sich:
$\frac{\Delta s}{\Delta t} = \frac{s(6) - s(3)}{6 - 3} = \frac{56 - 21}{3} = \frac{35}{3} \approx 11{,}67 \frac{m}{s}$.

Das Resultat dieser Rechnung bezeichnet man als *mittlere Änderungsrate* der Funktion s im Intervall [3; 6].
Man spricht hier auch von der *mittleren Geschwindigkeit* im Intervall [3; 6].
Rechts sind alle fünf Änderungsraten aufgeführt. Die höchste Änderungsrate liegt im Intervall [6; 8] vor. Dort läuft der Sprinter am schnellsten, nämlich mit $12{,}5 \frac{m}{s}$ oder mit
▶ $45{,}5 \frac{km}{h}$. (1 m/s = 3,6 km/h)

Die Änderungsrate $\frac{\Delta s}{\Delta t}$ des Weges s:

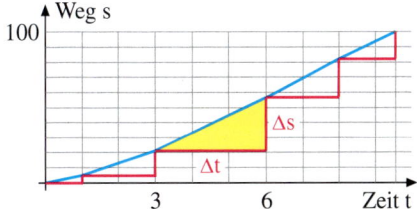

[0; 1]: $\frac{\Delta s}{\Delta t} = \frac{s(1) - s(0)}{1 - 0} = \frac{5{,}4 - 0}{1} = 5{,}4 \frac{m}{s}$

[1; 3]: $\frac{\Delta s}{\Delta t} = \frac{s(3) - s(1)}{3 - 1} = \frac{21 - 5{,}4}{2} = \frac{15{,}6}{2} = 7{,}8 \frac{m}{s}$

[3; 6]: $\frac{\Delta s}{\Delta t} = \frac{s(6) - s(3)}{6 - 3} = \frac{56 - 21}{3} = \frac{35}{3} \approx 11{,}67 \frac{m}{s}$

[6; 8]: $\frac{\Delta s}{\Delta t} = \frac{s(8) - s(6)}{8 - 6} = \frac{81 - 56}{2} = \frac{25}{2} = 12{,}5 \frac{m}{s}$

[8; 9,58]: $\frac{\Delta s}{\Delta t} = \frac{s(9{,}58) - s(8)}{9{,}58 - 8} = \frac{100 - 81}{1{,}58} \approx 12{,}02 \frac{m}{s}$

Den Begriff der mittleren Änderungsrate kann man auf beliebige Funktionen verallgemeinern. Sie ist ein Maß dafür, wie schnell sich die Funktion in einem Intervall im Mittel ändert.

Definition III.2: Differenzenquotient und mittlere Änderungsrate
Die Funktion f(x) sei auf dem Intervall [a; b] definiert. Dann bezeichnet man den Quotienten

$$\frac{\Delta f}{\Delta x} = \frac{f(b) - f(a)}{b - a}$$

als *Differenzenquotienten* von f im Intervall [a; b] bzw. als *mittlere Änderungsrate* von f im Intervall [a; b].
Die mittlere Änderungsrate entspricht der Steigung der Sekante durch P(a|f(a)) und Q(b|f(b)).

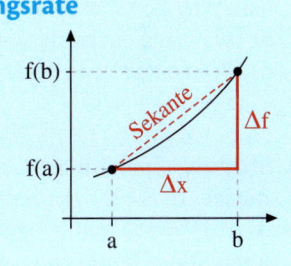

Übung 3 Mittlere Steigung bei gegebener Wertetabelle
Die Tabelle gibt die Bevölkerungsentwicklung eines Landes wieder. Zeichnen Sie die zugehörige Kurve und berechnen Sie für alle sieben Messabschnitte die mittlere Wachstumsrate.

Jahr	1870	1890	1920	1930	1950	1990	2000	2015
Einwohnerzahl in Mio.	10	20	55	65	70	65	70	81

Übungen

4. Jesusechsen
Helmbasilisken, auch Jesusechsen genannt, können über das Wasser rennen. Eine Kolonie vermehrt sich gemäß der Funktion
$N(t) = \frac{8}{1 + 3 \cdot 2^{-0{,}4t}}$ (t in Jahren, N(t) in Hundert).
a) Zeichnen und interpretieren Sie den Graphen.
b) Vergleichen Sie die mittlere Wachstumsrate in den ersten beiden Jahren mit der im 3. Jahr, im 4. Jahr und im 10. Jahr.

5. Berechnung mittlerer Steigungen
Berechnen Sie die mittlere Steigung von f im angegebenen Intervall.
a) $f(x) = \frac{1}{2}x$, $I = [0; 1]$ b) $f(x) = \frac{1}{2}x^3$, $I = [1; 3]$ c) $f(x) = x^2 - 4x$, $I = [0; 2]$

6. Berechnung mittlerer Steigungen
Gegeben ist die Funktion $f(x) = x^2$.
a) Berechnen Sie die mittlere Steigung der Funktion auf dem Intervall [2; a] für a > 2.
b) Wie muss der Parameter a > 2 gewählt werden, wenn die mittlere Änderungsrate der Funktion auf dem Intervall [2; a] den Wert 6 annehmen soll?

7. Bogenschießen
Die Sehne eines Bogens beschleunigt den Pfeil auf einer Strecke von 0,6 m angenähert nach dem Weg-Zeit-Gesetz $s(t) = 1500 t^2$. (t: Zeit in s; s: Strecke in m)
a) Wie lange dauert der Vorgang?
b) Welche mittlere Geschwindigkeit erreicht der Pfeil? Die Endgeschwindigkeit ist übrigens doppelt so groß.

8. Steigung einer Kurve
Berechnen Sie die mittlere Steigung der Funktion f in jedem der drei Intervalle.

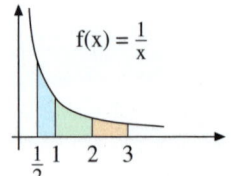 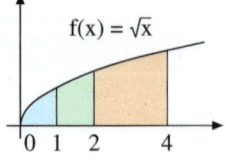 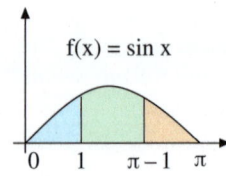

9. Durchschnittsgeschwindigkeit
Ein Flugkörper gewinnt an Höhe nach der Formel $h(t) = 80 - \frac{80}{1{,}5t + 1}$. Dabei ist t die Zeit in Sekunden und h die Höhe in Metern.
a) Skizzieren Sie den Graphen von h für $0 \leq t \leq 4$. Nach welcher Zeit hat der Flugkörper eine Höhe von 60 m erreicht? Welche Höhe kann er maximal erreichen?
b) Wie groß ist die mittlere Steiggeschwindigkeit in der 1. Sekunde des Fluges bzw. in der 4. Sekunde? Wie groß ist die mittlere Steiggeschwindigkeit auf den ersten 30 Metern?

10. Sprungschanze

Das Profil einer Skischanze wird durch
$f(x) = \frac{1}{120}x^2 - x + 60$ $(0 \leq x \leq 30)$
beschrieben. Zeichnen sie den Graphen.

a) Wie groß ist die mittlere Steigung der Schanze?
b) Wie groß ist die mittlere Steigung auf dem ersten bzw. auf dem letzten Meter der Schanze?

11. Geschwindigkeitskontrolle

Ein LKW-Fahrer wird von der Polizei beschuldigt, auf einer 5 km langen Strecke die Geschwindigkeitsbegrenzung von 80 km/h überschritten zu haben.
Der Fahrer bestreitet dies und verweist auf ein Computerprotokoll seiner Fahrt, aus dem hervorgeht, dass er die 5 km in 4 Minuten durchfahren hat, was nur einer Geschwindigkeit von 75 km/h entspreche.
Bestätigt das Diagramm die Polizei oder den Fahrer?

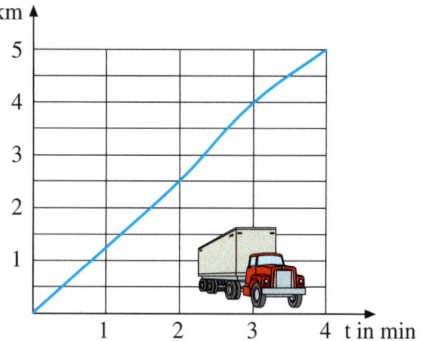

12. Auswertung von Streckenprotokollen

Eine Gruppe von Paddlern zeichnet die Fahrt mit Hilfe eines Navigationsgerätes auf. Sie erhalten folgendes Streckenprotokoll:

Zeit in Std.	0	1	2	3	4	5	6	7	8
Weg in km	0	10	18	24	24	32	38	46	56

Eine zweite Paddlergruppe erhält auf der gleichen Strecke folgendes Protokoll:

Zeit in Std.	0	1	2	3	4	5	6	7	8
Weg in km	0	5	9	15	30	35	40	45	56

a) Zeichnen Sie jeweils das Weg-Zeit-Diagramm (1 Std. = 1 cm, 10 km = 1 cm).
b) Berechnen Sie jeweils die Durchschnittsgeschwindigkeit für die Gesamtstrecke.
c) Welche Gruppe hatte die schnelleren Paddler?
d) Interpretieren Sie Besonderheiten der beiden Routen.

13. Bevölkerungswachstum

Die Tabelle zeigt die Bevölkerungsentwicklung der Vereinigten Staaten von Amerika sowie die Bevölkerungsentwicklung von Indien.

a) Zeichnen Sie die zugehörigen Graphen in ein gemeinsames Koordinatensystem ein.
   Maßstab x-Achse: 1 cm = 10 Jahre
   Maßstab y-Achse: 1 cm = 200 Mio.
b) Berechnen Sie für jedes Zeitintervall die mittleren Änderungsraten und stellen Sie einen Vergleich an.

Jahr	1950	1960	1970	1980	1990	2000	2050	rot: Prognose
USA in Mio.	152	181	205	227	250	282	420	
Indien in Mio.	370	446	555	687	842	1003	1600	

14. Section-Control

Ein Tunnel ist in vier Abschnitte mit unterschiedlichen Geschwindigkeitsbegrenzungen eingeteilt. Bei der Ein- und Ausfahrt in eine solche Sektion wird die Zeit gemessen und ein Photo des Fahrzeugs mit Fahrer aufgenommen. Die Polizei erfasst einen Fahrer mit den rechts dargestellten Messdaten. Sie stellt eine Durchschnittsgeschwindigkeit von 89,03 km/h fest und wirft ihm daher gleich zwei Geschwindigkeitsüberschreitungen vor.
Überprüfen Sie den Vorwurf durch Rechnungen.

Segment	I	II	III	IV
Fahrzeit	30 s	20 s	25 s	18 s

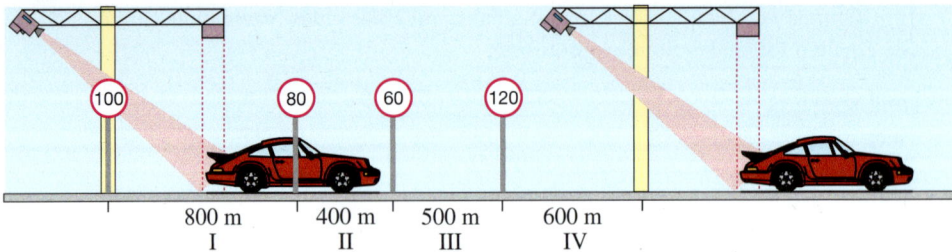

15. Effizienzvergleich

Die beiden Standorte A und B eines Herstellers von Omnibussen erreichten in einem Jahr die aufgeführten Stückzahlen pro Monat.

Werk	Zeitraum			
	Jan–Feb	Mär–Mai	Jun	Jul–Dez
A	400/Mon	380/Mon	400/Mon	600/Mon
B	480/Mon	400/Mon	600/Mon	500/Mon

Der Leiter von Standort A wird von der Geschäftsführung aufgefordert, rationeller zu arbeiten. Prüfen Sie, ob das gerechtfertigt ist.

1. Die mittlere Steigung einer Funktion

16. Mittlere Geschwindigkeit
Ein Schlitten rast eine steile Bahn hinunter. Nach einer Sekunde hat er 1,1 m zurückgelegt, nach 10 Sekunden 110 m, nach 11 Sekunden 133,1 m und nach 20 Sekunden 440 m. Nach 21 Sekunden ist der Schlitten im Ziel und es sind 485,1 m erreicht.
a) Berechnen Sie die Durchschnittsgeschwindigkeit (in m/s bzw. in km/h).
b) Berechnen Sie die Durchschnittsgeschwindigkeit in der ersten, der elften und der letzten Sekunde. Welche Endgeschwindigkeit wird angenähert erreicht?

17. ICE
Ein ICE hat starke Elektromotoren. In der ersten Phase der Beschleunigung gilt angenähert das Weg-Zeit-Gesetz $s(t) = 0{,}7\,t^2$ (t in Sekunden; s in Meter).
a) Welchen Weg legt der Zug in den ersten 20 s zurück? Wie groß ist seine mittlere Geschwindigkeit in dieser ersten Beschleunigungsphase?
b) Wie groß ist die mittlere Geschwindigkeit in der 20. Sekunde, also in Intervall [19; 20]?
c) Berechnen Sie die mittlere Geschwindigkeit im Intervall [19,99; 20].
d) Untersuchen Sie folgende Frage: Nach welcher Zeit würde der ICE bei gleichbleibendem Weg-Zeit-Gesetz eine Geschwindigkeit von 300 km/h erreichen?

18. Space Shuttle
Die Raumfähre Space Shuttle wird beim Start stark beschleunigt, bis sie die für den Eintritt in eine Erdumlaufbahn notwendige 1. kosmische Geschwindigkeit von ca. 8 km/s erreicht.

Berechnen Sie die mittlere Geschwindigkeit für jede der vier Phasen des Startprozesses.
Die dazu erforderlichen Radardaten enthält die folgende Tabelle.

Startphasen	Start	Beginn Rollmanöver	Ende Rollmanöver	Drosselung des Triebwerks	Abwurf der Booster
		1	2	3	4
Zeit t in sec	0	9	17	30	125
Höhe h in m	0	250	850	2850	47 000

19. Wachstum der Erdbevölkerung
Die Erdbevölkerung in Milliarden wird durch $N(t) = \frac{1}{256}(-13t^4 + 32t^3 + 224t^2) + 1\ (0 \le t \le 4)$ erfasst. Dabei steht t = 0 für das Jahr 1900 und t = 4 für das Jahr 2100. Eine Zeiteinheit entspricht also 50 Jahren.
a) Berechnen Sie die mittleren Wachstumsraten für das 20. und für das 21. Jahrhundert.
b) Untersuchen Sie, in welchem Jahrzehnt die mittlere Wachstumsrate minimal bzw. maximal ist.
Orientieren Sie sich dabei zunächst grob an der Zeichnung. Überprüfen Sie dann die in Frage kommenden Jahrzehnte rechnerisch.

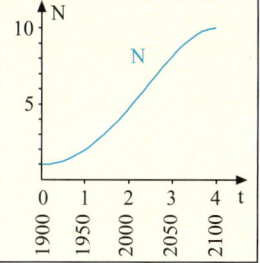

2. Die lokale Steigung einer Funktion

A. Die Steigung einer Kurve in einem Punkt

▶ **Beispiel:** Ein Raupenfahrzeug mit einer Steigfähigkeit von 78 %* fährt einen Hang mit parabelförmigem Profil hinauf. Die Profilkurve lässt sich näherungsweise durch die Funktion $f(x) = \frac{1}{50}x^2$ beschreiben.
Kann das Fahrzeug die Markierungsstange erreichen?

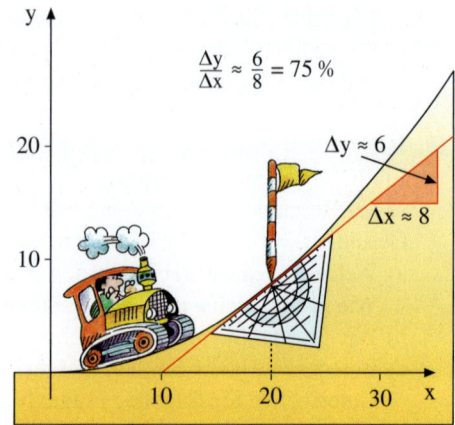

Lösung:
Um festzustellen, wie steil der Hang bei der Markierungsstange ist, legen wir dort das Geodreieck – so gut es geht – tangential an die Kurve an.
Wir erhalten auf diese Weise eine Tangente an die Profilkurve, deren Steigung wir nun mit Hilfe eines Steigungsdreiecks ablesen können.
Sie beträgt ungefähr 75 %. Etwa die gleiche Steigung hat der Hang in der Nähe der Stange. Danach dürfte die Raupe also bis zu der Markierungsstange kommen. Allerdings können wir nicht ganz sicher sein, denn die zur Steigungsmessung verwendete Tangente haben wir durch Anlegen des
▶ Geodreiecks nach „Augenmaß" gewonnen.

Es ist jedoch möglich, ein Verfahren zu entwickeln, das die exakte rechnerische Bestimmung der Tangente an eine Kurve in einem beliebigen Kurvenpunkt gestattet.
Wir erläutern das Verfahren zunächst allgemein, wobei wir uns an der Abbildung orientieren.

$P(x_0|y_0)$ sei ein fester Punkt auf dem Graphen einer gegebenen Funktion f.
$Q(x|y)$ sei ein weiterer, von P verschiedener Punkt des Graphen. Die durch P und Q eindeutig festgelegte Gerade bezeichnet man als *Sekante*. Lassen wir nun den Punkt $Q(x|y)$ auf der Kurve zum Punkt $P(x_0|y_0)$ „hinwandern", so dreht sich die zugehörige Sekante um den Punkt P. Je näher Q an P heranrückt, umso mehr nähert sich die zugehörige Sekante einer bestimmten „Grenzgeraden", die mit dem Graphen nur den Punkt $P(x_0|y_0)$ gemeinsam hat. Diese Grenzgerade nennen wir *Tangente* an die Kurve im Punkt $P(x_0|y_0)$.

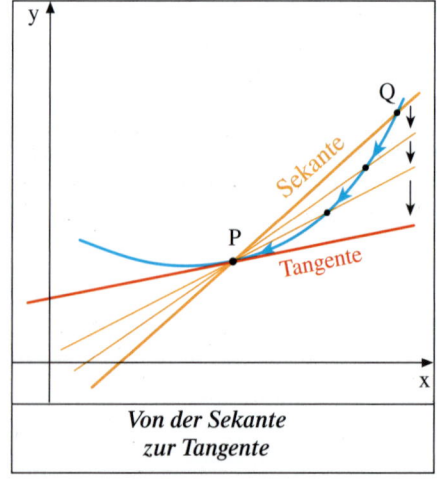

Von der Sekante zur Tangente

---
* 78 %: 78 m Höhenunterschied auf 100 m in der Horizontalen

2. Die lokale Steigung einer Funktion

Es ist nun naheliegend, unter der Steigung einer Funktion in einem Punkt $P(x_0|y_0)$ ihres Graphen die Steigung der Tangente t zu verstehen, die den Graphen in P berührt. Uns interessiert daher vor allem die Berechnung der Tangentensteigung.

Da sich die Tangente t als Grenzgerade von Sekanten ergibt, ist ihre Steigung der Grenzwert der zugehörigen Sekantensteigungen.

Das abgebildete Steigungsdreieck zeigt:
Die Sekante durch $P(x_0|y_0)$ und $Q(x|y)$ hat die Steigung
$\frac{f(x) - f(x_0)}{x - x_0}$ (*Differenzenquotient*).

Daher hat die Tangente durch $P(x_0|y_0)$ die Steigung
$\lim_{x \to x_0} \frac{f(x) - f(x_0)}{x - x_0}$ (*Differentialquotient*).

Die Bestimmung der Tangentensteigung als Grenzwert des Differenzenquotienten bezeichnet man als *Differenzieren* der Funktion.

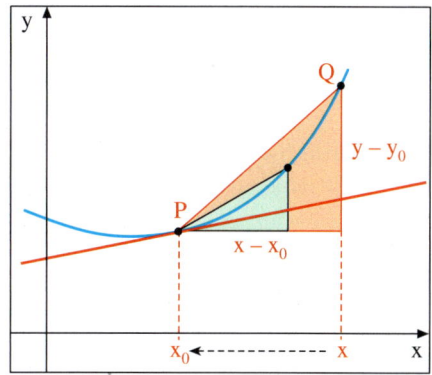

Wir wenden das Verfahren nun auf unser Einstiegsbeispiel an.

In diesem Beispiel gilt $f(x) = \frac{1}{50}x^2$.
Zur rechnerischen Bestimmung der Steigung der Tangente durch den Punkt $P(20|f(20))$ müssen wir den Grenzwert

$\lim_{x \to 20} \frac{f(x) - f(20)}{x - 20}$ untersuchen.

Direktes Einsetzen von x = 20 liefert nur den *unbestimmten Ausdruck* $\frac{0}{0}$.

Durch Ausklammern von $\frac{1}{50}$ und Anwenden der dritten binomischen Formel gelingt es, den störenden Nennerterm x − 20 zu kürzen. Anschließend ist die Grenzwertbildung problemlos möglich.
Wir erhalten so den Wert 0,8 bzw. 80 % für die Tangentensteigung bei x = 20.

Das bedeutet: Das Raupenfahrzeug erreicht die Markierungsstange nicht ganz.

Berechnung der Tangentensteigung:

$$\lim_{x \to 20} \frac{f(x) - f(20)}{x - 20} = \lim_{x \to 20} \frac{\frac{1}{50}x^2 - 8}{x - 20}$$

$$= \lim_{x \to 20} \frac{\frac{1}{50}(x^2 - 400)}{x - 20}$$

$$= \lim_{x \to 20} \frac{\frac{1}{50}(x - 20)(x + 20)}{x - 20}$$

$$= \lim_{x \to 20} \frac{1}{50}(x + 20)$$

$$= \frac{40}{50}$$

$$= 0,8$$

Resultat:
Die Steigung des Hanges an der Stelle $x_0 = 20$ beträgt 80 %.
Die Raupe schafft aber nur 78 %.

Wir fassen nun unsere Überlegung in der folgenden Definition zusammen.

Definition III.3: Differenzierbarkeit
Die Funktion f heißt *differenzierbar* an der Stelle $x_0 \in D$, wenn der Grenzwert

$$\lim_{x \to x_0} \frac{f(x) - f(x_0)}{x - x_0} \text{ existiert:}$$

Dieser Grenzwert wird mit $f'(x_0)$ bezeichnet und *Ableitung von f an der Stelle x_0* genannt (gelesen: f-Strich).
$f'(x_0)$ gibt die Steigung der Tangente von f an der Stelle x_0 an.
$f'(x_0)$ wird auch als lokale Steigung oder als lokale Änderungsrate von f an der Stelle x_0 bezeichnet.

Formeln zur Berechnung von $f'(x_0)$

Methode I: $x \to x_0$

(I) $\quad f'(x_0) = \lim_{x \to x_0} \frac{f(x) - f(x_0)}{x - x_0}$

Methode II: $h \to 0$

(II) $\quad f'(x_0) = \lim_{h \to 0} \frac{f(x_0 + h) - f(x_0)}{h}$

Bemerkung: Setzt man in der ersten Formel $x = x_0 + h$, so erhält man die zweite Formel.

Wir zeigen nun anhand von Beispielen, wie die obigen beiden Formeln im konkreten Fall zur exakten Steigungsberechnung eingesetzt werden.

▶ **Beispiel: Exakte Steigungsberechnung**
Berechnen Sie die Steigung der Funktion $f(x) = x^2$ an der Stelle $x_0 = 2$.
Verwenden Sie einmal Formel I ($x \to x_0$) und zum Vergleich auch Formel II ($h \to 0$).

Lösung mit Formel I:
Bei Verwendung von Formel I muss der störende Nennerterm $x - x_0$ gekürzt werden. Um das zu ermöglichen, muss zuvor der Zählerterm mit der dritten binomischen Formel umgeformt werden.

$f'(2) = \lim_{x \to 2} \frac{f(x) - f(2)}{x - 2}$

$= \lim_{x \to 2} \frac{x^2 - 4}{x - 2}$

$= \lim_{x \to 2} \frac{(x + 2) \cdot (x - 2)}{x - 2}$

$= \lim_{x \to 2} (x + 2)$

$= 2 + 2$

▶ $= 4$

Aufstellen des Differenzenquotienten

Umformen des Differenzenquotienten

Kürzen von $x - x_0$ bzw. h

Bestimmen des Grenzwertes

Lösung mit Formel II:
Bei Verwendung von Formel II muss der störende Nennerterm h gekürzt werden. Dies erfordert die vorherige Umformung des Zählerterms mit der ersten binomischen Formel.

$f'(2) = \lim_{h \to 0} \frac{f(2 + h) - f(2)}{h}$

$= \lim_{h \to 0} \frac{(2 + h)^2 - 4}{h}$

$= \lim_{h \to 0} \frac{4 + 4h + h^2 - 4}{h}$

$= \lim_{h \to 0} \frac{4h + h^2}{h}$

$= \lim_{h \to 0} (4 + h)$

$= 4$

Übung 1
Berechnen Sie die Steigung der Funktion f an der Stelle x_0.
a) $f(x) = x^2$, $x_0 = -1$
b) $f(x) = 0{,}5 x^2$, $x_0 = 2$
c) $f(x) = a x^2$, $x_0 = 1$

2. Die lokale Steigung einer Funktion

Leider funktioniert die Bestimmung der Ableitung von f an einer Stelle x_0 mit Hilfe der Formeln I und II nur bei quadratischen Funktionen so einfach wie im vorigen Beispiel. Schon bei Polynomen dritten Grades wird die Technik deutlich komplizierter.

▶ **Beispiel: h-Methode bei kubischer Funktion**
Berechnen Sie die Steigung von $f(x) = x^3$ an der Stelle $x_0 = 1$ mit der h-Methode (Formel II).

Lösung:
Wir benötigen die binomische Formel der Ordnung 3, um den Differenzenquotienten so umzuformen, dass der Faktor h gekürzt werden kann:
$(a + b)^3 = a^3 + 3a^2b + 3ab^2 + b^3$
Für $a = 1$ und $b = h$ folgt:
$(1 + h)^3 = 1 + 3h + 3h^2 + h^3$
Damit können wir die h-Methode – wie rechts dargestellt – anwenden.
▶ **Resultat:** $f'(1) = 3$

Ableitung bei $x_0 = 1$:

$$f'(1) = \lim_{h \to 0} \frac{f(1+h) - f(1)}{h}$$
$$= \lim_{h \to 0} \frac{(1+h)^3 - 1^3}{h}$$
$$= \lim_{h \to 0} \frac{1 + 3h + 3h^2 + h^3 - 1}{h}$$
$$= \lim_{h \to 0} \frac{3h + 3h^2 + h^3}{h}$$
$$= \lim_{h \to 0} (3 + 3h + h^2)$$
$$= 3$$

▶ **Beispiel: $(x - x_0)$-Methode bei kubischer Funktion**
Berechnen Sie die Steigung von $f(x) = x^3$ bei $x_0 = 1$ mit der $(x - x_0)$-Methode (Formel I).
Hilfestellung: Zeigen Sie zunächst, dass die Darstellung $x^3 - 1 = (x^2 + x + 1) \cdot (x - 1)$ gilt.

Lösung:
Wir weisen zunächst die Gültigkeit der als Hilfe vorgegebenen Faktorisierung nach:

$(x^2 + x + 1) \cdot (x - 1)$
$= x^3 + x^2 + x - x^2 - x - 1$
$= x^3 - 1$

Damit können wir die nebenstehende Rechnung durchführen und erhalten $f'(1) = 3$. Ohne die vorgegebene Faktorisierung wäre
▶ es allerdings schwierig geworden*.

Ableitung bei $x_0 = 1$:

$$f'(1) = \lim_{x \to 1} \frac{f(x) - f(1)}{x - 1}$$
$$= \lim_{x \to 1} \frac{x^3 - 1}{x - 1}$$
$$= \lim_{x \to 1} \frac{(x^2 + x + 1) \cdot (x - 1)}{x - 1}$$
$$= \lim_{x \to 1} (x^2 + x + 1)$$
$$= 3$$

Übung 2
Berechnen Sie die Steigung von f an der Stelle x_0 mit Hilfe der h-Methode.
a) $f(x) = x^2$, $x_0 = 1$ b) $f(x) = 2x^2$, $x_0 = -1$ c) $f(x) = x^3$, $x_0 = 2$ d) $f(x) = 2x$, $x_0 = 1$

Übung 3
Gegeben ist $f(x) = x^4$. Berechnen Sie die Ableitung von f bei $x_0 = 2$ mit der h-Methode.
Hilfe: Verwenden Sie die Binomische Formel $(a + b)^4 = a^4 + 4a^3b + 6a^2b^2 + 4ab^3 + b^4$.

---

* Man kann eine solche Faktorisierung durch *Polynomdivision* gewinnen (hier nicht behandelt).

Auch bei zusammengesetzten Funktionstermen kann man die h-Methode anwenden.

▶ **Beispiel: Zusammengesetzter Funktionsterm**
Gesucht ist die Steigung von $f(x) = x^2 + 2x$ an der Stelle $x_0 = 3$.

Lösung:
Wegen des Vorkommens eines quadratischen Summanden im Funktionsterm von f wird wie im Beispiel auf Seite 106 (rechts) die erste binomische Formel benötigt.

Die Rechnung – rechts dargestellt – verläuft dann routinemäßig.

▶ Resultat: $f'(3) = 8$

Ableitung bei $x_0 = 1$:

$$f'(3) = \lim_{h \to 0} \frac{f(3+h) - f(3)}{h}$$
$$= \lim_{h \to 0} \frac{(3+h)^2 + 2 \cdot (3+h) - 15}{h}$$
$$= \lim_{h \to 0} \frac{9 + 6h + h^2 + 6 + 2h - 15}{h}$$
$$= \lim_{h \to 0} \frac{h^2 + 8h}{h}$$
$$= \lim_{h \to 0} (h + 8)$$
$$= 8$$

Übung 4
Berechnen Sie die Steigung von f an der Stelle x_0 mit Hilfe der h-Methode.
a) $f(x) = x^2 - x$, $x_0 = 1$
b) $f(x) = 2x^2 + 1$, $x_0 = -2$
c) $f(x) = 3x + 2$, $x_0 = 2$

B. Exkurs: Nicht differenzierbare Funktionen

Eine Funktion ist *differenzierbar* an der Stelle x_0, wenn sie an dieser Stelle eine eindeutig bestimmte Tangente besitzt (Bild 1).
In der näheren Umgebung von x_0 stimmen Funktion und Tangente nahezu überein (Vergrößerungslupe). Man sagt auch, dass differenzierbare Funktionen im lokalen Mikrobereich *linear approximierbar* sind.

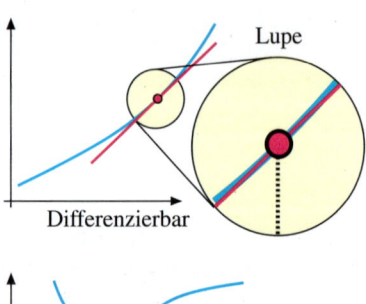
Differenzierbar

Eine Funktion ist in x_0 *nicht differenzierbar*, wenn sie dort keine eindeutige Tangente besitzt oder nur eine einseitige Tangente bzw. wenn sie in der unmittelbaren Nähe von x_0 nicht nahezu linear verläuft.

Dies ist der Fall, wenn f bei x_0 einen *Knick* (Bild 2) oder sogar einen *Sprung* (Bild 3) besitzt.

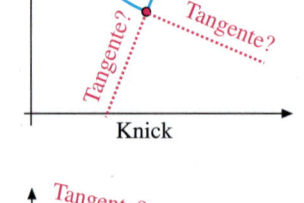
Knick

Übung 5
Zeichnen Sie den Graphen von f. An welcher Stelle ist f nicht differenzierbar? Begründen Sie.
a) $f(x) = |x|$
b) $f(x) = \frac{|x|}{x}$
c) $f(x) = \sqrt{x}$

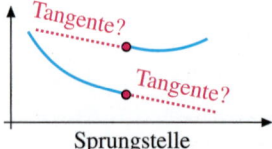
Sprungstelle

C. Näherungsweise Bestimmung der lokalen Steigung $f'(x_0)$

Im Verlauf des Kurses werden an späterer Stelle Methoden entwickelt, mit denen sich die lokale Steigung einer Funktion sehr einfach berechnen lässt. Manchmal jedoch ist dies nicht möglich. Dann muss man die lokale Steigung angenähert bestimmen. Hierfür gibt es zwei Möglichkeiten, die nun in knapper Form angesprochen werden.

▶ **Beispiel: Graphische Bestimmung der lokalen Steigung**
Bestimmen Sie die lokale Steigung von $f(x) = 1 - x^2$ an der Stelle $x_0 = 1$ näherungsweise. Zeichnen Sie dazu den Graphen von f.

Lösung:
Wir zeichnen den Graphen von f auf Karopapier oder besser auf mm-Papier. Dann zeichnen wir im Punkt $P(1|0)$ mittels Geodreieck die Tangente von f ein. Diese versehen wir mit einem Steigungsdreieck und messen dessen Seiten Δy und Δx, sodass wir den Quotienten $m = \frac{\Delta y}{\Delta x}$ bestimmen können.
▶ Wir erhalten als Resultat $f'(1) = \frac{\Delta y}{\Delta x} \approx -2$.

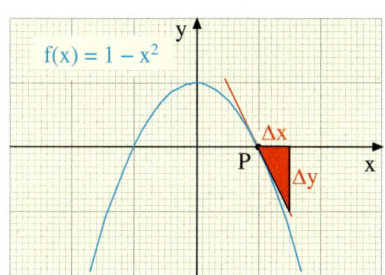

$f'(1) = \frac{\Delta y}{\Delta x} \approx \frac{-1}{0,5} - 2$

▶ **Beispiel: Rechnerische Bestimmung der lokalen Steigung**
Bestimmen Sie die Steigung von $f(x) = 1 - x^2$ an der Stelle $x_0 = 1$ näherungsweise. Verwenden Sie dazu eine Näherungstabelle.

Lösung:
Wir berechnen die mittlere Steigung von f auf dem Intervall [1;x].
Wir beginnen mit dem Wert x = 2 und schieben dann x immer näher an 1 heran. Für jedes Intervall, das so entsteht, berechnen wir die mittlere Steigung von f.
So entsteht ein Grenzprozess, der angenä-
▶ hert die lokale Steigung $f'(1) = -2$ liefert.

x	Mittlere Steigung von f in [1;x]		
2	$\frac{f(2)-f(1)}{2-1} = \frac{-3-0}{2-1}$	$= \frac{-3}{1}$	$= -3$
1,1	$\frac{f(1,1)-f(1)}{1,1-1} = \frac{-0,21-0}{1,1-1}$	$= \frac{-0,21}{0,1}$	$= -2,1$
1,01	$\frac{f(1,01)-f(1)}{1,01-1} = \frac{-0,0201-0}{1,01-1}$	$= \frac{-0,0201}{0,01}$	$= -2,01$
↓			↓
1			-2

$$f'(1) = \lim_{x \to 1} \frac{f(x)-f(1)}{x-1} = -2$$

Übung 6
Bestimmen Sie graphisch die Steigung von f an den dargestellten Punkten.

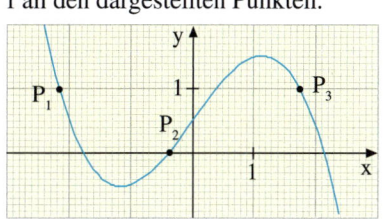

Übung 7
Bestimmen Sie angenähert durch Anlegen einer Näherungstabelle die Steigung von f an der Stelle x_0.
a) $f(x) = x^2$, $x_0 = 1$
b) $f(x) = \frac{1}{4}x^3$, $x_0 = 2$
c) $f(x) = \frac{1}{x}$, $x_0 = 2$
d) $f(x) = \sqrt{x}$, $x_0 = 1$

D. Die Momentangeschwindigkeit

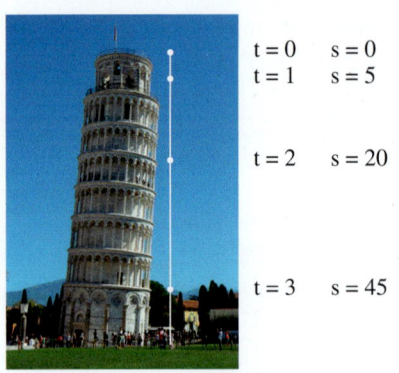

t = 0	s = 0
t = 1	s = 5
t = 2	s = 20
t = 3	s = 45

Der italienische Mathematiker Galileo Galilei (1564–1642) untersuchte die *Gesetze des freien Falls*. Er führte seine Versuche an einer schiefen Ebene durch. Am schiefen Turm von Pisa soll er ebenfalls Fallversuche unternommen haben, aber das ist nicht belegt.
Seine Versuche haben gezeigt, dass der Fallweg s quadratisch mit der Fallzeit t zunimmt.
Das Weg-Zeit-Gesetz des freien Falls lautet angenähert $s(t) = 5t^2$. Dabei ist t die Fallzeit in Sekunden und s der Fallweg in Metern.

Nun stellt sich eine interessante Frage: Welche *Momentangeschwindigkeit* $v(t_0)$ hat der fallende Körper nach einer bestimmten Fallzeit t_0?

▶ **Beispiel: Bestimmung der Momentangeschwindigkeit beim freien Fall**
Das Weg-Zeit-Gesetz des freien Falls lautet angenähert $s(t) = 5t^2$. Bestimmen Sie die Momentangeschwindigkeit eines frei fallenden Körpers zur Zeit $t_0 = 2$.

Lösung:
Wir errechnen die mittlere Geschwindigkeit für mehrere Intervalle der Gestalt [2; t]. Beginnend mit t = 3 nähern wir uns über t = 2,1 und t = 2,01 immer mehr dem Zeitpunkt $t_0 = 2$.
Die berechneten mittleren Geschwindigkeiten nähern sich zunehmend einem Grenzwert. Dieser ist die gesuchte Momentangeschwindigkeit zur Zeit $t_0 = 2$.
Sie beträgt ca. $20 \frac{m}{s}$, also etwa $72 \frac{km}{h}$.

Zeit t > 2	Mittlere Geschwindigkeit im Intervall [2; t]
3	$\frac{s(3) - s(2)}{3 - 2} = 25$
2,1	$\frac{s(2,1) - s(2)}{2,1 - 2} = 20{,}5$
2,01	$\frac{s(2,01) - s(2)}{2,01 - 2} = 20{,}05$
2,001	$\frac{s(2,001) - s(2)}{2,001 - 2} = 20{,}005$
↓	↓
2	20

Eine weitere Möglichkeit zur Lösung der Aufgabe besteht darin, anstelle der Näherungstabelle eine exakte Grenzwertrechnung durchzuführen.
Diese Rechnung ist rechts dargestellt. Sie
▶ führt auf elegantem Weg zum Endergebnis.

Exakte Grenzwertrechnung:
$$v(2) = \lim_{t \to 2} \frac{s(t) - s(2)}{t - 2} = \lim_{t \to 2} \frac{5t^2 - 5 \cdot 2^2}{t - 2}$$
$$= \lim_{t \to 2} \frac{5(t-2)(t+2)}{t-2} = \lim_{t \to 2} 5(t+2)$$
$$= 5 \cdot 4 = 20$$

Übung 8
Ein anfahrendes Fahrzeug bewegt sich in den ersten drei Sekunden näherungsweise nach dem Weg-Zeit-Gesetz $s = 4t^2$. Berechnen Sie die Momentangeschwindigkeit zu den Zeiten t = 1 s, t = 2 s und t = 3 s.
a) Näherungslösung durch Testeinsetzungen b) Exakte Grenzwertrechnung

Übungen

9. Lokale Änderungsrate
Skizzieren Sie den Graphen von f und bestimmen Sie die lokale Änderungsrate von f an der Stelle x_0 graphisch oder mit Hilfe einer Näherungstabelle.
a) $f(x) = 0{,}5\,x^2$, $x_0 = 2$ b) $f(x) = 1 - x^2$, $x_0 = 2$ c) $f(x) = \frac{1}{x}$, $x_0 = 1$

10. Lokale Änderungsrate
Berechnen Sie die lokale Änderungsrate von f an der Stelle x_0 mit Hilfe einer exakten Grenzwertrechnung.
a) $f(x) = 0{,}5\,x^2$, $x_0 = 2$ b) $f(x) = 1 - x^2$, $x_0 = 2$
c) $f(x) = 2x + 1$; $x_0 = 3$

11. Momentangeschwindigkeit
Ein Snowboarder gleitet einen relativ flachen, aber spiegelglatten Hang hinab.
Das Weg-Zeit-Gesetz der Bewegung wird durch die Formel $s(t) = 1{,}5\,t^2$ beschrieben.
Dabei ist t die Zeit in Sekunden und s der zurückgelegte Weg im Metern.

a) Welchen Weg hat das Snowboard nach 1 Sekunde bzw. nach 5 Sekunden zurückgelegt?
b) Wie groß ist die mittlere Geschwindigkeit in den ersten fünf Sekunden der Fahrt?
c) Wie groß ist die Momentangeschwindigkeit exakt fünf Sekunden nach Fahrtbeginn?
Verwenden Sie eine Näherungstabelle oder eine exakte Grenzwertrechnung.

12. Lokale Steigung
Schätzen Sie die lokale Steigung in den eingezeichneten Punkten P und Q aus der Zeichnung ab. Bestimmen Sie anschließend zur Überprüfung die lokale Steigung
a) mit Hilfe einer Tabelle.
b) mit einer exakten Grenzwertrechnung.

13. Funktionen-Mikroskop
Man kann die Steigung einer Funktion f an der Stelle x_0 angenähert bestimmen, indem man sie in einer kleinen Umgebung der Stelle x_0 **stark vergrößert** zeichnet, so dass der Graph von f dort fast geradlinig verläuft. Bestimmen Sie auf diese Weise die Steigung von f an der Stelle x_0.
a) $f(x) = \frac{1}{2}x^2$ an der Stelle $x_0 = 2$. Zeichnen Sie f im Intervall [1,9; 2,1].
Versuchen Sie es dann mit [1,99; 2,01].
b) $f(x) = \frac{1}{x}$ an der Stelle $x_0 = 0{,}5$. Zeichnen Sie f im Intervall [0,49; 0,51].

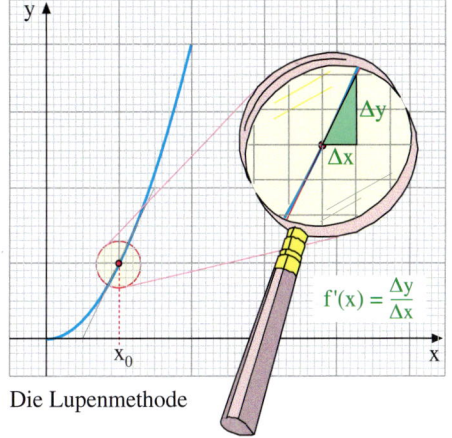

Die Lupenmethode

14. Meeresboden

Ein Forschungs-U-Boot hat mit einem Echolot den Meeresboden abgetastet.
Die Funktion
$f(x) = -0{,}05\,(3x^4 - 28x^3 + 84x^2 - 96x)$
beschreibt die Profilkurve des Bodens.
(1 LE = 100 m)

a) Zeichnen Sie den Graphen von f für $0 \le x \le 5$.
b) Lesen Sie die Koordinaten der Gipfelpunkte und des Talpunktes ab.
c) Begründen Sie, dass der Talpunkt bei $P(2|1{,}6)$ liegt, indem Sie mit einer Näherungstabelle nachweisen, dass die lokale Steigung dort 0 beträgt.
d) Das U-Boot möchte auf Grund gehen. Der Boden am Landepunkt darf aber nicht steiler als 45° geneigt sein. Ist dies im Punkt $L(3|2{,}25)$ der Fall? Verwenden Sie auch hier eine Näherungstabelle, um die lokale Steigung bei $x = 3$ zu bestimmen.

15. Explosion

Bei der Explosion eines Öltanks betrug die Hitze im Zentrum über 1000 °C. Die weglaufenden Menschen wurden von der Strahlungshitze erfasst und erlitten z.T. schwere Verbrennungen, wenn sie nicht schnell genug Deckung fanden. Die Temperatur kann angenähert erfasst werden durch die Funktion $T(x) = 10x^3 - 90x^2 + 1100$, $0 < x < 6$, wobei x die Entfernung vom Zentrum in 100 m und T die Temperatur in °C ist.

a) Zeichnen Sie den Graphen von T.
b) Welche Temperatur herrschte in 300 m Entfernung vom Zentrum?
c) Wie groß ist die mittlere Temperaturänderung auf den ersten 300 m?
(Angabe in °C/m oder in °C/100 m)
Wie groß ist sie zwischen 400 m und 500 m?
d) Wie groß ist die momentane Temperaturänderung 300 m vom Zentrum entfernt? Ermitteln Sie diese zeichnerisch.

16. Wetterballon

Ein Wetterballon funkt beim Aufsteigen unter anderem seine Positionsdaten.
Seine Steighöhe wird durch die Funktion $h(t) = -2t^2 + 16t$ erfasst (t: Std., h: km)

a) Zeichnen Sie den Graphen von h für $0 \le t \le 3$ und interpretieren Sie ihn.
b) Wie groß ist die mittlere Steiggeschwindigkeit des Ballons in den ersten 30 Minuten?
c) Wie groß ist momentane Steiggeschwindigkeit beim Start? (Verwenden Sie eine Näherungstab.)
d) Wie groß ist die momentane Steiggeschwindigkeit in 24 km Höhe? (Berechnen Sie zunächst die Zeit t für 24 km Aufstieg).

Test

Änderungsraten

1. Das Höhenwachstum einer Tulpe wurde protokolliert.
   a) Skizzieren Sie den Graphen der Höhenfunktion h(t).
   b) Wie groß ist die mittlere Zuwachsrate der Höhe der Blume während des Beobachtungszeitraums?
   c) In welchem der vier Zeitintervalle wuchs die Tulpe am schnellsten?

Zeit t (Tage)	0	3	5	9	14
Höhe h (cm)	0	1	3	6	7

2. Ein Segelflugzeug ändert seine Flughöhe gemäß der abschnittsweise definierten Funktion h (t in min, h in m).
   a) Skizzieren Sie den Graphen von h.
   b) Bestimmen Sie die mittlere Steig- bzw. Sinkgeschwindigkeit in den drei Flugphasen.

$$h(t) = \begin{cases} 1000 \cdot \sqrt{t}, & 0 \le t < 4 \quad \text{Startphase} \\ 3200 - 300t, & 4 \le t < 10 \quad \text{Schwebephase} \\ \frac{12000}{t} - 1000, & 10 \le t \le 12 \quad \text{Landephase} \end{cases}$$

   c) Bestimmen Sie angenähert den Zeitpunkt, in dem das Flugzeug mit 400 m/min steigt.

3. Gegeben ist die Funktion $f(x) = \frac{1}{2}x^2$.
   a) Bestimmen Sie die mittlere Änderungsrate von f auf dem Intervall [0; 2].
   b) Bestimmen Sie die lokale Änderungsrate von f bei $x_0 = -1$ zeichnerisch.
   c) Bestimmen Sie die lokale Änderungsrate von f bei $x_0 = 2$ rechnerisch.

4. Ein Auto bremst ab. Der zur Zeit t zurückgelegte Weg ist $s(t) = 40t - 4t^2$ (Zeit t in s, Weg s in m).
   a) Skizzieren Sie den Graphen von s für $0 \le t \le 5$.
   b) Wann steht das Auto?
   c) Wie groß ist die mittlere Geschwindigkeit des Autos?
   d) Bestimmen Sie die Momentangeschwindigkeit des Autos zu Beginn des Bremsmanövers (t = 0) angenähert.

Lösungen: S. 341

3. Die Ableitungsfunktion

A. Die zeichnerische Bestimmung der Ableitungsfunktion

Unten ist eine Funktion f abgebildet. Sie besitzt in jedem Punkt ihres Graphen eine Steigung, die man mit Hilfe eines kleinen tangentialen Steigungsdreiecks angenähert bestimmen kann. Ordnet man *jeder* Stelle x die dort vorliegende Steigung f′(x) zu, so erhält man eine neue Funktion f′, die man als *Ableitungsfunktion von f* bezeichnet.

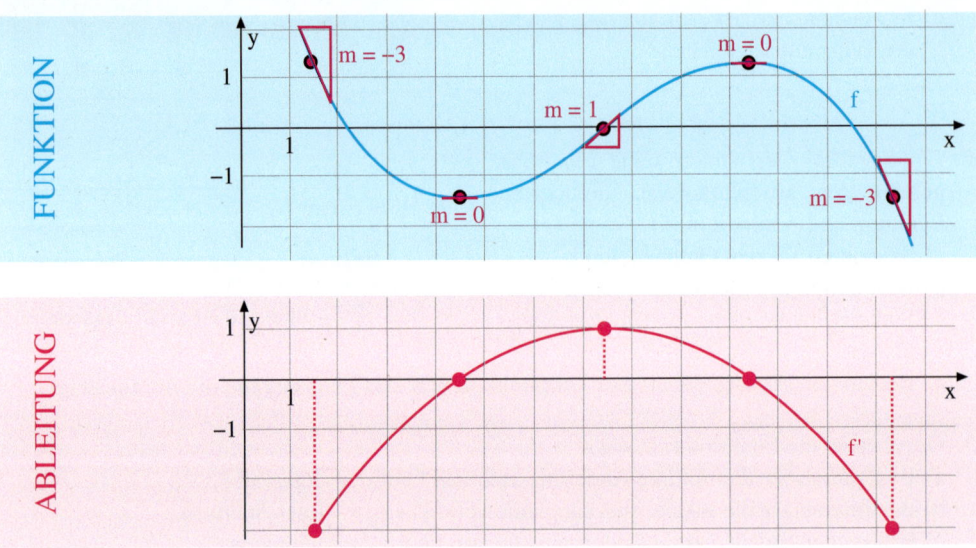

An der Ableitungsfunktion f′ kann man erkennen, in welchen Bereichen die Funktion f *steigt* bzw. *fällt*. Ist f′ positiv, so steigt f, und ist f negativ, so fällt f.
Außerdem kann man sehen, wo *Hochpunkte* und *Tiefpunkte* liegen, denn in diesen ist die Steigung f′ gleich null.

Übung 1
Gegeben ist der Graph der Funktion f. Lesen sie an einigen Stellen die Steigung von f näherungsweise ab und skizzieren Sie damit den Graphen von f′ in einem geeigneten Koordinatensystem.

a)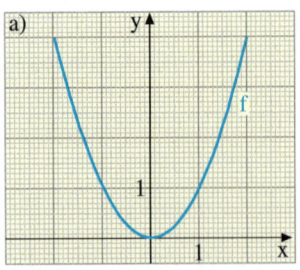

b)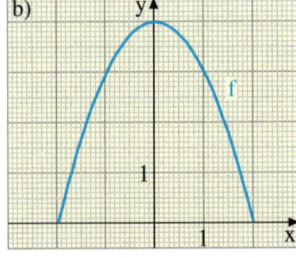

c)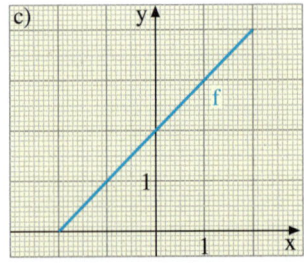

Übungen

2. Schluss von f auf f′
Gegeben ist der Graph der Funktion f.
Skizzieren Sie den Graphen von f′.
Stellen Sie zunächst fest, wo die Nullstellen und Extrempunkte der Ableitung f′ liegen müssen.

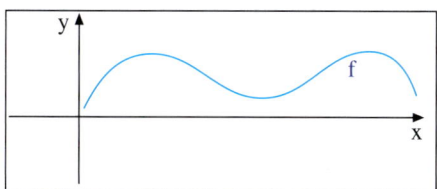

3. Schluss von f′ auf f
Gegeben ist der Graph einer Ableitungsfunktion f′ (s. Bild I bzw. II).
a) In welchen Bereichen verläuft f steigend, in welchen fallend?
b) An welchen Stellen liegen Hochpunkte und Tiefpunkte von f?
c) Skizzieren Sie einen möglichen Verlauf des Graphen von f, wenn angenommen wird, dass f durch den Ursprung geht.

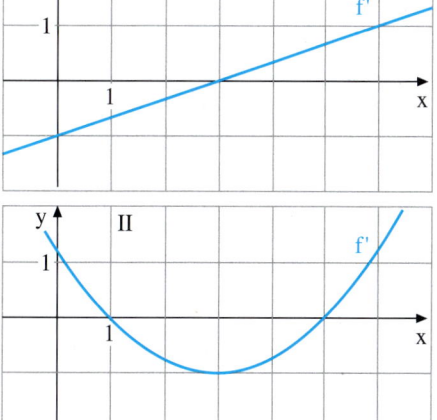

4. Drachenflieger
Die Graphik zeigt die Höhe h eines Drachenfliegers als Funktion der Zeit t.
(t in min, h in Metern).
a) Beschreiben Sie den Flugverlauf. Wie lange dauerte der Flug? Welche Gipfelhöhe wurde erreicht?
b) Skizzieren Sie den Graphen der Ableitungsfunktion h′. Welche Bedeutung hat h′ in diesem Anwendungszusammenhang?

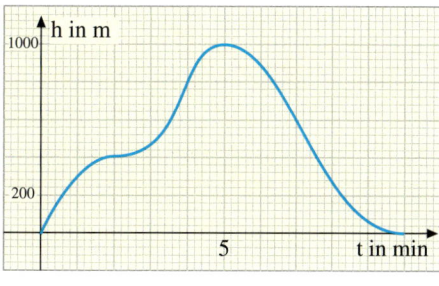

c) Wie groß war die mittlere Steiggeschwindigkeit während des Aufstiegs, wie groß die mittlere Fallgeschwindigkeit während des Abstiegs? Bestimmen Sie angenähert, wann der Drachen am schnellsten sank. Welche Sinkgeschwindigkeit lag zu diesem Zeitpunkt vor?

5. Zuordnen
Ordnen Sie jeder der drei Funktionen im linken Bild die zugehörige Ableitungsfunktion f′ im rechten Bild zu.

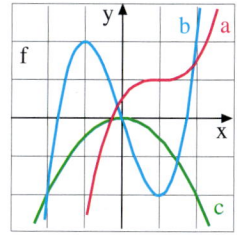
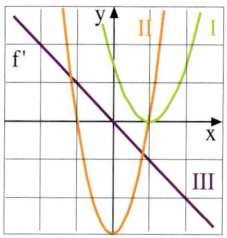

B. Die rechnerische Bestimmung der Ableitungsfunktion

In den vorigen Abschnitten wurde die Ableitungsfunktion f' einer Funktion f zeichnerisch bestimmt.

Nun geht es um die rechnerische Bestimmung der Ableitungsfunktion f'. Diese erhält man, indem man den Differentialquotienten für eine beliebige, nicht konkret festgelegte Stelle x_0 allgemein berechnet.

Dabei kann man sowohl Formel I (Grenzprozess $x \to x_0$) als auch Formel II (Grenzprozess $h \to 0$) anwenden.

Funktion f 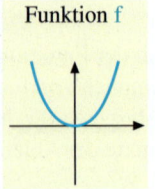   Ableitungsfunktion f'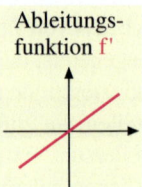

Differentialquotient

I: $f'(x_0) = \lim\limits_{x \to x_0} \dfrac{f(x) - f(x_0)}{x - x_0}$

II: $f'(x_0) = \lim\limits_{h \to 0} \dfrac{f(x_0 + h) - f(x_0)}{h}$

▶ **Beispiel: Ableitung der Normalparabel**
Bestimmen Sie die Ableitungsfunktion von $f(x) = x^2$ rechnerisch.

Lösung mit Formel I ($x \to x_0$):
Bei Anwendung von Formel I kommt die 3. binomischen Formel zum Einsatz:

$f'(x_0) = \lim\limits_{x \to x_0} \dfrac{f(x) - f(x_0)}{x - x_0}$

$= \lim\limits_{x \to x_0} \dfrac{x^2 - x_0^2}{x - x_0}$

$= \lim\limits_{x \to x_0} \dfrac{(x + x_0) \cdot (x - x_0)}{x - x_0}$

$= \lim\limits_{x \to x_0} (x + x_0)$

$= 2x_0$

Aufstellen des Differenzenquotienten

Umformen des Differenzenquotienten

Kürzen von $x - x_0$ bzw. h

Bestimmen des Grenzwertes

Lösung mit Formel II ($h \to 0$):
Bei Anwendung von Formel II muss die 1. binomischen Formel verwendet werden:

$f'(x_0) = \lim\limits_{h \to 0} \dfrac{f(x_0 + h) - f(x_0)}{h}$

$= \lim\limits_{h \to 0} \dfrac{(x_0 + h)^2 - x_0^2}{h}$

$= \lim\limits_{h \to 0} \dfrac{x_0^2 + 2x_0 h + h^2 - x_0^2}{h}$

$= \lim\limits_{h \to 0} \dfrac{2x_0 h + h^2}{h}$

$= \lim\limits_{h \to 0} (2x_0 + h)$

$= 2x_0$

Also ist $f'(x_0) = 2x_0$ für beliebiges x_0.
Daher gilt: $f(x) = x^2$ hat die Ableitungsfunktion $f'(x) = 2x$.

$f(x) = x^2 \qquad f'(x) = 2x$
Kurzschreibweise: $(x^2)' = 2x$

Übung 6
Bestimmen Sie die Ableitung der Funktion f.
a) $f(x) = 2x^2$ b) $f(x) = 2x$
c) $f(x) = 5$ d) $f(x) = -x^2$
e) $f(x) = 2x + 3$ f) $f(x) = ax^2$

Übung 7
Bestimmen Sie die Ableitung von $f(x) = \dfrac{1}{x}$.
Hinweis: Durch Hauptnennerbildung kann die erforderliche Termvereinfachung erreicht werden.

3. Die Ableitungsfunktion

Wir behandeln nun noch ein etwas komplizierteres Beispiel.
Dabei verwenden wir den Grenzprozess h → 0, also Formel II, die sogenannte *h-Methode*.

▶ **Beispiel: Bestimmung der Ableitung mit der h-Methode.**
Bestimmen Sie die Ableitung von $f(x) = x^3$.

Lösung:
Wir erhalten nach der rechts aufgeführten
Rechnung $f'(x_0) = 3x_0^2$.

Also ist $f'(x) = 3x^2$ die Ableitung von
$f(x) = x^3$. Kurzschreibweise: $(x^3)' = 3x^2$.

Hierbei haben wir die binomische Formel
$(a+b)^3 = a^3 + 3a^2b + 3ab^2 + b^3$
▶ angewendet mit $a = x_0$ und $b = h$.

$$f'(x_0) = \lim_{h \to 0} \frac{f(x_0 + h) - f(x_0)}{h}$$
$$= \lim_{h \to 0} \frac{(x_0 + h)^3 - x_0^3}{h} \quad \text{Binom. Formel}$$
$$= \lim_{h \to 0} \frac{x_0^3 + 3x_0^2 h + 3x_0 h^2 + h^3 - x_0^3}{h}$$
$$= \lim_{h \to 0} \frac{3x_0^2 h + 3x_0 h^2 + h^3}{h} \quad \text{Kürzen}$$
$$= \lim_{h \to 0} (3x_0^2 + 3x_0 h + h^2)$$
$$= 3x_0^2$$

Auch Funktionsterme, die komplexer als $f(x) = x^2$ bzw. $f(x) = x^3$ aufgebaut sind, können mit der h-Methode *abgeleitet* oder *differenziert* werden, wie man die Tätigkeit der rechnerischen Bestimmung der Ableitungsfunktion bezeichnet.

▶ **Beispiel: Ableitung einer zusammengesetzten Funktion**
Bestimmen Sie die Ableitung von $f(x) = x^2 + 2x$.

Lösung:
Wir erhalten nach der rechts aufgeführten
Rechnung:
$$f'(x_0) = 2x_0 + 2$$
Also ist $f'(x) = 2x + 2$ die Ableitung von
$f(x) = x^2 + 2x$.
Kurzschreibweise: $(x^2 + 2x)' = 2x + 2$

Die Terme wurden zwar etwas umfangreicher als oben, aber das Prinzip des Vor-
▶ gehens blieb gleich.

$$f'(x_0) = \lim_{h \to 0} \frac{f(x_0 + h) - f(x_0)}{h}$$
$$= \lim_{h \to 0} \frac{(x_0 + h)^2 + 2(x_0 + h) - (x_0^2 + 2x_0)}{h}$$
$$= \lim_{h \to 0} \frac{x_0^2 + 2x_0 h + h^2 + 2x_0 + 2h - x_0^2 - 2x_0}{h}$$
$$= \lim_{h \to 0} \frac{2x_0 h + h^2 + 2h}{h}$$
$$= \lim_{h \to 0} (2x_0 + h + 2)$$
$$= 2x_0 + 2$$

Übung 8
Bestimmen Sie die Ableitung der Funktion f rechnerisch.
a) $f(x) = 2x + 1$ b) $f(x) = x^2 - x$
c) $f(x) = x - 2x^2$ d) $f(x) = (x-1)^2$
e) $f(x) = ax + b$ f) $f(x) = ax^2 + bx + c$
g) $f(x) = x^3 + x$ h) $f(x) = ax^3$

Übung 9
Bestimmen Sie die Ableitung von $f(x) = x^4$. Verwenden Sie die binomische Formel $(a+b)^4 = a^4 + 4a^3b + 6a^2b^2 + 4ab^3 + b^4$, um den auftretenden Term $(x_0 + h)^4$ aufzulösen.

4. Elementare Ableitungsregeln

A. Die Ableitung von $f(x) = x^n$ (Potenzregel)

Wenn man rechnerisch die Ableitungen der Potenzfunktionen $f(x) = x^2$, $f(x) = x^3$ und $f(x) = x^4$ bildet, so erhält man die rechts dargestellten Resultate.

$(x^2)' = 2x$
$(x^3)' = 3x^2 \Rightarrow ?$
$(x^4)' = 4x^3$

Welche Vermutung ergibt sich hieraus für die Ableitung der allgemeinen Potenzfunktion $f(x) = x^n$?

Satz III.1 Die Potenzregel
Für jede natürliche Zahl $n \in \mathbb{N}$ gilt:
$$(x^n)' = n \cdot x^{n-1}$$

Man differenziert eine Potenz, indem man den Exponenten der Potenz um 1 verringert und die Potenz mit dem alten Exponenten multipliziert.

Beweis:
Wir führen den Beweis exemplarisch für $f(x) = x^4$, d. h. für $n = 4$. Er lässt sich wörtlich auf beliebiges n übertragen.

Entwickelt man den Term $(x + h)^4$ nach der binomischen Formel, so ergibt sich
$(x + h)^4 = x^4 + 4hx^3 + h^2 \cdot P$
Dabei ist P ein Polynom, welches die Variablen x und h enthält. Wir müssen P nicht ausrechnen.

$(x + h)^4 = x^4 + 4x^3h + 6x^2h^2 + 4xh^3 + h^4$
$= x^4 + 4x^3h + h^2 \cdot (6x^2 + 4xh + h^2)$
$= x^4 + 4x^3h + h^2 \cdot \text{Polynom}$

$f'(x) = \lim_{h \to 0} \frac{f(x+h) - f(x)}{h} = \lim_{h \to 0} \frac{(x+h)^4 - x^4}{h}$
$= \lim_{h \to 0} \frac{x^4 + 4x^3h + h^2 \cdot P - x^4}{h} = \lim_{h \to 0} \frac{4x^3h + h^2 \cdot P}{h}$
$= \lim_{h \to 0} (4x^3 + h \cdot P)$
$= 4x^3$

Nun wenden wir die h-Methode an, um die Ableitung f' zu berechnen (vgl. rechts). Wir erhalten $f'(x) = 4x^3$.

Übung 1
Bilden Sie die Ableitungsfunktion von f.
a) $f(x) = x^3$ b) $f(x) = x^5$
c) $f(x) = x^{2n}$ d) $f(x) = x$
e) $f(x) = x^{n+4}$ f) $f(x) = x^{2016}$

Übung 2
a) Beweisen Sie die Potenzregel für $n = 5$.
b) Beweisen Sie die Potenzregel für beliebiges $n \in \mathbb{N}$.
Verallgemeinern Sie hierzu den oben für $n = 4$ geführten Beweis.

Übung 3
Zwei der folgenden vier Aussagen sind falsch. Welche sind es?
(1) $f(x) = x^3 \Rightarrow f'(x) = 3 \cdot x^2$
(2) $f(x) = x^x \Rightarrow f'(x) = x \cdot x^{x-1}$
(3) $f(x) = x^{2a} \Rightarrow f'(x) = 2 \cdot x^a$
(4) $f(x) = x^{a+1} \Rightarrow f'(x) = (a + 1) \cdot x^a$

4. Elementare Ableitungsregeln

B. Die Ableitung von f(x) = C (Konstantenregel)

Eine konstante Funktion f(x) = C hat überall die Steigung null. Folglich ist ihre Ableitungsfunktion f′(x) = 0.

Konstante Funktion
Steigung 0

> **Satz III.2: Die Konstantenregel**
> Für jede reelle Konstante C gilt:
> $$(C)' = 0.$$

Beweis:
$$f'(x) = \lim_{h \to 0} \frac{f(x+h) - f(x)}{h} = \lim_{h \to 0} \frac{C - C}{h} = \lim_{h \to 0} 0 = 0$$

C. Die Ableitung von f(x) + g(x) (Summenregel)

Berechnet man die Ableitungsfunktion von $s(x) = x^2 + x^3$ mit Hilfe der Definition der Ableitung, also z. B. mit der h-Methode, so wird das Ganze aufwendig (s. rechts). Das Ergebnis zeigt, dass man sich die ganze Mühe sparen kann, wenn man die Summanden einzeln nach der Potenzregel differenziert.

Berechnung der Ableitung einer Summe

$s(x) = x^2 + x^3$

$$s'(x) = \lim_{h \to 0} \frac{s(x+h) - s(x)}{h}$$
$$= \lim_{h \to 0} \frac{[(x+h)^2 + (x+h)^3] - [x^2 + x^3]}{h}$$
$$= \lim_{h \to 0} \frac{x^2 + 2xh + h^2 + x^3 + 3x^2h + 3xh^2 + h^3 - x^2 - x^3}{h}$$
$$= \lim_{h \to 0} \frac{2xh + h^2 + 3x^2h + 3xh^2 + h^3}{h}$$
$$= \lim_{h \to 0} (2x + h + 3x^2 + 3xh + h^2)$$
$$= 2x + 3x^2$$

$$(x^2 + x^3)' = 2x + 3x^2$$

> **Satz III.3: Die Summenregel**
> Wenn die Funktionen f und g auf dem Intervall I differenzierbar sind, so ist auch ihre Summenfunktion f + g dort differenzierbar und es gilt
> $$(f(x) + g(x))' = f'(x) + g'(x).$$

Beweis der Summenregel

$s(x) = f(x) + g(x)$

$$s'(x) = \lim_{h \to 0} \frac{s(x+h) - s(x)}{h}$$
$$= \lim_{h \to 0} \frac{[f(x+h) + g(x+h)] - [f(x) + g(x)]}{h}$$
$$= \lim_{h \to 0} \frac{f(x+h) - f(x) + g(x+h) - g(x)}{h}$$
$$= \lim_{h \to 0} \frac{f(x+h) - f(x)}{h} + \lim_{h \to 0} \frac{g(x+h) - g(x)}{h}$$
$$= f'(x) + g'(x)$$

Übung 4
Bilden Sie die Ableitungsfunktion von f.
a) $f(x) = x^3 + x^2$
b) $f(x) = 1 - x^4$
c) $f(x) = x^3 + x^5 + x + 2$

D. Die Faktorregel

Eine weitere Erleichterung beim Differenzieren bringt die folgende Regel:

Beispiele zur Faktorregel:

$(3 \cdot x^2)' = 3 \cdot (x^2)' = 3 \cdot 2x = 6x$

$(8 \cdot x^5)' = 8 \cdot (x^5)' = 8 \cdot 5x^4 = 40x^4$

$\left(\frac{1}{2}x^6\right)' = \frac{1}{2}(x^6)' = \frac{1}{2} \cdot 6x^5 = 3x^5$

> **Satz III.4: Die Faktorregel**
> Wenn f auf einem Intervall I differenzierbar ist, so ist auch die Vervielfachung $a \cdot f$ mit einer beliebigen Konstante a dort differenzierbar. Dann gilt:
>
> $(a \cdot f(x))' = a \cdot f'(x)$.
>
> In Worten: Konstante Faktoren bleiben beim Differenzieren erhalten.

Beweis:
Sei $g(x) = a \cdot f(x)$. Dann gilt:
$g'(x) = \lim_{h \to 0} \frac{g(x+h) - g(x)}{h} = \lim_{h \to 0} \frac{a \cdot f(x+h) - a \cdot f(x)}{h} = a \cdot \lim_{h \to 0} \frac{f(x+h) - f(x)}{h} = a \cdot f'(x)$

E. Die Ableitung von Polynomen

Mit der Summen-, der Konstanten-, der Potenz- und der Faktorregel sind wir nun in der Lage, jede beliebige Polynomfunktion abzuleiten und ihre Steigung zu untersuchen.

> ▶ **Beispiel:** Berechnen Sie die Ableitung von f.
> a) $f(x) = 4x^2 + \frac{1}{3}x^6$
> b) $f(x) = ax^n + bx^3$, $n \in \mathbb{N}$

Lösung zu a:
$f'(x) = \left(4x^2 + \frac{1}{3}x^6\right)' = (4x^2)' + \left(\frac{1}{3}x^6\right)' = 4 \cdot (x^2)' + \frac{1}{3} \cdot (x^6)' = 4 \cdot 2x + \frac{1}{3} \cdot 6x^5 = 8x + 2x^5$

      ↑   ↑   ↑
Summenregel   Faktorregel   Potenzregel

Lösung zu b:
▶ $f'(x) = (ax^n + bx^3)' = a \cdot nx^{n-1} + b \cdot 3x^2 = anx^{n-1} + 3bx^2$

Übung 5
Bestimmen Sie die Ableitungsfunktion von f.
a) $f(x) = 2x + x^3$ b) $f(x) = 5x$ c) $f(x) = ax^2$ d) $f(x) = ax^n$
e) $f(x) = 2x^2 + 4x$ f) $f(x) = \frac{1}{2}x^2 + 5$ g) $f(x) = 2x^3 - 3x^2 + 2$ h) $f(x) = ax^3 + bx + c$

Übung 6
Bestimmen Sie f' und zeichnen Sie die Graphen von f und f'.
a) $f(x) = \frac{1}{2}x^2 - 2x + 2$ b) $f(x) = 4 - x^2$ c) $f(x) = \frac{1}{2}x^3 - 2x$ d) $f(x) = 3x - \frac{1}{3}x^3$

4. Elementare Ableitungsregeln

Übungen

7. Bilden Sie die Ableitungsfunktion f′ von f mit Hilfe der Ableitungsregeln.
a) $f(x) = \frac{1}{4}x^4 - 2x^2$ b) $f(x) = -3x^2 + 4$ c) $f(x) = 3(x-2)^2 + x$
d) $f(x) = ax^3 + bx^2 + cx + d$

8. Erklären Sie mit Hilfe welcher Ableitungsregeln die folgenden Funktionen differenziert werden können und geben Sie jeweils die Ableitungsfunktion an.
a) $f(x) = 8x^2 - \pi$ b) $f(x) = \frac{1}{3}x^6 + \frac{1}{3}x^3 + a$
c) $f(x) = n \cdot x^{n+2}$ d) $f(x) = 3(x^3 + 2x^2 - 5x)$

9. Differenzieren Sie folgende Funktionen. Achten Sie auf die unabhängige Variable der jeweiligen Funktion.
a) $f(a) = 5a^5 + x$ b) $f(t) = \frac{1}{2}t^4 + 2bt$ c) $u(a) = 4a$ d) $A(r) = \pi r^2$
e) $A(a) = a \cdot b$ f) $V(r) = \frac{4}{3}\pi r^3$ g) $V(h) = \frac{1}{3}\pi r^2 h$ h) $V(r) = \frac{1}{3}\pi r^2 h$

10. Gegeben ist die Ableitungsfunktion f′ einer Funktion f.
Geben Sie jeweils eine Gleichung für eine solche Funktion f an.
a) $f'(x) = 3x^2$ b) $f'(x) = 9x^8$ c) $f'(x) = 2x$ d) $f'(x) = x$ e) $f'(x) = a$ f) $f(x) = 0$
g) $f'(a) = 3$ h) $f'(b) = b$ i) $f'(h) = 3 + 2h$ j) $f'(x) = x^5$ k) $f'(x) = 3x^6$ l) $f(x) = x^n$

11. Gegeben sind die Funktionen $f(x) = \frac{1}{2}x$ und $g(x) = -\frac{1}{4}x^2 + x$.
a) Skizzieren Sie die Graphen von f und g für $0 \le x \le 2$.
b) Wie groß sind die lokalen Steigungen von f und g an der Stelle x = 1?
c) Wie groß sind die mittleren Steigungen von f und g im Intervall [0; 2]?

12. Welche Steigung hat der Graph von f an der Stelle x_0?
a) $f(x) = \frac{1}{2}x^2 - 2, x_0 = 2$ b) $f(x) = 4 - 2x, x_0 = 3$ c) $f(x) = 2x^2 - 2x, x_0 = 0$

13. An welchen Stellen hat f die Steigung m?
a) $f(x) = \frac{1}{4}x^4 - 6x, m = 2$ b) $f(x) = -\frac{1}{6}x^3 + x^2, m = -2{,}5$

14. An welcher Stelle haben die Graphen von f und g den gleichen Anstieg?
a) $f(x) = \frac{1}{2}x^2, g(x) = 2x$ b) $f(x) = 2x^3 - 1, g(x) = 3 + 6x$

15. Die Ableitung wurde falsch gebildet. Wo steckt der Fehler?
a) $f(x) = 2x^3 - 4x^2 + 5$ b) $f(x) = x^2 + c^3 + 2x + 3$
$f'(x) = 6x^2 + 8x + 5$ $f'(x) = 2x + 3c^2 + 2$

F. Umkehrung des Ableitens

Von einer gegebenen Ableitungsfunktion kann man auf die Ausgangsfunktion zurückschließen, indem man den Prozess des Ableitens umkehrt. Ist beispielsweise die Ableitungsfunktion mit dem Term x^6 gegeben, so wird man vermuten, dass die Ausgangsfunktion den Term x^7 enthält. Da $(x^7)' = 7 \cdot x^6$ gilt, muss man mit dem Faktor $\frac{1}{7}$ korrigieren. Die Ausgangsfunktion hat damit den Funktionsterm $\frac{1}{7} \cdot x^7$.

Aber auch die Funktionen mit den Funktionstermen $\frac{1}{7} \cdot x^7 + 1$, $\frac{1}{7} \cdot x^7 + 2$ und $\frac{1}{7} \cdot x^7 - 3$ haben die Ableitung x^6. Alle diese „Originalfunktionen" unterscheiden sich um einen konstanten Summanden, der beim Ableiten null wird.

Jede Funktion F, deren Ableitung die Funktion f ist, heißt *Stammfunktion* von f. Das Problem, zu einer gegebenen Funktion f eine Stammfunktion F zu finden, ist also zu lösen über die Umkehrung des *Differenzierens*, das sog. *Integrieren*.

> **Definition III.4: Stammfunktion**
> Jede differenzierbare Funktion F, für die $F'(x) = f(x)$ gilt, wird als **Stammfunktion von f** bezeichnet.

▶ **Beispiel: Stammfunktion ermitteln**

Bestimmen Sie eine Stammfunktion zur gegebenen Funktion f.
a) $f(x) = 4x$ b) $f(x) = 1 + 3x^2$
c) $f(x) = 1 + x$ d) $f(x) = x^2$
e) $f(x) = 8x^5$ f) $f(x) = x^n$ ($n \in \mathbb{N}$)

Lösung zu a:
x^2 hat die Ableitung $2x$.
Daher hat $2x^2$ die Ableitung $4x$.
Hieraus folgt: $F(x) = 2x^2$ ist *eine* Stamm-
▶ funktion von $f(x) = 4x$.

Lösung:

a) $F(x) = 2x^2$

b) $F(x) = x + x^3$

c) $F(x) = x + \frac{1}{2} \cdot x^2$

d) $F(x) = \frac{1}{3} \cdot x^3$

e) $F(x) = \frac{4}{3} \cdot x^6$

f) $F(x) = \frac{1}{n+1} \cdot x^{n+1}$

Beispiel f notieren wir als Regel:

> **Satz III.5: Stammfunktion einer Potenzfunktion**
> Die Potenzfunktion $f(x) = x^n$ ($n \in \mathbb{N}$) besitzt eine Stammfunktion $F(x) = \frac{1}{n+1} \cdot x^{n+1}$.

Übung 16
Bestimmen Sie eine Stammfunktion F von f.
a) $f(x) = 10x^3$ b) $f(x) = 6x^2 + 8x^3$ c) $f(x) = x^9 - 5x^5$

Übung 17
Bestimmen Sie eine Stammfunktion F von f, deren Graph durch den angegebenen Punkt P verläuft.
a) $f(x) = 2x$, $P(1|3)$ b) $f(x) = 6x^2$, $P(-1|-1)$ c) $f(x) = x^2 + 6x + 2$, $P(0|3)$

Übungen

18. Gegeben ist der Graph der Funktion f. Skizzieren Sie den Graphen von f'. Stellen Sie zunächst fest, wo die Nullstellen der Ableitung f' liegen müssen.

19. Gegeben ist der Graph einer Funktion f (s. Bild I und II).
a) In welchen Bereichen verläuft jede Stammfunktion F von f steigend, in welchen fallend?
b) An welchen Stellen liegen Hochpunkte und Tiefpunkte der Stammfunktionen von f?
c) Es gelte $F(0) = 0$. Skizzieren Sie den Verlauf des Graphen dieser Stammfunktion F.

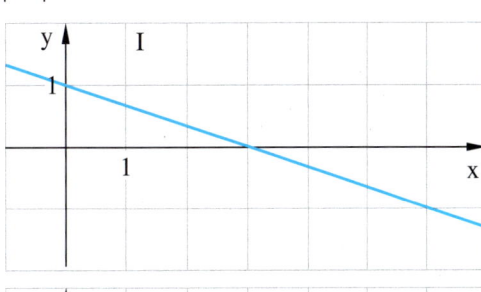

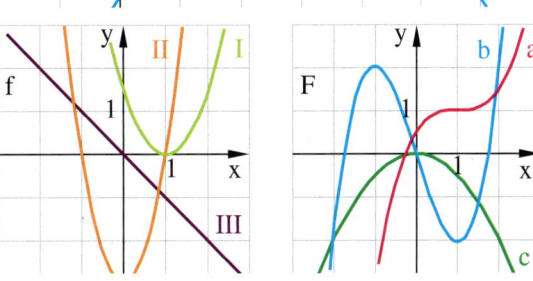

20. Ordnen Sie Funktion und Stammfunktion zu.

21. Übertragen Sie den Graphen f in Ihr Heft auf kariertes Papier und skizzieren Sie dann den ungefähren Verlauf der Graphen der Ableitungsfunktion f' und einer Stammfunktion F von f.

a)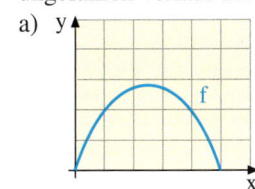

b)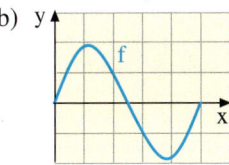

c)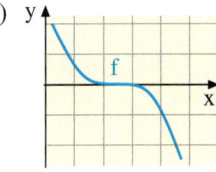

d)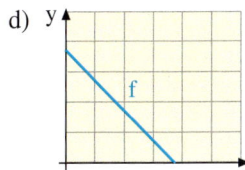

e)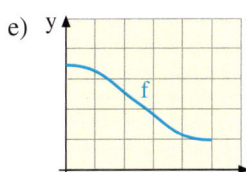

f)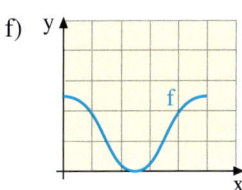

G. Exkurs: Ableitung von Potenzfunktionen mit nicht-natürlichen Exponenten

Potenzregel für negative Exponenten

Wir werden nun zeigen, dass die Ableitungsfunktion der einfachen gebrochen-rationalen Funktion $f(x) = \frac{1}{x^n}$ ($n \in \mathbb{N}$) sich auf nahezu die gleiche Weise gewinnen lässt wie die Ableitungsfunktion der Potenzfunktion $f(x) = x^n$ ($n \in \mathbb{N}$). Besonders deutlich wird die Analogie, wenn man für den Term $\frac{1}{x^n}$ die äquivalente Schreibweise x^{-n} verwendet, sodass $\frac{1}{x^n}$ als Potenz mit negativem Exponenten interpretiert wird.

Satz III.6: Potenzregel für negative Exponenten
Für $n \in \mathbb{N}$ und $x \neq 0$ gilt:
$$(x^{-n})' = -n \cdot x^{-n-1},$$
$$\left(\frac{1}{x^n}\right)' = -\frac{n}{x^{n+1}}.$$

Beispiele:
$$\left(\frac{1}{x}\right)' = -1 \cdot x^{-2} = -\frac{1}{x^2}$$
$$\left(\frac{1}{x^2}\right)' = -2 \cdot x^{-3} = -\frac{2}{x^3}$$
$$\left(\frac{1}{x^7}\right)' = -7 \cdot x^{-8} = -\frac{7}{x^8}$$

Beweis:
Der Beweis stellt eine Mischung des Beweises zu $(x^n)' = n \cdot x^{n-1}$ (Potenzregel) und des Beweises zu $\left(\frac{1}{x}\right)' = -\frac{1}{x^2}$ dar. Man lese zur Erinnerung dort noch einmal nach.

$$\left(\frac{1}{x}\right)' = \lim_{h \to 0} \frac{\frac{1}{(x+h)^n} - \frac{1}{x^n}}{h} = \lim_{h \to 0} \frac{x^n - (x+h)^n}{(x+h)^n \cdot x^n \cdot h} = \lim_{h \to 0} \frac{x^n - (x^n + nhx^{n-1} + h^2 R)}{(x+h)^n \cdot x^n \cdot h}$$
$$= \lim_{h \to 0} \frac{-nhx^{n-1} - h^2 R}{(x+h)^n \cdot x^n \cdot h} = \lim_{h \to 0} \frac{-nx^{n-1} - hR}{(x+h)^n \cdot x^n} = \frac{-nx^{n-1}}{x^{2n}} = -n \cdot x^{-n-1}$$

Übung 22
Berechnen Sie die Steigung der Funktion f im Punkt P.

a) $f(x) = \frac{1}{x^3}$, $P(2|\frac{1}{8})$
b) $f(x) = 2x + \frac{1}{x^2}$, $P(-1|-1)$
c) $f(x) = x + \frac{2}{x}$, $P(2|3)$

Übung 23
a) Bestimmen Sie die Gleichung der Tangente an die Funktion $f(x) = \frac{1}{x^4}$ im Punkt $P(\frac{1}{2}|16)$.

b) Welche Gerade schneidet die Tangente an dem Graphen der Funktion $f(x) = x^{-3}$ im Punkt $P(1|1)$ unter einem rechten Winkel?

c) In welchem Punkt $P(x_0|y_0)$ des Graphen von $f(x) = \frac{1}{x^2}$ muss die Tangente angelegt werden, damit diese die x-Achse bei $x = 3$ schneidet?

4. Elementare Ableitungsregeln

Potenzregel für rationale und reelle Exponenten

Wir wollen nun die Potenzregel auch auf rationale Exponenten erweitern. Wenn man für den Term $\sqrt{x}$ die äquivalente Schreibweise $x^{\frac{1}{2}}$ verwendet, so folgt für die Ableitung der Wurzelfunktion $f(x) = \sqrt{x}$, $x > 0$: $f'(x) = \frac{1}{2\sqrt{x}} = \frac{1}{2} x^{-\frac{1}{2}}$. Auch für rationale Exponenten gilt offenbar die Potenzregel. Dies soll im Folgenden schrittweise bewiesen werden.

▶ **Beispiel:** Bestimmen Sie die Ableitungsfunktion von $f(x) = \sqrt[3]{x}$ ($x > 0$) mit Hilfe des Differentialquotienten.

Lösung:
Wir berechnen den Differentialquotienten an einer beliebigen Stelle x_0 ($x_0 \neq x$). Hierzu verwenden wir die Substitution $x = u^3$ und $x_0 = u_0^3$. Durch die folgende Polynomdivision lässt sich der Quotient, wie nebenstehend dargestellt, umformen: $(u^3 - u_0^3) : (u - u_0) = u^2 + u \cdot u_0 + u_0^2$. Resubstitution und Anwendung der Grenz-
▶ wertsätze ergibt dann die Ableitung f'.

$$\lim_{x \to x_0} \frac{\sqrt[3]{x} - \sqrt[3]{x_0}}{x - x_0} = \lim_{u \to u_0} \frac{u - u_0}{u^3 - u_0^3}$$
$$= \lim_{u \to u_0} \frac{1}{u^2 + u \cdot u_0 + u_0^2}$$
$$= \lim_{x \to x_0} \frac{1}{(\sqrt[3]{x})^2 + (\sqrt[3]{x}) \cdot (\sqrt[3]{x_0}) + (\sqrt[3]{x_0})^2}$$
$$= \frac{1}{3 \cdot (\sqrt[3]{x_0})^2}$$
$$= \frac{1}{3} x_0^{-\frac{2}{3}}$$

Analog können wir nun mit Hilfe des Differentialquotienten in einer Verallgemeinerung die Ableitungsfunktion von $f(x) = \sqrt[n]{x}$ ($n \in \mathbb{N}$, $x > 0$) bestimmen.

Satz III.7: Wurzelregel
Es gilt für $x > 0$ und $r \in \mathbb{N}$:
$$\left(\sqrt[n]{x}\right)' = \left(x^{\frac{1}{n}}\right)' = \frac{1}{n} \cdot x^{\frac{1}{n} - 1}.$$

Beweis:
Der Beweis erfolgt analog zu dem vorstehenden Beispiel. Hierbei verwenden wir die Substitution $x = u^n$ und $x_0 = u_0^n$ und erhalten dann:

$$\lim_{x \to x_0} \frac{\sqrt[n]{x} - \sqrt[n]{x_0}}{x - x_0} = \lim_{u \to u_0} \frac{u - u_0}{u^n - u_0^n} = \lim_{u \to u_0} \frac{1}{u^{n-1} + u^{n-2} u_0 + u^{n-3} u_0^2 + \ldots + u u_0^{n-2} + u_0^{n-1}}$$
$$= \lim_{x \to x_0} \frac{1}{(\sqrt[n]{x})^{n-1} + (\sqrt[n]{x})^{n-2} (\sqrt[n]{x_0}) + \ldots + (\sqrt[n]{x_0})^{n-1}} = \frac{1}{n(\sqrt[n]{x_0})^{n-1}} = \frac{1}{n x_0^{1-\frac{1}{n}}} = \frac{1}{n} \cdot x_0^{\frac{1}{n} - 1}.$$

Das obige Resultat lässt sich nun auch auf rationale Exponenten ausdehnen. Allgemein gilt sogar die *Potenzregel für reelle Exponenten*:

Satz III.8: Potenzregel für reelle Exponenten
Es gilt für $x > 0$ und $r \in \mathbb{R}$:
$$(x^r)' = r \cdot x^{r-1}.$$

Übung 24
Berechnen Sie die Ableitungsfunktion von f mit Hilfe der Ableitungsregeln.

a) $f(x) = x^2 + x^{-2}$ b) $f(x) = \sqrt{x^5} + \sqrt[5]{x^2}$ c) $f(x) = x^{1,41} + x^{-\frac{22}{7}}$ d) $f(x) = x^{\sqrt{2}} + x^{-\pi}$

H. Exkurs: Die Differentiation von sin x und cos x

Viele periodische Vorgänge können mit trigonometrischen Funktionen modelliert werden. Deshalb ist es wichtig, die Ableitungsfunktionen der Grundfunktionen f(x) = sin x und f(x) = cos x zu kennen. Im Folgenden werden diese durch graphisches Differenzieren (s. S. 114) gewonnen.

> **Beispiel: Graphisches Differenzieren von sin x**
> Zeichnen Sie im vergrößerten Maßstab den Graphen von f(x) = sin x ($0 \leq x \leq 2\pi$). Verwenden Sie z. B. Millimeterpapier mit 1 LE = 2 cm. Legen Sie an einigen Stellen Tangenten an, bestimmen Sie deren Steigungen und konstruieren Sie damit den Graphen von f'.
> Welche Vermutung ergibt sich für die Gleichung von f'(x)?

Lösung:
Wir zeichnen den Graphen von f.
Bei $x = \frac{\pi}{2}$ und $x = \frac{3}{2}\pi$ liegen Extremstellen mit der Steigung 0.
Bei x = 0 ermitteln wir die Steigung 1. Sie liegt dann auch bei $x = 2\pi$ vor. Bei $x = \pi$ beträgt sie aus Symmetriegründen −1.
Bei $x = \frac{\pi}{4}$ ermitteln wir die Steigung 0,7. Sie liegt dann auch bei $x = \frac{7}{4}\pi$ vor.
Daraus folgt: Bei $x = \frac{9}{4}\pi$ und $x = \frac{5}{4}\pi$ liegt die Steigung −0,7 vor.
Tragen wir die so gewonnenen Wertepaare in ein neues Koordinatensystem ein und verbinden sie sinnvoll durch eine Kurve, so ergibt sich ein Graph, der leicht als cos x zu erkennen ist. Folglich ergibt sich als
▶ Resultat: (sin x)' = cos x.

Graphisches Differenzieren von sin x:

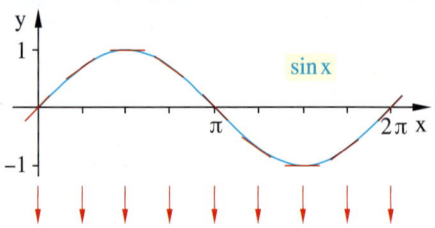

Die Ableitung von sin x:

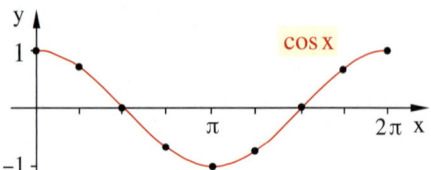

Analog können wir die Kosinusfunktion graphisch differenzieren. Wir erhalten (cos x)' = −sin x. Wir fassen diese wichtigen Ergebnisse im folgenden Satz zusammen.

> **Satz III.9: Sinusregel und Kosinusregel**
> Die Ableitung der Sinusfunktion ist die Kosinusfunktion.
>
> $$(\sin x)' = \cos x$$
>
> Die Ableitung der Kosinusfunktion ist die negierte Sinusfunktion.
>
> $$(\cos x)' = -\sin x$$

Übung 1
Berechnen Sie die gesuchte Ableitung.
a) f(x) = 4 sin x, f'(x) = ?
b) f(x) = $\frac{1}{2}$ cos x, f'(x) = ?
c) f(x) = sin x + x, f'(x) = ?

Übung 2
Gegeben ist f(x) = $\frac{1}{2}$ sin x, $0 \leq x \leq 2\pi$.
a) Welche Steigung hat f bei $x = \frac{\pi}{4}$?
b) Wie groß ist der Steigungswinkel von f bei $x = \frac{3}{4}\pi$?

5. Erste Anwendungen der Ableitung

A. Übersicht

In den vorhergehenden Abschnitten wurde behandelt, wie man die Ableitung f′ einer Funktion f bestimmt. Nun geht es um die Frage, wozu man die Ableitung praktisch verwenden kann. Wir behandeln einige typische Anwendungsprobleme, die auch in den folgenden Kapiteln eine wichtige Rolle spielen. Hierzu stellen wir zunächst eine tabellarische Übersicht auf.

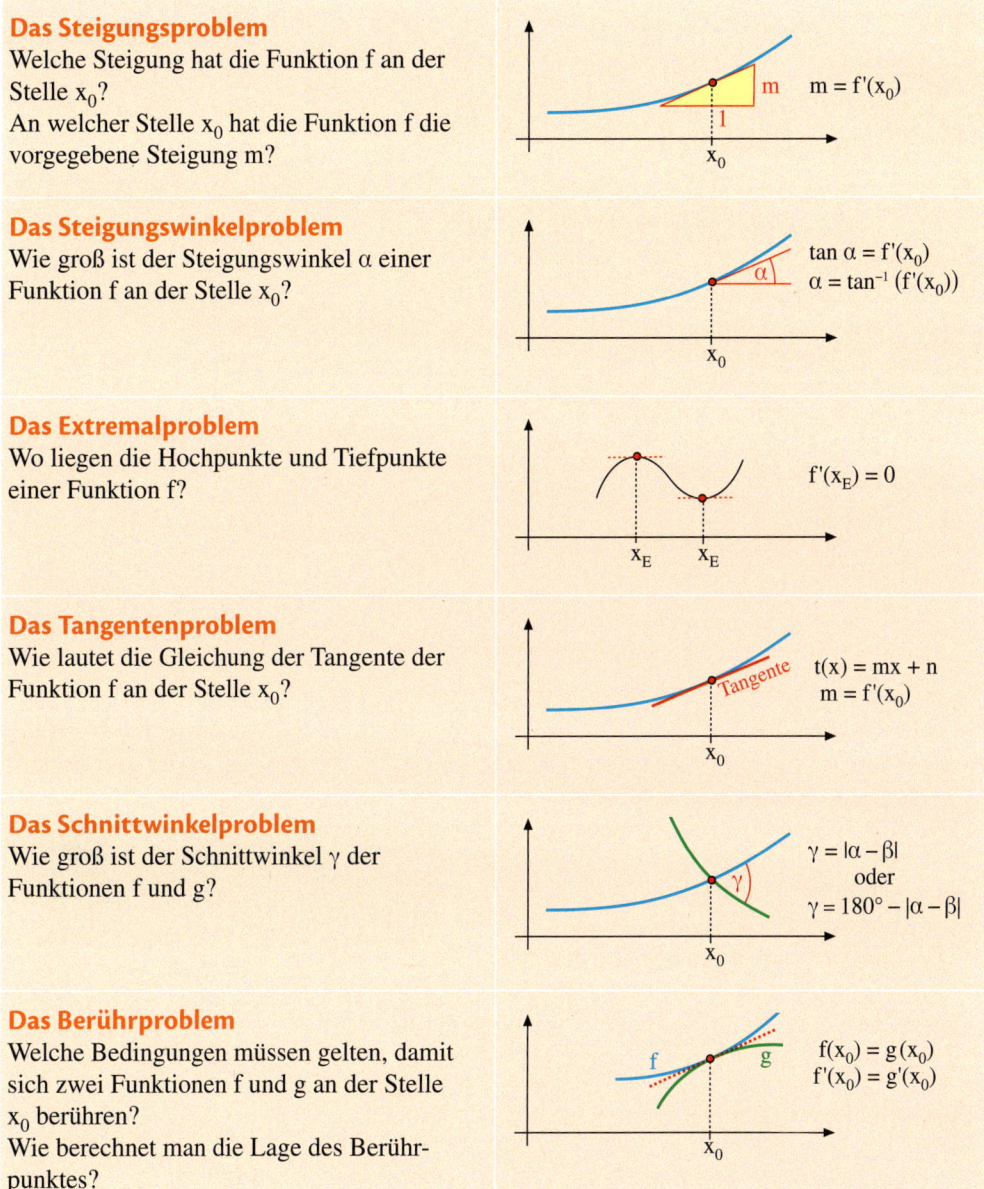

Das Steigungsproblem
Welche Steigung hat die Funktion f an der Stelle x_0?
An welcher Stelle x_0 hat die Funktion f die vorgegebene Steigung m?

$m = f'(x_0)$

Das Steigungswinkelproblem
Wie groß ist der Steigungswinkel α einer Funktion f an der Stelle x_0?

$\tan \alpha = f'(x_0)$
$\alpha = \tan^{-1}(f'(x_0))$

Das Extremalproblem
Wo liegen die Hochpunkte und Tiefpunkte einer Funktion f?

$f'(x_E) = 0$

Das Tangentenproblem
Wie lautet die Gleichung der Tangente der Funktion f an der Stelle x_0?

$t(x) = mx + n$
$m = f'(x_0)$

Das Schnittwinkelproblem
Wie groß ist der Schnittwinkel γ der Funktionen f und g?

$\gamma = |\alpha - \beta|$
oder
$\gamma = 180° - |\alpha - \beta|$

Das Berührproblem
Welche Bedingungen müssen gelten, damit sich zwei Funktionen f und g an der Stelle x_0 berühren?
Wie berechnet man die Lage des Berührpunktes?

$f(x_0) = g(x_0)$
$f'(x_0) = g'(x_0)$

B. Das Steigungsproblem

Die Ableitung f′(x) gibt die Steigung der Tangente von f an der Stelle x an. Mit ihrer Hilfe kann man also berechnen, wie steil die Funktion f an der Stelle x verläuft, wie groß ihr Steigungswinkel dort ist. Auch Gipfel und Täler kann man identifizieren, denn dort ist die Ableitung null.

> **Beispiel: Steigung und Steigungswinkel**
> Berechnen Sie die Steigung sowie den Steigungswinkel α von $f(x) = \frac{1}{2}x^2 - 2x$ an der Stelle $x = 3$.

Lösung:
Wir skizzieren die Funktion zwecks Überblick zunächst für $0 \leq x \leq 5$.

Wir zeichnen zusätzlich die Tangente im Punkt $P(3|-1{,}5)$ ein. Die Funktion hat die Ableitung $f'(x) = x - 2$. Die Tangente hat daher die Steigung $m = f'(3) = 1$.

Geht man also bei $x = 3$ eine kleine Strecke nach rechts, so geht es um die gleiche Strecke nach oben.

Für den Steigungswinkel der Tangente gilt $\tan \alpha = m$, d. h. $\tan \alpha = 1$.
Daraus folgt mit der $\tan^{-1}$-Taste des Taschenrechners: $\alpha = \tan^{-1} 1 = 45°$.

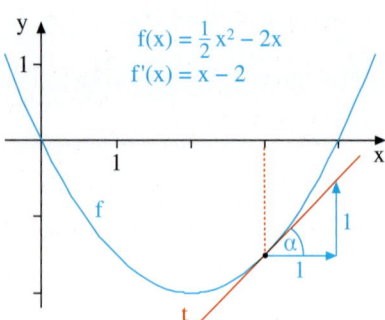

Tangentensteigung bei x = 3:
$m = f'(3) = 1$

Steigungswinkel bei x = 3:
$\tan \alpha = f'(3) = 1$
$\alpha = \tan^{-1} 1$
$\alpha = 45°$

Übung 1
Die Profilkurve eines Hügels wird durch die Funktion $f(x) = -\frac{1}{2}x^2 + 4x - 6$ erfasst.
a) Wo liegen die Fußpunkte des Hügels?
b) Wie steil ist der Hügel am westlichen Fußpunkt? Wie groß ist dort der Steigungswinkel?
c) Die Seilbahn startet an der Bodenstation $B(1|0)$. Ihre Steigung beträgt 75 %. Wo trifft sie auf den Hang?

> **Zusammenfassung: Steigung und Steigungswinkel**
> Steigung von f an der Stelle x_0: $\quad f'(x_0)$
> Steigungswinkel von f an der Stelle x_0: $\quad \alpha = \tan^{-1}(f'(x_0))$

5. Erste Anwendungen der Ableitung

▶ **Beispiel: Vulkanberg**
Ein Vulkanberg wird für $\frac{1}{2} \leq x \leq 2$ durch die Funktion $f(x) = \frac{1}{x}$ modelliert, wobei 1 LE einem Kilometer entspricht.
a) Wie hoch erhebt sich der Vulkan über die Ebene am Fuß des Berges?
b) Wie steil ist sein Hang am unteren Hangende, wie steil ist er am Gipfel?
c) Ein Tourist möchte 1 km über die Ebene aufsteigen. Touristen dürfen nur mit Bergführer Steigungen über 60° begehen. Wird ein Führer benötigt?

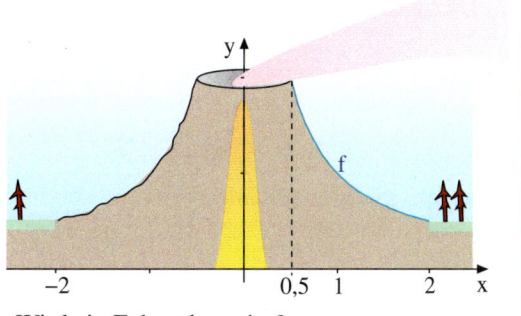

Lösung zu a:
Bei x = 2 beginnt der Hang in 0,5 km Höhe. Bei x = 0,5 endet der Hang in 2 km Höhe. Die Höhe des Vulkans ist die Differenz dieser beiden Werte, also 1,5 km.

Höhe des Berges:
$$\left.\begin{array}{r} f\left(\frac{1}{2}\right) = 2 \\ f(2) = \frac{1}{2} \end{array}\right\} \Rightarrow \text{Höhe} = 1{,}5\,\text{km}$$

Lösung zu b:
Die Hangkurve $f(x) = \frac{1}{x}$ hat die Ableitung $f'(x) = -\frac{1}{x^2}$. Am Fuß des Hanges, also bei x = 2, beträgt die Steigung $f'(2) = -\frac{1}{4}$.
Für den Steigungswinkel α am Hangfuß gilt also $\tan\alpha = -\frac{1}{4}$.
Hieraus folgt $\alpha = \boxed{\tan^{-1}}\left(-\frac{1}{4}\right) \approx -14{,}04°$.
Analog erhalten wir am oberen Ende des Hanges $\alpha \approx -75{,}96°$.

Steilheit am unteren Hangende:
$f'(x) = -\frac{1}{x^2}$
$f'(2) = -\frac{1}{4}$
$\tan\alpha = -\frac{1}{4}$
$\alpha = \boxed{\tan^{-1}}\left(-\frac{1}{4}\right)$
$\alpha \approx -14{,}04°$

Lösung zu c:
Der Tourist möchte eine Höhe von 1 km über dem Fuß des Hanges erreichen. Dies entspricht dem Funktionswert f(x) = 1,5 km. Diese Höhe liegt nach nebenstehender Rechnung bei x ≈ 0,67 km. Dort ist die Steigung f' gleich −2,25, was einem Winkel von ca. −66,04° entspricht.
▶ Also ist ein Führer erforderlich.

Steigung in 1 km Höhe:
Höhe = f(x) − 0,5
1 = f(x) − 0,5
f(x) = 1,5
x ≈ 0,67
$f'(0{,}67) = -\frac{1}{0{,}67^2} = -2{,}25$
$\tan\alpha = -2{,}25$
$\alpha = \boxed{\tan^{-1}}(-2{,}25) \approx -66{,}04°$

Übung 2
Differenzieren Sie die Funktionen.
$f(x) = \frac{2}{x}$, $\quad g(x) = -\frac{3}{x}$, $\quad h(x) = 2\sqrt{x}$, $\quad k(x) = \frac{\sqrt{x}}{2}$, $\quad m(x) = \frac{2}{3x} + \frac{1}{2}\sqrt{x}$

Übung 3
Berechnen Sie, wo f die Steigung m hat.
a) $f(x) = \frac{2}{x}$, m = −0,5 $\quad$ b) $f(x) = 2\sqrt{x}$, m = 0,5 $\quad$ c) $f(x) = x - \frac{1}{x}$, m = 3

C. Das Extremalproblem

Oft sucht man das Optimum einer Größe, d. h. ihre extremalen Werte, z. B. ein Maximum des Gewinns oder ein Minimum der Kosten. Bei einer Funktion kann man die lokalen Extremwerte an der Steigung erkennen. Diese ist nämlich dort gleich null.

> **Beispiel: Hoch- und Tiefpunkte**
> Gesucht ist der höchste Punkt des Graphen der Funktion $f(x) = -\frac{1}{2}x^2 + 4x - 6$.

Lösung:
Wir fertigen mit Hilfe einer Wertetabelle eine Skizze des Graphen von f an, um die Situation besser überblicken zu können.

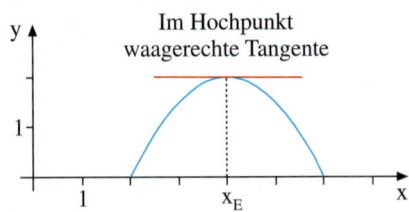

Im Hochpunkt waagerechte Tangente

Der Graph der Funktion besitzt einen lokalen *Hochpunkt* (Gipfel). Dieser ist dadurch gekennzeichnet, dass dort eine waagerechte Tangente verläuft.
Die Steigung von f ist dort also null, d. h. es gilt $f'(x_E) = 0$.

Diese Bedingung führt auf die Gleichung $-x_E + 4 = 0$, d. h. $x_E = 4$.

Der Hochpunkt der Funktion liegt also bei
▶ H(4|2).

Ableitung von f:
$f(x) = -\frac{1}{2}x^2 + 4x - 6$
$f'(x) = -x + 4$

Lage des Hochpunktes:
$f'(x) = 0$
$-x + 4 = 0$
$x = 4, y = f(4) = 2$
$\Rightarrow$ Hochpunkt H(4|2)

Übung 4
Das abgebildete Landschaftsprofil wird durch die Randfunktion $f(x) = \frac{1}{5}(3x - x^3)$ beschrieben für $-\sqrt{3} \le x \le \sqrt{3}$; 1 LE = 10 m.
a) Wie weit ist es vom Westufer des Kanals bis zum östlichen Fußpunkt des Erdwalls?
b) Wo liegt der tiefste Punkt des Kanals, wo liegt der Gipfel des Erdwalls?

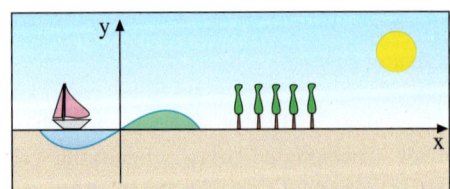

> **Zusammenfassung: Hoch- und Tiefpunkte**
>
> Hochpunkte und Tiefpunkte einer Funktion f besitzen waagerechte Tangenten. Sie erfüllen notwendigerweise die Bedingung $f'(x_0) = 0$.
>
> Allerdings: Es gibt auch Stellen x_0 mit waagerechter Tangente, d. h. $f'(x_0) = 0$, an denen weder ein Hochpunkt noch ein Tiefpunkt liegt (z. B. Sattelpunkte).
>
>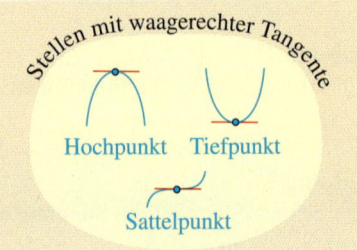
>
> Stellen mit waagerechter Tangente
> Hochpunkt Tiefpunkt
> Sattelpunkt

D. Das Tangentenproblem

Im Anschluss an eine Kurve laufen Straßen in der Regel so aus, dass ein glatter Übergang an das folgende gerade Straßenstück besteht. Dies bedeutet, dass das gerade Straßenstück als *Tangente* an die Kurve anschließt.

▶ **Beispiel: Tangentengleichung**
Gegeben ist die Funktion $f(x) = \frac{1}{2}x^2$.
Im Punkt $P(1|\frac{1}{2})$ soll die Tangente an den Graphen von f gelegt werden. Wie lautet die Gleichung der Tangente?

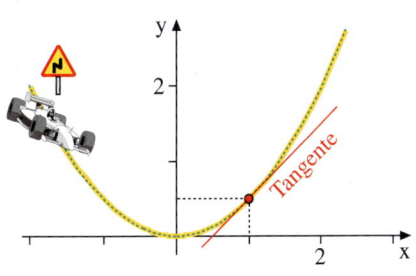

Lösung:
Wir verwenden für die Gleichung der Tangente den Ansatz $t(x) = mx + n$.

Außerdem berechnen wir die Ableitung von f: $f'(x) = x$.

Wir wissen, dass die Steigung m der Tangente gleich der Kurvensteigung im Punkt P ist, also $m = f'(1) = 1$.

Außerdem geht die Tangente t durch den Punkt $P(1|\frac{1}{2})$.
Daher gilt $t(1) = \frac{1}{2}$, d.h. $m + n = \frac{1}{2}$.
Hieraus folgt wegen $m = 1$ sofort $n = -\frac{1}{2}$.

▶ Resultat: $t(x) = x - \frac{1}{2}$.

Ansatz für die Tangente:
$t(x) = mx + n$

Bestimmung von m und n:
I: $\quad m = f'(1)$
II: $\quad t(1) = f(1)$

I: $\quad m = 1$
II: $\quad m + n = \frac{1}{2}$

I in II: $1 + n = \frac{1}{2}$
$\qquad n = -\frac{1}{2}$

Resultat:
$t(x) = x - \frac{1}{2}$

Übung 5
Ein kleiner Hund hat sich auf den Kletterhügel verirrt und kommt nicht mehr herunter. Helfer wollen bei $P(4|4)$ eine Leiter tangential anlegen. (1 LE = 1 m)
a) Wie hoch ist der Hügel?
b) Wie lang ist die Leiter?

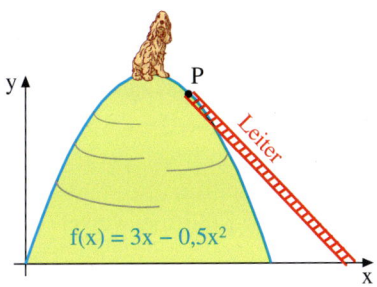

Zusammenfassung: Gleichung der Tangente an eine Kurve

Die Gleichung der Tangente $t(x) = mx + n$ an die Funktion f an der Stelle x_0 kann mit Hilfe der Bedingungen I und II ermittelt werden.

Ansatz: $t(x) = mx + n$

I: $\quad m = f'(x_0) \quad$ gleiche Steigungen
II: $t(x_0) = f(x_0) \quad$ gleiche Funktionswerte

E. Das Schnittwinkelproblem

Schneiden sich die Graphen von f und g an der Stelle x_0, so bilden ihre Tangenten dort zwei Winkel γ und γ' miteinander.

Den kleineren dieser beiden Winkel bezeichnet man als *Schnittwinkel* γ von f und g an der Stelle x_0 ($0 \leq \gamma \leq 90°$).

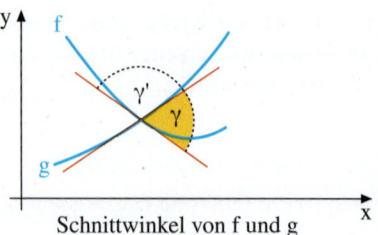

Schnittwinkel von f und g

> **Beispiel: Schnittwinkel von f und g**
> $f(x) = x^2$ und $g(x) = 2 - x$ schneiden sich bei $x_0 = -2$ und bei $x_0 = 1$.
> Berechnen Sie den Schnittwinkel von f und g an der Stelle $x = 1$.

Lösung:
Rechts ist eine Skizze der Situation zu sehen. Man erkennt, dass der Schnittwinkel sich aus den beiden Steigungswinkeln α und β von f und g an der Stelle $x_0 = 1$ bestimmen lässt.

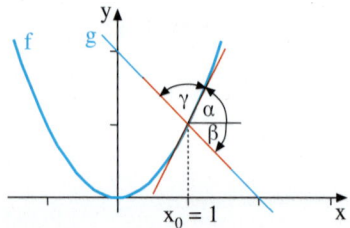

Die Berechnung ergibt $\alpha \approx 63{,}43°$ und $\beta = -45°$.

Steigungswinkel α von f bei $x_0 = 1$:
$\tan \alpha = f'(1) = 2$
$\alpha = \tan^{-1}(2) \approx 63{,}43°$

Die Winkel zwischen den beiden Kurventangenten betragen daher $108{,}43°$ und $71{,}57°$.

Steigungswinkel β von g bei $x_0 = 1$:
$\tan \beta = g'(1) = -1$
$\beta = \tan^{-1}(-1) = -45°$

▶ Der Schnittwinkel beträgt also $\gamma \approx 71{,}57°$.

Übung 6

Ein Motorboot rast längs der Kurve $f(x) = \tfrac{1}{4}x^2 - x + 2$ auf die Kaimauer zu, die durch die Gerade $g(x) = 2x - 6$ beschrieben wird.
a) Kommt es zur Kollision?
b) Wie groß ist der Kollisionswinkel?

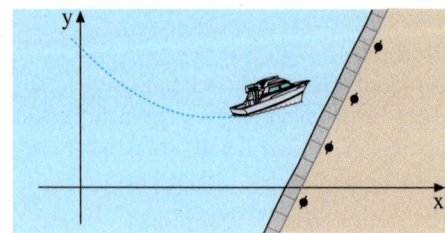

> **Zusammenfassung: Der Schnittwinkel von zwei Kurven**
>
> Der Schnittwinkel γ zweier Funktionen f und g an der Schnittstelle x_0 lässt sich aus den Steigungswinkeln α und β der Funktionen f und g an der Stelle x_0 berechnen.
> Es gilt: $\alpha = \tan^{-1}(f'(x_0))$, $\beta = \tan^{-1}(g'(x_0))$.
> γ ist dann der kleinere der beiden Werte $|\alpha - \beta|$ und $180° - |\alpha - \beta|$.

F. Das Berührproblem

Zwei Funktionen f und g berühren sich an der Stelle x_B, wenn dort ihre Funktionswerte und ihre Steigungen übereinstimmen.

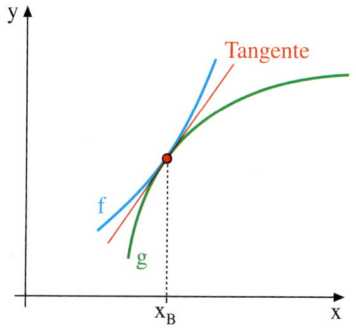

Berührbedingung
$f(x_B) = g(x_B)$
$f'(x_B) = g'(x_B)$

f und g besitzen im *Berührpunkt* eine gemeinsame Tangente, die Berührtangente.

▶ **Beispiel: Berührpunkt**
Untersuchen Sie, ob $f(x) = x^2 + 2$ und $g(x) = 4x - x^2$ sich berühren. Wie lautet die Gleichung der Berührtangente?

Lösung:
Wir berechnen die Schnittstelle von f und g, indem wir die beiden Funktionsterme gleichsetzen, denn ein Berührpunkt ist immer auch Schnittpunkt.
Die Schnittstelle liegt bei $x = 1$. f und g schneiden sich im Schnittpunkt $P(1|3)$.

Nachweis gleicher Funktionswerte:
$f(x) = g(x)$
$x^2 + 2 = -x^2 + 4x$
$2x^2 - 4x + 2 = 0$
$x^2 - 2x + 1 = 0$
$x = 1$

Mit Hilfe der Ableitungen $f'(x) = 2x$ sowie $g'(x) = 4 - 2x$ können wir nachweisen, dass $f'(1) = g'(1)$ gilt. Also ist auch die zweite Berührbedingung erfüllt. $P(1|3)$ ist tatsächlich Berührpunkt von f und g.

Nachweis gleicher Steigung:
$f'(x) = 2x \quad \Rightarrow f'(1) = 2$
$g'(x) = 4 - 2x \Rightarrow g'(1) = 2$
$\Rightarrow f'(1) = g'(1)$

Für die Gleichung der Berührtangente verwenden wir den Ansatz $t(x) = mx + n$.
Aus $t(1) = f(1)$ und $t'(1) = f'(1)$ folgt $m = 2$
▶ und $n = 1$. Daher gilt $t(x) = 2x + 1$.

Berührtangente:
$t(1) = f(1) \Rightarrow m + n = 3$
$t'(1) = f'(1) \Rightarrow m = 2$
$\Rightarrow m = 2, n = 1$
$\Rightarrow t(x) = 2x + 1$

Übung 7
Zeigen Sie, dass sich $f(x) = x^2 + 1$ und $g(x) = 1 - x^3$ auf der y-Achse berühren.

Übung 8
Wie muss a gewählt werden, damit der Graph von $f(x) = a + x^2$ die Winkelhalbierende $g(x) = x$ berührt? Wie lautet die Gleichung der Berührtangente?

Übung 9
Wie müssen a und b gewählt werden, damit der Graph von $f(x) = ax^2 + b$ den Graphen von $g(x) = \frac{1}{x}$ bei $x = 1$ berührt? Wie lautet die Gleichung der Berührtangente?

Übungen

10. Gegeben ist die Funktion $f(x) = x^2 \cdot (x - 3)$.
    a) Skizzieren Sie den Graphen von f mit Hilfe einer Wertetabelle für $-1 \leq x \leq 3$.
    b) Bilden Sie die Ableitungsfunktion f' und skizzieren Sie deren Graphen.
    c) Welche Bedeutung haben die Nullstellen von f' für den Graphen von f?

11. Gegeben ist die Funktion $f(x) = x^2 - 3x$.
    a) Skizzieren Sie den Graphen von f für $-1 \leq x \leq 4$.
    b) Wie groß ist die Steigung von f bei $x_0 = 2$?
    c) Wie groß ist der Steigungswinkel von f bei $x_0 = 2$?
    d) Unter welchem Winkel schneidet der Graph von f die y-Achse?

12. Gegeben sind die Funktionen $f(x) = -x^2 + 8x - 11$ und $g(x) = x - 1$.
    a) In welchen Punkten schneiden sich f und g?
    b) Wie groß sind die Schnittwinkel von f und g in den beiden Schnittpunkten?

13. Gegeben ist die Funktion $f(x) = -\frac{1}{2}x^2 + 2x + 2$.
    a) Wo liegen die Nullstellen von f?
    b) Wo liegt der Hochpunkt von f?
    c) Unter welchem Winkel schneidet der Graph von f die y-Achse?
    d) Eine Gerade g geht durch den Punkt $P(-1|0)$ und schneidet den Graphen von f bei $x = 0$.
       Wie lautet die Gleichung von g?
       Wie groß ist der Schnittwinkel von f und g?

14. Gegeben sind die Funktionen $f(x) = \sqrt{x}$ und $g(x) = \frac{1}{x}$.
    a) Skizzieren Sie die Graphen von f und g in ein gemeinsames Koordinatensystem für $0 \leq x \leq 4$.
    b) Wie lauten die Gleichungen der Tangenten von f und g im Schnittpunkt der beiden Graphen?
    c) Unter welchem Winkel schneiden sich f und g?
    d) An welcher Stelle x_0 hat f die Steigung 1?
    e) Bestimmen Sie die Gleichungen der Normalen im Punkt $P(2|f(2))$ an den Graphen von f und im Punkt $Q(0,5|g(0,5))$ an den Graphen von g.

15. Gegeben ist die Funktion $f(x) = x + \frac{4}{x}$.
    a) Zeichnen Sie den Graphen von f für $x > 0$.
    b) Der Graph von f hat einen Tiefpunkt. Bestimmen Sie seine Koordinaten.
    c) An welcher Stelle hat f die Steigung 0,5?
    d) Begründen Sie: Der Steigungswinkel von f ist überall kleiner als 45°.

16. Gegeben sind die Funktionen $f(x) = x^2$ und $g(x) = -x^2 + 4x - 2$.
    a) Zeichnen Sie die Graphen von f und g für $-1 \leq x \leq 3$.
    b) Zeigen Sie, dass die Graphen von f und g sich berühren.

5. Erste Anwendungen der Ableitung

17. Marsmission
Während einer Marsmission soll ein Raupenfahrzeug auf dem Grund eines Kraters abgesetzt werden, der 800 m breit und 200 m tief ist.
a) Modellieren Sie die Profilkurve des Kraters durch eine quadratische Funktion im abgebildeten Koordinatensystem.
b) Die Steigfähigkeit des Fahrzeugs beträgt 30°. Kann der Kraterrand erreicht werden?
c) Das Fahrzeug muss in einem Bereich des Kraters landen, in welchem der Steigungswinkel des Hanges maximal 5° beträgt. Wie groß ist der Durchmesser dieses Bereichs?

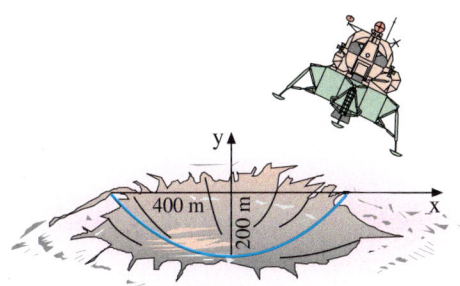

Vulkankrater auf dem Mars

18. Verkehrswege
Eine Straße s kreuzt den Fluss f und die Bahnlinie b. Für x > 0 können diese Verkehrswege durch die Funktionen $s(x) = 2 - \frac{1}{4}x^2$, $f(x) = \frac{1}{4}x^2$ und $b(x) = 0$ beschrieben werden.
a) Wo und unter welchem Winkel kreuzt die Straße die Bahnlinie?
b) Wie lauten die Koordinaten der Straßenbrücke über den Fluss?
c) An welchen Koordinaten bewegt sich ein Schiff auf dem Fluss genau nach Nordosten?
d) Der Fluss soll zwischen P(0|0) und Q(4|4) begradigt werden. Wo kreuzt der entstehende Kanal die Straße?

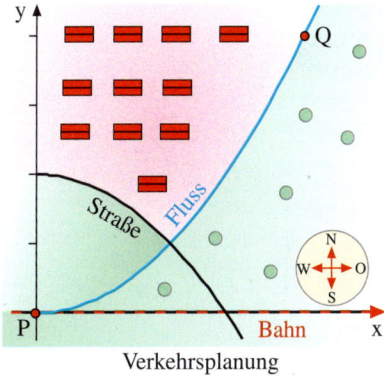

Verkehrsplanung

19. Bahnstrecke
Eine neue Bahnstrecke verläuft längs der Geraden $f(x) = \frac{1}{2}x + 2$.
Vom Reparaturwerk P(0|0) ausgehend soll das Anschlussgleis $g(x) = a\sqrt{x}$ tangential an die Strecke angeschlossen werden.
a) Wie muss a gewählt werden? Wo liegt der Anschlusspunkt B?
b) In welchem Punkt verläuft das Anschlussgleis exakt in Richtung Nordosten?

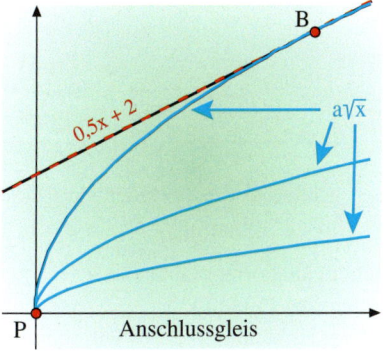

Anschlussgleis

20. Himmelfahrt

1980 baute AUDI das erste Serienfahrzeug der Welt mit Allradantrieb, den Audi quattro. In einem legendären Werbespot fuhr der Audi quattro die Sprungschanze von Kaipola in Finnland hinauf, die Steigungen von über 80% besitzt. 2005 wiederholte Audi das spektakuläre Experiment mit dem A6.

Die Schanze kann durch eine Parabel zweiten Grades modelliert werden. Die Maße kann man der Abbildung entnehmen.
Wichtig: Der Schanzentisch läuft am Absprung horizontal aus.

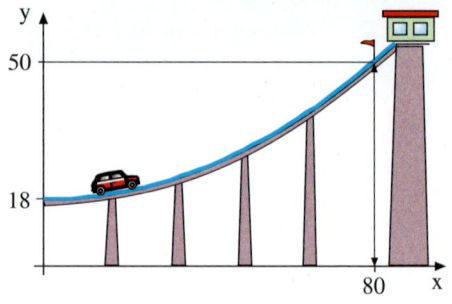

a) Bestimmen Sie die Gleichung der Parabel.
b) Wie groß ist die mittlere Steigung der Schanze im Intervall [0; 80]?
c) Das Fahrzeug schafft maximal einen Anstieg von α = 40°.
   Schafft es das Auto bis zur Markierungsfahne?
d) Wie hoch würde ein normales Fahrzeug mit einer Steigfähigkeit von 25% kommen?

21. Skihalle

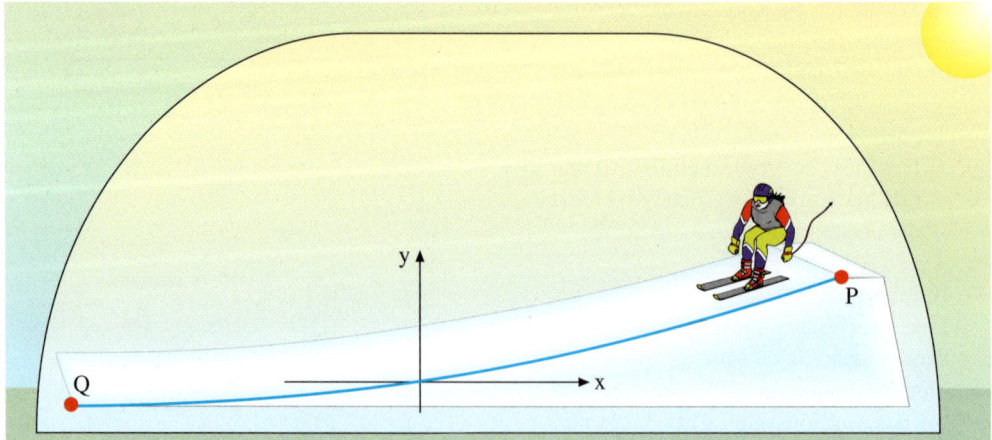

In einer großen Halle befindet sich eine Skipiste, deren Abfahrtsprofil durch die Funktion $f(x) = \frac{1}{1200}x^2 + \frac{1}{6}x$ beschrieben wird. Sie verbindet den Punkt $P(120|f(120))$ mit dem Punkt Q, in welchem sie horizontal ausläuft.

a) Wo liegt der Punkt Q?
b) Welcher Höhenunterschied wird bei einer Abfahrt durchfahren?
c) Wie groß ist der mittlere Steigungswinkel, wie groß ist der maximale Steigungswinkel?

22. Lawine

Ein Skiwanderer im Hochgebirge abseits der normalen Wanderpfade hört plötzlich, wie sich mit lautem Getöse am Berg oberhalb seiner Position eine Lawine löst. Nach einer Schrecksekunde versucht er, sich talwärts zu retten, wobei er die Strecke $s(t) = 1{,}5 t^2$ (t in Sekunden, s in Metern) zurücklegt. Die Lawine bewegt sich talwärts mit einer konstanten Geschwindigkeit von $30 \frac{m}{s}$.

a) Die Lawine befinde sich zum Zeitpunkt t = 0 genau 180 m oberhalb des Skiläufers. Stellen Sie die Weg-Zeit-Funktionen für die Lawinenbewegung und für den Skiwanderer auf. Welchen Vorsprung hat der Skiwanderer vor der Lawine?
Bestimmen Sie den Term, der den Vorsprung beschreibt.
Wann holt die Lawine den Skiwanderer ein?

b) Welche Situation ergibt sich, wenn sich die Lawine weniger beziehungsweise mehr als 180 m oberhalb des Skiwanderers löst?

c) Angenommen, das Weg-Zeit-Gesetz des vor der Lawine flüchtenden Skifahrers ist $s(t) = a t^2$. Wie groß muss der Faktor a mindestens sein, damit der Skifahrer entkommt, wenn zum Zeitpunkt t = 0 die Lawine genau 180 m oberhalb seines Standortes ist?

23. Straßeneinmündung

Die nördliche Umgehungsstraße einer Kleinstadt verläuft in der Modellierung längs des Graphen der quadratischen Funktion f mit $f(x) = x^2 - 2x + 2$. Eine von Süden kommende Straße soll längs des Graphen einer Funktion $g(x) = a(x-4)^2 + b$ so verlaufen, dass beide Straßen im Punkt P(2|2) ohne Knick zusammenstoßen.

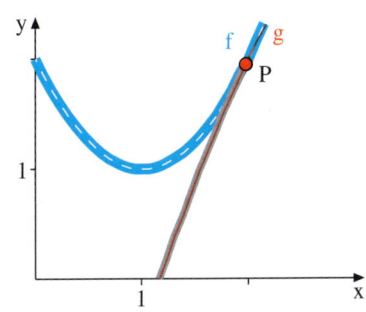

Wie müssen die Parameter a und b gewählt werden? Wie lautet die Gleichung der gemeinsamen Tangente an die Graphen von f und g im Punkt P?

24. Müngstener Eisenbahnbrücke

Die über 100 Jahre alte Müngstener Brücke ist eine der technisch interessantesten Eisenbahnbrücken in Deutschland. Ihr Bogen hat eine Spannweite von 170 m, der Scheitelpunkt des Bogens liegt 69 m höher als die Bodenverankerungen.

a) Modellieren Sie den Brückenbogen durch eine ganzrationale Funktion 2. Grades (Parabel).

b) Die Verankerung des Brückenbogens hat dann optimale Stabilität, wenn der Brückenbogen senkrecht auf der Verankerung endet. Wie stark muss die Verankerung gegenüber der Horizontalen geneigt sein, damit diese Bedingung für die Müngstener Brücke erfüllt ist?

Überblick

Funktionsgrenzwert für $x \to x_0$

Zahlenwert g, dem sich die Funktionswerte von f für $x \to x_0$ beliebig dicht nähern.
Symbolische Schreibweise:
$$\lim_{x \to x_0} f(x) = g$$

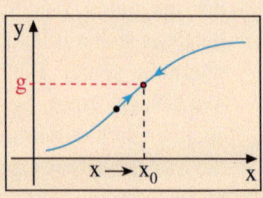

Funktionsgrenzwert für $x \to \pm\infty$

Zahlenwert g, dem sich die Funktionswerte von f für $x \to \infty$ bzw. $x \to -\infty$ beliebig dicht nähern.
Symbolische Schreibweise:
$$\lim_{x \to \infty} f(x) = g, \quad \lim_{x \to -\infty} f(x) = g$$

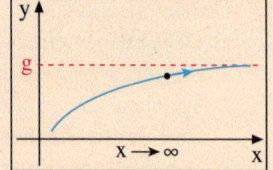

Mittlere Steigung von f im Intervall [a; b]
Mittlere Änderungsrate im Intervall [a; b]

Steigung der Sekante, welche durch die Punkte $P(a|f(a))$ und $Q(b|f(b))$ geht.
$$\frac{\Delta f}{\Delta x} = \frac{f(b) - f(a)}{b - a}$$

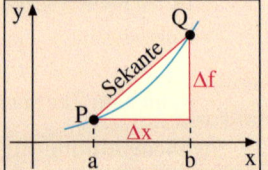

Lokale Steigung von f an der Stelle x_0
Lokale Änderungsrate von f an der Stelle x_0
Ableitung von f an der Stelle x_0.

Steigung der Tangente von f im Punkt $P(x_0|f(x_0))$.

I: $f'(x_0) = \lim\limits_{x \to x_0} \dfrac{f(x) - f(x_0)}{x - x_0}$

II: $f'(x_0) = \lim\limits_{h \to 0} \dfrac{f(x_0 + h) - f(x_0)}{h}$

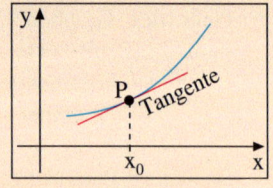

Methoden zur Bestimmung von $f'(x_0)$

Exakte Berechnung:
Berechnung von $f'(x_0)$ mit Hilfe von Formel I oder Formel II unter Verwendung von Termumformungen (siehe S. 106).

Näherungsrechnung:
Anfertigen einer Näherungstabelle unter Verwendung von Testeinsetzungen (siehe S. 109).

Mittlere Geschwindigkeit $\overline{v}$ im Intervall [a; b]

$$\overline{v} = \frac{\Delta s}{\Delta t} = \frac{s(b) - s(a)}{b - a}$$

s(t) ist hier die Weg-Zeit-Funktion des Bewegungsvorgangs.

Momentangeschwindigkeit v zur Zeit t_0

$$v(t_0) = s'(t_0) = \lim_{t \to t_0} \frac{s(t) - s(t_0)}{t - t_0}$$

III. Einführung des Ableitungsbegriffs

Ableitung einer Funktion an der Stelle x_0 (Differentialquotient)

$(x - x_0)$-Form des Differentialquotienten	h-Form des Differentialquotienten
$f'(x_0) = \lim\limits_{x \to x_0} \dfrac{f(x) - f(x_0)}{x - x_0}$	$f'(x_0) = \lim\limits_{h \to 0} \dfrac{f(x_0 + h) - f(x_0)}{h}$

Allgemeine Ableitungsregeln

u und v seien differenzierbare Funktionen.

Name der Regel	Kurzform der Regel
Summenregel	$(u + v)' = u' + v'$
Faktorregel	$(c \cdot u)' = c \cdot u'$ (c konstant)

Wichtige spezielle Ableitungsregeln

Name der Regel	Kurzform der Regel
Konstantenregel	$(C)' = 0$ (C konstant)
Potenzregel	$(x^n)' = n\, x^{n-1}$ $n \in \mathbb{N}$
Reziprokenregel	$\left(\dfrac{1}{x}\right)' = -\dfrac{1}{x^2}$ $(x \neq 0)$
Potenzregel für negative Exponenten	$\left(\dfrac{1}{x^n}\right)' = -\dfrac{n}{x^{n+1}}$ bzw. $(x^{-n})' = -n \cdot x^{-n-1}$ $(x \neq 0)$
Wurzelregel	$(\sqrt{x})' = \dfrac{1}{2\sqrt{x}}$ $(x > 0)$
Potenzregel für reelle Exponenten	$(x^r)' = r \cdot x^{r-1}$
Sinusregel	$(\sin x)' = \cos x$
Kosinusregel	$(\cos x)' = -\sin x$

Anwendungen des Ableitungsbegriffs

Anwendungsproblem	Berechnungsformel
Steigung m der Funktion f an der Stelle x_0	$m = f'(x_0)$
Steigungswinkel α der Funktion f an der Stelle x_0	$\tan \alpha = f'(x_0)$ $\alpha = \tan^{-1} f'(x_0)$
Gleichung der Tangente t von f an der Stelle x_0	$t(x) = f'(x_0)(x - x_0) + f(x_0)$
Gleichung der Normalen q von f an der Stelle x_0	$q(x) = -\dfrac{1}{f'(x_0)}(x - x_0) + f(x_0)$

Geometrische Bestimmung von Extrempunkten und von Steigungen

In diesem Streifzug wird gezeigt, wie man besondere Punkte des Graphen einer Funktion, z. B. Extrempunkte, Punkte mit der steilsten Steigung oder Tangenten und Normalen mit einfachen Hilfsmitteln wie dem Geodreieck, einem Taschenspiegel oder einer OH-Folie konstruieren kann.

1. Bestimmung der Extrema mit dem Geodreieck

Extremalpunkte können auch ohne Hilfsmittel gut abgelesen werden. Mit dem Geodreieck geht es noch etwas genauer. Orientieren Sie sich an der Bildfolge.

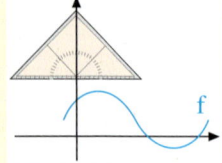
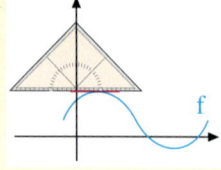
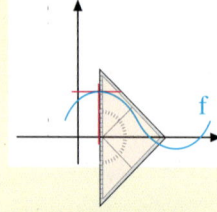
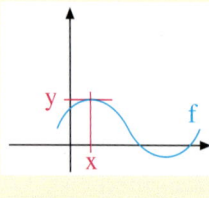

Das Geodreieck orthogonal an die y-Achse legen.

Das Geodreieck senkrecht nach unten schieben, bis es den Graphen von f tangential berührt. Tangente zeichnen bis zur y-Achse.

Das Geodreieck orthogonal an der x-Achse anlegen und verschieben bis es durch den Extrempunkt geht. Normale bis zur x-Achse zeichnen.

Koordinaten des Extrempunktes an den Achsen ablesen.

2. Bestimmung des Punktes mit der steilsten Steigung mittels OH-Folie

Man verwendet einen etwa 1 cm breiten Streifen aus OH-Folie, auf dem eine Gerade mit dem Punkt P eingezeichnet ist. P soll den Punkt mit der steilsten Steigung und die Gerade soll die Tangente in diesem Punkt darstellen.
Dann geht man folgendermaßen vor:

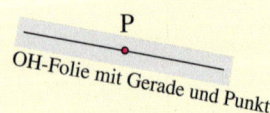

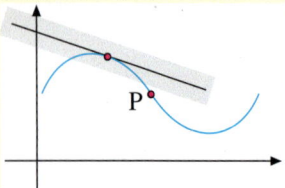
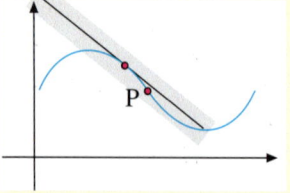
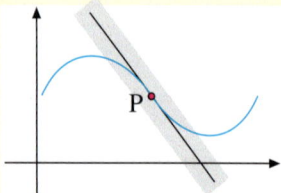

Folie mit dem aufgezeichneten Punkt auf der Kurve tangential anlegen.

Den aufgezeichneten Punkt P auf der Kurve in Richtung des vermuteten steilsten Kurvenpunktes verschieben.

Der steilste Kurvenpunkt ist gefunden, wenn die Tangente die Kurve im aufgezeichneten Punkt P durchdringt und hier die Seiten wechselt.

Geometrische Bestimmung von Extrempunkten und von Steigungen

3. Bestimmung der Steigung in einem Punkt mit Hilfe eines Spiegels

Man kann die Steigung einer Kurve in einem Punkt P mit Hilfe der OH-Folien-Tangente aus dem vorigen Abschnitt oder durch eine mit dem Geodreieck gewonnene Tangente bestimmen. Wesentlich genauer ist die folgende Methode mit Hilfe eines kleinen Taschenspiegels, die unten fotographisch dargestellt ist und darunter schrittweise beschrieben wird.

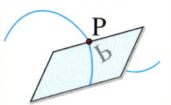 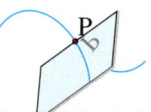 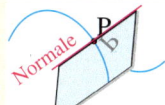 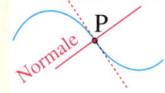 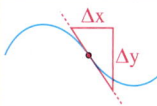

| Spiegel in vertikaler Position im Punkt P auf die Kurve stellen, ungefähr senkrecht zur Kurve. | Den Spiegel durch Drehen so ausrichten, dass das originale Kurvenstück und sein Spiegelbild eine Linie bilden. | Am Spiegel entlang die Kurvennormale einzeichnen. | Spiegel entfernen. Mit dem Geodreieck Senkrechte zur Normalen durch P zeichnen. Dies ist die Tangente. | An die Tangente ein Steigungsdreieck zeichnen und daraus $f'(x_0) = \frac{\Delta y}{\Delta x}$ berechnen. |

Übung

Gegeben ist der abgebildete Graph einer Funktion f.
a) Bestimmen Sie die Lage der Extrempunkte.
b) Bestimmen Sie Lage des Punktes mit dem steilsten Abfall mit Hilfe der OH-Folienmethode. Zeichnen Sie die zugehörige Tangente ein. Wie lautet die Gleichung dieser Tangente?
c) Bestimmen Sie die Steigung von f an der Stelle x = 1 (2, 3, 4, 5) mit Hilfe der Spiegelmethode.

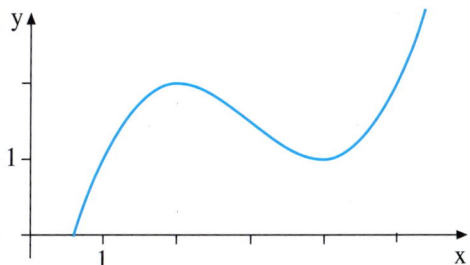

Test

Steigung und Ableitung

1. Graphisches Ableiten

Gegeben ist der Graph der Funktion f.
a) Zeichnen Sie die Nullstellen der Ableitungsfunktion f' exakt und ihre Extrempunkte ungefähr ein.
b) Skizzieren Sie anschließend auf dieser Basis den Graphen von f'.

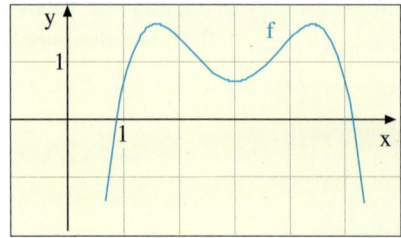

2. Steigung und Steigungswinkel

Gegeben ist die Funktion $f(x) = \frac{3}{2}x - \frac{1}{2}x^2$, deren Graph abgebildet ist.

a) Berechnen Sie die Steigung von f bei $x_0 = 1$.
b) Stellen Sie die Gleichung der Tangente von f an der Stelle $x_0 = 1$ auf.
c) Berechnen Sie den Winkel γ, unter welchem der Graph von f die y-Achse schneidet.
d) Berechnen Sie die Stelle x_1, an welcher der Graph von f den Steigungswinkel 60° hat.

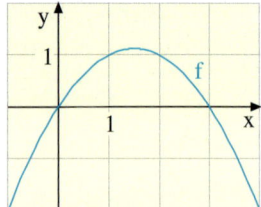

3. Ableitungsregeln

Bestimmen Sie die Ableitungsfunktion f' der gegebenen Funktion f.
Erläutern Sie, welche Ableitungsregeln verwendet werden.
a) $f(x) = 2x^3 + 3x^2$ b) $f(x) = 3x^4 + 5$ c) $f(x) = 6 - x^{2n}$
d) $f(x) = (2x - 1)^2$ e) $f(x) = x^2 + \frac{2}{x}$ f) $f(x) = x + 2\sqrt{x}$

4. Schnitt von Graphen

Gegeben sind die Funktionen $f(x) = 4x - x^2$ und $g(x) = x$.
a) Bestimmen Sie Nullstellen und Schnittpunkte von f und g. Skizzieren Sie die Graphen.
b) Berechnen Sie den Schnittwinkel von f und g an der Stelle $x_0 = 0$.
c) Zeigen Sie, dass die Gerade $y(x) = 2x + 1$ eine Tangente an den Graphen von f ist.

5. Marsmission

Bei einer Marsmission landet eine Versorgungskapsel am Fallschirm. Einige Meter über dem Boden wird der Schirm abgesprengt. Die gepolsterte Kapsel stürzt nun im freien Fall zu Boden. Ihre Höhe wird dabei durch $h(t) = -0{,}4t^2 - 5t + 44{,}4$ erfasst (t: Sek., h: Meter)
a) Aus welcher Höhe stürzt die Kapsel herunter?
b) Wie lange dauert der Sturz?
c) Welche Geschwindigkeit hat die Kapsel beim Absprengen des Fallschirms?
d) Die Kapsel kann beschädigt werden, wenn die Aufprallgeschwindigkeit mehr als 51,4 km/h beträgt. Ist die Kapsel in Gefahr?
e) Aus welcher Maximalhöhe darf die Kapsel fallen, ohne dass eine Beschädigung auftritt?

Lösungen: S. 342

IV. Eigenschaften von Funktionen

Ausblick

Viele technische und wirtschaftliche Prozesse können durch Funktionen beschrieben werden. Diese kann man durch Gleichungen und durch Graphen darstellen. Bei der Untersuchung solcher Funktionen spielen diejenigen Punkte des Graphen eine besondere Rolle, in denen eine Eigenschaft der Funktion ihre Ausprägung wechselt.
Beispiele sind die Achsenschnittpunkte (Vorzeichenwechsel), die lokalen Hochpunkte und Tiefpunkte (Wechsel vom Steigen zum Fallen bzw. vom Fallen zum Steigen) und die Wendepunkte, die den Wechsel des Graphen von Rechts- zu Linkskrümmung bzw. den umgekehrten Wechsel markieren. Die Wendepunkte sind gleichzeitig die Punkte mit lokal maximaler bzw. minimaler Steigung.
Kennt man die Lage dieser charakteristischen Punkte, kann man den Verlauf des Graphen und damit die wichtigsten Eigenschaften einer Funktion gut beurteilen.
Mit Hilfe der Differentialrechnung gelingt die rechnerische Bestimmung der charakteristischen Punkte in den meisten Fällen. Im Folgenden wird eine geeignete Untersuchungssystematik Schritt für Schritt entwickelt.

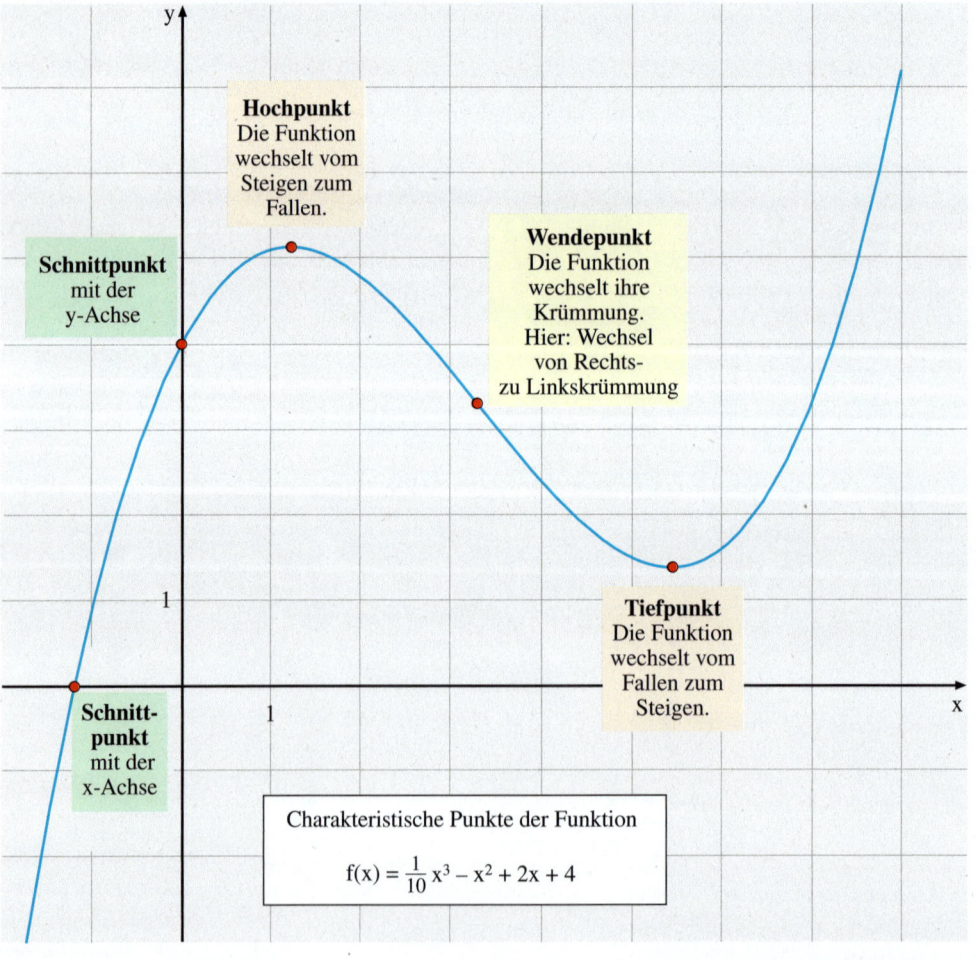

Charakteristische Punkte der Funktion
$f(x) = \frac{1}{10}x^3 - x^2 + 2x + 4$

Im folgenden Beispiel wird angedeutet, welchen praktischen Bezug Nullstellen, Extrema und Wendepunkte besitzen, wenn sie bei der funktionalen Erfassung von Anwendungsproblemen vorkommen.

> **Beispiel: Stückgewinn bei der Motorradproduktion**
> Der Stückgewinn G bei der Produktion von Motorrädern eines Herstellers kann als Funktion der täglich produzierten Stückzahl erfasst werden. Die Graphik zeigt den Zusammenhang. Beschreiben und interpretieren Sie die dargestellte Stückgewinnfunktion.
>
>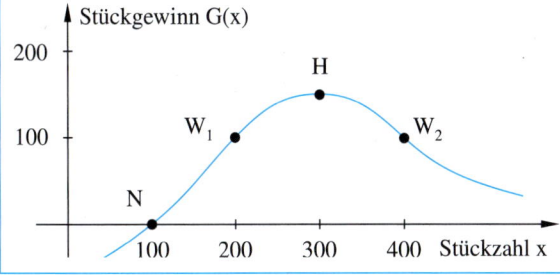
>
> Lösung:
> *Vorzeichenverhalten:* Zunächst verläuft G im negativen Bereich. Die Produktion verursacht Verluste. Vermutlich ist die Produktion zu gering ausgelastet, so dass die Grundkosten die Einnahmen aufzehren. Im Punkt N(100|0) ändert sich das Vorzeichenverhalten.
> G wird positiv. Der Stückgewinn erreicht nun die Gewinnzone.
>
> *Steigungsverhalten:* Der Stückgewinn G steigt nun kontinuierlich an, bis er im Hochpunkt H ein Maximum erreicht. Nun sind die Maschinen optimal ausgelastet. Anschließend fällt der Stückgewinn wieder. Die Produktionsmaschinen könnten nun überlastet sein und Wartungskosten verursachen und die Personalkosten könnten durch Überstunden steigen, wodurch der Stückgewinn zunehmend geschmälert wird.
>
> *Krümmungsverhalten:* Zunächst verläuft der Graph von G ansteigend und linksgekrümmt. Der Stückgewinn wächst also immer schneller. Im Wendepunkt W_1 ist der Anstieg am steilsten. Hier wächst der Stückgewinn G(x) maximal, wenn man die Stückzahl x steigert. Danach steigt G mit Rechtskrümmung weiter bis zum Hochpunkt H. In diesem Bereich verlangsamt sich das Wachstum des Stückgewinns bis auf null. Nach dem Hochpunkt geht es mit Rechtskrümmung weiter bis zum zweiten Wendepunkt W_2, wobei der Stückgewinn immer schneller fällt. Im Wendepunkt W_2 kommt es zur Trendwende. Es erfolgt der Übergang zur Linkskrümmung, d. h., die Stückgewinne fallen nun zunehmend langsamer.

Fazit:
Im Folgenden werden wir uns vertieft mit dem Steigungsverhalten und dem Krümmungsverhalten beschäftigen sowie mit den Punkten, in denen das Steigungs- bzw. das Krümmungsverhalten wechselt, den Extrempunkten und den Wendepunkten. Man kann Steigung und Krümmung einer Funktion mit den Ableitungen der Funktion erfassen, was wir nun ausarbeiten.

1. Steigung und erste Ableitung

Das Steigungsverhalten einer Funktion, in der Fachsprache als *Monotonieverhalten* bezeichnet, prägt den Kurvenverlauf besonders. Man unterscheidet zwei Arten des Steigens und Fallens.

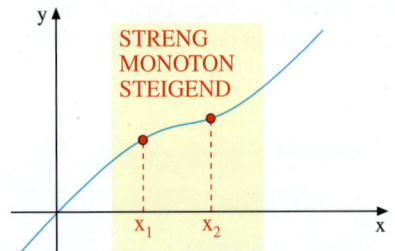
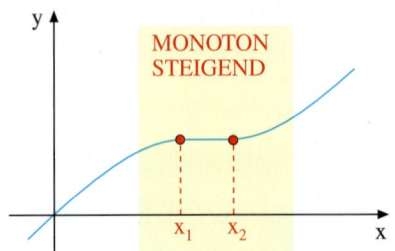

Definition IV.1: Strenge Monotonie
Gilt für zwei beliebige Stellen x_1 und x_2 des Intervalls I mit $x_1 < x_2$ stets $f(x_1) < f(x_2)$, so wird die Funktion f als *streng monoton steigend* auf dem Intervall I bezeichnet.

Gilt für zwei beliebige Stellen x_1 und x_2 des Intervalls I mit $x_1 < x_2$ stets $f(x_1) > f(x_2)$, so wird die Funktion f als *streng monoton fallend* auf dem Intervall I bezeichnet.

Definition IV.2: Monotonie
Gilt für zwei beliebige Stellen x_1 und x_2 des Intervalls I mit $x_1 < x_2$ stets $f(x_1) \leq f(x_2)$, so wird die Funktion f als *monoton steigend* auf dem Intervall I bezeichnet.

Gilt für zwei beliebige Stellen x_1 und x_2 des Intervalls I mit $x_1 < x_2$ stets $f(x_1) \geq f(x_2)$, so wird die Funktion f als *monoton fallend* auf dem Intervall I bezeichnet.

Mit Hilfe dieser Definitionen lassen sich Monotonieuntersuchungen nur schwer direkt vornehmen. Man verwendet daher meistens das graphische Verfahren des folgenden Beispiels oder das so genannte Monotoniekriterium, welches auf der folgenden Seite steht.

> **Beispiel: Graphische Monotonieuntersuchung**
> Untersuchen Sie das Monotonieverhalten von $f(x) = x^2 - 2x$ und $g(x) = x^2(x - 3)$.

Lösung:
Wir zeichnen den Graphen (Tabelle oder TR/Computer) und lesen die Monotoniebereiche direkt ab.

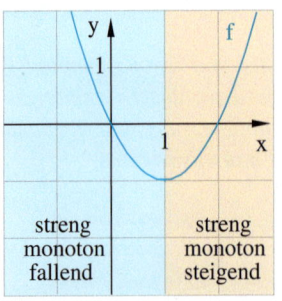
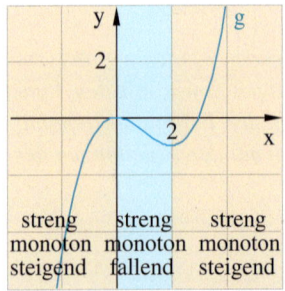

1. Steigung und erste Ableitung

Exakte Monotonieuntersuchungen können besonders leicht an differenzierbaren Funktionen mit Hilfe der Ableitung durchgeführt werden, wie im Folgenden dargestellt.

▶ **Beispiel: Monotoniebereiche einer Funktion**
Wie lauten die Bereiche monotonen Steigens und Fallens für die Funktion $f(x) = \frac{1}{2}x^2 - x$?

Lösung:
Die Funktion besitzt die Ableitung
$f'(x) = x - 1$.

f' hat bei $x = 1$ eine Nullstelle mit Vorzeichenwechsel von Minus nach Plus.

Für $x < 1$ ist $f'(x) < 0$: f fällt dort streng monoton.
Für $x > 1$ ist $f'(x) > 0$: f steigt dort streng monoton.

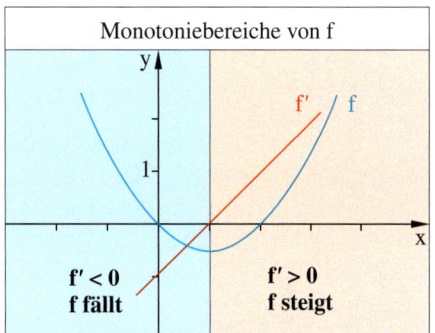

Die genauen Zusammenhänge zwischen Monotonie und Ableitung stellen wir im folgenden anschaulich klaren Monotoniekriterium zusammen. Der Beweis dieses hinreichenden Kriteriums für Monotonie ist allerdings recht theoretisch, sodass wir hier auf ihn verzichten.

Das Monotoniekriterium

Die Funktion f sei auf dem Intervall I differenzierbar. Dann gelten folgende Aussagen:
Ist $f'(x) > 0$ für alle $x \in I$, so ist **f(x) streng monoton steigend** auf I.
Ist $f'(x) < 0$ für alle $x \in I$, so ist **f(x) streng monoton fallend** auf I.
Ist $f'(x) \geq 0$ für alle $x \in I$, so ist **f(x) monoton steigend** auf I.
Ist $f'(x) \leq 0$ für alle $x \in I$, so ist **f(x) monoton fallend** auf I.

▶ **Beispiel:** Untersuchen Sie die Funktion $f(x) = \frac{1}{3}x^3 - x^2 + 4$ mit Hilfe des Monotoniekriteriums auf strenge Monotonie.

Lösung:
$f(x) = \frac{1}{3}x^3 - x^2 + 4$ besitzt die Ableitung
$f'(x) = x^2 - 2x$.
f' hat Nullstellen bei $x = 0$ und $x = 2$.
Für $x < 0$ ist $f'(x) > 0$, also ist f nach dem Monotoniekriterium in diesem Bereich streng monoton steigend.
Für $0 < x < 2$ ist $f'(x) < 0$. f ist dort streng monoton fallend.
Für $x > 2$ ist $f'(x) > 0$. f ist dort also streng monoton steigend.

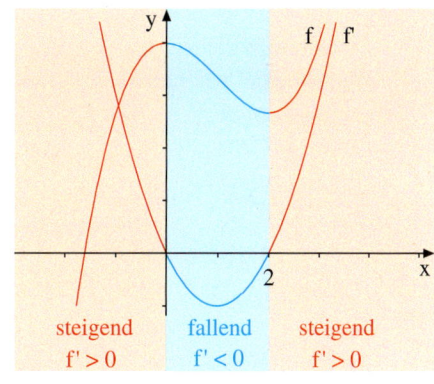

Übungen

1. Entscheiden Sie für jeden der abgebildeten Graphen, welche der folgenden Monotonieeigenschaften auf dem farbig gekennzeichneten, offenen Intervall vorliegt.
   A: streng monotones Fallen/Steigen,   B: monotones Fallen/Steigen,   C: keine Monotonie

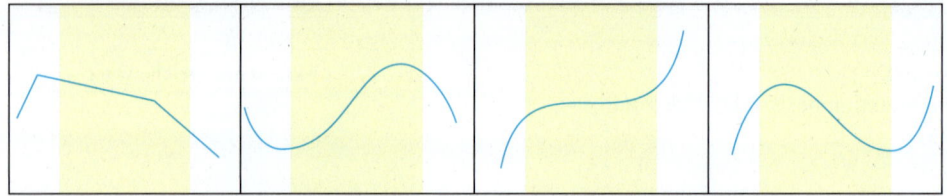

2. Betrachten Sie den abgebildeten Graphen von f im Intervall [−5; 5]. Untersuchen Sie, ob die folgenden Aussagen richtig oder falsch sind.
   a) $f'(x) > 0$ für $x < -3$.
   b) $f'(x) < 0$ für $[-1; 3]$.
   c) $f'(x)$ ist für $-3 < x < 2$ negativ.
   d) Für $x > 3$ ist f streng monoton steigend.
   e) $f'(2) = 0$

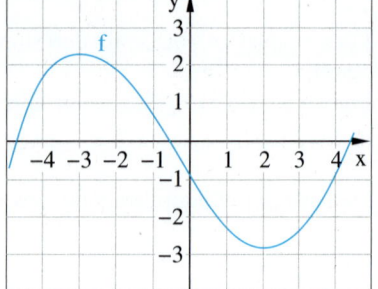

3. Zeichnen Sie den Graphen von f mit dem TR/Computer und geben Sie die Monotoniebereiche von f angenähert an.
   a) $f(x) = x^2 - 4x - 3$
   b) $f(x) = -x^2 + 6x$
   c) $f(x) = \frac{1}{x-1}$
   d) $f(x) = \frac{1}{3}x^3 - 2x^2 + 2$
   e) $f(x) = \frac{1}{8}x^4 - x^2$
   f) $f(x) = \frac{1}{3}x^3 - \frac{7}{2}x^2 + 8x$

4. Untersuchen Sie rechnerisch mit Hilfe der ersten Ableitung f', wo die Funktion f streng monoton fällt bzw. streng monoton steigt.
   a) $f(x) = x^2 - 5x + 1$
   b) $f(x) = \frac{1}{9}x^3 - 3x$
   c) $f(x) = \frac{1}{4}x^4 - 2x^2$
   d) $f(x) = x + \frac{4}{x}$
   e) $f(x) = x^2 - 2a^2x$
   f) $f(x) = \frac{1}{2}x^4 - a^2x^2$

5. Die Abbildungen zeigen den Graphen der Ableitungsfunktion f'. Skizzieren Sie den Verlauf des Graphen einer passenden Funktion f, die durch den Ursprung gehen soll.

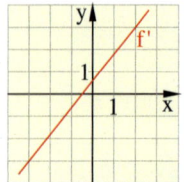 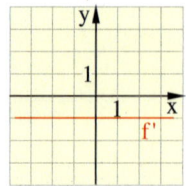 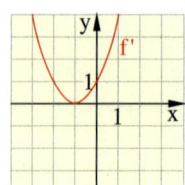 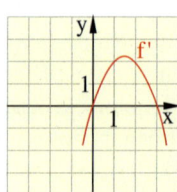

2. Ableitungsregeln und höhere Ableitungen

Im Folgenden stellen wir bereits bekannte Ableitungsregeln tabellarisch zusammen. Im Anschluss daran werden die sog. höheren Ableitungen einer Funktion eingeführt.

Allgemeine Ableitungsregeln:	Beispiele zu den Regeln:
Summenregel Die Ableitung einer Summe kann summandenweise gebildet werden. $(f(x) + g(x))' = f'(x) + g'(x)$	$(x^2 + x^3)' = 2x + 3x^2$ Summenregel (und Potenzregel)
Faktorregel Ein konstanter Faktor bleibt beim Differenzieren erhalten. $(a \cdot f(x))' = a \cdot f'(x)$	$(2 \cdot x^3)' = 2 \cdot 3x^2 = 6x^2$ Faktorregel (und Potenzregel)
Konstantenregel Eine additive Konstante fällt beim Differenzieren weg. $(c)' = 0$	$(x^2 + 4)' = 2x + 0 = 2x$ Konstantenregel (und Potenzregel)

Spezielle Ableitungsregeln:	Beispiele zu den Regeln:
Potenzregel Für jede natürliche Zahl n gilt: $(x^n)' = n \cdot x^{n-1}$	$(x^4)' = 4x^3$ Potenzregel
Wurzelregel Für $x > 0$ gilt: $(\sqrt{x})' = \frac{1}{2\sqrt{x}}$	$(6\sqrt{x})' = 6 \cdot \frac{1}{2\sqrt{x}} = \frac{3}{\sqrt{x}}$ Wurzelregel
Reziprokenregel Für $x \neq 0$ gilt: $\left(\frac{1}{x}\right)' = -\frac{1}{x^2}$	$\left(\frac{2}{x}\right)' = 2 \cdot \left(-\frac{1}{x^2}\right) = -\frac{2}{x^2}$ Reziprokenregel
Potenzregel für ganzzahlige Exponenten Für jede ganze Zahl r gilt: $(x^r)' = r \cdot x^{r-1}$	$r = -2: \left(\frac{1}{x^2}\right)' = (x^{-2})' = -2x^{-3} = -\frac{2}{x^3}$

Bisher trat nur die Ableitung f′ einer Funktion auf, welche anschaulich als Kurvensteigung interpretiert wird. Nun kommen weitere Ableitungen höherer Ordnung hinzu.

Die *Ableitungsfunktion f′* wird kurz als erste Ableitung oder als Ableitung von f bezeichnet.
Differenziert man die Ableitung f′, so erhält man die *zweite Ableitung f″* von f.
Die Sprechweisen lauten:
f′: f-Strich; f″: f-zwei-Strich.
Für die dritte Ableitung schreibt man: f‴.
Ab der vierten Ableitung verwendet man zur Darstellung keine hochgestellten Striche mehr, sondern hochgestellte eingeklammerte Ziffern: $f^{(4)}$, $f^{(5)}$, usw.

Beispiel:

$f(x) = x^6 + 2x^4$

$f'(x) = 6x^5 + 8x^3$ (1. Ableitung)

$f''(x) = 30x^4 + 24x^2$ (2. Ableitung)

$f'''(x) = 120x^3 + 48x$ (3. Ableitung)

$f^{(4)}(x) = 360x^2 + 48$ (4. Ableitung)

$f^{(5)}(x) = 720x$ (5. Ableitung)

> **Beispiel: Höhere Ableitungen**
> Berechnen Sie die dritte Ableitung von $f(x) = x^4 - 8x^3 + x$ sowie die zweite Ableitung von $g(x) = \frac{1}{5}x^5 - ax^4$.

Lösung:
Unter Verwendung der Ableitungsregeln berechnen wir der Reihe nach f′, f″ und f‴.
Resultat: $f'''(x) = 24x - 48$.
▶ Analog erhalten wir: $g''(x) = 4x^3 - 12ax^2$.

Rechnung:

$f(x) = x^4 - 8x^3 + x$
$f'(x) = 4x^3 - 24x^2 + 1$
$f''(x) = 12x^2 - 48x$
$f'''(x) = 24x - 48$

$g(x) = \frac{1}{5}x^5 - ax^4$
$g'(x) = x^4 - 4ax^3$
$g''(x) = 4x^3 - 12ax^2$

Übung 1
Berechnen Sie die höhere Ableitung.
a) $f(x) = x^4 + x^2$
   $f''(x) = ?$
b) $f(x) = x^n + 2x^3$
   $f''(x) = ?$
c) $f(x) = 0{,}25(x^4 - x)$
   $f^{(4)}(x) = ?$
d) $f(x) = \frac{4}{x}$
   $f''(x) = ?$

Übung 2
Geben Sie eine Funktion f an, die die gegebene höhere Ableitung besitzt.
a) $f''(x) = x^2$
b) $f'''(x) = 6$
c) $f''(x) = 6ax + 2$
d) $f^{(4)}(x) = 1$
e) $f'''(x) = x^2 + 1$
f) $f''(x) = 6$
g) $f''(x) = 1 + \frac{4}{x^3}$
h) $f''(x) = x^{-3}$

Übung 3
a) Welchen Wert hat die zweite Ableitung von $f(x) = x^2 - \frac{1}{6}x^3$ an der Stelle $x = -1$?
b) Welchen Wert hat die dritte Ableitung von $f(x) = x^2 - \frac{1}{6}x^3$ an der Stelle $x = -1$?
c) An welcher Stelle hat die dritte Ableitung von $f(x) = -x^3 + 0{,}25x^4$ den Wert 3?
d) Zeigen Sie, dass die zweite Ableitung von $f(x) = \frac{1}{12}x^4 + \frac{1}{6}x^3 + \frac{1}{2}x^2$ keine Nullstellen hat.
e) Zeigen Sie mit der Potenzregel für ganzzahlige Exponenten, dass $f(x) = \frac{1}{x}$ die dritte Ableitung $f'''(x) = -\frac{6}{x^4}$ besitzt.

3. Krümmung und zweite Ableitung

Ein weiteres wichtiges Merkmal eines Funktionsgraphen ist sein Krümmungsverhalten. Bewegt man sich auf dem unten abgebildeten Graphen in Richtung der positiven x-Achse, so durchfährt man zunächst eine Rechtskurve, dann eine Linkskurve. Denjenigen Punkt, in dem sich die Krümmungsart ändert, nennt man *Wendepunkt*.

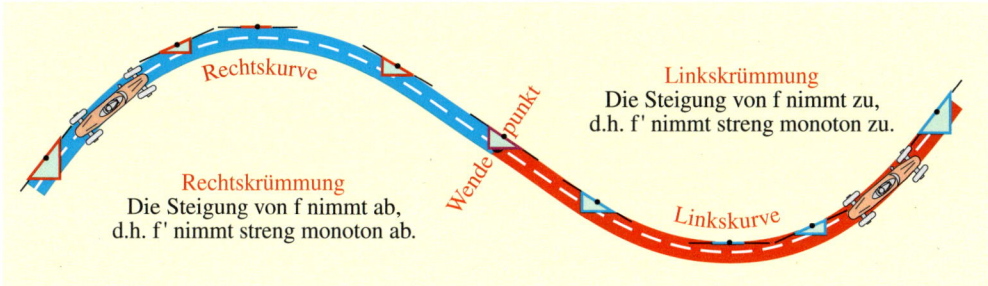

Der Abbildung kann man entnehmen, dass die Steigung von f, also f′, im Bereich der Rechtskrümmung abnimmt, beim Wendepunkt minimal ist und im Bereich der Linkskrümmung zunimmt. Diese Beobachtungen führen zur exakten Definition des Krümmungsbegriffs.

> **Definition I.3:** Die Funktion f sei auf dem Intervall I differenzierbar.
>
> f heißt *rechtsgekrümmt* auf I   f heißt *linksgekrümmt* auf I
> genau dann, wenn   genau dann, wenn
> f′ auf I streng monoton fällt.   f′ auf I streng monoton steigt.

▶ **Beispiel:** Untersuchen Sie das Krümmungsverhalten von $f(x) = \frac{1}{6}x^3 - \frac{1}{2}x^2 + 3$. Skizzieren Sie dazu die Graphen von f, f′ und f″ in einem gemeinsamen Koordinatensystem. Welcher Zusammenhang besteht zwischen Krümmungsverhalten und zweiter Ableitung?

Lösung:
Man erkennt, dass für x < 1 die zweite Ableitung f″(x) = x − 1 negativ ist.
Daher ist nach dem Monotoniekriterium die erste Ableitung f′ in diesem Bereich streng monoton fallend.
Nach Definition I.3 folgt daraus eine Rechtskrümmung von f für x < 1.
Analog ergibt sich, dass f für x > 1 linksgekrümmt ist.
▶ Die zweite Ableitung bestimmt also das Krümmungsverhalten einer Funktion.

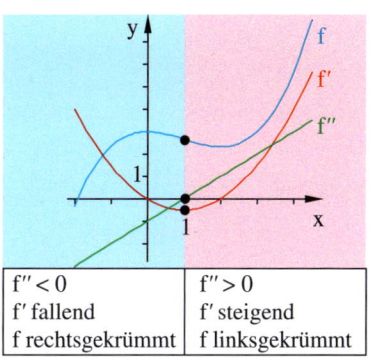

f″ < 0	f″ > 0
f′ fallend	f′ steigend
f rechtsgekrümmt	f linksgekrümmt

Die auf dem Monotoniekriterium beruhende Überlegung aus dem vorhergehenden Beispiel liefert das folgende hinreichende Kriterium für das Krümmungsverhalten von Funktionen.

Das Krümmungskriterium

Die Funktion f sei auf dem Intervall I zweimal differenzierbar. Dann gilt:

Gilt **f″(x) < 0** für alle x ∈ I, so ist f auf I **rechtsgekrümmt**.

Gilt **f″(x) > 0** für alle x ∈ I, so ist f auf I **linksgekrümmt**.

Die Art der Krümmung einer Funktion f wird also durch das Vorzeichen der zweiten Ableitung f″ bestimmt. Wir zeigen nun, wie man das Kriterium rechnerisch anwendet.

▶ **Beispiel:** Untersuchen Sie das Krümmungsverhalten der Funktion $f(x) = -\frac{1}{12}x^3 + \frac{1}{2}x^2$ rechnerisch. Kontrollieren Sie Ihr Resultat anschließend durch Skizzen von f und f″.

Lösung:
Wir suchen zunächst die Nullstellen der zweiten Ableitung $f''(x) = -\frac{1}{2}x + 1$.
Es gibt nur eine einzige, die bei x = 2 liegt.
Dort wechselt das Vorzeichen von f″ von Plus nach Minus.
Folglich verläuft der Graph von f für x < 2 linksgekrümmt und anschließend für x > 2 rechtsgekrümmt.
Im Punkt $W\left(2\middle|\frac{4}{3}\right)$ wechselt die Krümmungsart von f. W ist der Wendepunkt des Graphen von f.
▶ Die Zeichnung bestätigt diese Resultate.

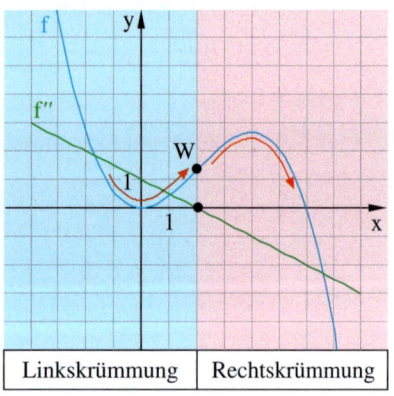

Übung 1
Wo ändert sich das *Steigungsverhalten* von f? Gibt es einen Punkt, in dem sich das *Krümmungsverhalten* von f ändert?

a) $f(x) = x^2 - 4x$ b) $f(x) = \frac{1}{6}x^3 - 2x$ c) $f(x) = -\frac{1}{6}x^3 + \frac{3}{4}x^2$

Übung 2
Untersuchen Sie wie im letzten Beispiel rechnerisch das *Krümmungsverhalten* von f. Geben Sie an, in welchen Punkten sich das Krümmungsverhalten ändert.

a) $f(x) = x^3 + 3x^2 + 2$ b) $f(x) = \frac{1}{2}x^3 - \frac{3}{2}x$ c) $f(x) = 1 - x^2$ d) $f(x) = \frac{1}{8}x^4 - \frac{1}{4}x^3$

Übungen

3. Betrachten Sie den abgebildeten Graphen von f', im Intervall [−1; 4].
   a) In welchem Bereich ist der Graph von f rechtsgekrümmt?
   b) Wo ist der Graph f linksgekrümmt?
   c) In welchem Punkt ändert sich das Krümmungsverhalten von f?

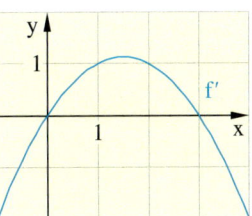

4. Zeichnen Sie den Graphen von f mit den TR/Computer und geben Sie die verschiedenen Krümmungsbereiche von f angenähert an.
   a) $f(x) = \frac{1}{3}x^3 - 2x^2 + 2x - 1$
   b) $f(x) = x^3 - 12x - 2$
   c) $f(x) = \frac{1}{4}x^4 - \frac{1}{3}x^3 + 1$
   d) $f(x) = -x^3 + 3x$
   e) $f(x) = \frac{1}{4}x^4 - \frac{1}{2}x^2$
   f) $f(x) = \frac{1}{4}x^4 - \frac{2}{3}x^3 + \frac{1}{2}x^2$

5. Untersuchen Sie rechnerisch mit Hilfe der zweiten Ableitung f″, wo die Funktion f rechtsgekrümmt bzw. linksgekrümmt ist.
   a) $f(x) = x^2 - 2x - 3$
   b) $f(x) = \frac{1}{3}x^3 - 3x^2 + 2$
   c) $f(x) = \frac{1}{3}x^3 + x^2 + 1$
   d) $f(x) = \frac{1}{6}x^3 + x$
   e) $f(x) = x^3 + 6x^2 - 2$
   f) $f(x) = x^3 + 6x^2 - 2$

6. Die Abbildungen zeigen jeweils den Graphen der zweiten Ableitungsfunktion f″.
   a) Skizzieren Sie den Verlauf des Graphen einer passenden Funktion f', die durch den Ursprung gehen soll.
   b) Skizzieren Sie anschließend auch den Verlauf des Graphen einer passenden Funktion f, die durch den Ursprung geht.

I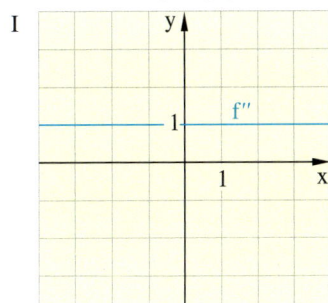

II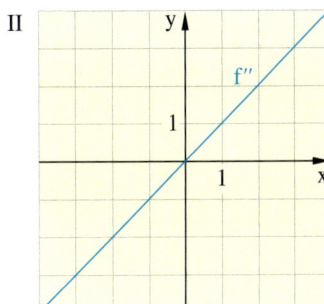

4. Extrempunkte

A. Hinführung

Kennt man charakteristische Punkte einer Funktion wie ihre Nullstellen, den Schnittpunkt mit der y-Achse und ihre Extrempunkte, so ist es relativ einfach, den Graphen zu skizzieren. Im Folgenden zeigen wir, wie Hoch- und Tiefpunkte systematisch und exakt ermittelt werden.

▶ **Beispiel: Hochpunkt**
Ein Fluss verläuft durch ein Steppengebiet. Dabei durchfließt er ein undurchdringliches Waldstück.
Sein Verlauf wird grob durch die Funktion $f(x) = \frac{1}{3}x^3 - 2x^2 + 3x + 1$ erfasst.
Welches ist der nördlichste Punkt innerhalb des Waldstücks, der auf dem Wasserweg erreicht werden kann.

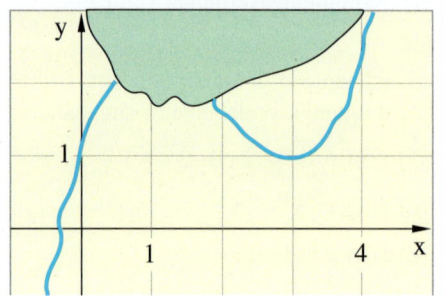

Lösung:
Der nördlichste Punkt im Wald ist der Hochpunkt $H(x_E|y_E)$ von f. f hat dort eine waagerechte Tangente. Die Steigung ist also dort null.
Es gilt daher $f'(x_E) = 0$

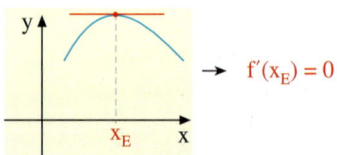
→ $f'(x_E) = 0$

Wegen $f'(x) = x^2 - 4x + 3$ führt dies auf die Gleichung $x^2 - 4x + 3 = 0$, die nach nebenstehender Rechnung die beiden Lösungen $x = 1$ und $x = 3$ besitzt. Das sind die einzigen Stellen mit waagerechten Tangenten. Betrachten wir die verbliebenen Reste des Graphen, so kommen wir zu dem Schluss, dass der nördlichste Punkt im Wald bei $x = 1$ liegt: $H\left(1 \big| \frac{7}{3}\right)$.

Berechnung der Ableitung:
$f(x) = \frac{1}{3}x^3 - 2x^2 + 3x + 1$
$f'(x) = x^2 - 4x + 3$

Berechnung der Stellen mit $f'(x) = 0$:
$f'(x) = 0$
$x^2 - 4x + 3 = 0$
$x = 2 \pm \sqrt{1}$
$x_1 = 1 \quad x_2 = 3$

Die zweite Stelle mit waagerechter Tangente bei $x = 3$ muss dann der x-Wert des in der Zeichnung ebenfalls zu erkennenden Tiefpunkts sein: $T(3|1)$.

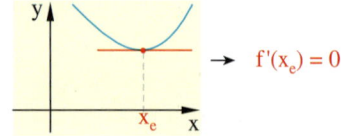
→ $f'(x_e) = 0$
◀

Das Beispiel zeigt, dass man lokale Hoch- und Tiefpunkte mit Hilfe der ersten Ableitung berechnen kann, da diese Punkte ein besonderes Kennzeichen haben, nämlich eine waagerechte Tangente bzw. die Steigung 0 ($f'(x) = 0$).

B. Notwendiges Kriterium für lokale Extrema

Nach der anschaulichen Hinführung werden wir nun die Begriffe mathematisch präzisieren.

Definition IV.3: Lokale Extremalpunkte

Ein Graphenpunkt $H(x_H|f(x_H))$ heißt *Hochpunkt* von f, wenn es eine Umgebung U von x_H gibt, sodass für alle $x \in U$ gilt: $f(x) \leq f(x_H)$.

Ein Graphenpunkt $T(x_T|f(x_T))$ heißt *Tiefpunkt* von f, wenn es eine Umgebung U von x_T gibt, sodass für alle $x \in U$ gilt: $f(x) \geq f(x_T)$.

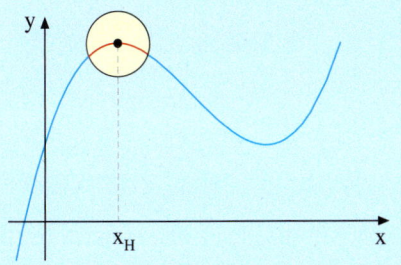
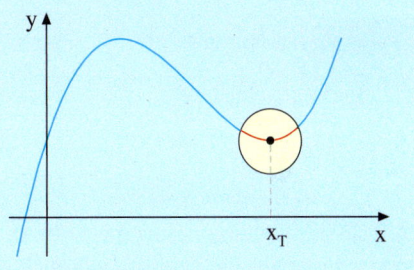

Ein lokaler Hochpunkt ist also ein Graphenpunkt, in dessen unmittelbarer Nachbarschaft es nur tiefer liegende Graphenpunkte gibt. Der Funktionswert im Hochpunkt wird als *lokales Maximum* der Funktion bezeichnet. Analoges gilt für Tiefpunkte.

In einem Hoch- bzw. in einem Tiefpunkt einer *differenzierbaren* Funktion verläuft die Tangente an den Funktionsgraphen waagerecht. Die Steigung der Funktion dort ist daher notwendigerweise null. Diese Tatsache wird als notwendige Bedingung für Extrema bezeichnet.

Notwendige Bedingung für lokale Extrema

Die Funktion f sei an der Stelle x_E differenzierbar. Dann gilt:
Wenn bei x_E ein lokales Extremum von f liegt, dann ist $f'(x_E) = 0$.

Die Punkte mit $f'(x) = 0$ sind die einzigen Kandidaten für lokale Hoch- und Tiefpunkte. Manchmal werden sie auch als *potentielle Extrema* bezeichnet.

Übung 1

Untersuchen Sie, ob die Funktion f Stellen mit waagerechten Tangenten besitzt, d.h. potentielle Extrempunkte. Prüfen Sie durch Zeichnen des Graphen, ob es sich tatsächlich um Extrempunkte handelt.

a) $f(x) = x^2 - 4x + 2$ $\quad -3 \leq x \leq 3$
b) $f(x) = \frac{1}{4}(x-2)^2 + x$ $\quad -3 \leq x \leq 5$
c) $f(x) = x^3 - 3x$ $\quad -2 \leq x \leq 2$

Übung 2

Die Funktion f hat zwei Stellen mit waagerechten Tangenten. Erläutern Sie den Unterschied. Wie verhält sich das Vorzeichen der Ableitung f′ beim Passieren dieser Stellen?

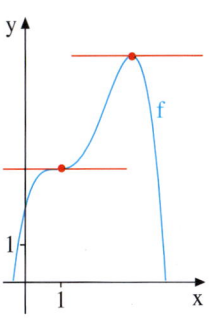

C. Hinreichende Kriterien für lokale Extrema

Liegt ein Punkt mit waagerechter Tangente vor, d. h. f'(x) = 0, so kann mit Hilfe der Krümmung in diesem Punkt, also mit Hilfe der zweiten Ableitung, festgestellt werden, ob es sich um ein Maximum, ein Minimum oder einen Sattelpunkt handelt. Im Hochpunkt verläuft f rechtsgekrümmt, im Tiefpunkt linksgekrümmt und im Sattelpunkt kommt es zu einem Krümmungswechsel.

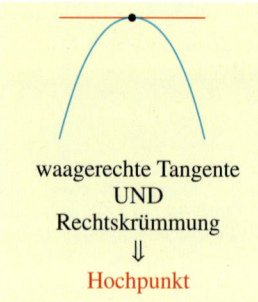

waagerechte Tangente
UND
Rechtskrümmung
⇩
Hochpunkt

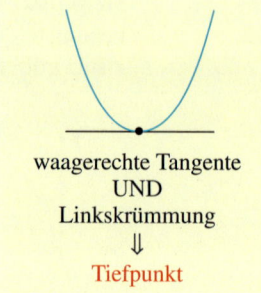

waagerechte Tangente
UND
Linkskrümmung
⇩
Tiefpunkt

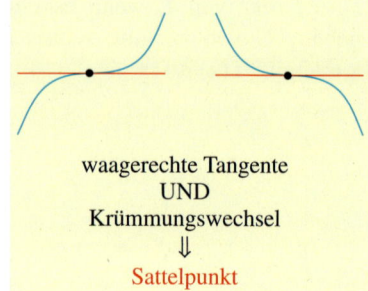

waagerechte Tangente
UND
Krümmungswechsel
⇩
Sattelpunkt

Da man die Krümmungsart mit Hilfe des Vorzeichens von f'' feststellen kann, erhalten wir folgendes Ergebnis, das sehr oft gebraucht wird.

> **Hinreichendes Kriterium für lokale Extrema (f''-Kriterium)**
>
> Die Funktion f sei in einer Umgebung von x zweimal differenzierbar. Dann gilt:
>
> Gilt **f'(x_E) = 0 und f''(x_E) < 0**, so liegt an der Stelle x_E ein **lokales Maximum** von f.
> Gilt **f'(x_E) = 0 und f''(x_E) > 0**, so liegt an der Stelle x_E ein **lokales Minimum** von f.
> Gilt **f'(x_E) = 0 und wechselt in x_E die Krümmungsart**, so liegt dort ein **Sattelpunkt**.

Das folgende Beispiel zeigt, wie notwendiges und hinreichendes Kriterium im Verbund zur Berechnung der Extremalpunkte von Funktionen eingesetzt werden können.

▶ **Beispiel:** Untersuchen Sie die Funktion $f(x) = \frac{1}{3}x^3 + \frac{1}{2}x^2$ auf Extrema.

Lösung:
Mit dem notwendigen Kriterium f'(x) = 0 bestimmen wir die Stellen mit waagerechten Tangenten. Es sind x = −1 und x = 0.

Diese untersuchen wir weiter mit Hilfe des hinreichenden f''-Kriteriums:

Bei x = −1 gilt f''(−1) = −1 < 0. Hier ist f also rechtsgekrümmt. Es liegt ein Maximum vor.

▶ Bei x = 0 gilt f''(0) = 1 > 0. Daher ist f hier linksgekrümmt. Es liegt ein Minimum vor.

1. Ableitungen
f'(x) = x^2 + x   f''(x) = 2x + 1

2. Notwendiges Kriterium f'(x) = 0
f'(x) = 0
x^2 + x = 0
x = −1 und x = 0

3. Überprüfungs mittels f''-Kriterium
x = −1: f''(−1) = −1 < 0 ⇒ Maximum
x = 0: f''(0) = 1 > 0 ⇒ Minimum

Hochpunkt H$\left(-1\left|\frac{1}{6}\right.\right)$, Tiefpunkt T(0|0)

4. Extrempunkte

Das hinreichende f''-Kriterium für Extrema ist manchmal in seiner Anwendbarkeit begrenzt. Dann sind Zusatzuntersuchungen erforderlich, um eine Entscheidung zu erhalten.

▶ **Beispiel:** Untersuchen Sie $f(x) = x^3$ und $g(x) = x^4$ auf Extrema.

Lösung für $f(x) = x^3$:
1. Ableitungen:
$f'(x) = 3x^2 \qquad f''(x) = 6x$

2. Notwendige Bedingung:
$f'(x) = 0$
$3x^2 = 0$
$x = 0$

3. Überprüfungs mittels f''-Kriterium:
$x = 0$: $f''(0) = 0 \Rightarrow$ keine Entscheidung
Das f''-Kriterium versagt also hier.

Wir zeichnen daher den Graphen von f:

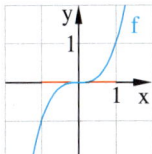

Es zeigt sich, dass bei $x = 0$ weder ein Maximum noch ein Minimum liegt, sondern ein sog. Sattelpunkt, d. h. ein Wendepunkt ▶ mit waagerechter Tangente.

Lösung für $g(x) = x^4$:
1. Ableitungen:
$g'(x) = 4x^3 \qquad g''(x) = 12x^2$

2. Notwendige Bedingung:
$g'(x) = 0$
$4x^3 = 0$
$x = 0$

3. Überprüfungs mittels f''-Kriterium:
$x = 0$: $g''(0) = 0 \Rightarrow$ keine Entscheidung
Das f''-Kriterium versagt auch hier.

Zeichnung des Graphen von g:

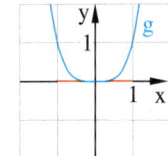

Eine Zeichnung des Graphen von g zeigt jedoch, dass bei $x = 0$ tatsächlich ein Extremum von g liegt, nämlich ein Minimum.

Im Folgenden lernen wir ein zweites hinreichendes Kriterium kennen – das sog. *Vorzeichenwechselkriterium für Extrema*. Dieses kann eingesetzt werden, wenn das f''-Kriterium für Extrema wie im obigen Beispiel versagt. Es ist allerdings etwas umständlicher zu handhaben.

Hinreichendes Kriterium für lokale Extrema (Vorzeichenwechsel-Kriterium)

f sei in einer Umgebung von x_E zweimal differenzierbar und es gelte $f'(x_E) = 0$.

Wenn dann die Ableitung f' an der Stelle x_E
einen **Vorzeichenwechsel** hat von **+** nach **−**, so liegt bei x_E ein **lokales Maximum** von f,
einen **Vorzeichenwechsel** hat von **−** nach **+**, so liegt bei x_E ein **lokales Minimum** von f.

Wenn die Ableitung f' bei x_E **keinen Vorzeichenwechsel** hat, so liegt bei x_E **kein Extremum** von f. Für jede ganzrationale Funktion f liegt in diesem Fall bei x_E ein **Sattelpunkt** von f.

Wir demonstrieren die Funktionsweise des Vorzeichenwechsel-Kriteriums am letzten Beispiel, das mittels f''-Kriterium nicht direkt lösbar war.

> **Beispiel:** Untersuchen Sie $f(x) = x^3$ und $g(x) = x^4$ mit dem Vorzeichenwechselkriterium auf lokale Extrema.

Lösung für $f(x) = x^3$:
1. Ableitung von f:
$f'(x) = 3x^2$

2. Notwendige Bedingung:
$f'(x) = 3x^2 = 0$
$x = 0$

3. Überprüfung mit dem VZW-Kriterium:
Wir prüfen, ob f' bei $x = 0$ einen Vorzeichenwechsel hat, indem wir Teststellen bei $x = -1$ und bei $x = 1$ verwenden.

$f'(-1) = +3 > 0$
$f'(+1) = +3 > 0$

f' wechselt bei $x = 0$ das Vorzeichen nicht. Es bleibt positiv. f steigt also vorher und nachher. Daher hat f bei $x = 0$ kein lokales Extremum, sondern einen Sattelpunkt.

Lösung für $g(x) = x^4$:
1. Ableitung von g:
$g'(x) = 4x^3$

2. Notwendige Bedingung:
$g'(x) = 4x^3 = 0$
$x = 0$

3. Überprüfung mit dem VZW-Kriterium:
Wir prüfen, ob g' bei $x = 0$ einen Vorzeichenwechsel hat, indem wir Teststellen bei $x = -1$ und bei $x = 1$ verwenden.

$g'(-1) = -4 < 0$
$g'(+1) = +4 > 0$

g' wechselt bei $x = 0$ das Vorzeichen von Minus auf Plus. g wechselt also von Fallen auf Steigen. g hat daher bei $x = 0$ ein lokales Minimum.

Insgesamt ergibt sich also folgende Handlungsanweisung zur Extremstellenbestimmung:

Zunächst wird mit der notwendigen Bedingung für Extrema $f'(x) = 0$ berechnet, an welchen Stellen waagerechte Tangenten vorliegen, also potentielle Extremstellen. Dann überprüft man diese Stellen mit dem hinreichenden f''-Kriterium. Wenn dieses versagt, überprüft man die Stellen mit dem Vorzeichenwechselkriterium, das stets eine Aussage liefert.

Übung 3
Untersuchen Sie die Funktion f auf lokale Extremstellen.
Verwenden Sie als hinreichende Bedingung das f''-Kriterium.
a) $f(x) = \frac{1}{4}x^2 - x + 1$
b) $f(x) = x^3 - 3x^2$
c) $f(x) = \frac{1}{3}ax^3 - a^3x, a > 0$
d) $f(x) = 2x + \frac{1}{x^2}$

Übung 4
Untersuchen Sie die Funktion f auf lokale Extremstellen.
Verwenden Sie als hinreichende Bedingung das Vorzeichenwechsel-Kriterium.
a) $f(x) = x - \frac{1}{4}x^4$
b) $f(x) = ax^2 - 4a^2x, a > 0$
c) $f(x) = x + \frac{4}{x}$
d) $f(x) = 4\sqrt{x} - x, x \geq 0$

4. Extrempunkte

Im folgenden Beispiel kommen Extrempunkte und Sattelpunkte vor. Beide hinreichende Kriterien für Extrema müssen eingesetzt werden, um diese nachzuweisen.

▶ **Beispiel: Kurve mit Sattelpunkt**
Untersuchen Sie die Funktion $f(x) = -\frac{1}{20}x^4 + \frac{4}{15}x^3$ auf Extrema und zeichnen Sie den Graphen der Funktion für $-2 \leq x \leq 6$.

Lösung:
Die notwendige Bedingung für Extrema $f'(x) = 0$ liefert zwei potentielle Extrema bei $x = 0$ und $x = 4$.

Wir überprüfen diese Stellen mit Hilfe der hinreichenden Kriterien.

Die Untersuchung der Stelle $x = 4$ erfolgt problemlos mit dem f''-Kriterium:
Wegen $f''(4) < 0$ liegt dort ein Maximum.
$H\left(4 \bigm| \frac{64}{15}\right)$ ist also ein Hochpunkt.

An der Stelle $x = 0$ ist wegen $f''(0) = 0$ eine Entscheidung mit dem f''-Kriterium nicht ohne weiteres möglich.

Wir wenden daher das Vorzeichenwechsel-Kriterium für Extrema an und überprüfen das Vorzeichen von f' sowohl links als auch rechts von der kritischen Stelle $x = 0$.

Dazu wählen wir eine Teststelle $x = -1$ links von $x = 0$ und eine weitere Teststelle $x = +1$ rechts von $x = 0$.

An den beiden gewählten Teststellen $x = -1$ und $x = 1$ ist f' jeweils positiv.

Daher besitzt f' bei $x = 0$ keinen Vorzeichenwechsel. Es liegt daher ein Sattelpunkt vor,
▶ der monoton wachsend durchlaufen wird.

1. Ableitungen
$f'(x) = -\frac{1}{5}x^3 + \frac{4}{5}x^2$
$f''(x) = -\frac{3}{5}x^2 + \frac{8}{5}x$

2. Notwendige Bedingung für Extrema:
$f'(x) = -\frac{1}{5}x^3 + \frac{4}{5}x^2 = 0$
$-\frac{1}{5}x^2(x - 4) = 0$
$x = 0$ oder $x = 4$

3. Hinreichende Bedingung für Extrema:
$x = 4$: $f''(4) = -\frac{16}{5} < 0 \Rightarrow$ Maximum

$x = 0$: Vorzeichen von f' links von $x = 0$
Teststelle $x = -1$: $f'(-1) = 1 > 0$

Vorzeichen von f' rechts von $x = 0$
Teststelle $x = +1$: $f'(1) = \frac{3}{5} > 0$

$\Rightarrow$ kein Vorzeichenwechsel bei $x = 0$
$\Rightarrow$ Sattelpunkt $S(0|0)$

4. Graph:

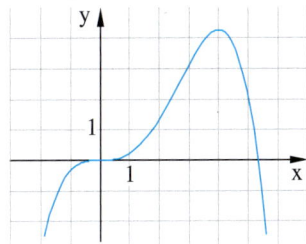

Übung 5
Untersuchen Sie die Funktion f auf lokale Extrempunkte. Skizzieren Sie dann den Graphen von f.
a) $f(x) = -\frac{1}{3}x^3 - x^2 + 3x$
b) $f(x) = -\frac{1}{4}x^4 - 2x^2 + 2$
c) $f(x) = 3 - \frac{1}{3}x^3$
d) $f(x) = \frac{1}{6}x^3 - 1{,}5x + 1$
e) $f(x) = \frac{1}{10}x^4 + x^2 - 2$
f) $f(x) = \frac{1}{10}x^4 - x^2 - 2$

5. Wendepunkte

A. Notwendiges Kriterium für Wendepunkte

In einem lokalen Extrempunkt von f ändert sich das Steigungsverhalten von Steigen auf Fallen oder umgekehrt.
Der Extrempunkt selbst ist ein Punkt „ohne" Steigung, d. h. ein Punkt mit einer waagerechten Tangente, in dem $f'(x) = 0$ gilt.

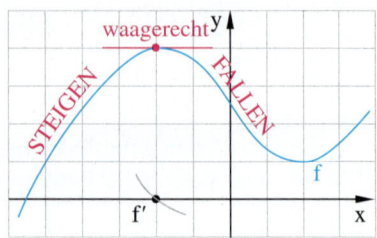

Analog hierzu ändert sich in einem lokalen *Wendepunkt* von f das Krümmungsverhalten der Kurve von Rechts- auf Linkskrümmung oder umgekehrt.
Der Wendepunkt selbst ist ein Punkt „ohne" Krümmung, d. h., dort verläuft der Graph punktuell gerade. Es gilt also $f''(x) = 0$.

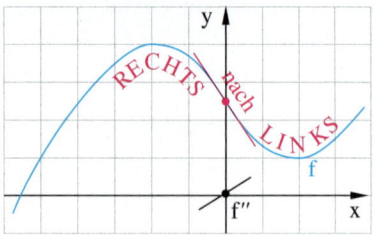

Zwei unterschiedliche Betrachtungsperspektiven für Wendepunkte

Stellt man sich die rechts abgebildete Kurve als Straße vor, die aus der Vogelperspektive betrachtet wird, so würde ein darauf von West nach Ost fahrendes Fahrrad zunächst einen Lenkereinschlag nach links und später einen Lenkereinschlag nach rechts aufweisen. Genau dazwischen durchquert das Fahrrad einen Punkt, in dem sein Lenker exakt gerade sein muss. Das ist der Wendepunkt.
Im Wendepunkt ändert sich das *Krümmungsverhalten der Kurve*.

Stellt man sich die Kurve als Ausschnitt aus einer Berg- und Talbahn vor, so ist der Wendepunkt ein Punkt mit einer extremalen Steigung, im Bild rechts mit einer lokal maximalen Steigung.
Wäre umgekehrt zum Bild erst ein Berg und dann ein Tal zu durchfahren, so wäre der Wendepunkt ein Punkt minimaler Steigung.
Ein Wendepunkt ist also auch ein *Extremum der Steigung f'*.

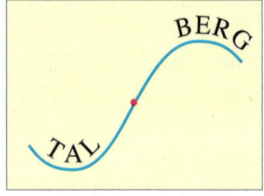

Aus dem letzten Grund ergibt sich, dass die Wendestellen der notwendigen Bedingung für lokale Extremstellen der ersten Ableitung f' unterliegen, d. h. es gilt $f''(x) = 0$.

Notwendige Bedingung für Wendepunkte

Die Funktion f sei mindestens zweimal differenzierbar. Dann gilt:
Wenn bei x_W eine Wendestelle von f liegt, dann ist $f''(x_W) = 0$.

B. Hinreichende Kriterien für Wendepunkte

Es gibt zwei Arten von lokalen Extrema einer Kurve f, lokale Maxima und lokale Minima. Bei den Wendepunkten gibt es ebenfalls zwei Arten, *Links-Rechts-Wendepunkte*, die ein Maximum der Ableitung f' darstellen, und *Rechts-Links-Wendepunkte*, die ein Minimum von f' darstellen. Allerdings gibt es insgesamt vier „Wendesituationen", da jede der beiden Wendepunktarten in zwei verschiedenen Konfigurationen auftritt.

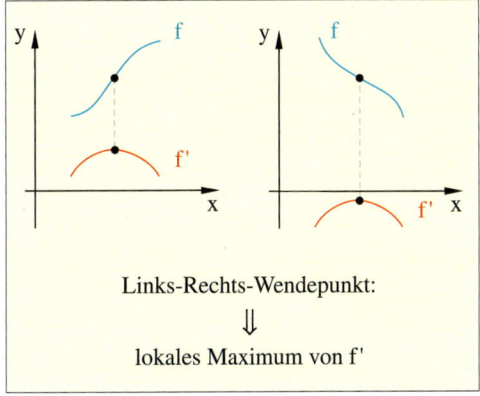

Links-Rechts-Wendepunkt:
⇓
lokales Maximum von f'

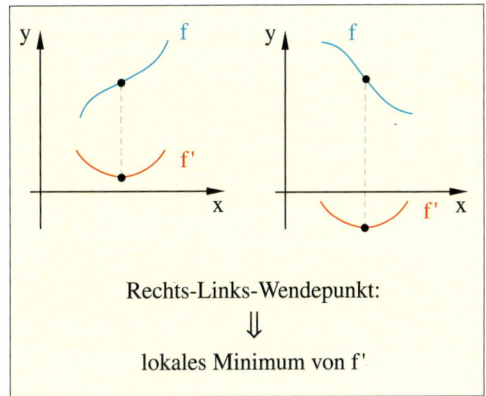

Rechts-Links-Wendepunkt:
⇓
lokales Minimum von f'

Wendepunkte von f zu suchen bedeutet also nichts anderes, als die Extremwerte von f' zu suchen. Wir erhalten daher Wendepunktkriterien für f, indem wir die Extremwertkriterien auf die Funktion f' anwenden.
Das notwendige Kriterium für Wendepunkte (f''(x) = 0) haben wir oben schon formuliert.
Ein hinreichendes Kriterium gewinnen wir, indem wir das hinreichende Kriterium von Seite 156 auf die Funktion f' anwenden.

Hinreichendes Kriterium für Wendepunkte (f'''-Kriterium)

Die Funktion f sei in einer Umgebung von x_W dreimal differenzierbar.

Gilt **f''(x_W) = 0 und f'''(x_W) ≠ 0**, so liegt an der Stelle x_W ein Wendepunkt von f.

Genauer: f'''(x_W) < 0 ⇒ Links-Rechts-Wendepunkt
   f'''(x_W) > 0 ⇒ Rechts-Links-Wendepunkt

▶ **Beispiel: Wendepunkt**
Gesucht ist der Wendepunkt von $f(x) = \frac{1}{2}x^3 - \frac{3}{2}x^2$.

Lösung.
Wir berechnen zunächst der Reihe nach die benötigten Ableitungen f', f'' und f''' der gegebenen Polynomfunktion f.

1. Ableitungen
$f'(x) = \frac{3}{2}x^2 - 3x$
$f''(x) = 3x - 3$
$f'''(x) = 3$

Nun bestimmen wir mit der notwendigen Bedingung die Lage des potentiellen Wendepunktes. Er liegt bei x = 1 und y = −1.

Anschließend überprüfen wir diese Stelle mit dem hinreichenden f'''-Kriterium.

Es gilt f'''(1) = 3 > 0. Daher liegt tatsächlich eine Wendepunkt vor.
Es handelt sich um einen Rechts-Links-Wendepunkt bei W(1|−1).

Der Graph von f, den wir mit einer Wertetabelle oder mit dem TR/Computer zeichnen, bestätigt dieses rechnerische Ergebnis.

2. Notw. Bedingung für Wendepunkte
f''(x) = 0
3x − 3 = 0
x = 1, y = −1

3. Überprüfung von x = 1 mittels f'''
f'''(1) = 3 > 0 ⇒ R-L-Wendepunkt

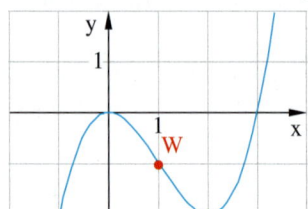

Übung 1
Untersuchen Sie die folgenden Funktionen auf das Vorliegen von Wendepunkten. Skizzieren Sie den Graphen von f.
a) $f(x) = x^3 - 3x^2$
b) $f(x) = \frac{1}{30}x^4 - \frac{4}{5}x^2$
c) $f(x) = \frac{1}{2}x^2 - \frac{4}{x}$
d) $f(x) = x^2 + \frac{1}{x}$

Übung 2
Die Einwohnerzahl von Sim City wird durch $e(t) = 0{,}04t^3 - 0{,}12t^2 + 0{,}2t + 0{,}3$ beschrieben (t: Zeit seit 2000 in Jahrzehnten, e(t): Einwohnerzahl in Tausend).
a) Zeigen Sie, dass die Einwohnerzahl im Zeitraum 0 ≤ t ≤ 6 stets ansteigt.
b) Wann ist der Anstieg der Einwohnerzahl am schwächsten?

Manchmal versagt das hinreichende f'''-Kriterium, nämlich dann, wenn sich bei der Überprüfung einer potentiellen Wendestelle x der Wert f'''(x) = 0 ergibt. Dann ist mit dem f'''-Kriterium keine Aussage möglich. In solchen Fällen kann man als Alternative das folgende hinreichende Vorzeichenwechselkriterium für Wendepunkte verwenden.

> **Hinreichendes Kriterium für Wendepunkte (Vorzeichenwechsel-Kriterium)**
>
> f sei in einer Umgebung von x_W zweimal differenzierbar und es gelte **f''(x_W) = 0**.
>
> Wenn dann die zweite Ableitung f'' an der Stelle x_W einen **Vorzeichenwechsel** hat, so liegt dort eine Wendestelle.
>
> Genauer: **Vorzeichenwechsel** von + nach − ⇒ **Links-Rechts-Wendepunkt**
> **Vorzeichenwechsel** von − nach + ⇒ **Rechts-Links-Wendepunkt**

Beispielsweise hat die Funktion $f(x) = x^5$ wegen $f''(x) = 20x^3$ nur bei x = 0 einen potentiellen Wendepunkt. Da aber $f'''(x) = 60x^2$ dort ebenfalls 0 ist, ist keine Aussage möglich.
Mit den Vorzeichenwechselkriterium und den Teststellen x = −1 und x = +1 kann aber ein Vorzeichenwechsel von f'' an der Stelle x = 0 von Minus nach Plus festgestellt werden, so dass dort ein Rechts-Links-Wendepunkt liegt.

C. Ein Anwendungsproblem

Nun untersuchen wir Wendepunkte im Anwendungszusammenhang. Dabei ist der Aspekt des *Wendepunktes als Punkt mit maximaler oder minimaler Steigung* besonders wichtig.

▶ **Beispiel: Verschuldung einer Stadt**
Der Haushalt einer Stadt ist nicht ausgeglichen.
Die Schulden zum Jahresende werden durch die Funktion
$f(t) = \frac{1}{100}(-t^3 + 12t^2 + 60t + 200)$ erfasst.
t: Zeit in Jahren seit 2010, f: Schuldenstand in Mio. €.
a) Erstellen Sie eine Schuldentabelle der Jahre 2010 bis 2022.
b) In welchem Jahr sind die Schulden maximal?
c) Zu welchem Zeitpunkt ist der Schuldenanstieg maximal?

Vorsicht! Schlaglöcher

Lösung zu a:

t in Jahren	0	2	4	6	8	10	12
f(t) in Mio. €	2	3,60	5,68	7,76	9,36	10	9,20

Lösung zu b:
Gesucht ist nun der lokale Hochpunkt der Schuldenfunktion f. Dessen Lage wird mit dem notwendigen Bedingung für Extrema $f'(t) = 0$ bestimmt. Er liegt bei H(10|10). Die Schulden überschreiten also 10 Mio. Euro nicht.
Das Maximum wird durch Überprüfung mit dem hinreichenden f''-Kriterium bestätigt.

Hochpunkt von f: Maximale Schulden
$f'(t) = 0$
$\frac{1}{100}(-3t^2 + 24t + 60) = 0$
$t^2 - 8t - 20 = 0$
$t = 4 \pm 6$
$t = -2$ (irrelevant)
$t = 10$ $f(10) = 10$

Überprüfung mittels f''
$f''(10) = -0,36 < 0 \Rightarrow$ Maximum

Lösung zu c:
Der stärkste Schuldenanstieg wird erreicht, wenn die Steigung der Schuldenfunktion maximal ist. Das ist bei ihrer Wendestelle der Fall. Deren Lage bestimmen wir mit der notwendigen Bedingung für Wendestellen $f''(t) = 0$. Sie liegt bei x = 4.
Am Ende des vierten Jahres steigen die Schulden also besonders rasant. Die Anstiegsgeschwindigkeit beträgt zu diesem
▶ Zeitpunkt f'(4) = 1,08 Mio. €/Jahr.

Wendestelle von f: Maximaler Anstieg
$f''(t) = 0$
$\frac{1}{100}(-6t + 24) =$
$-6t + 24 = 0$
$t = 4$ f(4) = 5,68 Mio.
   f'(4) = 1,08 Mio./Jahr

Überprüfung mittels f'''
$f'''(4) = -0,06 < 0 \Rightarrow$ L-R-Wp

Übung 3 Hochwasser
Der Wasserstand im Fluss während eines Unwetters kann durch $f(t) = -\frac{1}{9}t^3 + \frac{2}{3}t^2 + 3$ beschrieben werden (t: Zeit in Std. f: Wasserstand in m). Legen Sie eine Wertetabelle an. Skizzieren Sie den Graphen von f. Nach wie vielen Minuten wird der maximale Wasserstand erreicht? Wie hoch ist er? Wann steigt das Wasser am schnellsten? Wie schnell steigt es zu diesem Zeitpunkt? Wann wird der Wasserstand, der zu Beobachtungsbeginn vorlag, wieder erreicht?

Übungen

4. Nachweis besonderer Punkte
Untersuchen Sie, ob an der Stelle x ein Hoch-, Tief-, Wende- oder Sattelpunkt vorliegt.
a) $f(x) = x^2$
   $x = 0$
b) $f(x) = x^3$
   $x = 0$
c) $f(x) = x^4$
   $x = 0$
d) $f(x) = 2x^3 - 6x^2$
   $x = 1, x = 2$
e) $f(x) = 12x - x^3$
   $x = 0, x = \pm 2$
f) $f(x) = \frac{1}{12}x^4 - 2x^2$
   $x = 0, x = 2, x = \pm\sqrt{12}$

5. Extrema
Bestimmen Sie die Extrema von f. Der TR/Computer kann verwendet werden.
a) $f(x) = \frac{1}{4}x + \frac{1}{x}, x \neq 0$
b) $f(x) = \sqrt{x} - \frac{1}{6}x, x \geq 0$
c) $f(x) = \frac{4}{x} + \sqrt{x}, x \geq 0$

6. Funktion f und Ableitung f'
Jede der folgenden Abbildungen zeigt die Graphen einer Funktion f und ihrer Ableitung f'.
Begründen Sie, welcher Graph zu f bzw. f' gehört.

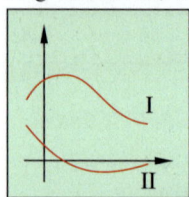 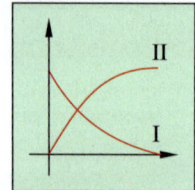 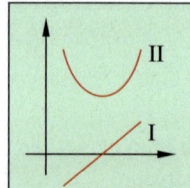 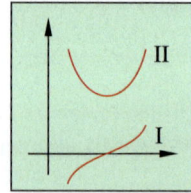

7. Rekonstruktion einer Funktion
Skizzieren Sie den Graphen einer Funktion f, welche die dargestellten Ableitungen f' und f'' besitzt. Der Graph von f soll durch den Ursprung gehen. Beginnen Sie mit der Skizze dort.

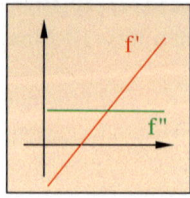 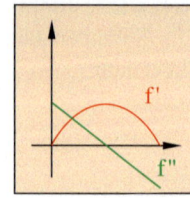

8. Rationale Funktionen
a) Untersuchen Sie die Funktionen $f(x) = \frac{1}{4}x + \frac{1}{x}, x \neq 0$ und $g(x) = x^4 - 2x^2$ auf Nullstellen, Extrema und Wendepunkte. Skizzieren Sie die Graphen von f und g.
b) Zeigen Sie: Jede Polynomfunktion dritten Grades der Form $f(x) = ax^3 + bx^2 + cx + d$, $a \neq 0$, besitzt einen Wendepunkt.

9. Motorroller
Die Verkaufszahlen eines neuen Rollermodells in den ersten Wochen nach der Markteinführung werden durch die Funktion $r(t) = 15t^2 - t^3$ modelliert.
t: Zeit in Wochen; r(t): Anzahl der zur Zeit t pro Woche verkauften Roller
a) Zu welchem Zeitpunkt erreicht der Absatz der Roller ein Maximum?
b) Wann steigen die Absatzzahlen am stärksten?
c) Welche mittlere Absatzsteigerung pro Woche wurde in den ersten 10 Wochen erzielt?

6. Funktionsuntersuchung

Bei einer Funktionsuntersuchung werden charakteristische Eigenschaften der gegebenen Funktion betrachtet. In der folgenden Tabelle sind die Standarduntersuchungen aufgelistet.

1. Symmetrie	Der Term $f(-x)$ wird berechnet und mit $f(x)$ bzw. $-f(x)$ verglichen: $f(-x) = +f(x)$ ⇒ **Achsensymmetrie zur y-Achse** $f(-x) = -f(x)$ ⇒ **Punktsymmetrie zum Ursprung**

2. Nullstellen
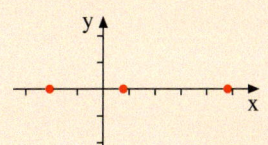
	Die Gleichung $f(x) = 0$ wird nach x aufgelöst. Ihre Lösungen sind die Nullstellen der Funktion f.
	
	Lösungsmethoden: p-q-Formel
	                                  Faktorisierung, ggf. Polynomdivision
	                                  Anwendung des TR/Computers

3. Lokale Extremalpunkte 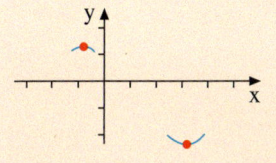	Die notwendige Bedingung $f'(x) = 0$ wird nach x aufgelöst. Die Lösungen x_E werden mit hinreichenden Kriterien getestet. *f''-Kriterium* $f''(x_E) < 0$ ⇒ Maximum $f''(x_E) > 0$ ⇒ Minimum $f''(x_E) = 0$ ⇒ keine Aussage *Vorzeichenwechsel-Kriterium* **Vorzeichenwechsel von f' bei x_E: +/− ⇒ Maximum** **Vorzeichenwechsel von f' bei x_E: −/+ ⇒ Minimum**
4. Wendepunkte 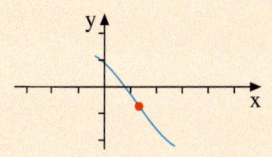	Die notwendige Bedingung $f''(x) = 0$ wird nach x aufgelöst. Die Lösungen x_W werden mit hinreichenden Kriterien getestet. *f'''-Kriterium* $f'''(x_W) < 0$ ⇒ Wendepunkt (L-R) $f'''(x_W) > 0$ ⇒ Wendepunkt (R-L) $f'''(x_W) = 0$ ⇒ keine Aussage *Vorzeichenwechsel-Kriterium* **Vorzeichenwechsel von f'' bei x_W: +/− ⇒ L-R-Wp** **Vorzeichenwechsel von f'' bei x_W: −/+ ⇒ R-L-Wp**
5. Graph 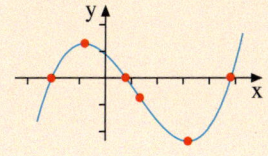	Das Koordinatenkreuz wird gezeichnet und beschriftet. In manchen Fällen erhalten die Achsen unterschiedliche Maßstäbe. Die charakteristischen Punkte aus 2. bis 4. werden eingezeichnet. Falls erforderlich, wird eine zusätzliche Wertetabelle erstellt. Der Graph wird auf dieser Grundlage skizziert.

A. Ganzrationale Funktionen

> **Beispiel: Kugelstoßen**
> Die Bahnkurve eines Kugelstoßes wird durch $h(x) = -0{,}04x^2 + 0{,}7x + 2{,}25$ beschrieben (x: Weite in m, h: Höhe in m). Untersuchen Sie den Kurvenverlauf und stellen Sie die maximale Stoßweite und die maximale Steighöhe fest. In welcher Höhe und unter welchem Winkel wurde die Kugel abgestoßen?

Lösung:
Wir berechnen zunächst die Nullstellen von h mit Hilfe der p-q-Formel. Sie liegen bei 20,27 m und −2,77 m. Die Stoßweite beträgt also 20,27 m.

Nun bestimmen wir die ersten beiden Ableitungen von h: $h'(x) = -0{,}08x + 0{,}7$ und $h''(x) = -0{,}08$. Die notwendige Bedingung für lokale Extrema $h'(x) = 0$ liefert uns einen Extrempunkt H(8,75|5,31). Durch Überprüfung mit der zweiten Ableitung bestätigen wir, dass dies ein Hochpunkt ist. Die maximale Steighöhe beträgt 5,31 m.

Abgestoßen wurde die Kugel in der Höhe $h(0) = 2{,}25$ m.
Der Abstoßwinkel α ist der Steigungswinkel beim Abwurf, also bei x = 0. Dieser ergibt sich aus der Formel $\tan\alpha = h'(0)$, d. h. $\tan\alpha = 0{,}7$.
▶ Hieraus folgt $\alpha = \arctan 0{,}7 \approx 35°$.

Nullstellen:
$h(x) = -0{,}04x^2 + 0{,}07x + 2{,}25 = 0$
$x^2 - 17{,}5x - 56{,}25 = 0$
$x = 8{,}75x \pm \sqrt{76{,}56 + 56{,}25}$
$x \approx 8{,}75 \pm 11{,}52$
$x \approx 20{,}27 \quad \text{bzw.} \quad x \approx -2{,}77$

Extremum:
$h'(x) = -0{,}08x + 0{,}7 = 0$ (notw. Bed.)
$0{,}08x = 0{,}7$
$x = 8{,}75 \quad y \approx 5{,}31$
Überprüfung mittels f″:
$f''(8{,}75) = -0{,}08$
$f''(8{,}75) = -0{,}08 < 0 \Rightarrow$ Maximum

Abwurfhöhe und Abwurfwinkel:
$h(0) = 2{,}25$

$\tan\alpha = h'(0)$
$\tan\alpha = 0{,}7$
$\alpha = \arctan 0{,}7 = \tan^{-1} 0{,}7 \approx 35°$

Übung 1
Eine Silvesterrakete wird senkrecht nach oben abgeschossen. Die erreichte Flughöhe in Metern nach t Sekunden wird durch $h(t) = -5t^2 + 80t$ erfasst.
a) Wann erreicht die Rakete ihren höchsten Punkt? Welche Höhe hat sie dann erreicht?
b) Wie schnell ist sie beim Start bzw. auf halber Gipfelhöhe?

Übung 2
Untersuchen Sie die Funktion f auf lokale Extremstellen. Verwenden Sie als hinreichende Bedingung das f″-Kriterium, sofern dies anwendbar ist.
a) $f(x) = 2x - \frac{1}{6}x^3$
b) $f(x) = \frac{2}{3}x - 3\sqrt{x}$
c) $f(x) = 3a^2x^3 - \frac{1}{5}x^5, \quad a > 0$

6. Funktionsuntersuchung

Das folgende Beispiel bezieht sich auf ein Polynom dritten Grades. Außerdem wird die Funktionsuntersuchung durch Zusatzuntersuchungen (Symmetrie, Schnittwinkel) erweitert.

> **Beispiel: Polynomfunktion dritten Grades**
> Untersuchen Sie die Funktion $f(x) = \frac{1}{3}x^3 - 3x$ und zeichnen Sie den Graphen von f für $-3,5 \leq x \leq 3,5$. Ist f achsensymmetrisch zur y-Achse oder punktsymmetrisch zum Ursprung? Unter welchem Winkel schneidet der Graph die x-Achse im Ursprung?

Lösung:

1. Ableitungen

$f(x) = \frac{1}{3}x^3 - 3x$
$f'(x) = x^2 - 3$
$f''(x) = 2x$
$f'''(x) = 2$

2. Nullstellen

$f(x) = 0$
$\frac{1}{3}x^3 - 3x = 0$
$x\left(\frac{1}{3}x^2 - 3\right) = 0$
$x = 0$ bzw. $\frac{1}{3}x^2 - 3 = 0$
$x = 0$ bzw. $x = 3, x = -3$

3. Extrema

$f'(x) = 0$
$x^2 - 3 = 0$
$x = \sqrt{3}, y = -2\sqrt{3}$
$x = -\sqrt{3}, y = 2\sqrt{3}$
$f''(\sqrt{3}) = 2\sqrt{3} > 0 \Rightarrow$ Minimum
$f''(-\sqrt{3}) = -2\sqrt{3} < 0 \Rightarrow$ Maximum
Tiefpunkt $T(\sqrt{3}|-2\sqrt{3}) \approx T(1,73|-3,46)$
Hochpunkt $H(-\sqrt{3}|2\sqrt{3}) \approx H(-1,73|3,46)$

4. Wendepunkte

$f''(x) = 0$
$2x = 0 \Rightarrow x = 0, y = 0$
$f'''(0) = 2 > 0 \Rightarrow \begin{cases} W(0|0) \text{ ist ein Rechts-} \\ \text{Links-Wendepunkt} \end{cases}$

5. Graph

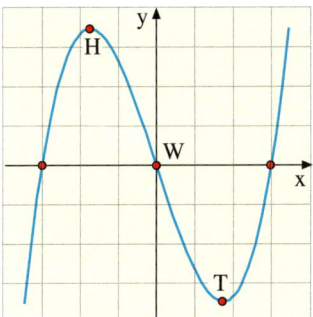

6. Symmetrie

Die Symmetrieuntersuchung besteht aus einem Vergleich von $f(-x)$ mit $f(x)$.

$f(x) = \frac{1}{3}x^3 - 3x$

$f(-x) = \frac{1}{3}(-x)^3 - 3(-x) = -\frac{1}{3}x^3 + 3x$

Man erkennt, dass $f(-x) = -f(x)$ gilt. Dies bedeutet Punktsymmetrie zum Ursprung.

7. Schnittwinkel mit der x-Achse

Die x-Achse wird im Ursprung geschnitten. Dort ist die Steigung $f'(0) = -3$.
Also gilt $\tan\alpha = -3$.
Daraus folgt $\alpha \approx -71,57°$.

Übung 3

Untersuchen Sie die quadratische Funktion $f(x) = -\frac{1}{2}x^2 + 3x - \frac{5}{2}$ (Symmetrie, Nullstellen, Extrema, Wendepunkte, Graph für $-1 \leq x \leq 8$).

Übung 4

Untersuchen Sie die Funktion $f(x) = \frac{1}{4}x^4 - x^2$. Zeichnen Sie ihren Graphen für $-2,5 \leq x \leq 2,5$. Unter welchem Winkel schneidet f die Gerade $x = 3$? Ist f symmetrisch zur y-Achse oder zum Ursprung? Wie groß ist die mittlere Steigung von f zwischen linkem Minimum und Hochpunkt?

Beispiel: Vulkanausbruch

Beim Ausbruch eines Vulkans wird durch Messungen festgestellt, dass die Auswurfleistung durch die Funktion $a(t) = 12{,}5 \cdot (6t^2 - t^3)$ erfasst werden kann.

t: Zeit in min seit Beginn; a(t): Auswurfleistung zur Zeit t in Tonnen/min.

Untersuchen Sie die Funktion a. Zeichnen Sie die Graphen von a und a' für $0 \leq t \leq 6$. Interpretieren Sie die Ergebnisse unter Bezug auf den realen Prozess.

Lösung:

Nullstellen:
$a(t) = 12{,}5 \cdot (6t^2 - t^3) = 0$
$\quad\quad 12{,}5 t^2 \cdot (6 - t) = 0$
$\quad\quad t = 0, t = 6$

Extrema:
$a'(t) = 12{,}5 \cdot (12t - 3t^2) = 0$
$\quad\quad 37{,}5 t \cdot (4 - t) = 0$
$\quad\quad t = 0, a = 0 \quad\quad$ Minimum
$\quad\quad t = 4, a = 400 \quad\quad$ Maximum

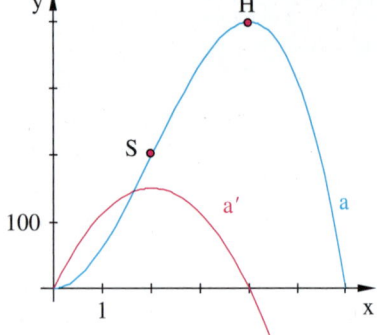

Punkte mit maximaler Steigung:
Der Punkt S der Funktion a mit dem steilsten Anstieg liegt ca. bei x = 2. Dort hat a' ein Maximum. Dessen Lage können wir bestimmen, indem wir die Ableitung von a', d. h. a'', gleich null setzen.
Wir erhalten den Punkt S(2|200).

Maximum von a':
$a''(t) = 12{,}5 \cdot (12 - 6t) = 0$
$\quad\quad 75 \cdot (2 - t) = 0$
$\quad\quad t = 2, a = 200$
$\quad\quad S(2|200)$

Interpretation:
Die Auswurfleistung a(t) des Vulkans steigt nach langsamem Beginn zunehmend schneller an. Im Wendepunkt S, d. h. nach nur zwei Minuten, ist die Zunahmerate a' am größten. Danach sinkt die Zunahmerate wieder. Die Auswurfleistung steigt nun also langsamer und hat nach vier Minuten ihr Maximum erreicht. Danach bricht der Ausbruch schnell zusammen. Die Zunahmerate a' wird negativ. Nach 6 Minuten ist der Ausbruch zu Ende.

Übung 5

In einem afrikanischen Land kommt es zum Ausbruch von Ebola. Die ersten Monate legen nahe, dass die Anzahl der Erkrankten durch $e(t) = -\frac{1}{400} t^2 (t - 48)$ erfasst werden kann (t: Zeit in Monaten, e(t): Erkrankte in Tausend).
Nach welcher Zeit hat die Anzahl e der Kranken ein Maximum erreicht? Wann steigt e am schnellsten? Wie groß ist die Erkrankungsrate zu diesem Zeitpunkt? Wann ist mit dem Erlöschen der Epidemie zu rechnen? Zeichnen Sie e.

Übungen

6. Kurvenuntersuchung
Untersuchen Sie die Funktion f auf Nullstellen, Extrema und Wendepunkte.
a) $f(x) = \frac{1}{2}x^3 - \frac{3}{2}x^2$
b) $f(x) = -\frac{1}{2}x^3 + \frac{1}{8}x$
c) $f(x) = \frac{1}{2}x^4 + x^3$

7. Funktionsuntersuchung
Gegeben ist die Funktion $f(x) = \frac{1}{20}x^5 - \frac{2}{3}x^3 + 3x$.
a) Bestätigen Sie, dass die Funktion an der Stelle $x = \sqrt{2}$ ein Maximum annimmt.
b) An welchen Stellen nimmt f ein Minimum an?
c) Geben Sie ohne weitere Rechnung alle vier Extremstellen von f an.
d) Ermitteln Sie die Wendepunkte von f.

8. Funktionsuntersuchung mit Rechnerhilfe
Ermitteln Sie die Nullstellen, Extrempunkte und Wendepunkte von f.
a) $f(x) = \frac{1}{5}(x+2)^2(x-1)$
b) $f(x) = -\frac{1}{10}x^5 + 2x^4 - x^3 + 1$
c) $f(x) = x^4 - x^3 + x^2 - x$

9. Höhenmesser
Der Höhenmesser zeigt gemäß der Funktion $h(t) = 0{,}6t^3 - 9t^2 + 400$ die Flughöhe eines Heißluftballons während einer 15-minütigen Flugphase an (t in min, h in m), $0 \leq t \leq 15$.
a) Wie hoch fliegt der Ballon 3 Minuten nach Beginn der Messung?
b) Wann erreicht der Ballon seine geringste Flughöhe?
c) Zu welchem Zeitpunkt verringert sich die Flughöhe am stärksten? Wann steigt sie am stärksten an? Wie groß ist die Änderung zu diesen Zeitpunkten, gemessen in m/s?

10. Kosten und Gewinn
Der Hersteller gibt die Produktionskosten bei der Herstellung einer innovativen Uhr an für $0 \leq x \leq 800$ mit
$K(x) = 0{,}001x^3 - 0{,}9x^2 + 150x + 72000$
(x: Anzahl der produzierten Uhren pro Tag;
K(x): Produktionskosten pro Tag).
a) Zeichnen Sie den Graphen der Funktion K.
b) Wie hoch sind die Kosten für eine Uhr bei einer Produktion von 500 Uhren pro Tag?
c) Untersuchen Sie die Funktion K auf Extrema.
d) Bestimmen Sie den Wendepunkt von K.
e) Der Verkaufspreis der Uhr wird auf 150 Euro festgelegt. Die mittleren täglichen Einnahmen der Firma betragen somit $E(x) = 150x$. Ermitteln Sie graphisch, ab welcher Tagesstückzahl x der Hersteller einen Gewinn erwirtschaftet.
f) Bei welcher Tagesstückzahl x ist der Gewinn am größten?

Knobelaufgabe

Man denke sich alle natürlichen Zahlen von 1 bis 1 000 000 fortlaufend hintereinander geschrieben. Dann entsteht die Zahl mit der Ziffernfolge 123456789101112131415 …
Welche Ziffer steht an der 300 003. Stelle?

11. Funktionsuntersuchung
Gegeben ist die Funktion $f(x) = (x^2 + 3) \cdot (x^2 - 1)$.
a) Begründen Sie, dass der Graph der Funktion f symmetrisch zur y-Achse ist.
b) Bestimmen Sie die Nullstellen von f.
c) In welchen Bereichen ist die Funktion monoton wachsend bzw. monoton fallend?
d) Bestimmen Sie die Gleichung der Tangente an den Graphen von f bei $x = 1$.
e) Eine quadratische Parabel $p(x) = ax^2 + c$ hat ihren Scheitelpunkt in $S(0|-4)$ und besitzt die gleichen Nullstellen wie die Funktion f. Wie lautet die Funktionsgleichung von p?

12. Ski-Cross-Parcours
Das Höhenprofil des ersten Abschnitts eines Ski-Cross-Parcours wird durch die ganzrationale Funktion $f(x) = -\frac{1}{100}x^3 + \frac{3}{4}x$ $(-10 \leq x \leq 0)$ beschrieben (1 LE = 10 m).
a) Ermitteln Sie den Höhenunterschied zwischen dem Punkt $A(-10|y)$ und dem tiefsten Punkt B des ersten Abschnitts.
b) Wie groß ist das durchschnittliche Gefälle zwischen den Punkten A und B?
c) Wie groß ist der Winkel α, unter dem der Fahrer im Ursprung fährt?
d) Das Profil wird auf dem zweiten Abschnitt $0 \leq x \leq 10$ fortgesetzt durch die Funktion $g(x) = \frac{3}{400}x^3 - \frac{3}{20}x^2 + \frac{3}{4}x$.
Zeigen Sie, dass f und g ohne Knick ineinander übergehen und dass g im Punkt $C(10|0)$ in die Waagerechte übergeht.
e) Wo ist die Steigung von g maximal?
f) Ermitteln Sie den Wendepunkt von g.
g) Beschreiben Sie das Krümmungsverhalten der gesamten Bahn.

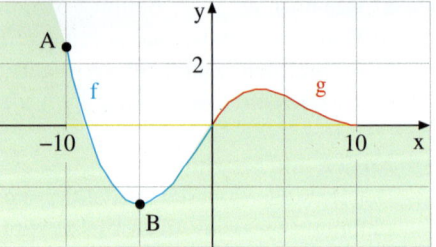

13. Funktionsuntersuchung
Gegeben sei die Funktion $f(x) = \frac{1}{8}(x^4 - 8x^2 - 9)$.
a) Zeigen Sie, dass f zwei Nullstellen bei $x = 3$ und $x = -3$ hat.
b) Untersuchen Sie f auf Extrema.
c) Errechnen Sie die Lage der beiden Wendepunkte von f.
d) Zeichnen Sie den Graphen von f für $-3{,}5 \leq x \leq 3{,}5$.
e) Wie groß ist die Steigung von f in den beiden Nullstellen?
f) An welcher Stelle des Intervalls $[-2; 2]$ hat f die größte Steigung?

14. Quadratische und kubische Polynome
a) Zeigen Sie, dass jedes Polynom dritten Grades genau einen Wendepunkt hat.
b) Zeigen Sie, dass jedes Polynom zweiten Grades genau ein Extremum hat.
c) Begründen Sie, dass jedes Polynom dritten Grades mindestens eine Nullstelle hat.
d) Kann eine Funktion dritten Grades keinen, einen oder zwei Extremwerte besitzen?

B. Exkurs: Tangenten und Normalen

Kurvenuntersuchungen enthalten oft Tangenten- und Normalenprobleme. Tangenten und Normalen besitzen im Berührpunkt P den gleichen Funktionswert wie die Kurve. Die Tangente t hat dort die gleiche Steigung wie f. Die Normale, die in P senkrecht auf f steht, hat dort die negativ reziproke Steigung wie f.
Wir erhalten also:

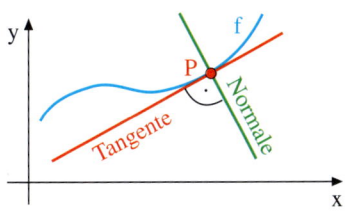

Tangentenbedingung	Normalenbedingung
Ansatz: $t(x) = mx + n$	Ansatz: $q(x) = mx + n$
I. $m = f'(x_0)$	I. $m = -\frac{1}{f'(x_0)}$, $f'(x_0) \neq 0$
II. $mx_0 + n = f(x_0)$	II. $mx_0 + n = f(x_0)$

▶ **Beispiel: Tangentengleichung**

Die Funktion $f(x) = -\frac{1}{8}x^2 + x$ beschreibt das Randprofil einer Sanddüne am Nordseestrand. Für eine neue Treppe soll eine Aufschüttung angelegt werden, die tangential im Punkt $P(2|1,5)$ enden soll. Wie lautet die Tangentengleichung?

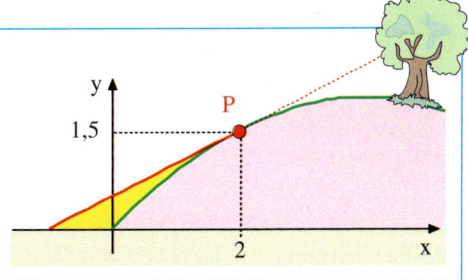

Lösung:
Die Ableitung von f ist $f'(x) = -\frac{1}{4}x + 1$.
Für die Tangentengleichung verwenden wir den Ansatz $y(x) = mx + n$.
Es gilt $m = f'(2) = 0,5$. Dies führt zum Zwischenergebnis $y(x) = 0,5x + n$.
Im Übergangspunkt P stimmen die Funktionswerte von f und von y überein. Es gilt also $f(2) = y(2)$, d.h. $1,5 = 1 + n$ bzw. $n = 0,5$.
▶ Resultat: $y(x) = 0,5x + 0,5$.

Ableitung von f:
$f'(x) = -\frac{1}{4}x + 1$

Gleichung der Tangente in P:
$y(x) = mx + n$ (Ansatz)
$m = f'(2) \Rightarrow m = 0,5$
$\Rightarrow y(x) = 0,5x + n$ (Zwischenergebnis)
$y(2) = f(2)$
$1 + n = 1,5 \Rightarrow n = 0,5$
$\Rightarrow y(x) = 0,5x + 0,5$ (Endergebnis)

Übung 15 Fortsetzung des Beispiels
a) Ermitteln Sie den Schnittpunkt Q der im Beispiel berechneten Tangente mit der x-Achse.
b) Bestimmen Sie nun die Länge der im Beispiel beschriebenen Treppe.

Übung 16 Normale
Gegeben ist die Funktion $f(x) = \frac{1}{2}x^2 - 2$. g sei die Tangente von f an der Stelle $x = 2$ und h sei die Normale von f an der Stelle $x = -2$.
a) Bestimmen Sie die Gleichungen von g und h. Zeichnen Sie f, g und h im Koordinatensystem.
b) Welchen Flächeninhalt hat das Dreieck, das von g und h und der x-Achse berandet wird?

Man kann die *Gleichungen von Tangente und Normale* in einem Kurvenpunkt auch durch jeweils eine allgemeine Formel darstellen, in die man nur noch einzusetzen braucht. Das spart gegenüber der eher „manuellen" Berechnung mit dem Ansatz y(x) = mx + n Zeit. Die manuellen Ansätze fördern jedoch das Verständnis und die Rechenfertigkeiten stärker.

Eine Gerade durch den Punkt $P(x_0|y_0)$ hat bekanntlich ganz allgemein die Gleichung

$$y(x) = m(x - x_0) + y_0.$$

Setzen wir nun im Fall der Tangente hier $m = f'(x_0)$ und $y_0 = f(x_0)$ ein, so erhalten wir die rechts aufgeführte allgemeine Tangentengleichung.

> **Gleichung der Tangente**
> Die Gleichung der Tangente an den Graphen von f im Punkt $P(x_0|f(x_0))$ lautet:
> $$y(x) = f'(x_0)(x - x_0) + f(x_0)$$

Setzen wir analog im Fall der Normalen $m = -\frac{1}{f'(x_0)}$ und $y_0 = f(x_0)$ ein, so erhalten wir die rechts aufgeführte allgemeine Normalengleichung.

> **Gleichung der Normalen**
> Die Gleichung der Normalen an den Graphen von f im Punkt $P(x_0|f(x_0))$. lautet:
> $$y(x) = -\frac{1}{f'(x_0)} \cdot (x - x_0) + f(x_0)$$

▶ **Beispiel: Gleichungen von Tangente und Normale**
Gegeben ist die Funktion $f(x) = x^2 - x$ sowie der Punkt $P(1|0)$. Wie lautet

a) die Gleichung der Tangente von f in P?
b) die Gleichung der Normalen von f in P?

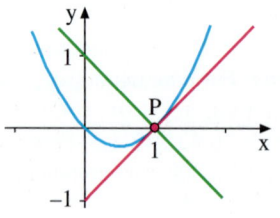

Lösung zu a:

Ableitung von f:
$f'(x) = 2x - 1$

Gleichung der Tangente:
$y(x) = f'(x_0) \cdot (x - x_0) + f(x_0)$
$= f'(1) \cdot (x - 1) + f(1)$
$= 1 \cdot (x - 1) + 0$
$= x - 1$

Lösung zu b:

Ableitung von f:
$f'(x) = 2x - 1$

Gleichung der Normalen:
$y(x) = -\frac{1}{f'(x_0)} \cdot (x - x_0) + f(x_0)$
$= -\frac{1}{f'(1)} \cdot (x - 1) + f(1)$
$= -\frac{1}{1} \cdot (x - 1) + 0$
$= -x + 1$

Übung 17
Gegeben sind die Funktion $f(x) = 1 - x^2$ sowie die Punkte $P(1|0)$ und $Q(-1|0)$.
Wie lautet die Gleichung
a) der Tangente von f in P?
b) der Normalen von f in Q?
c) Wo schneiden sich die Tangente in P und die Normale in Q? Wie groß ist der Schnittwinkel?

Übung 18
$y = 4x + 2$ ist Tangente der Funktion $f(x) = ax^3 + bx^2$ bei $x = 1$.
a) Wie lautet die Gleichung der Normalen von f bei $x = 1$?
b) Bestimmen Sie die Gleichung von f.

6. Funktionsuntersuchung

▶ **Beispiel: Minigolf**
Bei einer Minigolfbahn verläuft der Rand eines Hindernisses zwischen den Punkten P(−1|f(−1)) und Q wie die Funktion $f(x) = \frac{1}{4}x^3 - \frac{3}{4}x^2 + 5$.
Q ist dabei der Wendepunkt von f (1 LE = 1 m).
Wie müssen der Abschlagspunkt A(a|0) und der Einlochpunkt L(b|0) festgelegt werden, damit die beste Chance besteht, die Bahn zu bewältigen? Wo liegt der Hochpunkt der Bahn?

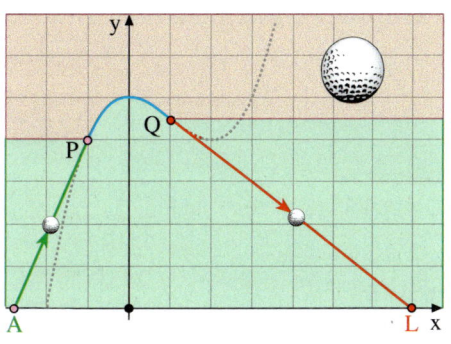

Lösung:

1. Ableitungen:

$f(x) = \frac{1}{4}x^3 - \frac{3}{4}x^2 + 5$
$f'(x) = \frac{3}{4}x^2 - \frac{3}{2}x$
$f''(x) = \frac{3}{2}x - \frac{3}{2}$
$f'''(x) = \frac{3}{2}$

2. Extrema und Wendepunkte:
Die notwendigen Bedingungen f'(x) = 0 bzw. f''(x) = 0 führen zusammen mit den hinreichenden Bedingungen auf einen Hochpunkt bei H(0|5) und einen Rechts-Links-Wendepunkt bei Q(1|4,5).

3. Tangenten in P und Q:
Die beste Chance, die Bahn zu bewältigen, ergibt sich, wenn der Punkt P(−1|f(−1)) durch den Ball exakt tangential zur Kurve f angesteuert wird.
Die Kurventangente in P hat die Gleichung $t(x) = \frac{9}{4}x + \frac{25}{4}$. Der günstigste Abschlagpunkt ist die Nullstelle der Tangente. Diese liegt im Punkt $A\left(-\frac{25}{9}\big|0\right)$.
Analog errechnet man die Gleichung der Tangente im Wendepunkt Q(1|4,5). Sie lautet $s(x) = -\frac{3}{4}x + \frac{21}{4}$. Ihre Nullstelle liegt im Punkt L(7|0). Das ist der gesuchte op-
▶ timale Einlochpunkt.

2a. Extrema:

$f'(x) = \frac{3}{4}x^2 - \frac{3}{2}x = 0$

$x \cdot \left(\frac{3}{4}x - \frac{3}{2}\right) = 0$

x = 0, y = 5   (Hochpunkt)
x = 2, y = 4   (Tiefpunkt)

2b. Wendepunkte:

$f''(x) = \frac{3}{2}x - \frac{3}{2} = 0$

$x = 1, y = \frac{9}{2} = 4{,}5$ (Wendepunkt)

3a. Tangente in P:
Ansatz: t(x) = mx + n
I: $m = f'(-1) = \frac{9}{4}$
II: −m + n = f(−1) = 4
I in II: $-\frac{9}{4} + n = 4 \Rightarrow n = \frac{25}{4}$
$t(x) = \frac{9}{4}x + \frac{25}{4}$
Nullstelle von t: $x = -\frac{25}{9} \approx -2{,}78$

3b. Tangente in Q:
Ansatz: s(x) = mx + n
I: $m = f'(1) = -\frac{3}{4}$
II: $m + n = f(1) = \frac{9}{2}$
I in II: $-\frac{3}{4} + n = \frac{9}{2} \Rightarrow n = \frac{21}{4}$
$s(x) = -\frac{3}{4}x + \frac{21}{4}$
Nullstelle von s: $x = \frac{21}{3} = 7$

Übung 19
Untersuchen Sie die Funktion $f(x) = x^3 - 6x^2 + 9x$. Zeichnen Sie ihren Graphen für $0 \leq x \leq 4$. Bei x = 0 und x = 4 soll der Graph tangential fortgeführt werden. Zeigen Sie, dass diese Tangenten parallel verlaufen. Welchen Abstand haben sie zueinander?

> **Beispiel: Polynomfunktion dritten Grades**
> Gegeben ist $f(x) = \frac{1}{8}x^3 - \frac{3}{4}x^2$. Führen Sie eine Funktionsuntersuchung durch. Wie lautet die Gleichung der Wendenormalen q von f? Zeichnen Sie den Graphen von f für $-2 \leq x \leq 6{,}5$.

Lösung:
Die Ableitungen von f lauten:

$f(x) = \frac{1}{8}x^3 - \frac{3}{4}x^2$

$f'(x) = \frac{3}{8}x^2 - \frac{3}{2}x$

$f''(x) = \frac{3}{4}x - \frac{3}{2}$

$f'''(x) = \frac{3}{4}$

Nun bestimmen wir die Nullstellen. Wir erhalten eine Nullstelle ohne Vorzeichenwechsel bei $x = 0$. Diese stellt zugleich ein Extremum dar. Eine weitere Nullstelle liegt bei $x = 6$. (vgl. Kap. VII.)

Die Berechnung der Extremstellen liefert einen Hochpunkt $H(0|0)$ und einen Tiefpunkt $T(4|-4)$.

Die Berechnung der Wendepunkte führt auf einen Rechts-Links-Wendepunkt bei $W(2|-2)$.

Die Bestimmung der Wendenormale ergibt $q(x) = \frac{1}{3}x - \frac{8}{3}$ (vgl. rechts unten).

5. Graph von f:

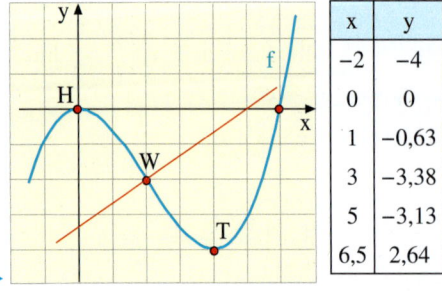

x	y
-2	-4
0	0
1	-0,63
3	-3,38
5	-3,13
6,5	2,64

1. Nullstellen:

$f(x) = 0$

$\frac{1}{8}x^3 - \frac{3}{4}x^2 = 0$

$x^2\left(\frac{1}{8}x - \frac{3}{4}\right) = 0$

$x^2 = 0$ bzw. $\frac{1}{8}x - \frac{3}{4} = 0$

$x \cdot x = 0 \quad\quad x = 6$

doppelte   einfache
Nullstelle   Nullstelle

2. Extrema:

$f'(x) = 0$

$\frac{3}{8}x^2 - \frac{3}{2}x = 0$

$x\left(\frac{3}{8}x - \frac{3}{2}\right) = 0$

$x = 0$ bzw. $\frac{3}{8}x - \frac{3}{2} = 0$

$x = 0, y = 0; \quad x = 4, y = -4$

$f''(0) = -\frac{3}{2} < 0 \Rightarrow$ Maximum

$f''(4) = \frac{3}{2} > 0 \Rightarrow$ Minimum

3. Wendepunkte:

$f''(x) = 0, \frac{3}{4}x - \frac{3}{2} = 0$

$x = 2, y = -2$

$f'''(2) = \frac{3}{4} > 0 \Rightarrow$ R-L-Wendepunkt

4. Wendenormale:

Ansatz: $q(x) = mx + n$

I: $m = -\frac{1}{f'(2)} = \frac{2}{3}$

II: $2m + n = f(2) = -2$

I in II: $\frac{2}{3} + n = -2 \Rightarrow n = -\frac{10}{3}$

$q(x) = \frac{2}{3}x - \frac{10}{3}$

Übung 20
Untersuchen Sie die Funktion $f(x) = x^3 - 3x^2 + 2x$. Zeichnen Sie ihren Graphen für $-1 \leq x \leq 3$. Unter welchem Winkel schneidet die Wendetangente von f die y-Achse? Wie groß ist der Inhalt des Dreiecks, das von Wendetangente, Wendenormale und y-Achse begrenzt wird?

6. Funktionsuntersuchung

Übungen

21. Gegeben ist die Funktion $f(x) = \frac{2}{3}x^3 - \frac{8}{3}x$.
  a) Untersuchen Sie f auf Symmetrie, Nullstellen, Extrema und Wendepunkte.
     Zeichnen Sie den Graphen von f für $-2,5 \leq x \leq 2,5$.
  b) Zeigen Sie, dass die Tangenten in den äußeren beiden Nullstellen parallel verlaufen.
  c) Wie lautet die Gleichung der Wendetangente? Wie groß ist ihr Steigungswinkel?

22. Gegeben ist die Funktion $f(x) = \frac{1}{4}x^4 - 2x^2$.
  a) Untersuchen Sie f auf Symmetrie, Nullstellen, Extrema und Wendepunkte.
     Zeichnen Sie den Graphen von f für $-3,5 \leq x \leq 3,5$.
  b) Die drei Extrema von f bilden ein Dreieck. Bestimmen Sie seine Innenwinkel.
  c) Liegen die Wendepunkte von f innerhalb des Dreiecks aus b?

23. Gegeben ist die Funktion $f(x) = x^3 + 3x^2$.
  a) Untersuchen Sie f auf Symmetrie, Nullstellen, Extrema und Wendepunkte.
     Zeichnen Sie den Graphen von f für $-3,5 \leq x \leq 1$.
  b) Zeigen Sie, dass die Extrema und der Wendepunkt von f auf einer Geraden liegen.
  c) Welchen Schnittwinkel bildet die Wendetangente mit der Geraden aus b?

24. Gegeben ist die Funktion $f(x) = -\frac{1}{2}x^4 + 2x^2$.
  a) Untersuchen Sie f auf Symmetrie, Nullstellen, Extrema und Wendepunkte.
     Zeichnen Sie den Graphen von f für $-2,5 \leq x \leq 2,5$.
  b) Unter welchem Winkel schneiden sich die Tangenten der beiden äußeren Nullstellen?
  c) Die Parabel $g(x) = a - bx^2$ (a, b > 0) soll den Graphen von f in den beiden äußeren Nullstellen berühren.
     Bestimmen Sie a und b.

25. Gegeben ist die Funktion $f(x) = \frac{1}{2}x^4 - 2x^2 + 4$.
  a) Untersuchen Sie f auf Symmetrie, Nullstellen, Extrema und Wendepunkte.
     Zeichnen Sie den Graphen von f für $-2 \leq x \leq 2$.
  b) An welchen Stellen stimmen die Funktionswerte von $f(x)$ mit $f(0)$ überein?
  c) Unter welchem Winkel schneidet der Graph von f die Gerade $y = f(0)$?
  d) Eine nach unten geöffnete Parabel, deren Scheitel im Hochpunkt von f liegt, soll durch die beiden Tiefpunkte von f gehen. Bestimmen Sie ihre Gleichung.

26. Gegeben ist die Funktion $f(x) = \frac{1}{3}x^3 - x^2$.
  a) Untersuchen Sie f auf Symmetrie, Nullstellen, Extrema und Wendepunkte.
     Zeichnen Sie den Graphen von f für $-1 \leq x \leq 4$.
  b) Bestimmen Sie die Gleichung der Tangente g der rechten Nullstelle.
  c) Bestimmen Sie die Gleichung der Wendenormalen q.
  d) Bestimmen Sie den Schnittpunkt der Wendenormalen q aus c mit der Tangente g aus b.
     Bestimmen Sie den Schnittwinkel von q und g.

7. Einfache Kurvenscharen

Die Funktionsgleichung $f_a(x) = x^2 - ax$ ($a \in \mathbb{R}$) beschreibt nicht eine einzige Funktion, sondern gleich eine ganze *Kurvenschar*, denn für jeden Wert von a erhält man eine andere Funktion. a heißt *Scharparameter* der Kurvenschar f_a.

▶ **Beispiel: Parabelschar**
Führen Sie eine Kurvendiskussion der Kurvenschar $f_a(x) = x^2 - ax$ ($a \in \mathbb{R}$) durch. Berechnen Sie die Lage der Nullstellen und Extrema von f_a in Abhängigkeit vom Scharparameter a. Skizzieren Sie die Graphen der speziellen Scharfunktionen f_1, f_3 und $f_{-1,5}$.

Lösung:
Ableitungen:
$f_a(x) = x^2 - ax$
$f_a'(x) = 2x - a$
$f_a''(x) = 2$

Nullstellen:
$f_a(x) = x^2 - ax = x(x - a) = 0$
$\Rightarrow x = 0$ und $x = a$

Extrema:
$f_a'(x) = 2x - a = 0 \Rightarrow x = \frac{a}{2}$
$f_a''\left(\frac{a}{2}\right) = 2 > 0 \Rightarrow$ Minimum
▶ Tiefpunkt: $T\left(\frac{a}{2} \mid -\frac{a^2}{4}\right)$

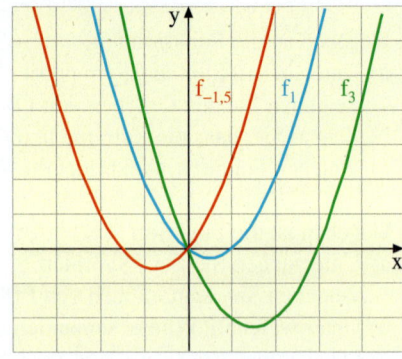

Häufig steht man vor der Aufgabe, aus einer Kurvenschar diejenige Kurve auszusortieren, die eine bestimmte, vorgegebene Eigenschaft hat.

▶ **Beispiel: Parameter gesucht**
a) Welche Kurve der Schar $f_a(x) = x^2 - ax$ hat an der Stelle x = 3 die Steigung 1?
b) Gibt es eine Kurve der Schar f_a, die genau eine Nullstelle besitzt?

Lösung zu a:
Eine Kurve der Schar f_a hat an der Stelle x = 3 die Steigung 1, wenn $f_a'(3) = 1$ gilt.
Daraus folgt:
$f_a'(3) = 6 - a = 1 \Rightarrow a = 5$.
▶ $f_5(x) = x^2 - 5x$ ist die gesuchte Funktion.

Lösung zu b:
Im obigen Beispiel wurde bereits gezeigt, dass die Nullstellen bei x = 0 und x = a liegen. Für a = 0 gibt es also nur genau eine Nullstelle. Folglich besitzt die Funktion $f_0(x) = x^2$ genau eine Nullstelle.

Übung 1
Gegeben sei die Kurvenschar $f_a(x) = x^2 - 2ax + 1$ ($a \in \mathbb{R}$, $a > 0$).
a) Führen Sie eine Kurvendiskussion von f_a durch.
b) Skizzieren Sie die Graphen für a = 1, a = 1,5 und a = 0,5.
c) Welche Kurve der Schar f_a hat an der Stelle x = 4 die Steigung 1?
d) Welche Kurven der Schar f_a haben keine Nullstellen bzw. genau eine Nullstelle?

7. Einfache Kurvenscharen

▶ **Beispiel: Schar kubischer Funktionen**
Gegeben sei die Kurvenschar $f_a(x) = x^3 - 3ax^2$ ($a \in \mathbb{R}$, $a > 0$).
Führen Sie eine Kurvendiskussion der Kurvenschar f_a durch (Nullstellen, Extrema und Wendepunkte). Skizzieren Sie die Graphen für $a = 1$, $a = 0{,}6$ und $a = 1{,}2$.

Lösung:
Ableitungen:
$f_a(x) = x^3 - 3ax^2 = x^2 \cdot (x - 3a)$
$f'_a(x) = 3x^2 - 6ax = 3x \cdot (x - 2a)$
$f''_a(x) = 6x - 6a = 6 \cdot (x - a)$
$f'''_a(x) = 6$

Nullstellen:
$f_a(x) = x^3 - 3ax^2 = x^2 \cdot (x - 3a) = 0$
$\Rightarrow x = 0$ und $x = 3a$

Extrema:
$f'_a(x) = 3x^2 - 6ax = 3x \cdot (x - 2a) = 0$
$\Rightarrow x = 0$ ⎫ Hochpunkt, denn
  $y = 0$ ⎭ $f''_a(0) = -6a < 0$;
$\Rightarrow x = 2a$ ⎫ Tiefpunkt, denn
  $y = -4a^3$ ⎭ $f''_a(2a) = 6a > 0$

Wendepunkte:
$f''_a(x) = 6x - 6a = 6(x - a) = 0$
$\Rightarrow x = a$ ⎫ Wendepunkt, denn
  $y = -2a^3$ ⎭ $f'''_a(a) = 6 \neq 0$

▶ **Beispiel: Wendetangente**
Welche Kurve der Schar $f_a(x) = x^3 - 3ax^2$ ($a \in \mathbb{R}$, $a > 0$) besitzt eine Wendetangente, die durch den Punkt $P(0|8)$ geht?

Lösung:
Im obigen Beispiel wurde bereits gezeigt, dass $W(a|-2a^3)$ Wendepunkt von f_a ist. Dort liegt die Steigung $f'_a(a) = -3a^2$ vor.
Für die Wendetangente t kann daher der Ansatz $t(x) = -3a^2 x + n$ verwendet werden.
Setzen wir hier die Wendepunktkoordinaten ein, so erhalten wir $-3a^3 + n = -2a^3$, d.h. $n = a^3$.
Die Gleichung der Wendetangente von f_a lautet daher $t(x) = -3a^2 x + a^3$.
▶ Die Forderung $t(0) = 8$ führt auf $a^3 = 8$, d.h. $a = 2$. Also ist $f_2(x) = x^3 - 6x^2$ die gesuchte Kurve.

Übung 2
Führen Sie eine Kurvendiskussion der Kurvenschar f_a durch. Skizzieren Sie die zu den angegebenen Parametern gehörigen Graphen.
a) $f_a(x) = x^3 - ax$, $a > 0$
   Skizze: $a = 3$, $a = 1$, $a = 6$
b) $f_a(x) = -x^3 + 2ax^2$, $a > 0$
   $a = 1$, $a = 0{,}5$, $a = 1{,}5$
c) $f_a(x) = x^4 - ax^2$, $a > 0$
   $a = 2$, $a = 4$

Ortskurven

Im folgenden Beispiel geht es um die *Ortskurve* der Extrema einer Kurvenschar. Das ist diejenige Kurve, auf der alle lokalen Extrema der Schar liegen.

> **Beispiel: Ortskurve**
> Die Funktionenschar $f_a(x) = -\frac{1}{4}x^2 + ax$ ($a > 0$) soll untersucht werden. Zeichnen Sie die Graphen für $a = 1$, $a = 2$ und $a = 3$ in das gleiche Koordinatensystem. Bestimmen Sie außerdem diejenige Kurve y, auf der alle Hochpunkte von f_a liegen, und zeichnen Sie deren Graphen ein.

Lösung:

1. Nullstellen:
$f_a(x) = -\frac{1}{4}x^2 + ax = 0$
$-\frac{1}{4}x \cdot (x - 4a) = 0$
$x = 0$ oder $x = 4a$

2. Extrema:
$f_a'(x) = -\frac{1}{2}x + a = 0$
$x = 2a$
$y = a^2$
$f_a''(a) = -\frac{1}{2} < 0 \Rightarrow$ Hochpunkt $H(2a|a^2)$

3. Wendepunkte:
$f_a''(x) = -\frac{1}{2} \neq 0$
$\Rightarrow$ keine Wendepunkte

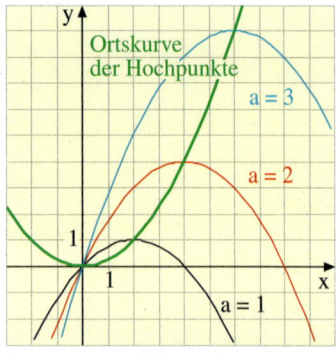

4. Ortskurve der Hochpunkte:
Der Hochpunkt hat die beiden Koordinaten $x = 2a$ und $y = a^2$.
Wir lösen die Gleichung für die x-Koordinate nach a auf, d.h. $a = \frac{x}{2}$. Wir setzen dieses Zwischenergebnis in die Gleichung für die y-Koordinate ein:
$y = a^2 = \left(\frac{x}{2}\right)^2 = \frac{1}{4}x^2$
Das Endergebnis $y = \frac{1}{4}x^2$ stellt die gesuchte Ortskurve der Hochpunkte dar.
▶ In der Graphik ist sie grün dargestellt.

Koordinaten des Hochpunktes:
x-Koordinate: $x = 2a$
y-Koordinate: $y = a^2$

Auflösen der x-Koordinate nach a:
$x = 2a \Rightarrow a = \frac{x}{2}$

Einsetzen in die y-Koordinate:
$y = a^2 \Rightarrow y = \left(\frac{x}{2}\right)^2 \Rightarrow y = \frac{1}{4}x^2$

Gleichung der Ortskurve:
$y = \frac{1}{4}x^2$

> **Rezept zur Bestimmung der Ortskurve eines Extrempunktes**
> 1. Bestimmen Sie die beiden Koordinaten des Extrempunktes in Abhängigkeit von a.
> 2. Lösen Sie die Gleichung für die x-Koordinate nach dem Parameter a auf.
> 3. Setzen Sie den so gewonnenen Term für a in die Gleichung für die y-Koordinate ein.

Übung 3 Ortskurve
Untersuchen Sie Schar $f_a(x) = ax^2 - x$ ($a > 0$) auf Nullstellen und Extrema. Skizzieren Sie f_1, f_2 und f_3. Bestimmen und zeichnen Sie die Ortskurve der Extrema.

Übung 4 Ortskurve
Untersuchen Sie $f_a(x) = \frac{1}{2}x^4 - ax^2$ ($a > 0$). Zeichnen Sie f_1, f_2 und f_3. Bestimmen Sie die Ortskurven der Extrema und Wendepunkte und zeichnen Sie diese ein.

Übungen

5. Parabelschar

Gegeben ist die Funktionenschar $f_a(x) = x^2 - (a+1)x$.
a) Untersuchen Sie die Schar für $a > 0$ auf Nullstellen und Extrema.
b) Skizzieren Sie die Graphen von f_1 und f_2 für $-1 \leq x \leq 4$.
c) Welcher Graph der Schar f_a hat ein Extremum bei $x = 2$?
d) Für welchen Wert von a hat f_a genau eine Nullstelle?
e) Zeigen Sie, dass alle Extrema von f_a auf der Parabel $y = -x^2$ liegen.
f) Welche Graphen zeigt die Abbildung?

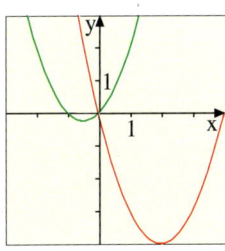

6. Kubische Schar

Gegeben ist die Funktionenschar $f_a(x) = x - a^2 x^3$, $a > 0$.
a) Führen Sie eine Kurvendiskussion von f_a durch (Symmetrie, Nullstellen, Extrempunkte, Wendepunkte).
b) Zeichnen Sie die Graphen von $f_{\frac{1}{3}}$, $f_{\frac{1}{2}}$ und f_1 in ein Koordinatensystem.
c) Zeigen Sie: Alle Graphen der Schar haben einen gemeinsamen Punkt P.
d) Auf welcher Kurve liegen alle Hochpunkte der Funktionenschar?

7. Kubische Schar

Gegeben ist die Funktionenschar $f_a(x) = x^3 - 3a^2 x + 2a^3$.
a) Untersuchen Sie f_a auf Extrema und Wendepunkte.
b) Zeigen Sie, dass $x = -2a$ eine Nullstelle von f_a ist.
c) Skizzieren Sie die Graphen von f_1 und f_{-1}.
d) Zeigen Sie, dass alle Graphen der Schar die x-Achse berühren.
e) Zeigen Sie, dass f_a und f_{-a} symmetrisch zueinander sind.

8. Nicht-ganzrationale Schar

Gegeben ist die Funktionenschar $f(x) = x - 2a + \frac{a}{x}$.
a) Für welche a existieren zwei, eine bzw. keine Nullstellen?
b) Untersuchen Sie f_a auf Extrema.
c) Skizzieren Sie die Graphen von f_1 und f_{-1}.
d) Zeigen Sie, dass keine Scharfunktion einen Wendepunkt hat.
e) Zeichnen Sie den Graphen von f_2.
f) Unter welchen Winkeln schneidet der Graph von f_2 die x-Achse?

9. Motorrad-Stunt

Auf dem Parkhausdach stehen 6 Autos von jeweils 5 m Länge und 2 m Höhe. Ein Stuntman beschleunigt über die Rampe auf die Geschwindigkeit v (in m/s) und versucht, die Autos zu überspringen. Seine Flugbahn lautet $y_v(x) = \frac{1}{2}x - \frac{5}{v^2}x^2$.
a) Welche Geschwindigkeit v muss er erreichen, um eine Maximalhöhe von 5 m zu erzielen?
b) Wie groß ist dann die Sprungweite?
c) Kann er so die Autos überspringen?
d) Wie groß ist der Absprungwinkel?

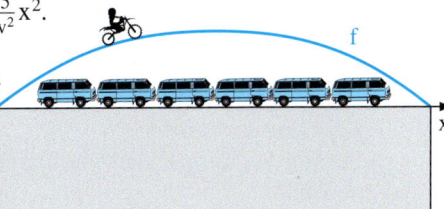

10. Golf

Ein Golfspieler steht im Ursprung des Koordinatensystems und wird einen Ball schlagen, der im Punkt $P(x_0, 0)$ vor ihm liegt. Sein Ziel ist es, den Ball über die Sandfläche zu schlagen, die sich in einer Entfernung von 5 bis 21 m vom Spieler erstreckt.
Die Flugbahn des Golfballes wird durch $f_a(x) = -\frac{1}{a}(x^2 - (a+2)x + (a+1))$, $a > 0$ beschrieben, wobei a von der Geschwindigkeit abhängt, mit welcher der Ball getroffen wird (1 LE = 1 m).

a) Zeigen Sie, dass der Abschlagpunkt P die Abszisse $x_0 = 1$ hat.
b) Sei a = 8. An welcher Stelle landet der Ball in diesem Fall? Welche maximale Höhe erreicht er im Flug? Wie groß ist der Abschlagwinkel?
c) Zeigen Sie, dass die Schar f_a den Hochpunkt $H\left(\frac{a+2}{2}, \frac{a}{4}\right)$ besitzt.
d) Zeigen Sie, dass der Ball für jedes a unter einem Winkel von 45° abgeschlagen wird.
e) Zeigen Sie, dass die Funktion f_a die Nullstellen $x = 1$ und $x = a + 1$ besitzt.
f) Für welches a erreicht der Ball exakt das Ende des Sandbunkers?

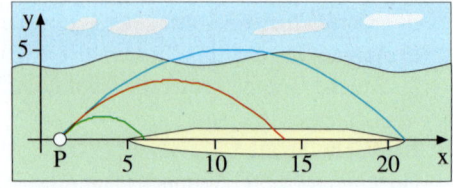

11. Aktie

Eine Aktie hat einen Wert von 50 $. Ihr möglicher Kursverlauf wird beschrieben durch die Funktion $f_a(t) = -0{,}01\,a\,t^3 + 0{,}3\,a\,t^2 + 50$, $a \in \mathbb{R}$. t: Zeit in Monaten, f: Wert in $.

a) Untersuchen Sie den Kursverlauf für a = 2. Welcher maximale Kurs wird erreicht? Zu welchem Zeitpunkt setzt eine Trendwende ein? Mit welcher Geschwindigkeit (in $/Monat) steigt der Kurs zur Zeit der Trendwende?
b) Welcher ganzzahlige Wert von a entspricht der grünen Kurve? Begründen Sie stichhaltig.
c) Der Fall a = -1 entspricht dem roten Kursverlauf. Wann hat sich der Kurs halbiert? Lösen Sie dies angenähert.

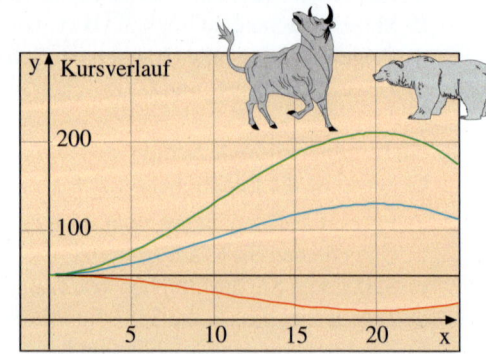

12. Wellenmaschine

Eine Wellenmaschine erzeugt Wellen der Form $f_a(x) = -\frac{1}{a^2}x^3 + \frac{1}{a}x^2$ (s. Abb.).

a) Wie lang und hoch ist die Welle a = 15? Skizzieren Sie den Graphen.
b) Welche Wellen sind dargestellt?
c) Wo ist die Welle a = 15 an ihrem linken Hang am steilsten?
d) Für welches a erhält man eine 4 m hohe Welle?

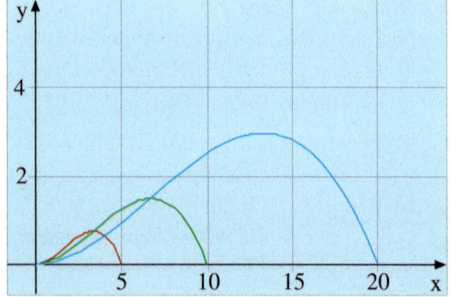

7. Einfache Kurvenscharen

13. Gegeben sei die Funktionenschar
    $f_a(x) = 2ax^3 + (2 - 4a)x$, $a \in \mathbb{R}$, $a \neq 0$.
    a) Führen Sie für $a = -0{,}25$ eine Kurvendiskussion durch (Nullstellen, Extrema, Wendepunkte) und skizzieren Sie anschließend den Graphen von $f_{-0{,}25}$ für $-3 \leq x \leq 3$.
    b) Zeigen Sie, dass alle Graphen zu f_a durch den Hochpunkt H der Kurve $f_{-0{,}25}$ gehen (s. Abb.).

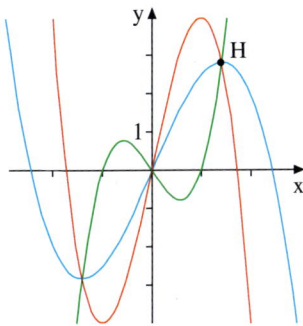

   c) Für welches a hat f_a im Punkt H die Steigung 6?
   d) Für welches $a \in \mathbb{R}$ hat f_a keine lokalen Extrema?
   e) Für welches a hat die Wendenormale von f_a die Steigung 0,5?

14. Gegeben sei die Funktionenschar
    $f_a(x) = \frac{1}{12a}x^3 - x^2 + 3ax$, $a \in \mathbb{R}$, $a > 0$.
    a) Untersuchen Sie die Schar auf Nullstellen und Extrema.
    b) Der Punkt $P(z|f_1(z))$ bildet mit dem Ursprung und dem Punkt $Q(z|0)$ ein achsenparalleles Dreieck ($0 \leq z \leq 6$).
    Bestimmen Sie die Koordinaten von P so, dass das Dreieck maximalen Inhalt hat.
    c) Die Tangente durch $W\left(4a\big|\frac{4}{3}a^2\right)$ schließt mit den Koordinatenachsen ein Dreieck ein. Für welches a hat das Dreieck den Inhalt 384?

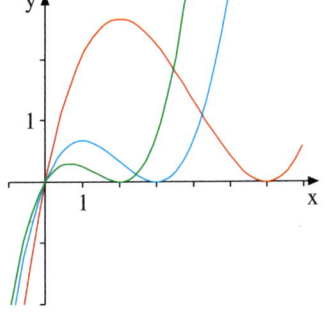

15. Gegeben sei die Funktionenschar
    $f_a(x) = x^3 + (3 - 3a)x^2 - 12ax$, $a \in \mathbb{R}$, $a > 0$.
    a) Zeigen Sie, dass f_a den Hochpunkt $H(-2|4 + 12a)$ besitzt.
    b) Zeigen Sie, dass f_a den Wendepunkt $W(a - 1|-2a^3 - 6a^2 + 6a + 2)$ besitzt.
    c) Bestimmen Sie die Gleichung der Wendetangente von f_1.
    d) Für welches $a \in \mathbb{R}$ besitzt f_a einen Sattelpunkt, d.h. einen Wendepunkt mit waagerechter Tangente? Geben Sie ihn an.

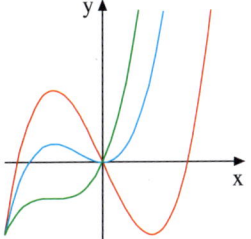

Überblick

Ableitungsregeln: u und v seien differenzierbare Funktionen.

Name der Regel	Kurzform der Regel
Summenregel	$(u + v)' = u' + v'$
Faktorregel	$(c \cdot u)' = c \cdot u'$ (c konstant)
Konstantenregel	$(c)' = 0$ (c konstant)
Potenzregel	$(x^n)' = n \cdot x^{n-1}$
Reziprokenregel	$\left(\frac{1}{x}\right)' = -\frac{1}{x^2}$ $(x \neq 0)$
	$\left(\frac{1}{x^2}\right)' = (x^{-2})' = -2 \cdot x^{-3} = -\frac{2}{x^3}$
Wurzelregel	$(\sqrt{x})' = \frac{1}{2\sqrt{x}}$ $(x > 0)$
Potenzregel für reelle Exponenten	$(x^r)' = r \cdot x^{r-1}$ $(r \in \mathbb{R})$

Monotoniekriterium

Die Funktion f sei auf dem Intervall I einmal differenzierbar. Dann besteht der folgende Zusammenhang zwischen der Steigung von f und dem Vorzeichen der ersten Ableitung f':

$f'(x) < 0$ $\Downarrow$ f ist streng monoton fallend	$f'(x) > 0$ $\Downarrow$ f ist streng monoton steigend	$f'(x) \leq 0$ $\Downarrow$ f ist monoton fallend	$f'(x) \geq 0$ $\Downarrow$ f ist monoton steigend

Krümmungskriterium

Die Funktion f sei auf dem Intervall I zweimal differenzierbar. Dann besteht der folgende Zusammenhang zwischen der Krümmung von f und dem Vorzeichen der zweiten Ableitung f'':

$f''(x) < 0$	$f''(x) > 0$
f ist rechtsgekrümmt	f ist linksgekrümmt

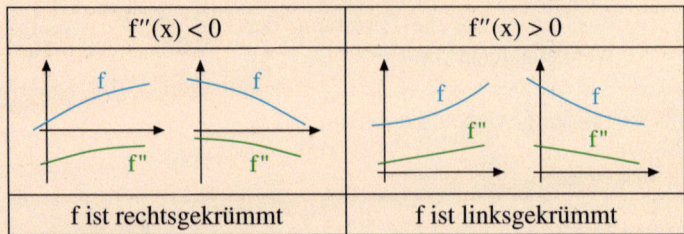

IV. Eigenschaften von Funktionen

Notwendige Bedingung für lokale Extrema

f sei an der Stelle x_E differenzierbar. Dann gilt:
Ist x_E eine lokale Extremstelle von f, so gilt $f'(x_E) = 0$.

Hinreichendes Kriterium für lokale Extrema: f''-Kriterium

f sei in einer Umgebung von x_E zweimal differenzierbar. Dann gilt:
Ist $f'(x_E) = 0$ und $f''(x_E) \neq 0$, so hat f bei x_E eine lokale Extremstelle.

Genauer: $f'(x_E) = 0$ und $f''(x_E) < 0 \Rightarrow$ lokales Maximum bei x_E
$f'(x_E) = 0$ und $f''(x_E) > 0 \Rightarrow$ lokales Minimum bei x_E

Hinreichendes Kriterium für lokale Extrema: Vorzeichenwechsel-Kriterium

f sei in einer Umgebung von x_E differenzierbar und $f'(x_E) = 0$.
Wechselt f' bei x_E das Vorzeichen, so ist x_E lokale Extremstelle.

Genauer: f' wechselt von + nach − $\Rightarrow$ lokales Maximum bei x_E
f' wechselt von − nach + $\Rightarrow$ lokales Minimum bei x_E

Notwendige Bedingung für Wendepunkte

f sei an der Stelle x_E zweimal differenzierbar. Dann gilt:
Wenn x_W eine Wendestelle von f ist, so gilt $f''(x_W) = 0$.

Hinreichendes Kriterium für Wendepunkte: f'''-Kriterium

f sei in einer Umgebung von x_W dreimal differenzierbar. Dann gilt:
Ist $f''(x_W) = 0$ und $f'''(x_W) \neq 0$, so hat f bei x_W eine Wendestelle.

Genauer: $f''(x_W) = 0$ und $f'''(x_W) < 0 \Rightarrow$ Links-Rechts-WP
$f''(x_W) = 0$ und $f'''(x_W) > 0 \Rightarrow$ Rechts-Links-WP

Hinreichendes Kriterium für Wendepunkte: Vorzeichenwechsel-Kriterium

f sei in einer Umgebung von x_W zweimal differenzierbar und es sei $f''(x_W) = 0$.
Wechselt f'' bei x_W das Vorzeichen, so ist x_W eine Wendestelle.

Genauer: f'' wechselt von + nach − $\Rightarrow$ Links-Rechts-WP
f'' wechselt von − nach + $\Rightarrow$ Rechts-Links-WP

Gleichung der Sekante von f durch die Punkte $P(x_0|f(x_0))$ und $Q(x_1|f(x_1))$

$$s(x) = \frac{f(x_1) - f(x_0)}{x_1 - x_0} \cdot (x - x_0) + f(x_0)$$

Gleichung der Tangente an f im Punkt $P(x_0|f(x_0))$

$$t(x) = f'(x_0) \cdot (x - x_0) + f(x_0)$$

Gleichung der Normalen an f im Punkt $P(x_0|f(x_0))$

$$n(x) = -\frac{1}{f'(x_0)} \cdot (x - x_0) + f(x_0)$$

Das Intervallhalbierungsverfahren

Bisher können wir – abgesehen von ganz speziellen Fällen – nur solche Gleichungen lösen, die sich auf lineare und quadratische Gleichungen zurückführen lassen. Im Folgenden entwickeln wir ein Verfahren, mit dem wir für eine Funktion f, die gewisse Voraussetzungen erfüllt, die Gleichung f(x) = 0 näherungsweise lösen können. Wir betrachten zunächst ein Beispiel, bei dem eine wichtige Voraussetzung nicht erfüllt ist.

Beispiel

Untersuchen Sie $f(x) = \begin{cases} -x^2 - 1, & -1 \leq x < 0 \\ x^2 + 1, & 0 \leq x \leq 1 \end{cases}$ auf Nullstellen.

Lösung:
Man könnte annehmen, dass eine Funktion, die sowohl negative als auch positive Funktionswerte hat, eine Nullstelle besitzt.

Die Funktion

$f(x) = \begin{cases} -x^2 - 1, & -1 \leq x < 0 \\ x^2 + 1, & 0 \leq x \leq 1 \end{cases}$

zeigt jedoch, dass dies nicht der Fall sein muss. Sie hat negative und positive Funktionswerte, aber keine Nullstelle.

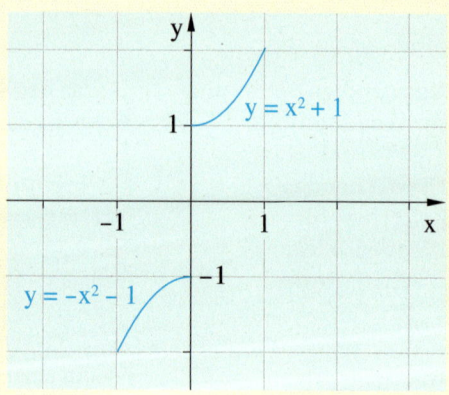

Die Funktion f ist nämlich nicht in einem Rutsch durchzeichenbar. Man muss den Stift beim Zeichnen einmal absetzen und neu ansetzen, da der Graph eine *Sprungstelle* hat. Dies ist der Grund, weshalb man ohne Achsenschnittpunkt vom negativen in den positiven Bereich gelangen kann.
Für durchzeichenbare Funktionen (allgemein für sogenannte *stetige* Funktionen) ist das nicht möglich. Für solche Funktionen gilt der sogenannte Nullstellensatz.

Nullstellensatz
Ist die Funktion f durchzeichenbar (*stetig*) über dem Intervall [a; b] und gilt f(a) < 0 sowie f(b) > 0, so existiert eine reelle Zahl $x_0 \in [a, b]$ mit $f(x_0) = 0$.

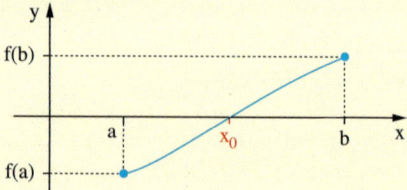

Der Nullstellensatz bildet die theoretische Grundlage für ein Näherungsverfahren zur Berechnung der Nullstellen beliebiger durchzeichenbarer Funktionen. Es handelt sich um das so genannte *Intervallhalbierungsverfahren* oder *Bisektionsverfahren*.

Das Intervallhalbierungsverfahren

Die Lösung der Gleichung $\frac{1}{2}x^3 = 1 + x$ soll durch ein Verfahren der schrittweisen Näherung auf eine Nachkommastelle genau berechnet werden.

Lösung:
Gleichwertig zur Aufgabenstellung ist die Bestimmung der Nullstelle der Funktion
$f(x) = \frac{1}{2}x^3 - x - 1$.

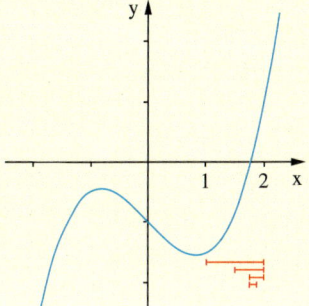

Das Startintervall:
Durch Einsetzen einiger Werte oder anhand einer Skizze des Graphen erkennen wir, dass $f(1) = -1{,}5$ und $f(2) = 1$ gilt. Nach dem Nullstellensatz gibt es also eine Nullstelle x_0 im Intervall $[1; 2]$.

Intervallhalbierung:
Wir überprüfen durch Einsetzen das Vorzeichen von f in der Intervallmitte. Weil $f(1{,}5) = -0{,}81 < 0$ ist und $f(2) > 0$ galt, wissen wir, dass die Nullstelle x_0 im kleineren Intervall $[1{,}5; 2]$ liegt.

Wiederholung:
Wir wiederholen die Intervallhalbierung so lange, bis die gewünschte Genauigkeit erreicht ist. Die Schritte sind rechts dargestellt. Wir erhalten schließlich
$x_0 \approx \frac{1{,}75 + 1{,}78125}{2} \approx 1{,}766$, wobei die erste Nachkommastelle sicher ist.
Zum Vergleich das genaue Ergebnis:
$x_0 = 1{,}769292354...$

a $f(a) < 0$	b $f(b) > 0$
1	2
1,5	2
1,75	2
1,75	1,875
1,75	1,8125
1,75	1,78125

$\Rightarrow x_0 \in [1{,}75; 1{,}78125]$

$\Rightarrow x_0 \approx 1{,}766$

Empfehlung: Oft führt man das Intervallhalbierungsverfahren abgewandelt durch. Ist z. B. $f(1) = -1{,}5$ und $f(2) = 1$, so wird man nicht in der Intervallmitte, sondern näher bei 2, also z. B. bei $x = 1{,}7$ testen. Auf diese Weise kommt man schneller voran, da man die Funktionswerte gezielt berücksichtigt und nicht einfach nur stur die Intervallmitten verwendet.

Übungen

Begründen Sie mit Hilfe des Nullstellensatzes, dass die Funktion f mindestens eine Nullstelle besitzt. Geben Sie ein Intervall an, welches die Nullstelle enthält.
a) $f(x) = x^3 + x$ b) $f(x) = 2 - \frac{1}{4}x^2$ c) $f(x) = \sqrt{x} - 2x + 5$
d) $f(x) = \log x + x$ e) $f(x) = x^2 + ax - a$, $a > 0$ f) $f(x) = x + ax^3 + a$, $a > 0$

Bestimmen Sie die einzige Nullstelle der Funktion f bzw. die einzige Lösung der gegebenen Gleichung mit dem Intervallhalbierungsverfahren.
a) $f(x) = x^3 - 2$ b) $f(x) = x^3 + x - 5$ c) $2^x = 4 - x$
d) $f(x) = x^2 - \frac{1}{x} - 4$, $x > 0$ e) $\log x = 5 - x$ f) $x^x = 2$

Test

Eigenschaften von Funktionen

1. Monotonie und Krümmungsverhalten
Gegeben ist die Funktion $f(x) = -x^3 + 3x^2$.
a) In welchen Bereichen ist f streng monoton steigend bzw. streng monoton fallend?
b) In welchem Bereich ist f linksgekrümmt?

2. Kriterien für Extrema
a) Wie lautet das notwendige Kriterium für die Existenz eines Hochpunktes?
b) Formulieren Sie ein hinreichendes Kriterium für die Existenz eines Hochpunktes.

3. Funktionsuntersuchung
Gegeben ist die Funktion $f(x) = \frac{1}{2}x^3 - 3x^2 + \frac{9}{2}x$.
a) Untersuchen Sie f auf Symmetrie, Nullstellen, Extrema und Wendepunkte.
Zeichnen Sie auf der Basis dieser Ergebnisse den Graphen von f für $-0,5 \leq x \leq 4$.
b) Welche Steigung hat f an der Stelle $x = 0$. Wie groß ist der Schnittwinkel des Graphen von f mit der x-Achse an dieser Stelle?

4. Funktionsuntersuchung
Gegeben ist die Funktion $f(x) = \frac{x}{2} + \frac{2}{x}$.
a) Zeichnen Sie den Graphen von f für $-6 \leq x \leq 6$.
Bestimmen Sie die Extrempunkte von f.
b) Wie lautet die Gleichung der Tangente an den Graphen von f im Punkt $P(1|2,5)$?
Wo schneidet diese Tangente die Koordinatenachsen?

5. Durchflussmenge
Die Durchflussmenge d eines Flusses wird in den ersten 16 Minuten nach Beginn eines Unwetters erfasst durch $d(t) = -\frac{2}{5}t^3 + 6t^2 + 200$ (t: Zeit in min; d(t): Durchfluss in m³/min).
a) Skizzieren Sie den Graphen anhand einer Wertetabelle für $0 \leq t \leq 16$, Schrittweite 2.
b) Wann ist die Durchflussmenge maximal? Wie groß ist sie zu diesem Zeitpunkt?
c) Wann ändert sich die Durchflussmenge am stärksten?
d) Wann erreicht die Durchflussmenge die Alarmgröße 250 m³/min? Wie lange dauert der Alarm? Zu welcher Zeit beginnt der Alarm? Lösen Sie dies angenähert mit Hilfe von Testeinsetzungen.

6. Parameteraufgabe
Gegeben ist die Funktionenschar $f(x) = \frac{1}{4}x^3 - \frac{3}{4}ax^2$, $a > 0$.
a) Untersuchen Sie f in Abhängigkeit von a auf Nullstellen, Extrema und Wendepunkte.
b) Für welchen Wert von a liegt der Tiefpunkt von f_a bei $x = 3$?
c) Für welches a hat f_a einen Wendepunkt mit dem y-Wert -4?
d) Skizzieren Sie die Graphen von $f_{0,5}$, f_1 und $f_{1,5}$, $-1 \leq x \leq 5$.
e) Alle Tiefpunkte von f_a liegen auf einer Kurve y. Wie lautet die Gleichung von y?

Lösungen: S. 343

V. Anwendungen der Differentialrechnung

1. Kurvenuntersuchungen bei realen Prozessen

Reale Problemstellungen technischer und wirtschaftlicher Art können in vielen Fällen durch Funktionen erfasst werden. Man spricht dann von einer mathematischen Modellierung. Die Modellfunktion wird dabei mathematisch-theoretisch untersucht, wobei auch die Differentialrechnung eingesetzt wird. Die theoretischen Ergebnisse werden schließlich auf das reale Problem zurücktransformiert, welches auf diese Weise gelöst werden kann.

▶ **Beispiel: Das Entleeren einer Regentonne**
Eine 100 cm hohe und 60 cm breite Regentonne wird durch eine Ablassöffnung entleert. Die Höhe h des Wasserstandes kann durch die Funktion $h(t) = \frac{1}{16}t^2 - 5t + 100$ modelliert werden (t ist die Zeit in Minuten und h die Höhe in cm).
a) In welchem Bereich ist die Modellierung sinnvoll?
b) Nach welcher Zeit steht das Wasser nur noch 50 cm hoch, wann ist es ganz abgelaufen?

Lösung zu a:
Der Graph von h zeigt, dass die Modellierung nur für den Zeitraum $0 \leq t \leq 40$ sinnvoll ist, denn danach würde der Wasserstand entgegen der Realität wieder steigen.

Lösung zu b:
Man kann dem Graphen ziemlich genau entnehmen, dass die Tonne nach 40 Minuten leergelaufen ist. Nur ungenau ist zu entnehmen, wann der Wasserstand auf 50 cm gesunken ist.

Daher führen wir für diese Fragestellung eine Rechnung durch. Diese ist rechts dargestellt und liefert das Ergebnis: 11,7 Minuten.
Hierbei tritt die Scheinlösung $t = 68,3$ auf, die aber nicht im sinnvollen Bereich der
▶ Modellfunktion liegt.

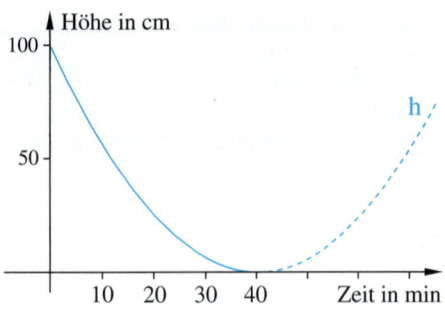

$h(t) = 50$ (Ansatz)
$\frac{1}{16}t^2 - 5t + 100 = 50$
$t^2 - 80t + 800 = 0$
$t = 40 \pm \sqrt{800}$
$t \approx 11{,}72 \text{ min}$
$t \approx 68{,}28 \text{ min}$ (Scheinlsg.)

Übung 1
a) Wie hoch ist der Wasserstand in der Regentonne aus dem obigen Beispiel 10 Minuten nach Ablaufbeginn?
b) Wie viel Wasser läuft in den ersten 10 Minuten ab, wie viel in den letzten 10 Minuten?
c) Wie lange muss das Wasser bei voller Tonne laufen, um einen 10-Liter-Eimer zu füllen?

1. Kurvenuntersuchungen bei realen Prozessen

Wir führen das Beispiel des Ablaufprozesses einer Regentonne fort, indem wir nun Fragen aufnehmen, welche die Differentialrechnung ansprechen, z. B. Änderungsraten.

▶ **Beispiel: Änderungsraten beim Entleeren einer Regentonne**
Untersucht werden soll die Geschwindigkeit, mit der sich der Wasserstand in der Regentonne ändert, d. h. die momentane Änderungsrate der Wasserstandshöhe $h(t) = \frac{1}{16}t^2 - 5t + 100$.
a) Welche Funktion beschreibt die momentane Änderungsrate der Wasserstandshöhe h? Interpretieren Sie den Funktionsgraphen dieser Funktion.
b) Wie schnell ändert sich der Wasserstand zur Zeit t = 0 bzw. zur Zeit t = 10?

Lösung zu a:
Die momentane Änderungsrate der Funktion h kann mit der Ableitungsfunktion $h'(t) = \frac{1}{8}t - 5$ berechnet werden. Sie wird in der Einheit cm/min gemessen und gibt die *Geschwindigkeit* wieder, mit welcher sich der Wasserstand ändert.
Die Werte von h' sind im betrachteten Bereich negativ. Das bedeutet: Der Wasserstand h sinkt. Der absolute Zahlenwert von h' wird allerdings mit fortschreitender Zeit kleiner, der Wasserstand sinkt also immer langsamer.

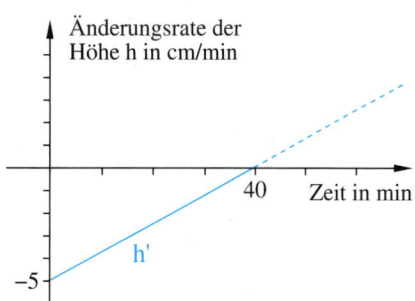

Lösung zu b:
Momentane Änderungsrate zur Zeit t = 0:

$$h'(0) = -5 \, \text{cm/min}$$

Ganz zu Beginn des Ablaufprozesses erniedrigt sich der Wasserstand mit einer Geschwindigkeit von 5 cm pro Minute.

Momentane Änderungsrate zur Zeit t = 10:

$$h'(10) = -3{,}75 \, \text{cm/min}$$

Der Wasserstand sinkt nun mit einer geringeren Rate, da der Wasserdruck auf die Ablassöffnung schon nachgelassen hat.

Übung 2
Der abgebildete Wasserbehälter wird mit Wasser gefüllt. Der Wasserstand steigt nach der Formel $h(t) = 20 \cdot t^{\frac{1}{3}}$ (t: Zeit in min, h: Wasserstandshöhe in cm; zur Kontrolle: $h'(t) = \frac{20}{3} \cdot t^{-\frac{2}{3}}$).
a) Wie hoch steht das Wasser 10 Minuten nach Füllbeginn?
b) Wann ist der Behälter voll?
c) Wie schnell steigt der Wasserstand 10 Minuten nach Füllbeginn?
d) Wann steigt das Wasser mit einer Geschwindigkeit von 1 cm/min?
e) Wie groß ist die mittlere Steiggeschwindigkeit des Wasserstands bezogen auf den gesamten Füllvorgang?

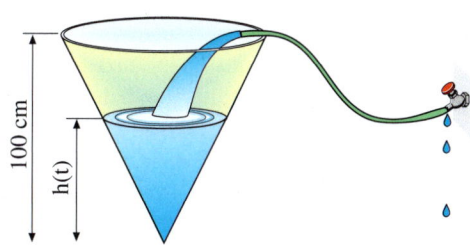

> **Beispiel: Umsatzfunktion, Kostenfunktion und Gewinnfunktion**
> Ein Unternehmen produziert Bohrhämmer, die zu einem Stückpreis von 120 € verkauft werden. x sei die Stückzahl der pro Tag hergestellten Maschinen. Der Tagesumsatz wird durch die Funktion $U(x) = 120x$ erfasst. Die täglichen Kosten können durch die Funktion $K(x)$ angenähert beschrieben werden:
> $K(x) = 0{,}0001 x^3 - 0{,}15 x^2 + 105 x + 15000$ ($0 \leq x \leq 1500$).
> a) Skizzieren Sie die Graphen der Kosten-, der Umsatz- und der Gewinnfunktion in einem gemeinsamen Koordinatensystem für $0 \leq x \leq 1500$.
> b) In welchem Stückzahlbereich werden Gewinne gemacht? Für welche tägliche Stückzahl x wird der Gewinn maximal? Wie groß ist der maximale Gewinn?

Lösung zu a:
Umsatzfunktion und Kostenfunktion sind gegeben. Der Gewinn ist die Differenz von Umsatz und Kosten. Daher ist die Gewinnfunktion $G(x) = U(x) - K(x)$, d. h.:

$G(x) = -0{,}0001 x^3 + 0{,}15 x^2 + 15 x - 15000$

Wir skizzieren die Graphen mit Hilfe einer Wertetabelle mit der Schrittweite 200.

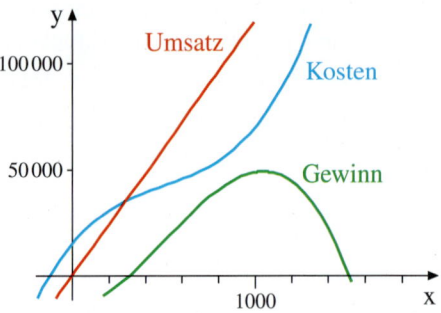

Lösung zu b:
Der Gewinnbereich:
Gewinn wird in dem Bereich gemacht, in welchem die Umsatzfunktion U über der Kostenfunktion K liegt bzw. in welchem die Gewinnfunktion G positiv ist.
Durch Ablesen aus dem Graphen erhalten wir den Gewinnbereich $300 \leq x \leq 1500$.

Der maximale Gewinn:
Der Gewinn wird für ca. 1050 Stück maximal. Er beträgt dann ca. 50 000 €.
Die Rechnung hierzu lautet:
$G'(x) = -0{,}0003 x^2 + 0{,}3 x + 15 = 0$
$x^2 - 1000 x - 50000 = 0$
$x \approx 1047{,}72$ (bzw. $x \approx -47{,}72$)

Übung 3
Eine Abteilung produziert Fernseher. Die Kosten können durch die Funktion
$K(x) = 0{,}01 x^3 - 1{,}8 x^2 + 165 x$ beschrieben werden, wobei x die tägliche Stückzahl ist. Die Maximalkapazität beträgt 160 Geräte pro Tag. Verkauft wird das Produkt für 120 € pro Gerät.
a) Gesucht ist die Gleichung der Gewinnfunktion G.
b) Zeichnen Sie mit Hilfe einer Wertetabelle den Graphen von G ($0 \leq x \leq 160$, Schrittweite 20).
c) Wie viele Geräte müssen produziert werden, um einen Gewinn zu erzielen?
d) Welches Produktionsniveau maximiert den Gewinn?
e) Wie groß müsste der Verkaufspreis sein, damit bei Vollauslastung kein Verlust entsteht?

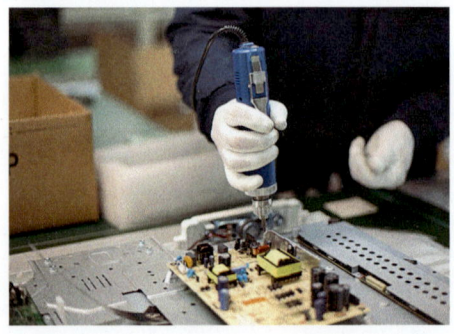

Übungen

4. Feinstaub

Die Feinstaubmessungen in zwei Städten ergaben an einem Sommertag eine Staubbelastung, welche durch die Funktionen f und g beschrieben wird.
(t: Zeit in Stunden seit 6 Uhr morgens, f(t), g(t): Staublast in μg/m³).

a) Erläutern Sie an den Graphen den Belastungsverlauf in beiden Städten.
b) Wie hoch ist die Feinstaubbelastung um 10 Uhr bzw. um 17 Uhr?
c) Prüfen Sie, ob die zulässige Obergrenze von 50 μg/m³ am betrachteten Tag überschritten wurde.
d) Zu welchen Zeitpunkten nahm die Feinstaubbelastung in den Städten am stärksten zu?

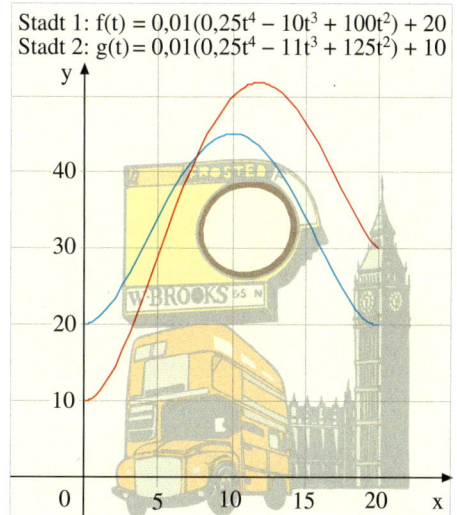

Stadt 1: $f(t) = 0{,}01(0{,}25t^4 - 10t^3 + 100t^2) + 20$
Stadt 2: $g(t) = 0{,}01(0{,}25t^4 - 11t^3 + 125t^2) + 10$

5. Verkehrsstau

Wegen einer Brückensanierung kommt es im Berufsverkehr ab 7 Uhr morgens (t = 0) regelmäßig zu einem Stau.
Die Änderungsrate der Länge des Staus wird durch die ganzrationale Funktion $f(t) = \frac{1}{4}(t^3 - 9t^2 + 18t)$ beschrieben.
(t in Stunden, f(t) in km/h).

a) Zeichnen Sie den Graphen von f mit Hilfe einer Wertetabelle (0 ≤ t ≤ 6).
b) Berechnen Sie die Nullstellen von f und erläutern Sie, welche Bedeutung positive bzw. negative Funktionswerte von f haben.
c) Bestimmen Sie die Zeitpunkte, an denen die Staulänge am stärksten zu- bzw. abnimmt.
d) Weisen Sie nach, dass $F(t) = \frac{1}{16}t^4 - \frac{3}{4}t^3 + \frac{9}{4}t^2$ (0 ≤ t ≤ 6) die Länge des Staus zum Zeitpunkt t beschreibt. Hinweis: Zu zeigen ist, dass $F'(t) = f(t)$ gilt.
e) Wie stark wächst die Staulänge zwischen 8 Uhr und 9 Uhr? Zu welchem Zeitpunkt ist die Staulänge maximal? Wie lang ist der Stau dann? Wann hat sich der Stau aufgelöst?

6. Druckabfall

Aufgrund eines technischen Fehlers schwankt der Druck p in der Pilotenkanzel nach der angegebenen Formel.
t: Zeit in min, p: Druck in mbar.

$p(t) = 40t^3 - 180t^2 + 1000, \quad 0 \leq t \leq 4{,}5$

a) Zeichnen Sie den Graphen von f.
b) Wann ist der Druck am niedrigsten?
c) Wann fällt der Druck am schnellsten?
d) Liegt der Druck länger als eine Minute unter 750 mbar?

Wir untersuchen nun eine physikalische Bewegungsaufgabe. Diese wird durch Weg und Geschwindigkeit beschrieben, die beide von der Zeit abhängig sind. Da die Geschwindigkeit v die zeitliche Änderungsrate des Weges darstellt, ist die Geschwindigkeit-Zeit-Funktion v(t) eines Bewegungsprozesses die Ableitung der Weg-Zeit-Funktion s(t). Für die Lösung von Bewegungsaufgaben benötigt man daher die rechts aufgeführten Formeln:

Die mittlere Geschwindigkeit im Zeitintervall [a; b]:

$$\overline{v} = \frac{\Delta s}{\Delta x} = \frac{s(b) - s(a)}{b - a}$$

Die Momentangeschwindigkeit zum Zeitpunkt t_0:

$$v(t_0) = s'(t_0) = \lim_{t \to t_0} \frac{s(t) - s(t_0)}{t - t_0}$$

▶ **Beispiel: Der senkrechte Wurf**

Ein Pfeil wird mit einer Anfangsgeschwindigkeit $v_0 = 30 \frac{m}{s}$ senkrecht abgeschossen. Unter dem Einfluss der Schwerkraft lässt sich die Flughöhe des Pfeils durch die Weg-Zeit-Funktion $s(t) = 30t - 5t^2$ beschreiben. Die Körpergröße des Schützen kann vernachlässigt werden.

a) Zeichnen Sie die Weg-Zeit-Funktion s und die Geschwindigkeit-Zeit-Funktion v.
b) Wie hoch ist der Pfeil nach einer Flugzeit von 4 s? Fällt er oder steigt er?
c) Wann hat er seine maximale Flughöhe erreicht? Wie groß ist diese?
d) Nach welcher Zeit und mit welcher Geschwindigkeit schlägt der Pfeil auf dem Boden auf?

Lösung:

a) Die Funktion $s(t) = 30t - 5t^2$ hat die Ableitung $v(t) = s'(t) = 30 - 10t$.

Rechts sind beide Funktionen graphisch dargestellt.

Man erkennt, dass die Flughöhe s zunächst ansteigt, dann ein Maximum erreicht und schließlich auf 0 fällt. Die Geschwindigkeit ist zunächst positiv, fällt dann und wird negativ.

Das Modell ist nur gültig für $0 \leq t \leq 6$.

b) Höhe und Geschwindigkeit nach 4 s:
$s(4) = 40\,m$, $v(4) = -10\,m/s$
Am negativen Vorzeichen der Geschwindigkeit erkennt man, dass der Pfeil fällt.

c) Maximale Flughöhe:
$v(t) = s'(t) = 0 \Rightarrow 30 - 10t = 0 \Rightarrow t = 3\,s$
$s(3) = 45\,m$
Nach 3 s Flugzeit ist die Maximalhöhe von 45 m erreicht.

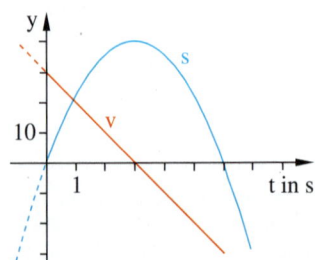

d) Aufschlag am Boden:
$s(t) = 0 \Rightarrow 30t - 5t^2 = 0$
$\Rightarrow t = 0$ bzw. $t = 6$
Nach 6 s schlägt der Pfeil auf dem Boden auf.

$v(6) = -30\,m/s$
Die Aufschlaggeschwindigkeit beträgt $-30\,m/s$.

Übungen

7. Komet

Die Raumsonde Rosetta hat sich in einer Simulation dem Kometen 67P/Tschurjumow-Gerasimenko bis auf 11 000 m genähert, als eine letzte Zündung der Bremstriebwerke einsetzt. Der Abstand s zum Kometen wird durch die Funktion
$$s(t) = 0{,}12\,t^2 - 72\,t + 11\,000$$
beschrieben (t: Sekunden; s(t): Meter).

a) Skizzieren Sie den Graphen von s für $0 \leq t \leq 600$. Legen Sie hierzu eine Wertetabelle an mit der Schrittweite 50.
b) Bestimmen Sie die Gleichung der Funktion v(t) für die Geschwindigkeit der Sonde.
c) Welche Geschwindigkeit hatte die Sonde zu Beginn des Bremsmanövers?
d) Wie groß sind Geschwindigkeit und Abstand nach vier Minuten?
e) Die Bremstriebwerke sollen im Augenblick der größten Annäherung abgestellt werden. Wann ist dies der Fall? Wie hoch steht die Sonde dann über dem Kometen?

8. Fahrradproduktion

Ein Hersteller produziert Fahrräder, welche zu einem Stückpreis von 120 € verkauft werden. Die täglichen Kosten können durch die Funktion $K(x) = 0{,}02\,x^3 - 3\,x^2 + 172\,x + 2400$ beschrieben werden, wobei x die Anzahl der täglich produzierten Fahrräder ist. Pro Tag können maximal 130 Fahrräder hergestellt werden.

a) Die Funktion U(x) beschreibt den täglichen Umsatz, die Funktion G(x) beschreibt den täglichen Gewinn. Stellen Sie die Gleichungen der Umsatz- und Gewinnfunktion auf.
b) Skizzieren Sie den Graphen von G(x) mit Hilfe einer Wertetabelle für $0 \leq x \leq 130$. Wählen Sie für die Wertetabelle die Schrittweite 20.
c) Lesen Sie aus dem Graphen von G ab, welche Tagesstückzahlen zu Gewinnen führen.
d) Welche Zahl von Fahrrädern würde den Tagesgewinn maximieren?
e) Die volle Produktionskapazität von 130 Fahrrädern soll ausgeschöpft werden. Wie hoch ist der Verkaufspreis nun zu wählen, wenn kein Verlust entstehen soll?

9. Blutspiegel

Nach der Einnahme eines Schmerzmittels steigt die Wirkstoffkonzentration im Blut zunächst auf ein Maximum an und wird dann durch den Stoffwechsel wieder abgebaut. Der Prozess wird durch die Funktion $c(t) = t^3 - 18\,t^2 + 81\,t$ beschrieben
(t: Zeit in h; c: Konzentration im Blut in µg/ml).

a) Zeichnen Sie den Graphen von c für $0 \leq t \leq 10$.
b) Wie hoch ist die Konzentration 45 Minuten nach der Einnahme?
c) Wann ist das Medikament völlig abgebaut?
d) Wann wird die maximale Konzentration erreicht? Wie hoch ist diese?
e) In welchem Zeitraum steigt die Konzentration an, wann fällt sie ab?
f) Zu welchem Zeitpunkt nimmt die Konzentration am schnellsten ab?
g) Der Schmerz ist bei Konzentrationen ab 80 µg/ml völlig ausgeschaltet. Bestimmen Sie *angenähert*, wie lange dieser Zustand anhält. Ist der Patient vier Stunden schmerzfrei?

10. Erdöl und Erdgas

Ein Barrel Erdöl bzw. eine äquivalente Menge Erdgas kostet ca. 70–100 $. In einem Zeitraum von 12 Monaten kann der Ölpreis durch eine quadratische Funktion $f(x) = ax^2 + bx + c$ und der Gaspreis durch die kubische Funktion $g(x) = 0{,}01x^3 - 0{,}94x + 90$ beschrieben werden.

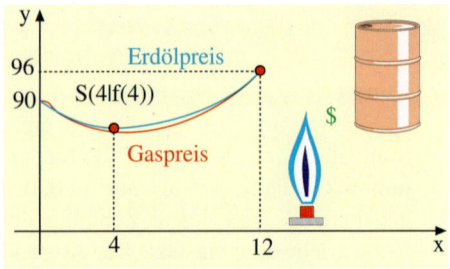

a) Bestimmen Sie den Funktionsterm des Erdölpreises aus den Angaben in der Skizze.
b) In welchem Monat überholt der Öl- den Gaspreis? In welchen Zeitintervallen fallen die Preise, wann steigen sie?
c) Wie hoch waren die minimalen Preise jeweils im Jahresvergleich?
d) Wie hoch war die mittlere jährliche Preissteigerungsrate jeweils?
e) Wann war die momentane Preissteigerungsrate beim Erdgas maximal, wie hoch war sie?
f) Zu welchem Zeitpunkt war die Preisdifferenz Öl/Gas am größten?

11. Stabhochsprung

Die Höhe des Schwerpunktes eines Stabhochspringers kann angenähert durch die Funktion $h(t) = -5t^2 + 9t + 1$ erfasst werden (t in Sekunden, h in Metern). Die Matte ist 50 cm hoch.

a) Wie lange dauert der Flug?
b) Der Schwerpunkt muss mindestens 30 cm über die Latte gelüftet werden, um deren Reißen zu vermeiden. Wie geht der beschriebene Sprung aus, wenn die Latte in 5 m Höhe liegt?
c) Mit welcher Geschwindigkeit prallt der Springer auf die Matte?
d) Wie lange befindet sich der Schwerpunkt des Springers über der Latte?

12. Wasserstand

Der Wasserstand eines Stausees kann während einer 100-tägigen Trockenperiode durch die quadratische Funktion $h(t) = \frac{1}{120}t^2 - 2t + 120$ ($0 \leq t \leq 100$) beschrieben werden (t in Tagen, h in Metern).

a) Fertigen Sie die Skizze des Graphen an.
b) Mit welcher Geschwindigkeit ändert sich der Wasserstand im Tagesmittel?
c) Mit welcher Momentangeschwindigkeit ändert sich der Wasserstand zu Beginn bzw. in der Mitte der Trockenperiode?
d) Wann fällt der Wasserstand nur noch um 1 m/Tag?
e) Wann fällt der Wasserstand unter die kritische Marke von 7,5 m?
f) Wann würde der See bei anhaltender Trockenheit völlig leer sein?

Ein Stauproblem

Auf unseren Autobahnen kommt es regelmäßig, vor allem in der Urlaubszeit, zu kilometerlangen Staus. Diese Staus entstehen teils ohne ersichtlichen Grund, meist jedoch vor Engpässen, wie Baustellen, wenn der Verkehrsfluss von mehreren Fahrspuren auf zwei oder nur eine gelenkt werden muss. Um einen Stau zu vermeiden, wird von der Verkehrslenkstelle in manchen Fällen eine Richtgeschwindigkeit festgelegt, bei der möglichst viele Fahrzeuge pro Zeiteinheit die betroffene Stelle passieren können. Bei zu niedriger Richtgeschwindigkeit passieren natürlicherweise nur wenige Fahrzeuge pro Zeiteinheit die Engstelle. Bei zu hoher Richtgeschwindigkeit wird der vorgeschriebene Sicherheitsabstand zwischen den Fahrzeugen so groß, dass hierdurch nur wenige Fahrzeuge pro Zeiteinheit die Engstelle passieren können. Dazwischen liegt offenbar die optimale Geschwindigkeit. Im Folgenden wird diese Geschwindigkeit in einer vereinfachten Modellrechnung ermittelt.

Beispiel

Ein Fahrzeug soll zu einem vorausfahrenden Fahrzeug stets einen Sicherheitsabstand s_a einhalten, der nach der rechts aufgeführten Formel berechnet wird. Außerdem wird angenommen, dass ein Fahrzeug im Mittel $a = 5$ m lang ist.

t sei die Zeitspanne, die zwischen dem Eintreffen eines Fahrzeugs und des folgenden Fahrzeugs an der Engstelle verstreicht. Wie muss die Richtgeschwindigkeit v gewählt werden, damit t möglichst klein wird?

$$s_a = \left(\frac{v}{10}\right)^2$$

s_a: Sicherheitsabstand in m
v: Tachogeschwindigkeit in km/h

In der Zeit t zurückgelegte Fahrstrecke s:

$$s = s_a + 5 = \frac{v^2}{100} + 5 \quad \text{(in m)}$$

$$s = 0{,}001 \cdot \left(\frac{v^2}{100} + 5\right) \quad \text{(in km)}$$

Zeit als Funktion von v:

$t = \frac{s}{v}$

$$t(v) = 0{,}001 \cdot \frac{\frac{v^2}{100} + 5}{v} = 0{,}001 \cdot \left(\frac{v}{100} + \frac{5}{v}\right)$$

Berechnung des Minimums von t:

$$t'(v) = 0{,}001 \cdot \left(\frac{1}{100} - \frac{5}{v^2}\right) = 0$$

$$v = \sqrt{500} \approx 22{,}36$$

Lösung:
Befindet sich ein Fahrzeug am Beginn der Engstelle, so muss das folgende Fahrzeug noch den Sicherheitsabstand s_a und eine Fahrzeuglänge 5 zurücklegen, bis es an der gleichen Stelle eintrifft, also insgesamt den Weg $s = s_a + 5$. Setzt man dies und die oben angegebene Faustformel für s_a in die physikalische Formel $t = \frac{s}{v}$ ein, so erhält man wie rechts aufgeführt die Zeit t als Funktion von v. Eine einfache Extremaluntersuchung ergibt, dass t für ca. 22,36 $\frac{km}{h}$ minimal wird.

Dies wäre die optimale Richtgeschwindigkeit, wenn die vorgeschriebenen Sicherheitsabstände eingehalten würden, was aber in der Praxis aus unterschiedlichen Gründen nicht ganz realistisch wäre.

2. Bestimmung von Funktionsgleichungen

In den naturwissenschaftlichen Disziplinen und auch bei ökonomischen Fragestellungen strebt man an, die auftretenden Probleme durch berechenbare Funktionen zu erfassen.

A. Steckbriefaufgaben

Im einfachsten Fall wird eine Funktion gesucht, die durch einige vorgegebene Eigenschaften gekennzeichnet ist. Man spricht dann von einer Rekonstruktionsaufgabe oder von einer Steckbriefaufgabe. Rechts ist ein solcher „Steckbrief" abgebildet.

▶ **Beispiel: Rekonstruktion**
Bestimmen Sie die Gleichung der Funktion f, die rechts im „Steckbrief" beschrieben wird.

Lösung:
Es ist vorgegeben, dass es sich um eine Polynomfunktion zweiten Grades handelt: Wir verwenden daher die Ansatzgleichungen
$f(x) = ax^2 + bx + c$
$f'(x) = 2ax + b$

Nun übertragen wir die bekannten Eigenschaften von f in die symbolische Funktionsschreibweise.
Wir erhalten ein Gleichungssystem mit drei Variablen, dessen Auflösung $a = \frac{1}{2}$, $b = -2$, $c = 0$ ergibt. Die Funktion lautet also $f(x) = \frac{1}{2}x^2 - 2x$.

Skizze:

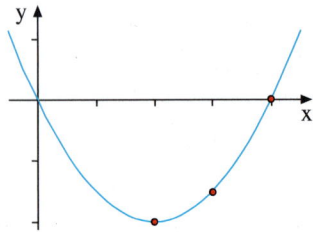

WANTED

Gesucht wird die Funktion f, ihres Zeichens eine quadratische Parabel, die zu identifizieren ist anhand folgender unverwechselbarer Kennzeichen.

(1) Nullstelle bei $x = 4$
(2) Extremum bei $x = 2$
(3) Geht durch $P(3|-1,5)$

1. Ansatz für die Gleichung von f

$f(x) = ax^2 + bx + c$
$f'(x) = 2ax + b$

2. Eigenschaften von f

(1) Nullstelle bei $x = 4$
(2) Extremum bei $x = 2$
(3) Geht durch $P(3|-1,5)$

3. Aufstellen eines Gleichungssystems

(1) $f(4) = 0$ ⇒ I $16a + 4b + c = 0$
(2) $f'(2) = 0$ ⇒ II $4a + b = 0$
(3) $f(3) = -1,5$ ⇒ III $9a + 3b + c = -1,5$

4. Lösung des Gleichungssystems
IV = I − III: $7a + b = 1,5$
V = II − IV: $-3a = -1,5$

aus V: $a = \frac{1}{2}$
in IV: $b = -2$
in I: $c = 0$

5. Resultat:

$f(x) = \frac{1}{2}x^2 - 2x$

2. Bestimmung von Funktionsgleichungen

▶ **Beispiel: Diagramm**
Ein wichtiges Diagramm wurde fotographisch gesichert. Leider stellt sich später heraus, dass das Foto beschädigt ist. Zum Glück sind charakteristische Teile der dargestellten Funktion noch erhalten. Auch der Typ des Funktionsterms ist noch erkennbar.
Wie lautet die Funktionsgleichung?

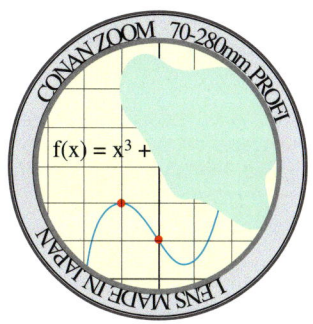

Lösung:
Es ist zu erkennen, dass es sich um eine Polynomfunktion dritten Grades handelt, deren Funktionsterm mit x^3 beginnt. Wir verwenden daher für die Funktionsgleichung den Ansatz
$f(x) = ax^3 + bx^2 + cx + d$ mit $a = 1$.
Wir bestimmen zusätzlich f', um auch Steigungseigenschaften von f erfassen zu können.
Aus dem Diagramm können wir einige charakteristische Eigenschaften der Funktion f ablesen (vgl. rechts).

Diese Eigenschaften können wir mittels f und f' in Gleichungsform darstellen. So liefert der Graphenpunkt P(−1|2) z. B. die Gleichung $f(−1) = 2$. Setzen wir dies in die Ansatzgleichung aus (1) ein, so erhalten wir ein lineares Gleichungssystem mit den Variablen b, c und d.

Lösen wir dieses System mit den üblichen Methoden oder mit Hilfe des TR/Computer, so erhalten wir
$d = 1$, $c = −1$, $b = 1$.

Durch Einsetzen in den Ansatz ergibt sich als Resultat:
▶ $f(x) = x^3 + x^2 − x + 1$.

(1) Ansatz für die Funktionsgleichung
$f(x) = x^3 + bx^2 + cx + d$
$f'(x) = 3x^2 + 2bx + c$

(2) Eigenschaften der Funktion f
1. f hat ein Extremum bei $x = −1$.
2. P(−1|2) liegt auf dem Graphen von f.
3. P(0|1) liegt auf dem Graphen von f.

(3) Umsetzen der Eigenschaften in Gleichungen
1. $f'(−1) = 0$ ⇒ $3 − 2b + c = 0$
2. $f(−1) = 2$ ⇒ $−1 + b − c + d = 2$
3. $f(0) = 1$ ⇒ $d = 1$

(4) Lösen des Gleichungssystems
$−2b + c = −3$ ⇒ $b = 1$
$b − c = 2$ ⇒ $c = −1$
$d = 1$ ⇒ $d = 1$

(5) Resultat
$f(x) = x^3 + x^2 − x + 1$

Übung 1
a) Gesucht ist eine Polynomfunktion zweiten Grades, welche die y-Achse bei $y = −2{,}5$ schneidet und einen Hochpunkt bei H(3|2) besitzt.
b) Gesucht ist eine ganzrationale Funktion dritten Grades mit dem Wendepunkt W(−2|6), die an der Stelle $x = −4$ ein Maximum hat. Die Steigung der Wendetangente ist gleich −12.

Bevor wir weitere Beispiele rechnen, stellen wir oft auftretende Funktionseigenschaften in einer „Übersetzungstabelle" zusammen, die beim Lösen von Aufgaben hilft.

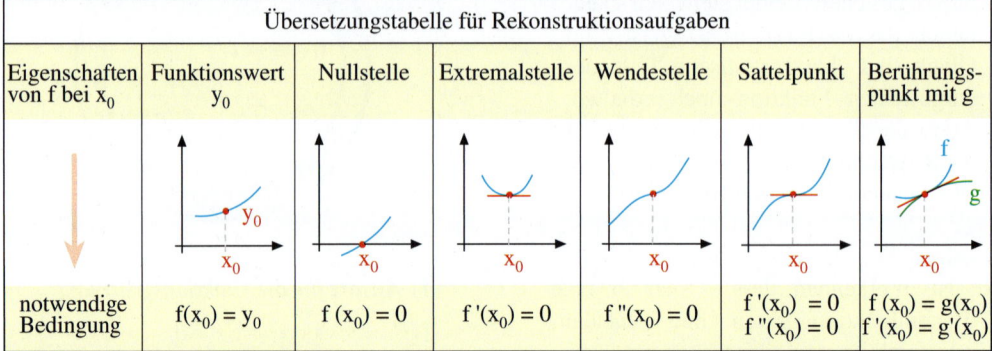

> **Beispiel:** Der Graph einer ganzrationalen Funktion dritten Grades berührt die Winkelhalbierende des ersten Quadranten bei x = 1 und ändert sein Krümmungsverhalten in P(0|0,5). Wie lautet die Funktionsgleichung?

Lösung:

(1) Ansatz für die Funktionsgleichung

Wir setzen die ganzrationale Funktion dritten Grades unter Verwendung der Parameter a, b, c und d allgemein an. Außerdem notieren wir die Funktionsterme von f' und f'', da das Krümmungsverhalten mit im Spiel ist.

$$f(x) = ax^3 + bx^2 + cx + d$$
$$f'(x) = 3ax^2 + 2bx + c$$
$$f''(x) = 6ax + 2b$$

(2) Eigenschaften der Funktion f

1. Wendepunkt W(0|0,5)
   (Wendestelle x = 0, Funktionswert y = 0,5)
2. Punkt P(1|1)
3. Steigung bei x = 1: 1

(3) Umsetzen der Eigenschaften in Gleichungen

1. $f''(0) = 0$ $b = 0$
   $f(0) = 0,5$ $\Rightarrow$ $d = 0,5$
2. $f(1) = 1$ $a + b + c + d = 1$
3. $f'(1) = 1$ $3a + 2b + c = 1$

(4) Lösen des Gleichungssystems

$a + c = 0,5$ $\Rightarrow c = 0,5 - a$ $\Rightarrow$ $3a + 0,5 - a = 1$ $\Rightarrow$ $2a = 0,5$ $\Rightarrow$ $a = 1/4$
$3a + c = 1$ $c = 1/4$

(5) Resultat

▶ $f(x) = \frac{1}{4}x^3 + \frac{1}{4}x + 0,5$ hat die geforderten Eigenschaften, was man leicht überprüfen kann.

Übungen

2. Bestimmen Sie die Gleichung der abgebildeten Profilkurve.

Hinweis: Es handelt sich um eine ganzrationale Funktion dritten Grades.

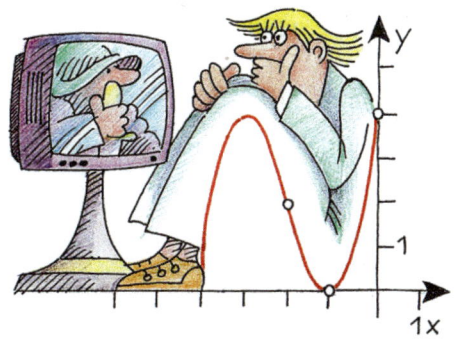

3. Eine ganzrationale Funktion 2. Grades $f(x) = ax^2 + bx + c$ hat ein Extremum bei $x = 1$ und schneidet die x-Achse bei $x = 4$ mit der Steigung 3. Wie lautet die Funktionsgleichung?

4. Der Graph einer ganzrationalen Funktion dritten Grades ist punktsymmetrisch zum Ursprung und schneidet den Graphen von $g(x) = \frac{1}{2}(4x^3 + x)$ im Ursprung senkrecht. Ein zweiter Schnittpunkt mit g liegt bei $x = 1$. Wie lautet die Funktionsgleichung?

5. Bestimmen Sie die Gleichung der Funktion f mit den beschriebenen Eigenschaften.
Der zur y-Achse symmetrische Graph einer ganzrationalen Funktion vierten Grades geht durch $P(0|2)$ und hat bei $x = 2$ ein Extremum. Er berührt dort die x-Achse.

6. Der Graph einer ganzrationalen Funktion dritten Grades hat im Ursprung und im Punkt $P(2|4)$ jeweils ein Extremum. Wie lautet die Funktionsgleichung?

7. Bestimmen Sie die ganzrationale Funktion f mit den angegebenen Eigenschaften.
a) Grad 2, Extremum bei $x = 1$, Achsenschnittpunkte bei $P(0|-3)$ und $Q(5|0)$
b) Grad 4, Sattelpunkt im Ursprung, Tiefpunkt $P(-2|-6)$

8. Gegeben ist der Graph einer ganzrationalen Funktion f. Bestimmen Sie eine mögliche Funktionsgleichung.

a)

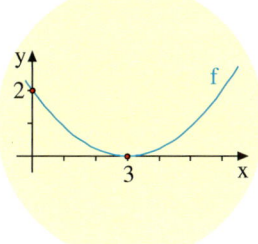

b)

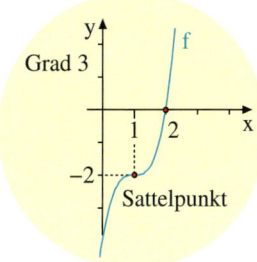

B. Modellierungsprobleme

Eine Modellierung liegt vor, wenn man einen realen *Prozess* mathematisch beschreibt, um ihn rechnerisch kontrollieren zu können, oder wenn man die *Form* eines realen Objektes durch eine mathematische Kurve erfasst wie im folgenden Beispiel.

▶ **Beispiel: Modellierung einer Skaterbahn**
Aus Beton soll eine Skateboard-Bahn für den Park so gebaut werden, wie es die Abbildung zeigt. Die gebogenen Teile sollen ohne Knick an die geraden Teile anschließen. Ermitteln Sie für die Konstruktion die Gleichung einer zum Ursprung punktsymmetrischen Polynomfunktion, deren Graph dem gebogenen Teil nahe kommt. Entnehmen Sie die Maße der Skizze.

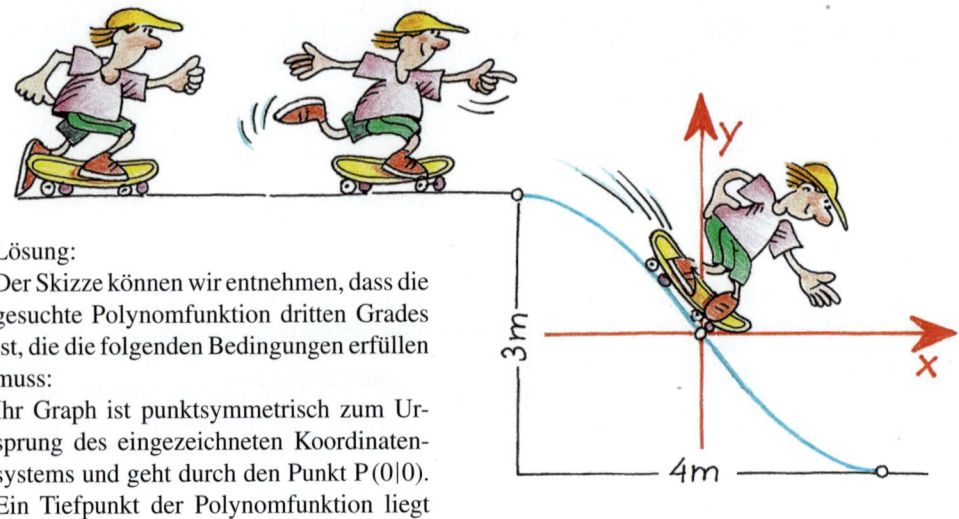

Lösung:
Der Skizze können wir entnehmen, dass die gesuchte Polynomfunktion dritten Grades ist, die die folgenden Bedingungen erfüllen muss:
Ihr Graph ist punktsymmetrisch zum Ursprung des eingezeichneten Koordinatensystems und geht durch den Punkt P(0|0). Ein Tiefpunkt der Polynomfunktion liegt bei T(2|−1,5). Somit ergibt sich folgende Rechnung:

Ansatz für f:	*Eigenschaften von f:*	*Gleichungssystem:*	*Lösung:*
$f(x) = ax^3 + bx^2 + cx + d$	(1) symmetrisch zu O	$b = 0$	$b = 0$
	(2) $f(0) = 0$	$d = 0$	$d = 0$
$f'(x) = 3ax^2 + 2bx + c$	(3) $f'(2) = 0$	$12a + 4b + c = 0$	$a = 3/32$
	(4) $f(2) = -1{,}5$	$8a + 4b + 2c + d = -1{,}5$	$c = -9/8$

Resultat:
▶ Das Profil der Skateboard-Bahn wird durch die Funktion $f(x) = \frac{3}{32}x^3 - \frac{9}{8}x$ beschrieben.

Übung 9
a) Gesucht ist eine ganzrationale Funktion dritten Grades mit dem Tiefpunkt P(1|−2), deren Wendepunkt im Koordinatenursprung liegt.
b) Der Graph einer ganzrationalen Funktion dritten Grades hat im Ursprung und im Punkt P(2|4) jeweils ein Extremum.

Beispiel: Flugbahn beim Landeanflug

Ein Flugzeug nähert sich im horizontalen Flug dem Punkt $P(-4|1)$. Dort beginnt der Pilot mit dem Sinkflug, der auf der Landebahn an den Koordinaten $Q(0|0)$ endet (Angaben in km).

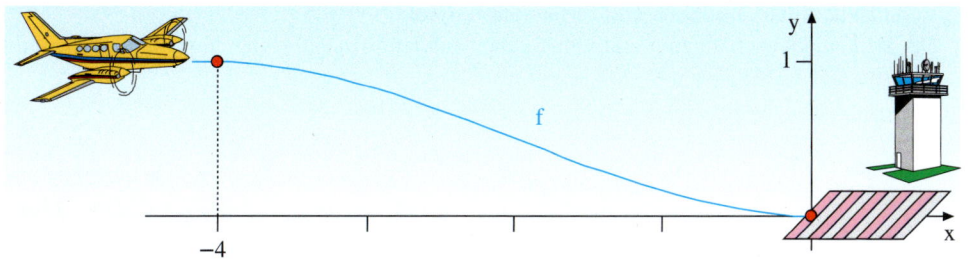

Seine Horizontalgeschwindigkeit beträgt durchgehend konstant 50 m/s.
a) Modellieren Sie die Sinkflugphase durch ein Polynom dritten Grades.
b) An welcher Stelle fällt die Flugbahn am steilsten ab? Wie groß ist dort der Abstiegswinkel α? Wie groß ist dort die vertikale Sinkgeschwindigkeit?

Lösung zu a:

1. Ansatz für f
$f(x) = ax^3 + bx^2 + cx + d$,
$f'(x) = 3ax^2 + 2bx + c$,
$f''(x) = 6ax + 2b$

2. Eigenschaften von f
(1) $Q(0|0)$ liegt auf f
(2) Extremum bei $x = 0$
(3) $P(-4|1)$ liegt auf f
(4) Extremum bei $x = -4$

3. Gleichungssystem
(1) $f(0) = 0 \Rightarrow I \quad d = 0$
(2) $f'(0) = 0 \Rightarrow II \quad c = 0$
(3) $f(-4) = 1 \Rightarrow III \quad -64a + 16b = 1$
(4) $f'(-4) = 0 \Rightarrow IV \quad 48a - 8b = 0$

4. Lösung des Gleichungssystems und Gleichung von f

$a = \frac{1}{32}, b = \frac{6}{32}, c = 0, d = 0$

$f(x) = \frac{1}{32}(x^3 + 6x^2)$

Lösung zu b:
Die Flugbahn fällt im Wendepunkt von f am steilsten ab. Dieser liegt nach der rechts aufgeführten Rechnung bei $W(-2|0,5)$. Dort beträgt die Steigung $f'(-2) = -0,375$. Also gilt $\tan \alpha = -0,375$, wir erhalten $\alpha = \arctan(-0,375) = -20,56°$.

Die vertikale Sinkgeschwindigkeit v_y ergibt sich (siehe Abb. unten) aus der Horizontalgeschwindigkeit $v_x = 50$ m/s durch Multiplikation mit der Steigung $f'(-2) = -0,375$. v_y beträgt 18,75 m/s.

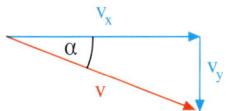

Berechnung des Wendepunktes:

$f''(x) = \frac{1}{32}(6x + 12) = 0$

$x = -2, y = 0,5 \quad W(-2|0,5)$

Berechnung des Abstiegswinkels:

$f'(x) = \frac{1}{32}(3x^2 + 12x)$

$f'(-2) = \frac{-12}{32} = -0,375$

$\alpha = \arctan(-0,375) \approx -20,56°$

Berechnung der Sinkgeschwindigkeit:

$\frac{v_y}{v_x} = \tan \alpha \Rightarrow v_y = v_x \cdot \tan \alpha$

$v_y = 50 \cdot (-0,375) = -18,75$ m/s

Das Minuszeichen gibt die Richtung an.

Übungen

10. Torschuss

Beim Hallenfußball schießt ein Stürmer auf das Tor.
Der Ball landet nach einem Parabelflug genau auf der 50 m entfernten Torlinie. Seine Gipfelhöhe beträgt 12,5 m.

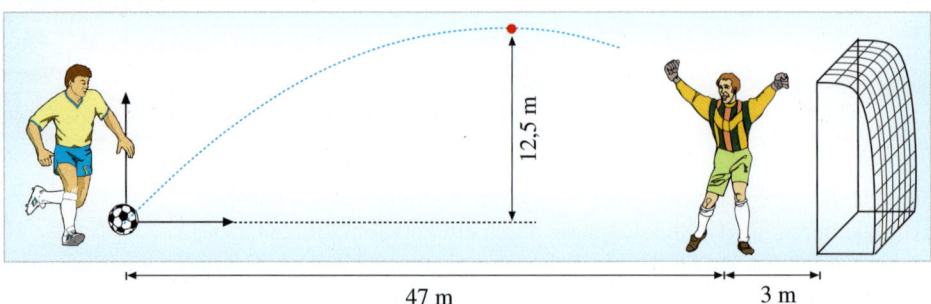

a) Wie lautet die Gleichung der Flugparabel?
b) Hat der 3 m vor dem Tor stehende Torwart eine Abwehrchance?
   Er kommt mit der Hand 2,70 m hoch.
c) Unter welchem Winkel α wurde der Ball abgeschossen?
d) Der Abschusswinkel soll vergrößert werden. Welches ist der maximal mögliche Wert für α? Der Ball soll wieder auf der Torlinie landen (Hallenhöhe 15 m).

11. Autobahnkurve

Die Autobahn E52 wurde in zwei geraden Teilstücken bei Eichet an den Chiemsee herangeführt. Diese Teile sollen durch eine Kurve glatt miteinander verbunden werden.
Modellieren Sie das neue Teil durch eine kubische Parabel.

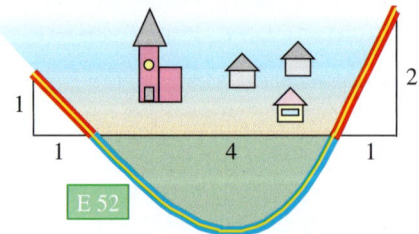

a) Wo liegt der südlichste Kurvenpunkt?
b) Wäre auch die Verwendung einer quadratischen Parabel möglich?

12. Berg- und Talbahn

Eine Berg- und Talbahn hat einen geradlinigen Anstieg von 50% und einen geradlinigen Abstieg von −100%. Dazwischen liegt ein parabelförmiges Verbindungsprofil $f(x) = ax^2 + bx + c$.

a) Bestimmen Sie a, b und c so, dass bei A und B glatte Übergänge entstehen.
b) Wie groß ist der Höhenunterschied zwischen A und B?
c) Wo liegt der höchste Punkt der Bahn? Wie hoch liegt er über dem Punkt A?

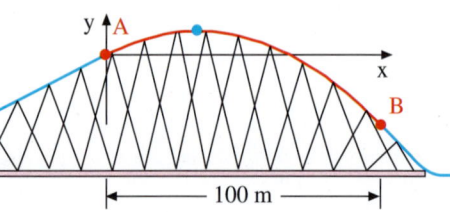

13. Benzinverbrauch

Der Benzinverbrauch B eines Autos hängt von der Fahrgeschwindigkeit v ab. Für ein Testfahrzeug wurden die in der Tabelle dargestellten Messdaten gewonnen.

v = Geschwindigkeit in km/h	10	30	100
B = Benzinverbrauch in Litern/100 km	9,1	7,9	10

a) Bestimmen Sie eine quadratische Funktion $B(v) = av^2 + bv + c$, welche den Benzinverbrauch beschreibt.
b) Für welche Geschwindigkeit ist der Verbrauch minimal?
c) Ab welcher Geschwindigkeit steigt der Verbrauch auf 12,4 Liter an?
Kontrollergebnis: $B(v) = \frac{1}{1000}v^2 - \frac{1}{10}v + 10$

14. Abhänge

200 m über der Talsohle liegen sowohl im Westen als auch im Osten Hochebenen mit den Abhängen f und g. f ist eine kubische Funktion, die ohne Knick horizontal von der Hochebene abfällt und auch horizontal ins Tal ausläuft. g ist eine quadratische Parabel, die ebenfalls horizontal von der Hochebene abfällt.

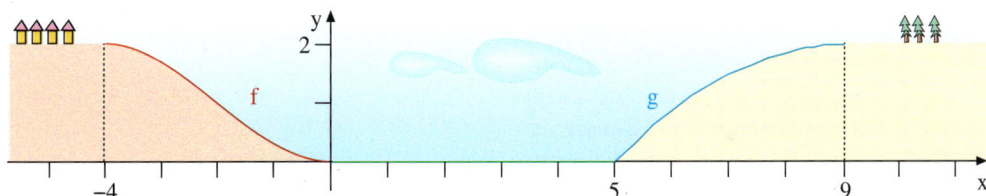

a) Stellen Sie die Gleichungen von f und g auf.
b) Wie steil ist der Abhang f maximal? Wo ist der Hang g am steilsten?
Kontrollergebnis: $f(x) = \frac{1}{16}x^3 + \frac{3}{8}x^2$, $g(x) = -\frac{1}{8}x^2 + \frac{18}{8}x - \frac{65}{8}$

15. Bambus

Das Höhenwachstum einer Bambuspflanze kann durch eine kubische Funktion der Form $h(t) = at^3 + bt^2 + ct + d$ beschrieben werden (t: Zeit in Wochen, h(t): Höhe in Metern). Die Tabelle enthält Messdaten zur Höhe h und zur Wachstumsgeschwindigkeit h'.

t = Zeit in Wochen	0	4
h = Höhe in m	0	2
h' = Wachstumsgeschwindigkeit in m/Woche	0	0,75

a) Wie lautet die Gleichung von h? Skizzieren Sie den Graphen von h für $0 \leq t \leq 8$.
b) Wann erreicht die Pflanze ihre maximale Höhe?
c) Wann ist die Wachstumsgeschwindigkeit maximal?
Kontrollergebnis: $h(t) = \frac{1}{64}(-t^3 + 12t^2)$

Angewandte Theorie

Die Wochenzeitung DIE ZEIT veröffentlichte 2004 einen Bericht über Holger Geschwindner, den Berater und Trainer von Dirk Nowitzki, Deutschlands bestem Basketballspieler. Es wird berichtet, wie Holger Geschwindner seine Mathematikkenntnisse einsetzte, um die Wurftechnik von Dirk Nowitzki zu verbessern. Und das scheint ihm ja zweifellos gelungen zu sein.

Vor acht Jahren startete der Mathematiker und ehemalige Basketballer Holger Geschwindner einen Feldversuch: Er wollte aus Dirk Nowitzki einen der besten Basketballer der Welt machen – das Ergebnis ist fast perfekt.

„Ich habe mir damals ein Stück Papier genommen und mich gefragt: Gibt es einen Schuss, bei dem ich Fehler machen darf und der Ball trotzdem durch den Ring fällt?", sagt Geschwindner.

„Und dann habe ich eine Skizze gezeichnet: Der Ball muss mindestens einen Einfallswinkel von 32 Grad haben, Dirk ist 2,13 m groß, seine Arme haben eine bestimmte Länge, und wenn man dann noch die Gesetze der Physik kennt, kommt man schnell zu einer Problemlösung."

©DIE ZEIT 15.01.2004 Nr.4

Deutschlands Basketball-Superstar Dirk Nowitzki wirft am Freitag (28.07.2006) in der Colorline-Arena in Hamburg bei einem Länderspiel gegen Kanada einen Freiwurf.

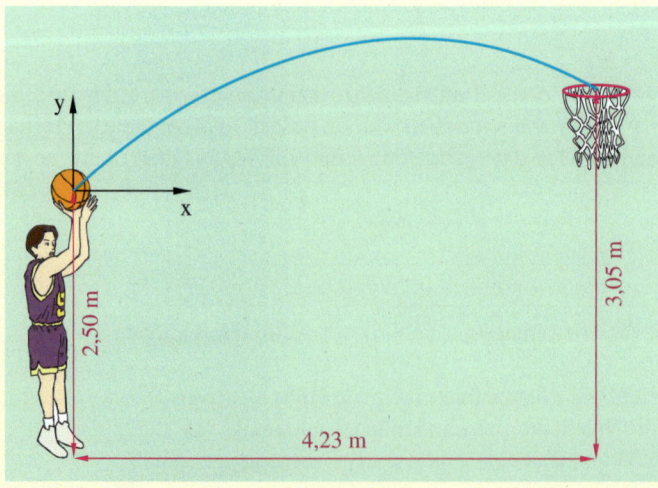

Angewandte Theorie

Wir benötigen zur Analyse einige Daten. Der Freiwurfpunkt ist 4,23 m Bodenlinie vom Korb entfernt. Die obere Korbmitte liegt in 3,05 m Höhe. Der Korb hat einen Durchmesser von 45 cm, der Ball von 24 cm. Dirk Nowitzki ist 2,13 m groß. Er wirft aus ca. 2,50 m Höhe ab.
Auf folgende Fragen fand Geschwindner auf der Basis dieser Daten die Antworten:

Wie groß ist der minimale Einschlagswinkel β des Balles am Korb?

Der Einflugkanal des Balles in den Korb muss mindestens so breit sein wie der Ball, also 24 cm. Rechts ist die Situation als Ganzes geometrisch dargestellt. Mit Hilfe der Sinus-definition erhalten wir im rechtwinkligen Dreieck das Resultat: β = 32,23°.

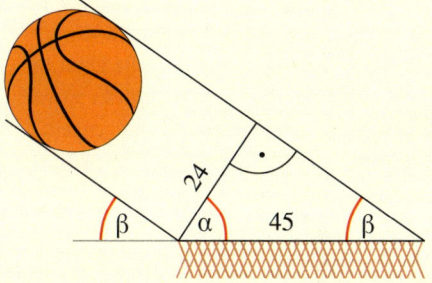

$\sin \beta = \dfrac{\text{GK}}{\text{HYP}} = \dfrac{24}{45} \approx 0{,}5333$

$\beta \approx 32{,}23°$

Wie lautet die niedrigste Flugbahn des Balles?

Wir besitzen drei Informationen:
I: Abwurf im Punkt P(0|0)
II: Korbmitte im Punkt K(4,23|0,55)
III: Mindestwinkel β = 32,23° bei x = 4,23.

Außerdem wissen wir, dass Flugbahnen quadratische Parabeln sind. Daher verwenden wir den Ansatz $f(x) = ax^2 + bx + c$.

Dies führt auf ein Gleichungssystem mit den Variablen a, b und c. Dieses lösen wir und erhalten a ≈ −0,1796, b ≈ 0,8894 und c = 0.
Die Flugbahn lautet also:
$f(x) = -0{,}1796 x^2 + 0{,}8894 x$

Ansatz:
$f(x) = ax^2 + bx + c$

Gleichungen:
I: $f(0) = 0$
II: $f(4{,}23) = 0{,}55$
III: $f'(4{,}23) = \tan(147{,}77°) = -0{,}63$

I: $c = 0$
II: $17{,}89 a + 4{,}23 b = 0{,}55$
III: $8{,}46 a + b = -0{,}63$

Lösung:
$a \approx -0{,}1796, \quad b \approx 0{,}8894, \quad c = 0$

Wie groß ist der kleinste mögliche Abwurfwinkel?

Den kleinsten Abwurfwinkel α erhalten wir aus der Steigung von f im Abwurfpunkt. Es gilt $\tan \alpha = f'(0)$, woraus α = 41° folgt. Flacher darf nicht abgeworfen werden, sonst prallt der Ball auf den vorderen oder hinteren Korbrand.

Minimaler Abwurfwinkel:
$\tan \alpha = f'(0)$
$\alpha = 0{,}869$
$\alpha = 41°$

Fazit:
Dirk Nowitzki sollte etwas steiler als 41° abwerfen. Dann wird der Korb auch bei kleinen Fehlern in der Abwurfgeschwindigkeit noch getroffen.

3. Extremalprobleme

A. Einführungsbeispiele

Die phönizische Prinzessin Dido wurde auf der Flucht vor ihrem Bruder Pygmalion an die nordafrikanische Küste verschlagen. Ihr Wunsch nach einem Stück Land für sich und ihre Getreuen wurde von den Einheimischen folgendermaßen beschieden: „Nur so viel Land, wie eine Ochsenhaut umfasst!"

Aber Dido war listig, sie schnitt die Haut in schmale Streifen, die sie zu einem etwa achthundert Meter langen Band zusammenknotete, womit sie sodann ein großes Stück Land abgrenzte.
So entstand die Festung Byrsa, aus der sich später die mächtige phönizische Handelsstadt Karthago entwickelte.

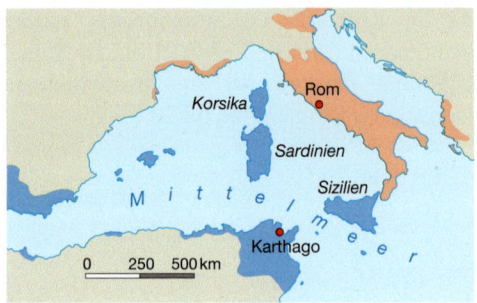

▶ **Beispiel:** Es ist nicht genau bekannt, welche Form Dido dem Landstück gab, das sie mit dem ca. 800 m langen Ochsenhautband abgrenzte. Nehmen wir einmal an, dass sie die Form eines Rechtecks am Meerufer wählte. Welche Länge und welche Breite hätte Dido dem Rechteck wohl geben müssen, wenn sie dessen Flächeninhalt möglichst groß gestalten wollte?

Lösung:
Es handelt sich hier um ein Optimierungs- oder *Extremalproblem*. Die Zielgröße – der Flächeninhalt A des Rechtecks – soll ein Optimum annehmen, d. h., diese Größe soll maximal werden.

Unsere *Zielgröße* A hängt von zwei Variablen ab, von der Länge x und der Breite y des Rechtecks: $A = x \cdot y$.
Diese funktionale Darstellung der zu optimierenden Größe bezeichnet man als *Hauptbedingung* des Extremalproblems.

Die Variablen x und y sind nicht unabhängig voneinander. Sie stehen durch die Bedingung, dass die Gesamtlänge der drei abgegrenzten Seiten 800 m beträgt, miteinander in Beziehung: $x + 2y = 800$.
Man bezeichnet diese Bedingungsgleichung als *Nebenbedingung* des Extremalproblems.

Bezeichnungen/Skizze:

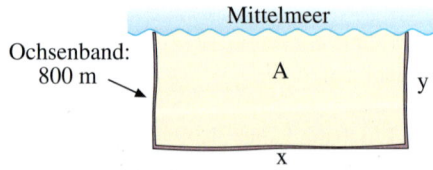

Hauptbedingung:

A = Fläche des Rechtecks

(1) $A(x, y) = x \cdot y$

Nebenbedingung:

Länge des Bandes = 800 m

(2) $x + 2y = 800$

3. Extremalprobleme

Wir lösen nun die Nebenbedingung (2) nach einer der Variablen auf, z. B. nach y. Das Ergebnis $y = 400 - \frac{1}{2}x$ setzen wir in die Hauptbedingung (1) ein. Diese Kombination liefert uns eine Darstellung der zu optimierenden Zielgröße A in Abhängigkeit von nur noch einer verbleibenden Variablen (Gleichung (3)). Hier ist A eine Funktion von x.
Man bezeichnet diese Funktion auch als *Zielfunktion* des Extremalproblems.

Es kommt nun darauf an, das Maximum von A zu bestimmen. Dies könnte mit Hilfe einer Zeichnung des Funktionsgraphen von A bewerkstelligt werden oder aber durch eine Extremwertbestimmung mit Hilfe der Differentialrechnung.
Letztere Methode liefert uns ein Maximum von A an der Stelle x = 400.

Durch Einsetzen dieses Resultats in (2) erhalten wir y = 200.

Durch Einsetzen in (3) erhalten wir den Maximalwert der Fläche $A_{max} = 80\,000$.

Fazit: Dido wird ein rechteckiges Landstück mit den Maßen 400 m × 200 m abgegrenzt haben.

Zielfunktion:

Auflösen von (2) nach y:
$y = 400 - \frac{1}{2}x$

Einsetzen in (1):
$A = x \cdot \left(400 - \frac{1}{2}x\right)$

(3) $A(x) = -\frac{1}{2}x^2 + 400x$

Extremalrechnung:

Lage des Extremums:
$A'(x) = -x + 400 = 0$
$x = 400$

Art des Extremums:
$A''(x) = -1$
$A''(400) = -1 < 0 \Rightarrow$ Maximum

Ergebnisse:

$x = 400\,\text{m}$
$y = 200\,\text{m}$
$A_{max} = 80\,000\,\text{m}^2$

Übung 1
Die Zahl 60 soll so in zwei Summanden a und b zerlegt werden, dass das Produkt aus dem ersten Summanden und dem Quadrat des zweiten Summanden maximal wird.

Übung 2
Der Eckpunkt P(x|y) des abgebildeten achsenparallelen Rechtecks liegt auf der Geraden $f(x) = 3 - \frac{x}{2}$.
Wie muss x gewählt werden, damit die Rechtecksfläche maximal wird?

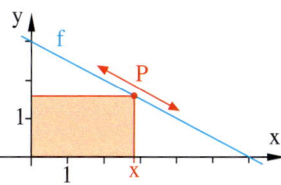

Übung 3
Ein Tunnel soll die Form eines Rechtecks mit aufgesetztem Halbkreis erhalten. Wie groß ist die Querschnittsfläche maximal, wenn der Umfang des Tunnels 20 m betragen soll?

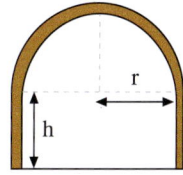

In innermathematischen Zusammenhängen kommen Extremalprobleme auch im Zusammenhang mit Funktionsgraphen vor. Die Funktionsgleichung ist dann die Nebenbedingung.

▶ **Beispiel: Das eingesperrte Rechteck**
Unter dem Graphen von $f(x) = 3 - x^2$ liegt wie abgebildet ein achsenparalleles Rechteck der Breite x und der Höhe y. Seine linke untere Ecke liegt im Ursprung, die rechte obere Ecke bewegt sich auf dem Funktionsgraphen. Wie muss P gewählt werden, wenn die Fläche des Rechtecks maximal werden soll?

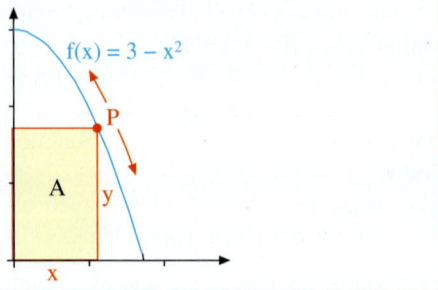

Lösung:
Wir stellen die Hauptbedingung für die gesuchte Größe auf, den Flächeninhalt A des Rechtecks. Sie lautet $A = x \cdot y$.

Die Variablen y und x in der Hauptbedingung sind über die Funktionsgleichung miteinander verbunden. Es gilt $y = f(x)$, d.h. $y = 3 - x^2$. Dieser Zusammenhang stellt die Nebenbedingung dar.

Setzen wir die Nebenbedingung in die Hauptbedingung ein, so erhalten wir die Zielfunktion $A(x) = -x^3 + 3x$.

Die rechts aufgeführte Extremalrechnung ergibt, dass A für $x = 1$ maximal wird.

▶ Das eingesperrte Rechteck nimmt also den maximalen Flächeninhalt A an, wenn seine obere rechte Ecke der Punkt $P(1|2)$ ist. Es gilt $A_{max} = 2$.

Hauptbedingung:
A = Fläche des Rechtecks
A = Breite × Höhe
(1) $A(x, y) = x \cdot y$

Nebenbedingung:
$y = f(x)$
(2) $y = 3 - x^2$

Zielfunktion:
$A = x \cdot f(x)$
$A = x \cdot (3 - x^2)$
(3) $A(x) = -x^3 + 3x$

Extremalrechnung:
$A'(x) = -3x^2 + 3 = 0$
$3x^2 = 3$
$x^2 = 1$
$x = 1$ oder $x = -1$ (irrelevant)
$A''(x) = -6x$
$A''(1) = -6 < 0 \rightarrow$ Maximum

Übung 4
Zwischen Flugplatz, Wald und nördlichem Flussrand, der für $0 \leq x \leq 12$ durch die Funktion $f(x) = \frac{1}{12}x^2 - x + 5$ beschrieben wird, soll ein achsenparalleles, dreieckiges Gelände A für die Flughafenfeuerwehr angelegt werden.
Wie muß der Anschlusspunkt $P(x|f(x))$ am Fluss gewählt werden, damit der Platz A möglichst groß wird?

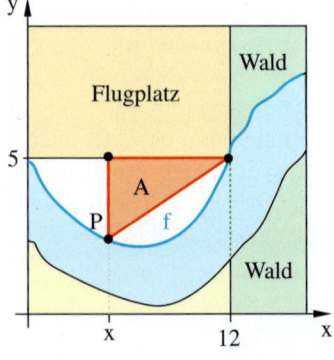

3. Extremalprobleme

▶ **Beispiel: Fußballfeld**
Ein Sportplatz besteht aus der rechteckigen Spielfläche mit zwei angesetzten Halbkreisen. Der Gesamtumfang der Anlage beträgt 400 m. Wie müssen die Länge x und die Breite y des eigentlichen Spielfeldes gewählt werden, damit dessen Fläche maximal wird?

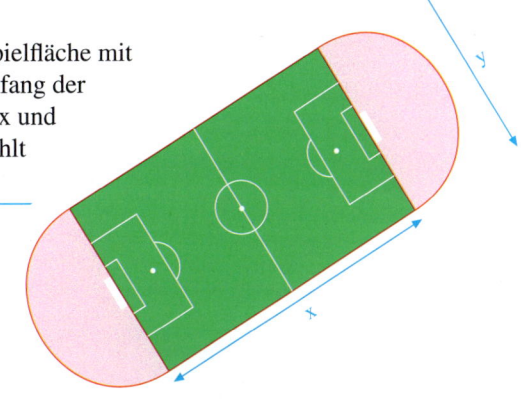

Lösung:
Das eigentliche Spielfeld ist ein Rechteck mit den Maßen x und y. Sein Flächeninhalt ist daher $A = x \cdot y$ (Hauptbedingung).

Der Umfang des gesamten Stadions besteht aus den beiden geradlinigen Laufstrecken (Länge $2 \cdot x$) sowie dem Umfang eines Kreises mit dem Durchmesser y (Länge $\pi \cdot y$).
Da für den Umfang des Stadions 400 m vorgegeben sind, gilt $2x + \pi \cdot y = 400$ (Nebenbedingung).

Wir lösen die Nebenbedingung (2) nach x auf und setzen das Resultat in die Hauptbedingung (1) ein.
Auf diese Weise erhalten wir die Zielfunktion $A(y) = 200y - \frac{\pi}{2} \cdot y^2$. Sie stellt den Flächeninhalt des Spielfelds als Funktion dar.

Mit Hilfe der Differentialrechnung können wir errechnen, dass die Spielfeldfläche A bei einer Breite $y \approx 63{,}66$ m ihr Maximum annimmt. Einsetzen in (2) liefert $x = 100$ m für die Länge des Spielfeldes.

Zum Vergleich: Die Normmaße eines Stadions betragen 68 m × 105 m bei einem
▶ Umfang von ca. 425 m.

Hauptbedingung:
Fläche des Spielfeldes = $x \cdot y$
(1) $A(x, y) = x \cdot y$

Nebenbedingung:
Umfang des Stadions = 400
(2) $2x + \pi \cdot y = 400$

Zielfunktion:
Auflösen von (2) nach x:
$x = 200 - \frac{\pi}{2} \cdot y$

Einsetzen in (1):
(3) $A(y) = 200y - \frac{\pi}{2} \cdot y^2$

Extremalrechnung:
$A'(y) = 200 - \pi \cdot y = 0$
$y = \frac{200}{\pi} \approx 63{,}66$ m
$x = 100$
$A_{max} \approx 6366$ m²

Übung 5 Rosen und Tulpen
Ein Gärtner besitzt Umrandungssteine für eine Strecke von 10 m. Er möchte damit ein kreisförmiges Rosen- und ein quadratisches Tulpenbeet abgrenzen.
Welche Maße r und x sollten diese Beete erhalten, wenn die Gesamtfläche – und damit der Pflanzenbedarf – möglichst klein ausfallen soll?

Bei Getränkedosen und anderen Verbrauchsgütern haben die Verpackungskosten eine großen Anteil am Artikelpreis. Die Hersteller sind daher sehr bemüht, nicht nur das Aussehen der Verpackungen zu optimieren, sondern auch den Materialverbrauch möglichst klein zu halten.

▶ **Beispiel: Die optimale Dose**
Ein Erfrischungsgetränk wird in zylindrischen Dosen aus Weißblech angeboten. Das Volumen der Dose soll 330 ml betragen. Aus Kostengründen soll der Materialbedarf pro Dose durch eine günstige Formgebung minimiert werden.
Berechnen Sie den Radius r und die Höhe h einer so optimierten Dose.

Lösung:

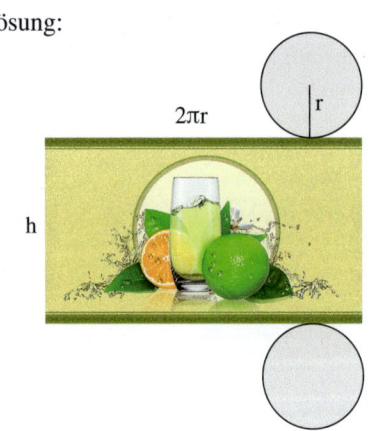

Aus dem Netz der Dose (Abb.) ergibt sich für die Oberfläche der Dose die Hauptbedingung (1) $A(r, h) = 2\pi r h + 2\pi r^2$.

Aus der Volumenvorgabe V = 330 und der Formel für das Zylindervolumen ergibt sich die Nebenbedingung (2) $\pi r^2 h = 330$.

Durch Einsetzen von (2) in (1) erhalten wir die Zielfunktion (3) $A(r) = 660 \cdot \frac{1}{r} + 2\pi r^2$.

Diese Funktion A hat ein Minimum bei $r \approx 3{,}74$ und $h \approx 7{,}51$.

Die optimale Dose hat also einen quadratischen Querschnitt: Durchmesser und Höhe sind gleich groß.
▼

Herstellung einer Weißblechdose
Aus Eisenerz wird in einem sehr komplizierten Verfahren Stahl hergestellt, der zu Feinblech gewalzt wird. Dieses wird elektrolytisch verzinnt und dann lackiert. Anschließend werden der Dosenmantel, Boden und Deckel ausgestanzt, zur Dose geformt und verpresst.

Zielfunktion:

(1) $A(r, h) = 2\pi r h + 2\pi r^2$ (HB)

(2) $\pi r^2 h = 330$ (NB)

$$h = \frac{330}{\pi r^2}$$

(3) $A(r) = 660 \cdot \frac{1}{r} + 2\pi r^2$ (ZF)

Extremalrechnung:

$$A'(r) = -660 \cdot \frac{1}{r^2} + 4\pi r = 0$$

Auflösen: $r = \sqrt[3]{\frac{660}{4\pi}} \approx 3{,}745$

Einsetzen: $h \approx 7{,}51$

3. Extremalprobleme

Nachbetrachtung:
Nun kann man die Frage stellen, weshalb die bekannte Cola-Dose in der Praxis etwas schmaler (Radius ca. 3,3 cm) gebaut wird.
Betrachtet man den Graphen der Zielfunktion, so löst sich das Rätsel:
Die Kurve verläuft in der Nähe des optimalen Wertes r = 3,74 sehr flach.
Für r = 3,2 bzw. für r = 4,3 ist der Materialverbrauch gegenüber dem optimalen Verbrauch A_{min} = 264,36 cm² nur geringfügig erhöht, nämlich um ca. 2 %.
Diese Tatsache eröffnet den Designern Spielraum, besonders handliche Dosen zu schaffen, ohne wesentlich vom Optimum abzuweichen.

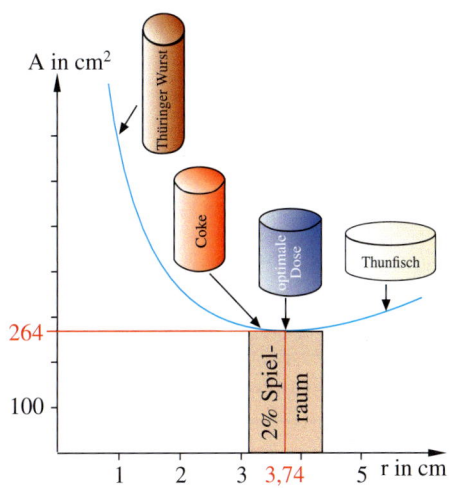

Übung 6
Aus drei Blechplatten soll eine 2 m lange Regenrinne geformt werden (Abb.).
Die Rinne soll eine Querschnittsfläche von 250 cm² besitzen.
Wie müssen die Höhe h und die Breite b gewählt werden, wenn der Materialverbrauch möglichst niedrig sein soll?

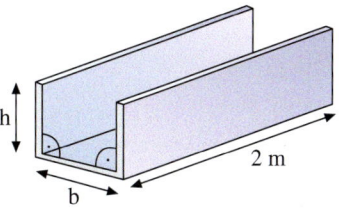

Übung 7
In einer Fabrikhalle soll ein in zwei Kammern unterteilter Lüftungskanal eingebaut werden. Der Gesamtquerschnitt soll 3 m² betragen.
Wie müssen die Maße x und y gewählt werden, wenn der Blechverbrauch minimiert werden soll?

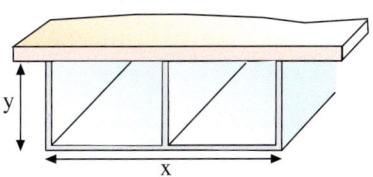

Übung 8
Ein zylindrischer Behälter für 1000 cm³ Schmierfett hat einen Mantel aus Pappe, während Deckel und Boden aus Metall sind. Das Metall ist pro cm² viermal so teuer wie die Pappe.
Welche Maße muss der Behälter erhalten, wenn die Materialkosten minimiert werden sollen?

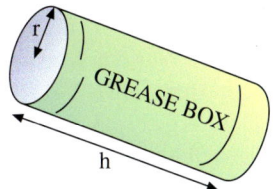

B. Geometrische Nebenbedingungen

Der wichtigste Schritt bei der Lösung eines Extremalproblems ist das Aufstellen des Lösungsansatzes, d. h. der beschreibenden Hauptbedingung. Aber auch das Erschließen der Nebenbedingung bereitet oft Mühe, da es kein allgemein gültiges Schema gibt.

▶ **Beispiel:** Aus einem Stamm mit nahezu kreisförmigem Querschnitt soll ein rechteckiger Balken geschnitten werden. Die Tragfähigkeit eines Balkens ist proportional zur Breite sowie zum Quadrat der Höhe des Balkens.
Die von der Holzart abhängige Proportionalitätskonstante sei C. Der Durchmesser des Stamms betrage 40 cm.
Welche Höhe h und welche Breite b muss der Balken erhalten, damit seine Tragfähigkeit maximal wird?

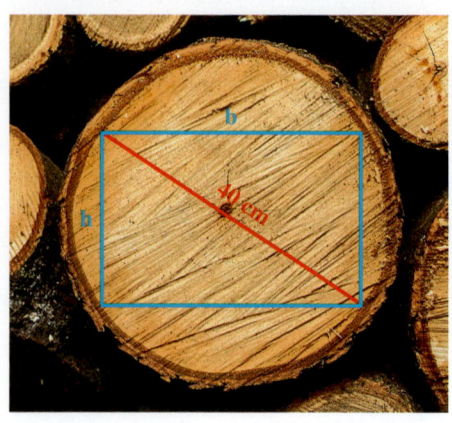

Lösung:
Optimiert werden soll die Tragfähigkeit T, deren Abhängigkeit von Höhe h und Breite b des Balkens laut Aufgabenstellung durch Formel (1) gegeben ist.

Hauptbedingung:

(1) $\quad T(b, h) = C \cdot b \cdot h^2 \quad$ (HB)

Die Nebenbedingung (2), der Zusammenhang zwischen b und h, ergibt sich aus dem gegebenen Durchmesser des Stammes von 40 cm nach dem Satz des Pythagoras mittels obiger Skizze.

Nebenbedingung:

(2) $\quad h^2 + b^2 = 40^2 \quad$ (NB)

Auflösen der Nebenbedingung (2) nach h^2 und Einsetzen des Ergebnisses
$$h^2 = 1600 - b^2$$
in (1) liefert die Zielfunktion (3).

Zielfunktion:

(3) $\quad T(b) = -C \cdot b^3 + 1600\,C \cdot b \quad$ (ZF)
$\qquad\qquad 0 \leq b \leq 40$

Die Zielfunktion besitzt – wie die Extremalrechnung zeigt – zwei relative Extrema bei $b \approx -23{,}1$ (Min.) und bei $b \approx 23{,}1$ (Max.). Nur das Maximum liegt im zulässigen Bereich $0 \leq b \leq 40$. Die zugehörige Höhe ergibt sich durch Einsetzen in die Nebenbedingung: $h \approx 32{,}7$.

Extremalrechnung:

$T'(b) = -3\,C \cdot b^2 + 1600\,C \stackrel{!}{=} 0$

$b = \pm \sqrt{\frac{1600}{3}} \approx \pm 23{,}1\,\text{cm}$

$h = \pm \sqrt{1600 - b^2} \approx 32{,}7\,\text{cm}$

▶ Die maximale Tragfähigkeit ergibt sich also unabhängig von der Holzart, wenn der rechteckige Balkenquerschnitt die Maße 23,1 cm × 32,7 cm erhält.

Resultat:

Balkenbreite: 23,1 cm
Balkenhöhe: 32,7 cm

3. Extremalprobleme

Im letzten Beispiel wurde die Beziehung zwischen den unabhängigen Variablen, d. h. die Nebenbedingung, mit Hilfe des Satzes von Pythagoras gewonnen.
Oft kommen auch Formeln für das Volumen, für den Umfang, die Mantelfläche, die Oberfläche von Figuren und Körpern oder weitere geometrische Sätze wie der Strahlensatz, der Höhensatz usw. zur Anwendung.
Bei manchen Extremalproblemen benutzt man sogar mehrere dieser Formeln um Hauptbedingung oder Nebenbedingungen aufstellen zu können.

Übung 9   (Oberflächenformel)
Eine Firma stellt oben offene Regentonnen für Hobbygärtner her. Diese sollen bei gegebenem Materialbedarf maximales Volumen besitzen.
a) Wie sind die Abmessungen zu wählen, wenn 2 m² Material je Regentonne zur Verfügung stehen?
b) Lösen Sie die Aufgabe allgemein.

Übung 10   (Umfangformel)
Daniela besitzt einen goldfarbenen Pappstreifen, der 50 cm lang und 10 cm breit ist. Sie möchte damit einen Geschenkkarton basteln, der die abgebildete Gestalt hat.
Seine Querschnittsfläche stellt ein Rechteck mit aufgesetzten gleichschenklig-rechtwinkligen Dreiecken dar.
Welche Maße muss sie wählen, wenn das Volumen des Kartons ein Maximum annehmen soll?
Deckel und Boden können vernachlässigt werden, da sie aus durchsichtigem Zellophanpapier gebildet werden.

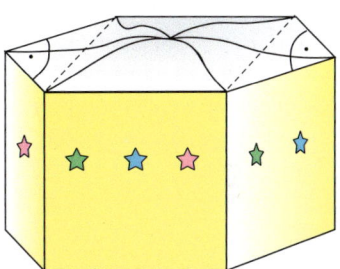

Übung 11   (Strahlensatz)
Ein Stück Spiegelglas hat die Form eines rechtwinkligen Dreiecks, dessen Katheten 50 cm bzw. 80 cm lang sind. Durch zwei Schnitte mit einem Glasschneider soll ein rechteckiger Spiegel entstehen.
Wie lang sind die Schnittkanten x und y zu wählen, damit die Spiegelfläche maximal wird?
Hinweis: Die Beziehung zwischen x und y (Nebenbedingung) erhält man mit Hilfe des Strahlensatzes.

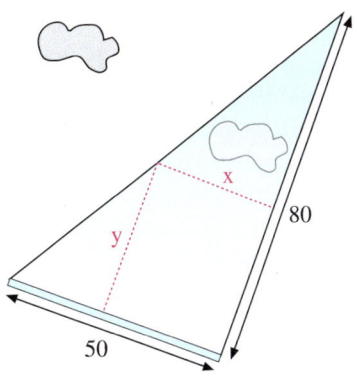

C. Randwerte

▶ **Beispiel:** Ein Farmer besitzt eine Rolle mit 100 m Maschendraht, mit dem er ein rechteckiges Areal abstecken will. Dabei will er eine vorhandene Mauer von 40 m Länge als Abgrenzung mit benutzen. Welche Abmessungen muss er wählen, damit die eingegrenzte Fläche maximal wird?

Lösung:
Für den Flächeninhalt des eingegrenzten Rechtecks erhalten wir die nebenstehende quadratische Funktion, wobei x die Verlängerung der vorhandenen Mauerbegrenzung darstellt.

Breite: $40 + x$; Länge: l
$x + (40 + x) + 2l = 100 \Rightarrow l = 30 - x$

Zielfunktion:
$A(x) = (40 + x) \cdot (30 - x)$
$ = -x^2 - 10x + 1200$

Die Extremalrechnung zeigt, dass A ein Maximum bei $x = -5$ besitzt.
Dieses Ergebnis bedeutet aber, dass die vorhandene Begrenzung um 5 m abgerissen und diese 5 m an einer anderen Stelle wieder aufgebaut werden müssten. Da es sich um eine feste Mauer handelt, ist dies nicht sinnvoll. Es gilt nun, diesem Optimum möglichst nahe zu kommen unter Berücksichtigung, dass $x \geq 0$ sein muss. Am abgebildeten Graphen der Zielfunktion erkennt man, dass der Flächeninhalt nun für den *Randwert* $x = 0$ am größten ist. Der Farmer kann mit den Seitenlängen 40 m bzw. 30 m ein Areal mit dem Flächeninhalt
▶ $A = 1200\,m^2$ eingrenzen.

Extremalrechnung:
$A'(x) = -2x - 10 = 0 \quad \Rightarrow \quad x = -5$
$A''(x) = -2 < 0 \quad \Rightarrow \quad$ Maximum

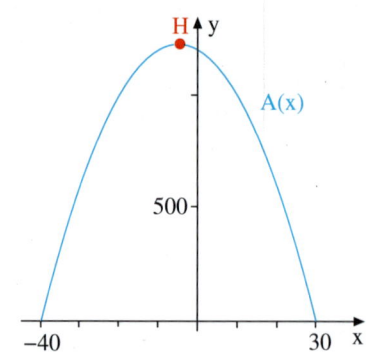

Übung 12
Ein Marktforschungsinstitut hat festgestellt, dass der oberste zu realisierende Eintrittspreis für ein Erlebnis-Schwimmbad bei 12 € liegt. Eine Preissenkung um jeweils 1 € würde (in gewissen Grenzen) zu einer Zunahme von jeweils 10 Besuchern pro Tag führen.
Ein Erlebnisbad-Besitzer, der derzeit durchschnittlich 100 Besucher bei 12 € pro Karte hat, denkt über eine Preissenkung nach.
a) Bei welchem Eintrittspreis wäre sein Umsatz am größten?
b) Bei welchem Eintrittspreis wäre sein Gewinn am größten, wenn sich die Kosten pro Tag aus einem festen Betrag von 300 € (z. B. für Miete) und den variablen Kosten von 4 € pro Karte (z. B. für Wasserverbrauch) zusammensetzen?
Hinweis: Der Gewinn errechnet sich als Differenz aus Umsatz und Kosten.

Übungen

Übung 13 Zelt
Ein Pfadfinder baut aus einer Zeltplane mit den Maßen 2 m × 2 m einen einfachen zeltartigen Wetterschutz auf, der auf der Vorder- und der Rückseite offen ist.
Wie hoch muss er das Zelt bauen, wenn dessen Volumen möglichst groß sein soll?

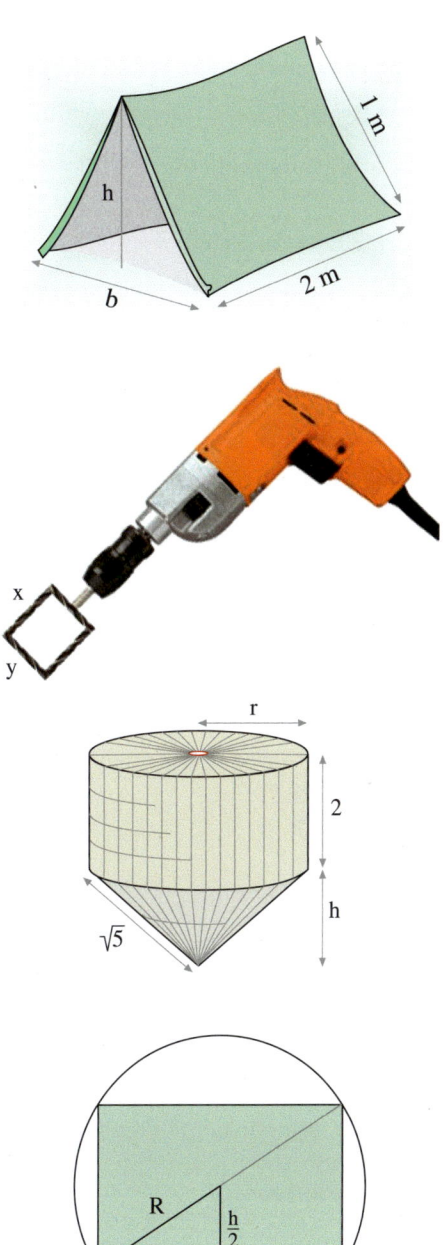

Übung 14 Rühraufsatz
Für eine Bohrmaschine soll ein Rühraufsatz entworfen werden, der aus einem rechteckigen Metallrahmen mit 30 cm Umfang besteht. Wie müssen Länge x und Breite y des Rechtecks gewählt werden, wenn beim Rühren ein maximales Volumen umschlossen werden soll?

Übung 15 Filter
Ein Filter soll die Form eines Zylinders mit aufgesetztem Kegel besitzen. Der Zylinder soll 2 cm hoch sein. Die Mantellinie des Kegels soll $\sqrt{5}$ cm betragen.
Der Zylinderradius r und die Kegelhöhe h können variiert werden. Wie müssen r und h gewählt werden, damit das Volumen des Filters maximal wird?

Übung 16 Rechteck im Kreis
In einen Kreis mit Radius R wird wie abgebildet ein Rechteck einbeschrieben.
Wie müssen Breite 2r und Höhe h des Rechtecks gewählt werden, wenn sein Flächeninhalt maximal werden soll? Tipp: Statt der Zielfunktion kann man auch ihr Quadrat maximieren.
Lösen Sie auch die dreidimensionale Version der Aufgabe: In eine Kugel mit dem Radius R soll ein Zylinder mit maximaler Mantelfläche einbeschrieben werden. Welche Maße erhält der Zylinder (Radius r, Höhe h)?

E. Zusammenfassung des Lösungsprinzips

Abschließend fassen wir die einzelnen Schritte beim Lösen eines Extremalproblems in einer Tabelle zusammen, wobei wir sie an einem Beispiel konkretisieren.

Arbeitsschritt	Beschreibung	Beispiel
1. Problemstellung	Verstehen der Problemstellung. Anfertigung einer Planskizze. Einführung von Bezeichnungen für die Variablen.	Mit einem 20 m langen Seil soll an einer bestehenden Mauer ein rechteckiges Areal mit maximaler Fläche abgegrenzt werden.
2. Aufstellen der Hauptbedingung	Die zu optimierende Größe A wird in Abhängigkeit von einer oder mehreren Variablen dargestellt. Meistens sind es zwei Variable, z. B. x und y: $A = A(x, y)$	*Hauptbedingung:* Fläche = Länge × Breite $A = A(x, y) = x \cdot y$
3. Aufstellen der Nebenbedingung	Zwischen den Variablen x und y, die in der Hauptbedingung vorkommen, wird eine Beziehung, d. h. eine Gleichung hergestellt. Hilfsmittel hierbei sind: Planskizzen, Flächenformeln, Volumenformeln, geometrische Sätze wie Pythagoras und Strahlensatz usw.	*Nebenbedingung:* Seillänge = 20 m $y + 2x = 20$
4. Aufstellen der Zielfunktion	Die Nebenbedingung wird nach einer der beiden Variablen x und y aufgelöst. Das Ergebnis wird in die Hauptbedingung eingesetzt. So erreicht man, dass die Zielgröße A als Funktion nur noch von einer Variablen abhängt, z. B. $A = A(x)$.	*Zielfunktion:* $y + 2x = 20$ $y = 20 - 2x$ $A = x \cdot (20 - 2x)$ $A = -2x^2 + 20x$
5. Bestimmen des Optimums der Zielfunktion	Nun errechnet man das Extremum von A durch Nullsetzen der ersten Ableitung $A'(x)$. Die Funktionswerte an den Randstellen des zulässigen Bereichs werden mit dem Extremum verglichen.	*Extremalrechnung:* $A'(x) = -4x + 20 = 0$ Auflösen: $x = 5$ Einsetzen: $y = 10$ Einsetzen: $A_{MAX} = 50$
6. Formulierung des Resultats	Die Ergebnisse werden zusammengefasst. x, y und A_{OPT} werden angegeben und interpretiert.	Das optimale Rechteck mit maximaler Fläche hat die Maße $x = 5$ m und $y = 10$ m. Sein Flächeninhalt ist 50 m².

Übungen

Einfache Extremalprobleme

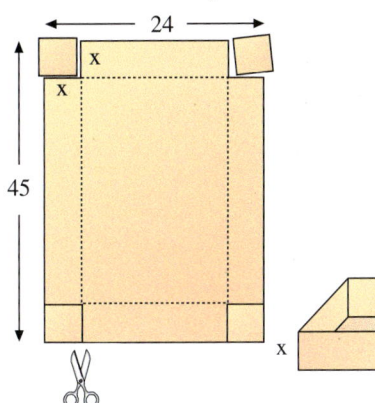

17. Aus einem rechteckigen Stück Pappe von 45 cm Länge und 24 cm Breite soll eine oben offene Schachtel hergestellt werden. Dazu wird an jeder der vier Ecken ein Quadrat abgeschnitten. Anschließend werden die überstehenden Streifen hochgeklappt. Wie groß müssen die Quadrate sein, damit das Volumen der Schachtel maximal wird?

18. Ein Gärtner plant den Bau eines Gewächshauses nach nebenstehendem Plan.

 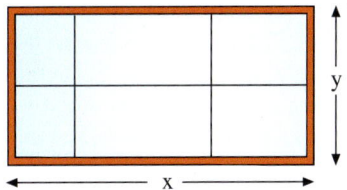

1 Meter Außenwand kostet 900 €, 1 Meter Innenwand dagegen nur 200 €. Der Gärtner hat 160 000 € für Wände zur Verfügung. Die Wandhöhe, die Wandstärke sowie das Dach bleiben unberücksichtigt. Welche Länge x und welche Breite y sollte das Gewächshaus erhalten, damit dessen Gesamtfläche maximal wird?

19. Die Summe zweier natürlicher Zahlen, deren Produkt 100 ist, soll so klein wie möglich sein. Wie heißen diese Zahlen?

$x \cdot y = 100$
$x + y \rightarrow \min$

20. Zwischen Autobahn, Stadtwald und Fluss soll, wie aus der Planungszeichnung ersichtlich, ein neues Gewerbegebiet erschlossen werden, dessen südwestliche Ecke exakt am Fluss $f(x) = \frac{1}{x}$ liegt und dessen Grundstücksgrenzen achsenparallel verlaufen.
Welche Maße erhält das Gebiet, wenn
a) die Grundstücksfläche maximal sein soll,
b) die südliche und östliche Begrenzung eine möglichst lange Werbefläche bilden soll?

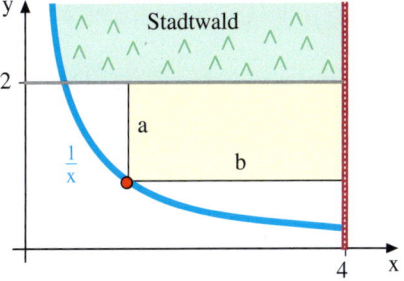

21. Pferdekoppel

Ein Farmer besitzt direkt am Fluss ein Landhaus. Durch einen dreiseitigen Zaun möchte er eine Pferdekoppel abgrenzen. Er hat 100 m Gitter zum Abzäunen erworben sowie ein 2 m breites Tor. Wie lang muss er die drei Zaunseiten wählen, um eine maximale Auslauffläche für sein Pferd zu erhalten?

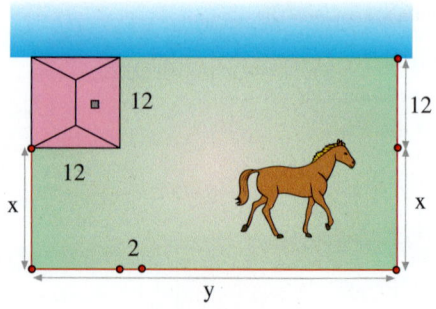

22. Optimaler Briefkasten

Fred möchte sich einen Zeitungskasten nach der abgebildeten Vorlage bauen. Er soll ein Volumen von 80 dm³ erhalten und aus Aluminium hergestellt werden. Das Material für die Seitenwände kostet 1 €/dm². Die quadratische Rückwand ist aus dickerem Material und kostet 2 €/dm². Der vordere quadratische, aufklappbare Deckel verursacht Kosten in Höhe von 3 €/dm².
Welche Maße x und y sollten gewählt werden, um die Materialkosten zu minimieren?

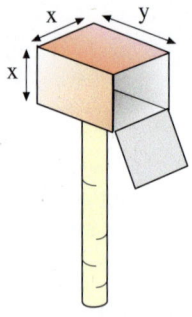

23. Quadrat im Quadrat

In ein Quadrat mit dem Maßen 20 × 20 soll wie abgebildet ein weiteres Quadrat eingepasst werden. Wie muss x gewählt werden, damit das innere Quadrat einen minimalen Flächeninhalt hat?

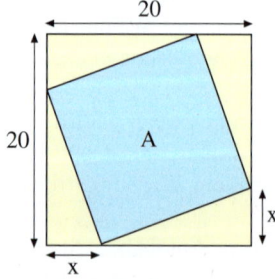

24. Parkplatz am Fluss

Vom Parkplatz an der Position $P\left(0\big|\tfrac{1}{2}\right)$ soll ein möglichst kurzer Zugangsweg zum Flussufer gebaut werden (1 LE = 100 m). Der Fluss kann beschrieben werden durch die Funktion $f(x) = 2 - \tfrac{1}{2}x^2$.
Wie lang wird der Weg mindestens?

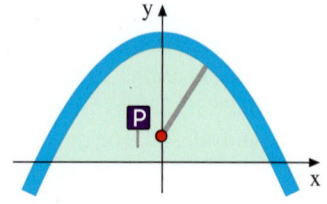

V. Anwendungen der Differentialrechnung

Überblick

Bestimmung von Funktionsgleichungen

Aufgabe: Von einer gesuchten Funktion A sind lediglich einige Eigenschaften bekannt. Gesucht ist der Funktionsterm.

1. Allgemeiner Ansatz:
Die gesuchte Funktion wird in einer allgemeinen Form angesetzt, die noch unbekannte Koeffizienten enthält.

2. Eigenschaften der Funktion
Die laut Aufgabenstellung geforderten Eigenschaften werden in Funktionsschreibweise mit Hilfe des allgemeinen Funktionsansatzes aus 1. dargestellt. Auf diese Weise ergibt sich ein Gleichungssystem für die Koeffizienten des Funktionsansatzes.

3. Lösen des Gleichungssystems
Das entstandene lineare Gleichungssystem wird gelöst. Seine Lösungen sind die gesuchten Koeffizienten. Sie werden in den Funktionsansatz eingesetzt.

Extremalprobleme

Aufgabe: Eine Zielgröße A soll optimiert werden. Sie soll maximal oder minimal werden.

1. Schritt: Hauptbedingung
Die Zielgröße wird durch eine Funktion A erfasst. $\qquad$ (1) $A = A(x, y)$
Oft ist es eine Funktion von zwei Variablen x und y.

2. Schritt: Nebenbedingung
Es wird eine Beziehung zwischen den Variablen x und $\qquad$ (2) $G(x, y) = 0$
y gesucht. Es handelt sich in der Regel um eine Gleichung.

3. Schritt: Zielfunktion
Die Nebenbedingung (2) wird nach x oder nach y auf- $\qquad$ (3) $A = A(x)$
gelöst. Das Ergebnis wird in die Hauptbedingung (1) eingesetzt. Dies führt auf eine Darstellung der Zielgröße A, die nur noch von einer Variablen abhängt, z. B. von x. Man bezeichnet dann A als Zielfunktion.

4. Schritt: Extremalrechnung
Man bestimmt das lokale Extremum der Zielfunktion $\qquad$ (4) $A'(x) = 0$
A mit Hilfe der Differentialrechnung, indem man die Ableitung A' gleich null setzt. Die so gewonnene Lösung wird evtl. noch mit den Funktionswerten am Rand des Untersuchungsintervalls verglichen.

Das Newton-Verfahren

Bei der Lösung mathematischer Probleme wird man besonders häufig mit der Aufgabe konfrontiert, Nullstellen bestimmen zu müssen. Die elementaren und exakten Standardverfahren reichen oft nicht aus. Deswegen werden Näherungsverfahren eingesetzt. Beispielsweise kann man eine Skizze erstellen oder mit dem Taschenrechner probieren, um die Lage der gesuchten Nullstelle wenigstens ungefähr bestimmen zu können. Genauere Ergebnisse liefern rechnerische Verfahren der schrittweisen Näherung, wie z. B. das bekannte Intervallhalbierungsverfahren. Das leistungsfähigste Verfahren allerdings ist das so genannte **Tangentenverfahren**, das man nach seinem Entdecker (Isaak Newton, 1643–1727) auch **Newton-Verfahren** nennt.

Das Prinzip des Newton-Verfahrens

Die Funktionsweise des Newton-Verfahrens ist recht einfach zu erklären. Wir beschreiben das Verfahren zunächst anschaulich und entwickeln erst später eine Formel für die rechenpraktische Durchführung. Die Nullstelle $\bar{x}$ der Funktion f soll näherungsweise bestimmt werden.

1. Man schachtelt die Nullstelle zunächst grob ein, z. B. mit Hilfe einer Wertetabelle.
2. Nun wählt man eine Startstelle x_0, von der man annimmt, dass sie in der Nähe der Nullstelle $\bar{x}$ liegt. x_0 dient als erste Näherung für $\bar{x}$.
3. In dem zu x_0 gehörenden Kurvenpunkt P_0 $(x_0|y_0)$ wird die Tangente an die Kurve f gelegt. Deren Schnittpunkt x_1 mit der x-Achse liegt in der Regel näher bei $\bar{x}$ als x_0 und ist daher als verbesserte Näherung anzusehen.
4. Nun wiederholt man das Verfahren, indem man bei x_1 die Tangente an die Kurve legt usw.
   Auf diese Weise erhält man eine Folge x_0, x_1, x_2, … von Näherungen, deren Grenzwert die Nullstelle $\bar{x}$ ist.

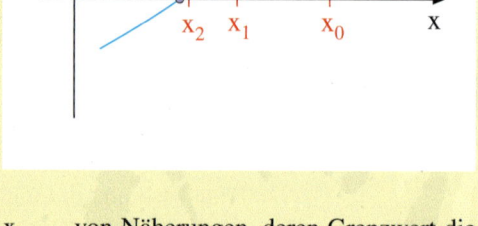

Das Newton-Verfahren

Die Newton'sche Näherungsformel

Zur praktisch-rechnerischen Umsetzung des Newton-Verfahrens benötigen wir eine Formel, mit deren Hilfe wir aus einer schon bekannten Näherung x_n die verbesserte Näherung x_{n+1} berechnen können.

Diese Formel ergibt sich unmittelbar aus dem abgebildeten Steigungsdreieck. Die Tangente an die Kurve f an der Stelle x_n hat definitionsgemäß die Steigung $f'(x_n)$. Man kann diese Steigung aber auch als Quotient der Kathetenlängen des abgebildeten Steigungsdreiecks darstellen. Sie beträgt dann $\frac{f(x_n)}{x_n - x_{n+1}}$.

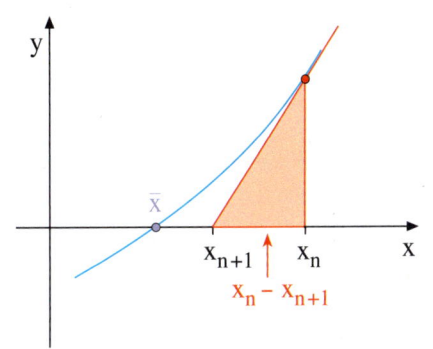

Durch Gleichsetzen ergibt sich daher:
$f'(x_n) = \frac{f(x_n)}{x_n - x_{n+1}}$.
Löst man diese Gleichung nach x_{n+1} auf, so ergibt sich die Newton'sche Näherungsformel:

$$x_{n+1} = x_n - \frac{f(x_n)}{f'(x_n)}$$

Praktische Anwendung des Newton-Verfahrens

Wenden Sie das Newton-Verfahren auf die Funktion $f(x) = x^3 - x - 2$ mit dem Startwert 1,5 an. Nutzen Sie dabei einen TR/Computer so, dass die Konvergenz der Näherungswerte gegen die Nullstelle beobachtet werden kann.

Lösung:
Man gibt zunächst den Funktionsterm im [y=]-Editor ein: $y1 = x^3 - x - 2$
In die nächste Zeile wird bereits die Formel des Newton-Verfahrens eingetragen:
$y2 = x - y1(x)/d(y1(x),x)$
Hinweis: Sollen Nullstellen einer anderen Funktion berechnet werden, so ist im Editor nur der Term bei y1 zu ändern!

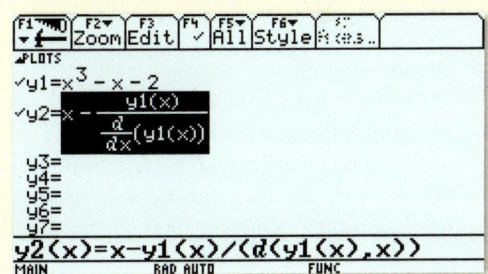

Nun berechnet man y2(x) für den Startwert x = 1,5. Für den nächsten Iterationsschritt löscht man mit ← die Befehlszeile bis auf y1() und fügt dann zwischen den Klammern den zuletzt berechneten Wert aus dem Hauptbildschirm ein. Entsprechend ermittelt man für den dritten Näherungswert 1,5213797068.

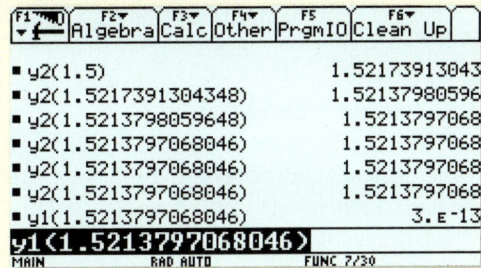

Setzt man das Verfahren fort, so fällt auf, dass sich die Resultate nicht mehr ändern. Berechnet man zur Probe y1 für den letzten Näherungswert, dann ergibt sich $3 \cdot 10^{-13}$, also etwa null.

Test

Anwendungen der Differentialrechnung

1. Brücke

Eine Brücke hat einen Tragebogen mit dem Profil einer quadratischen Funktion $f(x) = ax^2 + bx + c$.
In 10 m Entfernung vom Brückenanfang ist der Bogen 7,5 m hoch. Er verläuft dort mit einem Winkel von ca. 26,6°, d. h. die Steigung ist dort 0,5.

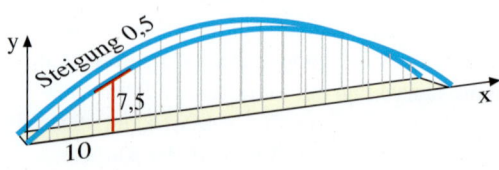

a) Bestimmen Sie die Koeffizienten a, b und c, bezogen auf das eingezeichnete Koordinatensystem.
b) Wie hoch ist der Brückenbogen?
c) Unter welchem Winkel α trifft der Tragebogen auf den Erdboden?

2. Funktion dritten Grades

Eine ganzrationale Funktion dritten Grades hat folgende Eigenschaften:
(1) Ein Extremum im Punkt P(1|6),
(2) Einen Wendepunkt bei x = 4,
(3) Den Funktionswert 2 an der Stelle x = −1.

$$f(x) = ax^3 + bx^2 + cx + d$$

a) Bestimmen Sie die Funktionsgleichung von f. Die Verwendung des TR ist erlaubt.
b) Wie lautet die Gleichung der Tangente an den Graphen von f im Wendepunkt.

3. Minimale Summe

x und y sind zwei natürliche Zahlen. Ihr Produkt soll 225 betragen. Wie müssen x und y gewählt werden, wenn ihre Summe möglichst klein sein soll?

4. Regal

Ein Möbelhersteller kalkuliert für das abgebildete Regal Materialkosten von insgesamt 30 Euro. Das Material für die beiden waagerechten Glaseinlegeböden kostet 40 Euro/m², das Holz für die vier Außenbretter kostet nur 20 Euro/m². Wie hoch und wie breit muss das Regal gestaltet werden, damit sein Volumen maximal wird? Die Stärke der Bretter wird bei der Lösung des Extremalproblems nicht berücksichtigt.

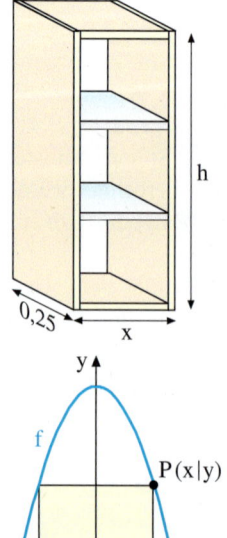

5. Eingesperrtes Rechteck

Unter dem Graphen von $f(x) = 4 - \frac{4}{3}x^2$ liegt ein achsenparalleles Rechteck. Wie muss dessen Eckpunkt P auf dem Graphen von f gewählt werden, damit sein Flächeninhalt maximal wird?

Lösungen: S. 344

VI. Grundlagen der Integralrechnung

Rekonstruktion einer Funktion aus ihren Änderungsraten

Pumpspeicherkraftwerke

Das Bild zeigt eines der ersten deutschen Pumpspeicherkraftwerke. Demnächst wird bei Schweich an der Mosel ein neues Pumpspeicherkraftwerk gebaut.

Pumpspeicherkraftwerke verwenden überschüssige Elektroenergie, um Wasser mit einer Pumpe aus einem unteren Becken in ein höher liegendes oberes Becken zu befördern.

In Spitzenlastzeiten wird das Wasser vom oberen Becken über eine Turbine wieder in das untere Becken zurückgeleitet. Dabei gibt es die zuvor gespeicherte Energie in Form von Strom wieder frei, der in das Elektrizitätsnetz zurückgeleitet wird. Pumpspeicherkraftwerke sind also Energiespeicher, die faktisch wie gigantische aufladbare Batterien funktionieren. In Zeiten zunehmender Erzeugung von Strom aus Wind- und Solarenergie haben sie eine wachsende Bedeutung für eine sichere Stromversorgung.

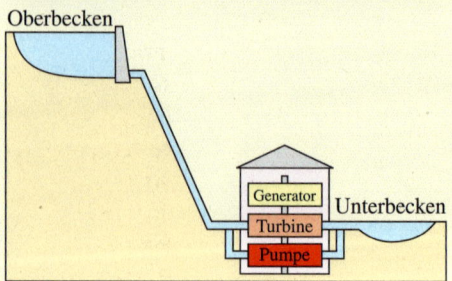

Die Wasserdurchflussrate

In einem Pumpspeicherkraftwerk beträgt die Wasserdurchflussrate Q im Turbinenbetrieb $110\,m^3/s$, d.h. etwa $400\,000\,m^3/h$. Im Pumpenbetrieb ist die Durchflussrate etwas geringer: Sie liegt bei $101{,}7\,m^3/s$. Das sind ca. $350\,000\,m^3/h$.

Rechts ist die Durchflussrate Q für den Fall aufgetragen, dass das Pumpspeicherkraftwerk 4 Stunden im Turbinenbetrieb Wasser von oben nach unten abfließen lässt und danach 4 Stunden im Pumpenbetrieb Wasser von unten nach oben gepumpt wird.

Wenn man diese Durchflussrate Q als Änderungsrate des Wasservolumens V im unteren Becken betrachtet, ist sie im Turbinenbetrieb positiv und im Pumpenbetrieb negativ. Dies führt auf die rechts dargestellte abschnittsweise definierte Funktionsgleichung von Q.

Die Durchflussrate Q:

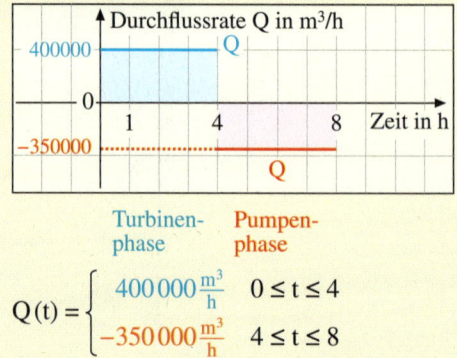

$$Q(t) = \begin{cases} 400\,000\,\frac{m^3}{h} & 0 \leq t \leq 4 \\ -350\,000\,\frac{m^3}{h} & 4 \leq t \leq 8 \end{cases}$$

Rekonstruktion des Bestandes

Wir suchen nun die Funktion, die den Wasserbestand im unteren Becken beschreibt, also das Volumen V(t) des Wassers im unteren Becken zur Zeit t.

Wie betrachten zunächst die Turbinenphase. *Wir nehmen an*, dass das untere Becken am Anfang der Turbinenphase, also zur Zeit t = 0, völlig leer ist, d. h. V(0) = 0.

Wir kennen die Änderungsrate von V(t). Das ist nämlich die Durchflussrate Q(t), die wir oben graphisch und als Funktionsgleichung dargestellt haben: Q(t) = 400 000 m³/h.
Nach einer Stunde ist das Volumen im Becken
$V(1) = 400\,000 \frac{m^3}{h} \cdot 1\,h = 400\,000\,m^3$
Nach zwei Stunden ist das Volumen gleich
$V(2) = 400\,000 \frac{m^3}{h} \cdot 2\,h = 800\,000\,m^3$ usw.
Nach t Stunden ist das Volumen daher gleich
V(t) = 400 000 · t für 0 ≤ t ≤ 4.

Nun beginnt die Pumpenphase. Hier ist nun die Änderungsrate des Volumens negativ: Q(t) = −350 000 m³/h.
Zur Zeit t = 4 gilt V(4) = 1 600 000 m³.
Eine Stunde später, also zur Zeit t = 5, sind 350 000 m³ nach oben gepumpt, und es gilt daher V(5) = 1 600 000 − 350 000 = 1 250 000 m³.
Zur Zeit t (4 ≤ t ≤ 8) beträgt das Volumen daher V(t) = 1 600 000 − 350 000 · (t − 4).

So ergibt sich die rechts dargestellte Bestandsfunktion V für das Wasservolumen.

Es ist leicht zu sehen, dass die Ableitung des Volumens V *in den einzelnen Abschnitten* gleich der Änderungsrate Q ist: V' = Q.
Eine Funktion V mit dieser Eigenschaft bezeichnet man als **Stammfunktion** von Q.

Wir wissen nun, dass man eine Bestandsfunktion als Stammfunktion aus ihrer Änderungsrate *rekonstruieren* kann.
Stammfunktionen sind die Thematik des nächsten Abschnitts.

Wasservolumen im unteren Becken während der Turbinenphase:

zur Zeit t = 0:	0 m³
zur Zeit t = 1:	400 000 m³
zur Zeit t = 2:	800 000 m³
zur Zeit t = 3:	1 200 000 m³
zur Zeit t = 4:	1 600 000 m³
zur Zeit t:	400 000 t

Wasservolumen im unteren Becken während der Pumpenphase:

zur Zeit t = 4:	1 600 000 m³
zur Zeit t = 5:	1 250 000 m³
zur Zeit t = 6:	900 000 m³
zur Zeit t = 7:	550 000 m³
zur Zeit t = 8:	200 000 m³
zur Zeit t:	1 600 000 − 350 000 · (t − 4)

Die Bestandsfunktion V für das Wasservolumen im unteren Becken:

$$V(t) = \begin{cases} 400\,000\,t & 0 \leq t \leq 4 \\ 1\,600\,000 - 350\,000\,(t-4) & 4 < t \leq 8 \end{cases}$$

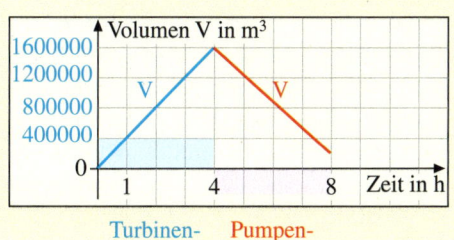

Turbinen- Pumpenphase phase

$$V'(t) = Q(t)$$
V ist Stammfunktion von Q

1. Stammfunktion und unbestimmtes Integral

A. Der Begriff der Stammfunktion und des unbestimmten Integrals

Eine grundlegende Aufgabe der Differentialrechnung ist es, zu einer gegebenen Funktion f die Ableitungsfunktion f' zu bestimmen. Wir stellen uns nun die umgekehrte Aufgabe (vgl. S. 122): Gegeben ist eine Funktion f. Gesucht ist diejenige Funktion F, deren Ableitung die gegebene Funktion f ist. Die *Integralrechnung* beschäftigt sich mit dieser Fragestellung.

▶ **Beispiel:** An der Tafel steht das Ergebnis einer Differentiation. Leider ist die Ausgangsfunktion F, die differenziert wurde, schon abgewischt. Kann man sie rekonstruieren?

Lösung:
Die gegebene Funktion $f(x) = 2x^2 + 1$ ist hier das Ergebnis eines Differentiationsprozesses. Gesucht ist eine sogenannte *Stammfunktion* F von f, für die gilt:
$F'(x) = f(x)$.
Da beim Differenzieren einer Potenz der Grad um 1 sinkt, vermuten wir, dass F eine Polynomfunktion dritten Grades ist. Wir finden nach kurzem Probieren, dass die Funktion $F(x) = \frac{2}{3}x^3 + x$ die Ableitung $f(x) = 2x^2 + 1$ hat, womit die Aufgabe fast gelöst wäre.
Wir können allerdings noch eine beliebige reelle Konstante C hinzuaddieren, da eine solche beim Differenzieren wegfällt. Die Menge alle Stammfunktionen von $f(x) = 2x^2 + 1$ ist daher die Funktionenschar $F(x) = \frac{2}{3}x^3 + x + C$, $C \in \mathbb{R}$.
Diese Menge aller Stammfunktionen von f wird auch als *unbestimmtes Integral von f* bezeichnet.
Hierfür wird die nebenstehend aufgeführte symbolische Schreibweise unter Verwendung des Integralzeichens ∫ eingeführt. Das Adjektiv „unbestimmt" drückt aus, dass das Ergebnis wegen des Auftretens einer Konstanten C, der sog. *Integrationskonstanten*, nicht eindeutig bestimmt ist. ◀

Gegebene Funktion f:

$f(x) = 2x^2 + 1$

Eine Stammfunktion F von f:

$F(x) = \frac{2}{3}x^3 + x$

Weitere Stammfunktionen von f:

$F(x) = \frac{2}{3}x^3 + x + 1$

$F(x) = \frac{2}{3}x^3 + x - 2{,}5$

⋮

Menge aller Stammfunktionen von f:

$F(x) = \frac{2}{3}x^3 + x + C$, $C \in \mathbb{R}$

Integralschreibweise:

$\int (2x^2 + 1)\,dx = \frac{2}{3}x^3 + x + C$
                                            ↑
unbestimmtes   Integrations-
Integral   konstante

1. Stammfunktion und unbestimmtes Integral

Definition VI.1: Stammfunktion
Jede differenzierbare Funktion F, für die $F'(x) = f(x)$ gilt, wird als *Stammfunktion von f* bezeichnet.

Stammfunktion F

↑ integrieren

Funktion f

↓ differenzieren

Definition VI.2: Unbestimmtes Integral
Die Menge aller Stammfunktionen einer Funktion f heißt *unbestimmtes Integral* von f.

Symbolische Schreibweise: $\int f(x)\,dx$

Ableitung f'

Den Vorgang des Bestimmens einer Stammfunktion bezeichnet man als Integrieren. Es handelt sich technisch um die Umkehrung des Differenzierens.

▶ **Beispiel:** Bestimmen Sie die Menge aller Stammfunktionen von f.
Gesucht ist also das unbestimmte Integral von f.
a) $f(x) = 2x^3$ b) $f(x) = 3x^4 - 6x + 8$ c) $f(x) = \frac{1}{x^3}$

Lösung:
a) Beim Differenzieren einer Potenz *verringert* sich der Exponent um 1. Außerdem muss man mit dem *alten* Exponenten *multiplizieren*.
Beim Integrieren einer Potenz ist es daher genau umgekehrt. Der Exponent *erhöht* sich um 1, und man muss durch den *neuen* Exponenten *dividieren*.

Der Teilterm x^3 hat die Stammfunktion $\frac{1}{4}x^4 + C$. Daher hat $f(x) = 2x^3$ die Stammfunktion $F(x) = \frac{1}{2}x^4 + C$.

$$\int 2x^3\,dx = \tfrac{1}{2}x^4 + C$$

b) Hier kehren wir die Summenregel der Differentiation um und erhalten dann $F(x) = \frac{3}{5}x^5 - 3x^2 + 8x + C$:

$$\int (3x^4 - 6x + 8)\,dx = \tfrac{3}{5}x^5 - 3x^2 + 8x + C$$

c) $f(x) = \frac{1}{x^3} = x^{-3}$ hat die Stammfunktion
$F(x) = \frac{x^{-2}}{-2} + C = -\frac{1}{2x^2} + C$.

$$\int \tfrac{1}{x^3}\,dx = -\tfrac{1}{2x^2} + C$$

▶

Übung 1 Unbestimmtes Integral
Bestimmen Sie das unbestimmte Integral der Funktion f.
a) $f(x) = 10x^4$ b) $f(x) = x^2 - 6x + 4$ c) $f(x) = x + \sqrt{x}$ d) $f(x) = \frac{4}{x^2}$
e) $f(x) = \frac{2x^2 + 3}{x^2}$ f) $f(x) = 12x^3 + 4x^2$ g) $f(x) = \frac{2x^4 - 5}{x^2}$ h) $f(x) = 2x^3 - \frac{4}{\sqrt{x}}$

B. Rechenregeln für unbestimmte Integrale

Aus einigen Differentiationsregeln kann man durch sinngemäße Umkehrung Integrationsregeln gewinnen. Wir führen im Folgenden einige Beispiele in einer Gegenüberstellung auf.

Potenzregel der Differentialrechnung	**Potenzregel der Integralrechnung**
$(x^r)' = r \cdot x^{r-1}$ $\quad (r \in \mathbb{R}, r \neq 0)$	$\int x^r \, dx = \frac{x^{r+1}}{r+1} + C \quad (r \in \mathbb{R}, r \neq -1)$
Summenregel der Differentialrechnung Man kann eine Summe gliedweise differenzieren: $(f(x) + g(x))' = f'(x) + g'(x)$	**Summenregel der Integralrechnung** Man kann eine Summe gliedweise integrieren: $\int (f(x) + g(x)) \, dx = \int f(x) \, dx + \int g(x) \, dx$ $= F(x) + G(x) + C$
Faktorregel der Differentialrechnung Ein konstanter Faktor bleibt beim Differenzieren erhalten: $(a \cdot f(x))' = a \cdot f'(x) \quad (a \in \mathbb{R})$	**Faktorregel der Integralrechnung** Ein konstanter Faktor bleibt beim Integrieren erhalten: $\int a \cdot f(x) \, dx = a \cdot \int f(x) \, dx \quad (a \in \mathbb{R})$ $= a \cdot F(x) + C$
Sinus- und Kosinusregel (Differentiation) $(\sin x)' = \cos x$ $(\cos x)' = -\sin x$	**Sinus- und Kosinusregel (Integration)** $\int \sin x \, dx = -\cos x + C$ $\int \cos x \, dx = \sin x + C$

Wir beweisen die Integrationsregeln, indem wir die auf der rechten Seite stehende Stammfunktion differenzieren und zeigen, dass wir als Ergebnis den Integranden der linken Seite erhalten:

1. $\left(\frac{x^{r+1}}{r+1} + C \right)' = \frac{(r+1) \cdot x^r}{r+1} + 0 = x^r$
2. $(F(x) + G(x))' = F'(x) + G'(x) = f(x) + g(x)$
3. $(a \cdot F(x))' = a \cdot F'(x) = a \cdot f(x)$
4. $(-\cos x + C)' = -(-\sin x) + 0 = \sin x$, $(\sin x + C)' = \cos x + 0 = \cos x$

1. Stammfunktion und unbestimmtes Integral

▶ **Beispiel: Unbestimmte Integrale**
Berechnen Sie die folgenden unbestimmten Integrale.
a) $\int\left(4x + \frac{1}{x^2}\right)dx$ b) $\int(\sqrt{x} + \sin x)\,dx$ c) $\int(5x+1)^2\,dx$

Lösung:
a) $\int\left(4x + \frac{1}{x^2}\right)dx \underset{\text{Summenregel}}{=} \int(4x)\,dx + \int\frac{1}{x^2}\,dx \underset{\text{Faktorregel}}{=} 4\cdot\int x\,dx + \int x^{-2}\,dx$

$\underset{\text{Potenzregel}}{=} 4\cdot\frac{x^2}{2} + \frac{x^{-1}}{-1} + C = 2x^2 - \frac{1}{x} + C$

b) $\int(\sqrt{x} + \sin x)\,dx \underset{\text{Summenregel}}{=} \int x^{\frac{1}{2}}\,dx + \underset{\substack{\text{Potenzregel}\\\text{Sinusregel}}}{\int \sin x\,dx} = \frac{x^{\frac{3}{2}}}{\frac{3}{2}} - \cos x + C = \frac{2}{3}\sqrt{x^3} - \cos x + C$

▶ c) $\int(5x+1)^2\,dx = \int(25x^2 + 10x + 1)\,dx = 25\int x^2\,dx + 10\int x\,dx + \int 1\,dx = 25\cdot\frac{x^3}{3} + 10\cdot\frac{x^2}{2} + x + C$

C. Das Anfangswertproblem

Oft sucht man nicht alle Stammfunktionen F einer Funktion f, sondern nur eine ganz bestimmte, welche durch einen fest vorgegebenen Punkt $P(x_0|f(x_0))$ geht. Man spricht dann von einem *Anfangswertproblem*. Durch geeignete Wahl der Integrationskonstanten C kann es gelöst werden.

▶ **Beispiel: Anfangswertproblem**
Gegeben ist $f(x) = x$. Gesucht ist diejenige Stammfunktion F von f, welche durch den Punkt $\left(1\big|\frac{3}{2}\right)$ geht.

Lösung:
Wir bestimmen zunächst das unbestimmte Integral von f, also die Funktionenschar

$F_c(x) = \int x\,dx = \frac{1}{2}x^2 + C.$

$F_c(x)$ soll durch $P\left(1\big|\frac{3}{2}\right)$ gehen, d. h.
$F_c(1) = \frac{3}{2}$
$\frac{1}{2} + C = \frac{3}{2}$
$\qquad C = 1.$

Damit ist $F_1(x) = \frac{1}{2}x^2 + 1$ die Stammfunk-
▶ tion, die das Anfangswertproblem löst.

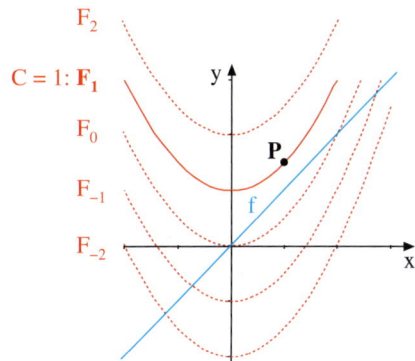

Übung 2 Anfangswertproblem
a) Welche Stammfunktion von $f(x) = x^2$ geht durch den Punkt $P(1|1)$?
b) Welche Stammfunktion von $f(x) = 1 - x^2$ schneidet die y-Achse bei $y = 4$?
c) Welche Stammfunktion von $f(x) = 2 + x$ hat eine Nullstelle bei $x = 1$?

Übungen

3. Stammfunktionsnachweis
Weisen Sie durch Differenzieren nach, dass F eine Stammfunktion von f ist.
a) $f(x) = 2x^3$
b) $f(x) = 4 \cdot \sqrt{x}$
c) $f(x) = 2x - \frac{6}{x^2}$
d) $f(x) = 8x + 4$

$F(x) = \frac{1}{2}x^4 + 2$
$F(x) = \frac{8}{3}x^{\frac{3}{2}} + C$
$F(x) = x^2 + \frac{6}{x} + 1$
$F(x) = (2x+1)^2$

4. Berechnung unbestimmter Integrale
a) $\int x^6 \, dx$
b) $\int 6x^2 \, dx$
c) $\int n \cdot x^{2n-1} \, dx$
d) $\int (4x^2 + 2x) \, dx$
e) $\int (2x^3 - 4x + 1) \, dx$
f) $\int (ax^2 + 6x) \, dx$
g) $\int 3x^{-2} \, dx$
h) $\int \left(2x + \frac{1}{x}\right) \cdot x \, dx$
i) $\int \left(x + \frac{3}{x^2}\right) dx$
j) $\int 6 \cdot \sqrt{x} \, dx$
k) $\int \sqrt[3]{x} \, dx$
l) $\int 3ax^2 \, dx$
m) $\int (2x+1)^2 \, dx$
n) $\int \left(\frac{1}{2}x + 1\right)^2 dx$
o) $\int \left(\sqrt{x} + \frac{1}{x}\right)^2 dx$

5. Funktion und Stammfunktion
Ordnen Sie jeder Funktion f eine passende Stammfunktion F zu.

f:
I $8x^3 - 3$
II $2x - 4$
III $(x+2)^2$
IV $3(x^2 - 2x^3)$
V $2x - \frac{1}{x^2}$
VI $\frac{x^2 - 9}{x - 3}$

F:
A $x^3 - \frac{3}{2}x^4 - 2$
B $\frac{1}{2}x^2 + 3x$
C $2x^4 - 3x + 2$
D $(x-2)^2$
E $2x^2 + 4x + \frac{1}{3}x^3 + C$
F $x^2 + \frac{1}{x} + C$

6. Wo steckt der Fehler?
In den folgenden Rechnungen ist jeweils ein Fehler.
a) $\int \frac{6}{x^2} dx = \int 6 \cdot x^{-2} dx = 6 \cdot \int x^{-2} dx = 6 \cdot \frac{x^{-3}}{-3} + C = \frac{-2}{x^3} + C$
b) $\int (2x+1)^2 dx = \frac{(2x+1)^3}{3} + C$
c) $\int 4x^{\frac{3}{2}} dx = 4 \cdot x^{\frac{5}{2}} \cdot \frac{5}{2} + C = 10 \cdot x^{\frac{5}{2}} + C$
d) $\int (3x^2 + 2a) dx = x^3 + 2a + C$

2. Das bestimmte Integral

A. Der Begriff des bestimmten Integrals

Den Inhalt A des Flächenstücks zwischen dem Graphen einer stetigen Funktion f und der x-Achse über einem Intervall [a; b] kann man folgendermaßen ermitteln:

Schritt 1: Streifensumme
Man zerlegt das Intervall [a; b] in n Streifen gleicher Breite $\Delta x = \frac{b-a}{n}$.

x_i sei die Streifenmitte des i-ten Streifens. Man bildet die Streifensumme
$f(x_1) \cdot \Delta x + f(x_2) \cdot \Delta x + \ldots + f(x_n) \cdot \Delta x$.

Für eine nichtnegative Funktion f kann man diese Streifensumme als Summe von Rechtecksinhalten ansehen, deren Wert den Inhalt A unter f approximiert.

Schritt 2: Grenzwert
Man bildet den Grenzwert der Streifensumme für $n \to \infty$.

Dabei wächst die Streifenzahl n über alle Grenzen und die Streifendicke Δx strebt gegen 0.

Die Streifensumme strebt gegen eine feste Zahl, welche für eine nichtnegative Funktion f mit dem Inhalt A unter f exakt übereinstimmt.

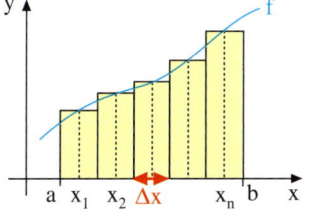
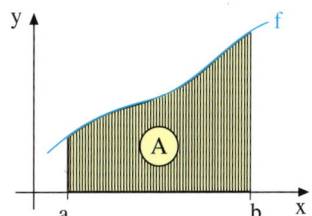

Es erweist sich als günstig, Streifensummen dieser Art nicht nur für positive, sondern auch für negative Funktionen und für solche mit wechselndem Vorzeichen zu bilden. Der Grenzwert einer solchen Streifensumme ist bei einer stetigen Funktion stets eine ganz bestimmte, feste Zahl und wird als *bestimmtes Integral* bezeichnet.

Definition VI.3: Bestimmtes Integral

Ist die Funktion f auf dem Intervall [a; b] definiert, so bezeichnet man den Grenzwert einer Streifensumme über [a; b], d. h. den Ausdruck

$$\lim_{n \to \infty} (f(x_1) \cdot \Delta x + f(x_2) \cdot \Delta x + \ldots + f(x_n) \cdot \Delta x)$$

als bestimmtes Integral von f in den Grenzen von a bis b.
Man verwendet hierfür die rechts dargestellte symbolische Schreibweise.

$$\int_a^b f(x)\,dx$$

Integrationsgrenzen — Integrand — Differential

Das Integral ist eine abgekürzte Schreibweise für eine Streifensumme. Das Zeichen ∫ steht für das S von Summe, dx für die Streifenbreite Δx.

B. Numerische Berechnung von Streifensummen

Im Folgenden behandeln wir die praktische Berechnung von Streifensummen. Dabei ist die Nutzung von geeigneten Computerprogrammen sinnvoll, mit deren Hilfe man Summen mit zahlreichen Summanden bilden kann. Auch einige Taschenrechner verfügen über diese Eigenschaft.

> **Beispiel: Berechnung einer Streifensumme mit Tabellenkalkulation**
> Berechnen Sie die Streifensumme zu $f(x) = 5 - \frac{x^2}{2}$ über dem Intervall [1; 4] mit Hilfe einer Tabellenkalkulation. Verwenden Sie zunächst n = 30 Streifen.

Lösung:
Das nebenstehende Bild zeigt den Graphen von f im Intervall [1; 4] sowie die ersten drei und den dreißigsten Streifen. Die Streifenbreite beträgt $\Delta x = \frac{4-1}{30} = 0{,}1$.
Die Streifenmitte des ersten Streifens ist $x_1 = 1{,}05$, die Mitte des zweiten Streifens ist $x_2 = 1{,}15$, ..., die Mitte des dreißigsten Streifens ist $x_{30} = 3{,}95$.
Die gesuchte Streifensumme ist dann
$f(x_1) \cdot \Delta x + f(x_2) \cdot \Delta x + \ldots + f(x_{30}) \cdot \Delta x$.

Zur Berechnung dieser Summe soll eine Tabellenkalkulation verwendet werden.

Die ersten Spalte (A) enthält die Werte der Streifenmitten. Dazu wird in die Zelle A1 der Wert von x_1 eingetragen, also $\boxed{1{,}05}$. In die Zelle A2 trägt man ein: $\boxed{=\text{A1}+0{,}1}$. Diese Zelle wird anschließend in die Zellen A3, A4, ..., A30 kopiert.

Die zweite Spalte (B) enthält die Funktionswerte $f(x_1), \ldots, f(x_{30})$. Dazu vermerkt man in Zelle B1 $\boxed{=5-\text{A1}*\text{A1}/2}$ und kopiert diese Zelle anschließend in die Zellen B2, B3, ..., B30.

Die dritte Spalte (C) enthält die Produkte $f(x_1) \cdot \Delta x, \ldots, f(x_{30}) \cdot \Delta x$. Dazu vermerkt man in Zelle C1 $\boxed{=\text{B1}*0{,}1}$ und kopiert diese Zelle in die Zellen C2, C3, ..., C30.

Schließlich wird in Zelle D1 die gesuchte Streifensumme berechnet durch den Eintrag $\boxed{=\text{SUMME(C1:C30)}}$. Man erhält das Ergebnis 4,501 25. Dies ist ein Näherungswert für das bestimmte Integral $\int_1^4 f(x)\,dx$.

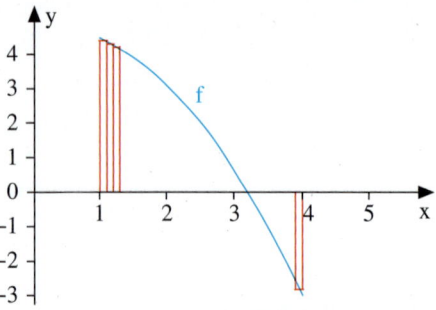

	A	B	C	D
1	1,05	4,44875	0,444875	4,50125
2	1,15	4,33875	0,433875	
3	1,25	4,21875	0,421875	
4	1,35	4,08875	0,408875	
5	1,45	3,94875	0,394875	
6	1,55	3,79875	0,379875	
7	1,65	3,63875	0,363875	
8	1,75	3,46875	0,346875	
9	1,85	3,28875	0,328875	
10	1,95	3,09875	0,309875	
11	2,05	2,89875	0,289875	
12	2,15	2,68875	0,268875	
13	2,25	2,46875	0,246875	
14	2,35	2,23875	0,223875	
15	2,45	1,99875	0,199875	
16	2,55	1,74875	0,174875	
17	2,65	1,48875	0,148875	
18	2,75	1,21875	0,121875	
19	2,85	0,93875	0,093875	
20	2,95	0,64875	0,064875	
21	3,05	0,34875	0,034875	
22	3,15	0,03875	0,003875	
23	3,25	-0,28125	-0,028125	
24	3,35	-0,61125	-0,061125	
25	3,45	-0,95125	-0,095125	
26	3,55	-1,30125	-0,130125	
27	3,65	-1,66125	-0,166125	
28	3,75	-2,03125	-0,203125	
29	3,85	-2,41125	-0,241125	
30	3,95	-2,80125	-0,280125	

2. Das bestimmte Integral

Beim vorstehenden Beispiel war die Streifenanzahl n = 30 und damit $\Delta x = 0{,}1$. Wird die Anzahl der Streifen auf n = 300 verzehnfacht, so liefert die Tabellenkalkulation das rechts dargestellte Ergebnis.

Dazu wird in die Zellen eingegeben:

A1: 1,005
A2: =A1+0,01   (Kopie in A3 … A300)
B1: =5-A1*A1/2 (Kopie in B2 … B300)
C1: =B1*0,01   (Kopie in C2 … C300)
D1: =SUMME(C1:C300)

Die Zelle D1 zeigt damit die verbesserte Näherung 4,500 012 5 für das bestimmte Integral $\int_1^4 f(x)\,dx$.

Hinweis: Da die Streifenbreite Δx bei dem vorgestellten Verfahren für alle Streifen denselben Wert hat, kann Δx aus der Streifensumme ausgeklammert und die Berechnung etwas vereinfacht werden:

$f(x_1) \cdot \Delta x + f(x_2) \cdot \Delta x + \ldots + f(x_{30}) \cdot \Delta x =$
$(f(x_1) + f(x_2) + \ldots + f(x_n)) \cdot \Delta x$.

	A	B	C	D
1	1,005	4,4949875	0,0449499	4,5000125
2	1,015	4,4848875	0,0448489	
3	1,025	4,4746875	0,0447469	
4	1,035	4,4643875	0,0446439	
5	1,045	4,4539875	0,0445399	
6	1,055	4,4434875	0,0444349	
7	1,065	4,4328875	0,0443289	
8	1,075	4,4221875	0,0442219	
9	1,085	4,4113875	0,0441139	
10	1,095	4,4004875	0,0440049	
11	1,105	4,3894875	0,0438949	
12	1,115	4,3783875	0,0437839	
13	1,125	4,3671875	0,0436719	
14	1,135	4,3558875	0,0435589	
15	1,145	4,3444875	0,0434449	
16	1,155	4,3329875	0,0433299	
17	1,165	4,3213875	0,0432139	
18	1,175	4,3096875	0,0430969	
19	1,185	4,2978875	0,0429789	
20	1,195	4,2859875	0,0428599	
291	3,905	-2,6245125	-0,0262451	
292	3,915	-2,6636125	-0,0266361	
293	3,925	-2,7028125	-0,0270281	
294	3,935	-2,7421125	-0,0274211	
295	3,945	-2,7815125	-0,0278151	
296	3,955	-2,8210125	-0,0282101	
297	3,965	-2,8606125	-0,0286061	
298	3,975	-2,9003125	-0,0290031	
299	3,985	-2,9401125	-0,0294011	
300	3,995	-2,9800125	-0,0298001	

Einige Taschenrechner bieten die Möglichkeit, Terme aufzusummieren. Ein Beispiel zeigen die folgenden beiden Bilder. Es wird wieder das Beispiel von Seite 232 verwendet. Links wird das Ergebnis für n = 300 erneut berechnet (mit demselben Ergebnis). Rechts wird die Anzahl der Streifen nochmals verzehnfacht. Man kann vermuten, dass $\int_1^4 f(x)\,dx = 4{,}5$ ist (s. S. 236, Üb. 5).

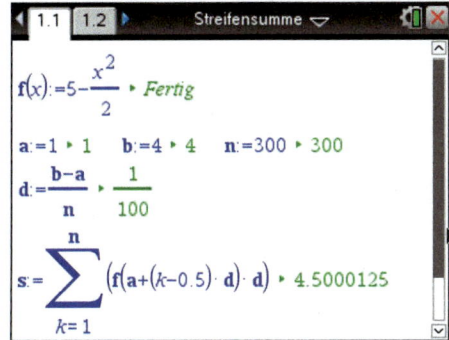
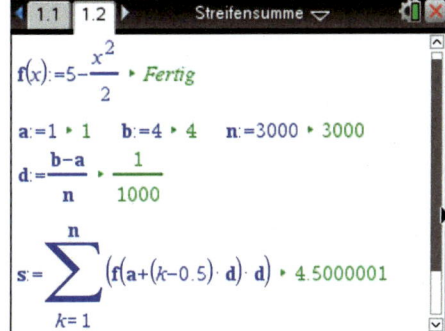

Übung 1
Berechnen Sie die Streifensumme zur Funktion f über dem Intervall I. Verwenden Sie dabei ein Ihnen zur Verfügung stehendes digitales Mathematikwerkzeug (Tabellenkalkulation, CAS, …).
a) $f(x) = x^2$, I = [0; 1], n = 10   b) $f(x) = x^2$, I = [0; 1], n = 100
c) $f(x) = \sin x$, I = [0; π], n = 10   d) $f(x) = \sin x$, I = [0; π], n = 100

C. Der Hauptsatz der Differential- und Integralrechnung

Zwischen der Stammfunktion F einer Funktion f und dem bestimmten Integral besteht ein Zusammenhang: Interpretiert man das bestimmte Integral als Inhalt A der Fläche unter dem Graphen einer positiven Funktion f über dem Intervall [a; b], so kann dieser Flächeninhalt als Differenz **F(b) − F(a)** berechnet werden, wobei F eine beliebige Stammfunktion von f ist.

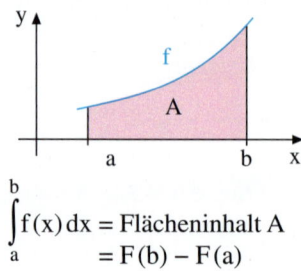

$$\int_a^b f(x)\,dx = \text{Flächeninhalt A} = F(b) - F(a)$$

Dieser Zusammenhang gilt auch für negative Funktionen und solche mit wechselndem Vorzeichen. Er ist so bedeutsam, dass man ihn als **Hauptsatz der Differential- und Integralrechnung** bezeichnet. Er verbindet das bestimmte Integral (Streifensumme, Fläche) mit dem unbestimmten Integral (Stammfunktion) und zeigt, dass das Integrieren die Umkehrung des Differenzierens ist. Außerdem vereinfacht er die Berechnung bestimmter Integrale enorm.

> **Satz VI.1: Der Hauptsatz der Differential- und Integralrechnung**
> Die Funktion f sei auf dem Intervall [a; b] definiert und F sei eine Stammfunktion von f. Dann lässt sich das bestimmte Integral von f in den Grenzen von a bis b als Differenz F(b) − F(a) berechnen.
>
> $$\int_a^b f(x)\,dx = F(b) - F(a)$$

Wir zeigen nun an drei Beispielen, wie einfach bestimmte Integrale mit dem Hauptsatz berechnet werden können und wie das Ergebnis als Flächenbilanz interpretierbar ist.

▶ **Beispiel: Bestimmtes Integral einer positiven Funktion**
Berechnen Sie das bestimmte Integral und interpretieren Sie das Ergebnis.
$$\int_1^3 \tfrac{1}{4}x^2\,dx$$

Lösung:
Stammfunktion von f:
$$F(x) = \tfrac{1}{12}x^3$$

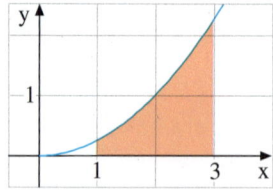

Bestimmtes Integral:
$$\int_1^3 \tfrac{1}{4}x^2\,dx = F(3) - F(1) = \tfrac{27}{12} - \tfrac{1}{12} = \tfrac{13}{6}$$

Interpretation:
Das bestimmte Integral zeigt in diesem Fall exakt den Inhalt der ganz oberhalb der
▶ x-Achse liegenden Fläche A an.

Das bestimmte Integral ist positiv, wenn die Funktion f oberhalb der x-Achse verläuft.

$$\int_a^b f(x)\,dx = A$$

2. Das bestimmte Integral

▶ **Beispiel: Bestimmtes Integral einer negativen Funktion**
Berechnen und interpretieren Sie das bestimmte Integral. $\int_0^4 \left(\frac{1}{4}x^2 - 4\right)dx$

Lösung:
Stammfunktion von f:
$F(x) = \frac{1}{12}x^3 - 4x$

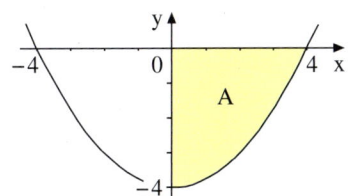

Bestimmtes Integral:
$$\int_0^4 \left(\frac{1}{4}x^2 - 4\right)dx = F(4) - F(0) = -\frac{32}{3} - 0 = -\frac{32}{3}$$

Interpretation:
Das bestimmte Integral zeigt in diesem Fall den „negativen" Inhalt der unterhalb der
▶ x-Achse liegenden Fläche A an.

Das bestimmte Integral ist negativ, wenn die Funktion f unterhalb der x-Achse verläuft. $\int_a^b f(x)\,dx = -A$

▶ **Beispiel: Bestimmtes Integral bei wechselndem Vorzeichen**
Berechnen und interpretieren Sie das bestimmte Integral. $\int_1^3 (x^2 - 2x)\,dx$

Lösung:
Stammfunktion von f:
$F(x) = \frac{1}{3}x^3 - 3x^2$

Bestimmtes Integral:
Wir berechnen analog zur Zeichnung drei bestimmte Integrale:

$$\int_1^2 (x^2 - 2x)\,dx = \left(-\frac{4}{3}\right) - \left(-\frac{2}{3}\right) = -\frac{2}{3} \Rightarrow A_1 = \frac{2}{3}$$

$$\int_2^3 (x^2 - 2x)\,dx = (0) - \left(-\frac{4}{3}\right) = \frac{4}{3} \quad \Rightarrow A_2 = \frac{4}{3}$$

$$\int_1^3 (x^2 - 2x)\,dx = (0) - \left(-\frac{2}{3}\right) = \frac{2}{3}$$

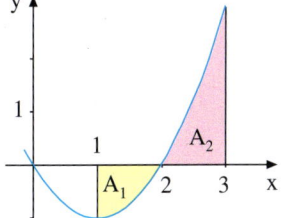

A_1 geht negativ ein
A_2 geht positiv ein

$$\Rightarrow \int_1^3 (x^2 - 2x)\,dx = -A_1 + A_2$$

Interpretation:
Die Funktion verläuft z. T. unterhalb und z. T. oberhalb der x-Achse. Die unterhalb der x-Achse liegende Teilfläche A_1 geht in das bestimmte Integral negativ ein, die oberhalb der x-Achse liegenden Teilfläche A_2 geht positiv ein. Das bestimmte Integral ist also
▶ die *Flächenbilanz*.

Das bestimmte Integral stellt eine Flächenbilanz dar, wenn die Funktion f teilweise unterhalb und teilweise oberhalb der x-Achse verläuft.

$$\int_a^b f(x)\,dx = -A_1 + A_2 = \text{Flächenbilanz}$$

Übung 2 Bestimmte Integrale/Interpretation
Berechnen Sie das bestimmte Integral und interpretieren Sie es. Zeichnen Sie dazu den Graphen des Integranden über dem Integrationsintervall.

a) $\int_{1}^{2}(x^2+1)\,dx$

b) $\int_{-1}^{2}(x-2)\,dx$

c) $\int_{0}^{3}\left(2-\tfrac{1}{2}x^2\right)dx$

Übung 3 Flächenberechnung
Berechnen Sie den Inhalt der rechts abgebildeten Fläche zwischen dem Graphen von $f(x) = -x^2 + 5x - 4$ und der x-Achse.

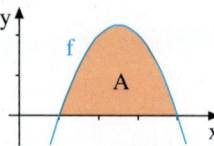

Die Klammerschreibweise $[F(x)]_a^b$
Die rechts aufgeführte Klammerschreibweise $[F(x)]_a^b$ für den Term $F(b) - F(a)$ bietet den Vorteil, dass man bei der Berechnung des bestimmten Integrals keine eigene Bezeichnung für die Stammfunktion mehr benötigt.

$$\int_a^b f(x)\,dx = F(b) - F(a)$$

$$\int_a^b f(x)\,dx = [F(x)]_a^b$$

Beispiel: Bestimmtes Integral und Klammerschreibweise
Berechnen Sie das bestimmte Intergral.
Stellen Sie die Lösung in normaler Schreibweise und zum Vergleich in Klammerschreibweise dar.

$$\int_{1}^{3}(4x^3 - 2x + 1)\,dx$$

Lösung:

Normale Schreibweise:
$f(x) = 4x^3 - 2x + 1$
$F(x) = x^4 - x^2 + x$
$\int_{1}^{3}(4x^3 - 2x + 1)\,dx = F(3) - F(1)$
$= 75 - 1 = 74$

Klammerschreibweise:
$\int_{1}^{3}(4x^3 - 2x + 1)\,dx = [x^4 - x^2 + x]_1^3$
$= 75 - 1$
$= 74$

Übung 4 Klammerschreibweise
Berechnen Sie das bestimmte Integral unter Verwendung der Klammerschreibweise und interpretieren Sie es. Zeichnen Sie dazu den Graphen des Integranden über dem Integrationsintervall.

a) $\int_{-1}^{4}(3x^2 - 4x + 1)\,dx$

b) $\int_{2}^{5}\frac{1}{x^2}\,dx$

c) $\int_{0}^{1}(x+1)^2\,dx$

d) $\int_{a}^{2a}(2x + 5)\,dx$

e) $\int_{0}^{\pi}\sin x\,dx$

f) $\int_{-1}^{1}(2a - ax)\,dx$

Übung 5 Ergänzung zum Beispiel von Seite 232
Warum ist beim Beispiel von Seite 232 der Wert der Streifensummen auch bei größer werdendem n immer etwas größer als der exakte Wert des bestimmten Integrals? Berechnen Sie das Integral.

D. Rechenregeln für bestimmte Integrale

Mit Hilfe des Hauptsatzes lassen sich problemlos einige Regeln für das Rechnen mit bestimmten Integralen ableiten, deren Anwendung oft die Arbeit erleichtern kann. Wir zählen diese Regeln auf und beweisen eine Regel exemplarisch.

> **Satz VI.2: Rechenregeln für bestimmte Integrale**
> f und g seien auf dem Intervall [a; b] stetige Funktionen. Dann gilt:
>
> (1) $\int_a^a f(x)\,dx = 0$ — Stimmen obere und untere Grenze überein, so ist das Integral 0.
>
> (2) $\int_a^b f(x)\,dx + \int_b^c f(x)\,dx = \int_a^c f(x)\,dx$ — Intervalladditivität
>
> (3) $\int_b^a f(x)\,dx = -\int_a^b f(x)\,dx$ — Vertauschung der Grenzen ändert das Vorzeichen.
>
> (4) $\int_a^b k \cdot f(x)\,dx = k \cdot \int_a^b f(x)\,dx$ — Faktorregel
>
> (5) $\int_a^b (f(x) + g(x))\,dx = \int_a^b f(x)\,dx + \int_a^b g(x)\,dx$ — Summenregel

▶ **Beispiel: Beweis der Additivität**
Beweisen Sie Regel 2 (Intervalladditivität) mit Hilfe des Hauptsatzes.
Begründen Sie die Regel außerdem anhand einer Skizze mit Streifensummen.

Rechnerischer Nachweis:

$$\int_a^b f(x)\,dx + \int_b^c f(x)\,dx = [F(x)]_a^b + [F(x)]_b^c$$
$$= F(b) - F(a) + F(c) - F(b)$$
$$= F(c) - F(a) = \int_a^c f(x)\,dx$$

Anschauliche Begründung:

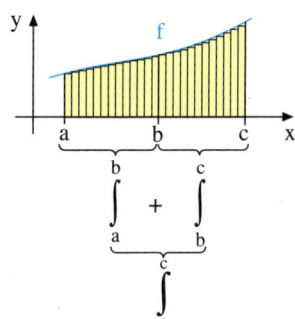

Übung 6
Beweisen Sie die Regel (1) und (3) mit Hilfe des Hauptsatzes.

Übung 7
Berechnen Sie möglichst einfach durch Anwendung der Rechenregeln.

a) $\int_{-2}^{3} (4x^2 - 3x + 5)\,dx + \int_{-2}^{3} (3x - 5)\,dx$

b) $\int_{-2}^{2} x^2\,dx + \int_{3}^{5} x^2\,dx + \int_{2}^{3} x^2\,dx$

Übungen

8. Bestimmtes Integral
Berechnen Sie das bestimmte Integral.

a) $\int_{1}^{3}(x+1)\,dx$
b) $\int_{-2}^{2}(4-x^2)\,dx$
c) $\int_{-2}^{2}0{,}25\,x^3\,dx$
d) $\int_{0}^{2}(x^2-2x+1)\,dx$

e) $\int_{0}^{4}(4-x)\,dx$
f) $\int_{1}^{3}(0{,}5\,x-1)^2\,dx$
g) $\int_{0}^{2}(x-2)(x+2)\,dx$
h) $\int_{0}^{2}(x-1)^3\,dx$

9. Anschauliche Bedeutung des bestimmten Integrals
Skizzieren Sie die Integranden aus Übung 2 über dem Integrationsintervall.
Welche anschauliche Bedeutung hat das bestimmte Integral?

10. Bestimmtes Integral mit Parametern
Berechnen Sie das bestimmte Integral. a sei ein fester Parameter.

a) $\int_{1}^{a}(2x+1)\,dx$
b) $\int_{a}^{2a}(4-x^2)\,dx$
c) $\int_{0}^{a^2}(3x^2-3)\,dx$
d) $\int_{0}^{3a}(x^2-ax)\,dx$

11. Bestimmte Integrale nichtrationaler Funktionen
Berechnen Sie das bestimmte Integral. Verwenden Sie die (verallgemeinerte) Potenzregel der Integralrechnung sowie Sinusregel und Kosinusregel.

a) $\int_{1}^{3}\dfrac{9}{x^2}\,dx$
b) $\int_{4}^{9}2\sqrt{x}\,dx$
c) $\int_{0}^{1}x^2\sqrt{x}\,dx$
d) $\int_{0}^{\pi}2\sin x\,dx$

12. Anwendung der Rechenregeln für bestimmte Integrale
Vereinfachen Sie den Ausdruck mit Hilfe der Rechenregeln für bestimmte Integrale.

a) $\int_{-2}^{4}-4x^3\,dx + 3\cdot\int_{-2}^{1}2x^3\,dx + 4\cdot\int_{1}^{4}x^3\,dx + 2\int_{1}^{-2}x^3\,dx$
b) $\int_{2}^{3}6x^3\,dx + 3\cdot\int_{-2}^{2}(2x^3-1)\,dx - \int_{2}^{3}3\,dx$

13. Bestimmte Integrale und Flächeninhalte
Berechnen Sie den Gesamtflächeninhalt des markierten Bereichs mittels bestimmter Integrale.

a)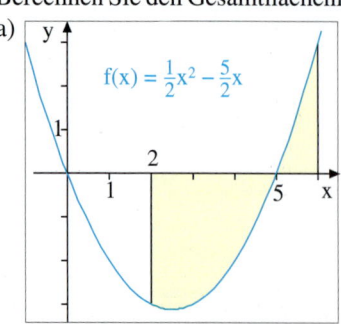
$f(x)=\tfrac{1}{2}x^2-\tfrac{5}{2}x$

b)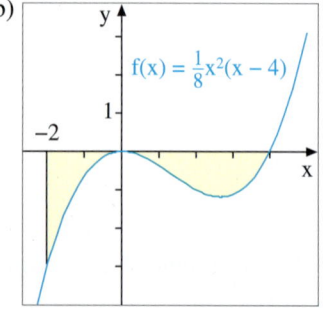
$f(x)=\tfrac{1}{8}x^2(x-4)$

VI. Grundlagen der Integralrechnung

Überblick

Stammfunktion: F heißt Stammfunktion von f, wenn F'(x) = f(x) gilt.

Das unbestimmte Integral: $\int f(x)\,dx$; die Menge aller Stammfunktionen von f.
Ist F Stammfunktion von f, so gilt $\int f(x)\,dx = F(x) + C$.

Integrationsregeln:

allg. Potenzregel: $\int x^r\,dx = \frac{1}{r+1} \cdot x^{r+1} + C \quad (r \in \mathbb{R}, r \neq -1)$

Summenregel: $\int (f(x) + g(x))\,dx = \int f(x)\,dx + \int g(x)\,dx$

Faktorregel: $\int a \cdot f(x)\,dx = a \cdot \int f(x)\,dx$

Integration von trigonometrischen Funktionen: $\int \sin x\,dx = -\cos x + C, \quad \int \cos x\,dx = \sin x + C$

Das bestimmte Integral: Das bestimmte Integral in den Grenzen von a bis b ist der Grenzwert $\lim_{n \to \infty} (f(x_1) \cdot \Delta x + \ldots + f(x_n) \cdot \Delta x)$ der Streifensumme. Anschaulich stellt es die Flächenbilanz über dem Intervall [a; b] dar.

$$\int_a^b f(x)\,dx$$

Hauptsatz der Differential- und Integralrechnung: F sei eine Stammfunktion von f. Dann gilt:
$$\int_a^b f(x)\,dx = F(b) - F(a)$$

Klammerschreibweise für Integrale: $\int_a^b f(x)\,dx = [F(x)]_a^b = F(b) - F(a)$

Rechenregeln für bestimmte Integrale:

(1) $\int_a^a f(x)\,dx = 0$

(2) $\int_a^b f(x)\,dx + \int_b^c f(x)\,dx = \int_a^c f(x)\,dx$

(3) $\int_b^a f(x)\,dx = -\int_a^b f(x)\,dx$

(4) $\int_a^b k \cdot f(x)\,dx = k \cdot \int_a^b f(x)\,dx$

(5) $\int_a^b (f(x) + g(x))\,dx = \int_a^b f(x)\,dx + \int_a^b g(x)\,dx$

Die Streifenmethode des Archimedes

Der bedeutendste Mathematiker der Antike war *Archimedes von Syrakus*, der 287 v. Chr. bis 212 v. Chr. lebte. Ihm gelang die exakte Bestimmung des Flächeninhalts eines Parabelsegments. Damit war er seiner Zeit um 2000 Jahre voraus, denn erst um 1630 wurden seine Theorien durch Cavalieri sowie später durch Newton und Leibniz fortgesetzt (um 1670) und weiterentwickelt, sodass Differential- und *Integralrechnung* entstanden, mathematische Grundpfeiler der modernen Naturwissenschaften.

Das Flächenberechnungsverfahren des Archimedes ist auch heute noch von zentraler Bedeutung für das Verständnis der Integralrechnung. Daher versuchen wir nun, die Grundidee des Archimedes nachzuvollziehen, die *Streifenmethode*.

Archimedes – Sohn des Astronomen Pheidias – lebte in Syrakus. Er bestimmte den Kreisumfang und die Kreiszahl Pi, berechnete Volumen und Oberfläche der Kugel, baute Brennspiegel, Wurfmaschinen und die archimedische Schraube und entdeckte die Gesetze des Hebels, des Schwerpunktes, des Auftriebes und der geneigten Ebene.
Im Zweiten Punischen Krieg wurde er von römischen Legionären getötet, die Syrakus eroberten. Seine letzten Worte sollen gelautet haben: „Noli turbare circulos meos!" (Störe meine Kreise nicht!)

Beispiel

Der Flächeninhalt A des abgebildeten Parabelsegments, welches zwischen dem Graphen der Funktion $f(x) = x^2$ und der x-Achse über dem Intervall [0; 1] liegt, soll näherungsweise bestimmt werden.

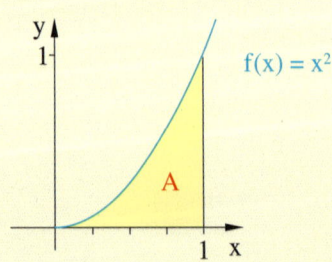

Wir unterteilen die Fläche in eine Anzahl von vertikalen Streifen. Die Fläche eines jeden solchen Streifens lässt sich durch zwei Rechtecke einschachteln.

Einschachtelung durch Rechteckstreifen:

So ergibt sich z.B. bei einer Einteilung in 4 Streifen eine untere Abschätzung von A durch die Inhaltssumme der ganz unter der Kurve liegenden Rechtecke (*Untersumme* U_4) sowie eine obere Abschätzung durch die Summe der Inhalte der über die Kurve hinausragenden Rechtecke (*Obersumme* O_4).

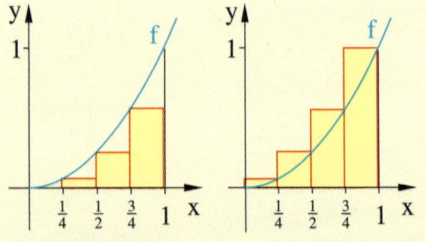

Untersumme $U_4 \leq A \leq$ Obersumme O_4

Die Streifenmethode des Archimedes

Alle Rechteckstreifen besitzen die Breite $\frac{1}{4}$, während ihre Höhen Funktionswerte der Funktion $f(x) = x^2$ an den Stellen $0, \frac{1}{4}, \frac{2}{4}, \frac{3}{4}, 1$ sind, also $0^2, \left(\frac{1}{4}\right)^2, \left(\frac{2}{4}\right)^2, \left(\frac{3}{4}\right)^2$ und 1^2.

Damit kann man U_4 und O_4 wie rechts dargestellt berechnen und erhält eine Einschachtelung des gesuchten Flächeninhalts A, die leider noch nicht sehr genau ist.

Um eine größere Genauigkeit zu erzielen, kann man die Anzahl der Streifen erhöhen. Geht man z.B. auf 8 Streifen, so erhält man die nebenstehende Figur (Untersumme U_8 kräftig gelb, Obersumme O_8 schwach gelb).

Die Berechnung der Rechtecksummen ergibt für den Flächeninhalt A die Abschätzung $0{,}27 \leq A \leq 0{,}40$, die schon genauer ist.

Weitere Rechnungen mit noch kleineren Streifenbreiten führen auf die nebenstehende Tabelle, aus der auch ersichtlich ist, dass die Differenz aus Obersumme und Untersumme mit zunehmender Streifenzahl kleiner wird, sodass der gesuchte Inhalt A immer genauer approximiert wird. Bei 256 Streifen erhält man $A \approx 0{,}33$ auf 2 Nachkommastellen genau. Allerdings ist der Rechenaufwand dann schon extrem hoch, sodass ein Computer eingesetzt werden muss.

Bei weiterer Verfeinerung durch noch kleinere Streifenbreiten nähern sich sowohl die Untersumme als auch die Obersumme immer mehr einem gemeinsamen Grenzwert an, nämlich der Zahl $A = \frac{1}{3}$.

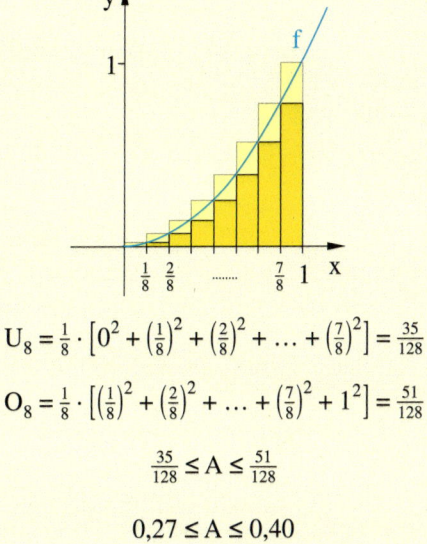

$$U_4 = \tfrac{1}{4} \cdot \left[0^2 + \left(\tfrac{1}{4}\right)^2 + \left(\tfrac{2}{4}\right)^2 + \left(\tfrac{3}{4}\right)^2\right] = \tfrac{14}{64}$$

$$O_4 = \tfrac{1}{4} \cdot \left[\left(\tfrac{1}{4}\right)^2 + \left(\tfrac{2}{4}\right)^2 + \left(\tfrac{3}{4}\right)^2 + 1^2\right] = \tfrac{30}{64}$$

$$\tfrac{14}{64} \leq A \leq \tfrac{30}{64}$$

$$0{,}21 \leq A \leq 0{,}47$$

$$U_8 = \tfrac{1}{8} \cdot \left[0^2 + \left(\tfrac{1}{8}\right)^2 + \left(\tfrac{2}{8}\right)^2 + \ldots + \left(\tfrac{7}{8}\right)^2\right] = \tfrac{35}{128}$$

$$O_8 = \tfrac{1}{8} \cdot \left[\left(\tfrac{1}{8}\right)^2 + \left(\tfrac{2}{8}\right)^2 + \ldots + \left(\tfrac{7}{8}\right)^2 + 1^2\right] = \tfrac{51}{128}$$

$$\tfrac{35}{128} \leq A \leq \tfrac{51}{128}$$

$$0{,}27 \leq A \leq 0{,}40$$

n	U_n	O_n	$O_n - U_n$
4	0,21	0,47	0,25
8	0,27	0,40	0,13
16	0,30	0,37	0,07
32	0,32	0,35	0,03
64	0,325	0,341	0,016
128	0,329	0,337	0,008
256	0,331	0,335	0,004

$$A \approx 0{,}33$$

Durch diese grundlegende Idee der schrittweisen Annäherung durch immer feinere Unterteilungen konnte erstmals in der Geschichte der Flächeninhalt einer krummlinig*) begrenzten Fläche exakt berechnet werden. Dies gelang dem griechischen Mathematiker Archimedes im 3. Jahrhundert vor Christus. Er war damit seiner Zeit weit voraus.

---

*) abgesehen von kreisförmig begrenzten Flächen

Test

Grundlagen der Integralrechnung

1. Bestimmen Sie eine Stammfunktion von f.

   a) $f(x) = x^4$ b) $f(x) = \frac{3}{x^2}$ c) $f(x) = 2x^3 - x + 3$

   d) $f(x) = 8ax^3$ e) $f(x) = n^2 x^{n-1}, n \in \mathbb{N}^*$ f) $f(x) = \sin x - \cos x$

2. Weisen Sie nach, dass F(x) eine Stammfunktion von f(x) ist.

   a) $f(x) = 2(1{,}5x^2 + 2x - 1) + 3$ b) $f(x) = (3x+1)^2$ c) $f(x) = 2\sin x$
   $F(x) = x^3 + 2x^2 + x$ $F(x) = 3x^3 + 3x^2 + x + 1$ $F(x) = -2\cos x + 3$

   d) $f(x) = (8 + 2a)x^3 + 4bx$ e) $f(x) = -2x^{-2}$ f) $f(x) = \frac{1}{\sqrt{2x}}$

   $F(x) = 2x^4 + 2bx^2 + 0{,}5ax^4$ $F(x) = \frac{2}{x} + 1$ $F(x) = \sqrt{2x}$

3. Bestimmen Sie diejenige Stammfunktion von $f(x) = 3x^2 - 2x$, deren Graph durch den Punkt P(2|−1) verläuft. (Hinweis: Integrationskonstante C passend wählen.)

4. Errechnen Sie das unbestimmte bzw. das bestimmte Integral.

   a) $\int (3 - x^2)\,dx$ b) $\int_2^4 (2x - x^2)\,dx$ c) $\int_1^2 (3x + 6x^3)\,dx$ d) $\int_0^a (6ax^2 - a^2 x)\,dx$

5. Berechnen Sie den Inhalt der abgebildeten Fläche A.

   a)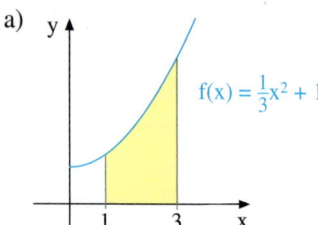

   b)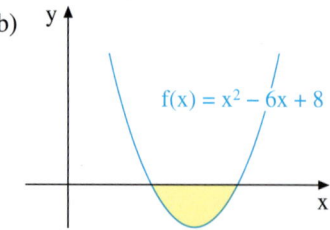

6. Die Parabel $f(x) = ax^2 + bx + c$ begrenzt den abgebildeten Brückenbogen nach unten.
   a) Bestimmen Sie die Koeffizienten a, b und c.
   b) Welche Querschnittfläche hat die Durchfahrt unter der Brücke?

   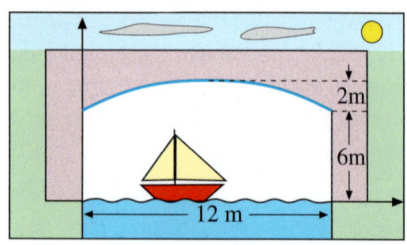

Lösungen: S. 345

VII. Anwendungen der Integralrechnung

1. Flächenberechnungen

A. Flächen unter Funktionsgraphen

Elementare Aufgaben

Im Folgenden geht es um die Berechnung des Inhalts von Flächenstücken, die durch den Graphen einer Funktion begrenzt sind. Im VI. Kapitel sahen wir, dass solche Flächeninhalte mit Hilfe bestimmter Integrale berechnet werden können. Bei Funktionen mit wechselndem Vorzeichen muss man zur Bestimmung des Inhalts der Fläche zwischen dem Graphen und der x-Achse das Intervall so aufteilen, dass in den Teilintervallen das Vorzeichen nicht wechselt.

▶ **Beispiel: Fläche im Positiven**
Gegeben ist $f(x) = -x^2 + 4x - 3$.
Gesucht ist der Inhalt A der Fläche zwischen dem Graphen von f und der x-Achse über dem Intervall [2; 3]. Skizzieren Sie den Graphen von f zunächst für $0 \leq x \leq 4$.

Lösung:
Die Skizze des Graphen von f zeigt, dass das Flächenstück A ganz oberhalb der x-Achse liegt. Also gibt das bestimmte Integral von f in den Grenzen von 2 bis 3 dessen Inhalt an.

▶ Resultat: $A = \frac{2}{3}$

$$\int_2^3 (-x^2 + 4x - 3)\, dx$$
$$= \left[-\tfrac{1}{3}x^3 + 2x^2 - 3x\right]_2^3 = 0 - \left(-\tfrac{2}{3}\right) = \tfrac{2}{3}$$
$$\Rightarrow A = \tfrac{2}{3}$$

▶ **Beispiel: Fläche im Negativen**
Gesucht ist der Inhalt A der Fläche zwischen dem Graphen der Funktion $f(x) = x^3 - 1$ und den beiden Koordinatenachsen, die im 4. Quadranten liegt. Fertigen Sie zunächst eine Skizze an.

Lösung:
Die Funktion besitzt eine Nullstelle bei $x = 1$ und einen Schnittpunkt mit der y-Achse bei $y = -1$. Hierdurch wird die markierte Fläche begrenzt. Sie liegt ganz unterhalb der x-Achse. Das bestimmte Integral von 0 bis 1 gibt daher den Flächeninhalt an, nur mit negativem Vorzeichen versehen.

▶ Resultat: $A = \frac{3}{4}$

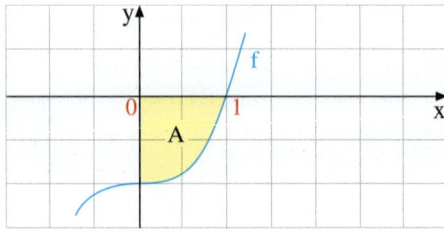

$$\int_0^1 (x^3 - 1)\, dx$$
$$= \left[\tfrac{1}{4}x^4 - x\right]_0^1 = \left(-\tfrac{3}{4}\right) - 0 = -\tfrac{3}{4}$$
$$\Rightarrow A = \tfrac{3}{4}$$

1. Flächenberechnungen

Wir kommen nun zu Flächen, die teilweise oberhalb und teilweise unterhalb der x-Achse liegen. In diesen Fällen muss man beim Integrieren die im Flächenbereich liegenden Nullstellen als Unterteilungsstellen verwenden, ansonsten würde man nur Flächenbilanzen erhalten.

▶ **Beispiel: Wechselndes Vorzeichen**
Gegeben ist $f(x) = \frac{1}{2}x^2 - \frac{5}{2}x + 2$. Gesucht ist der Gesamtinhalt der Fläche zwischen dem Graphen von f und der x-Achse über dem Intervall [0; 3].

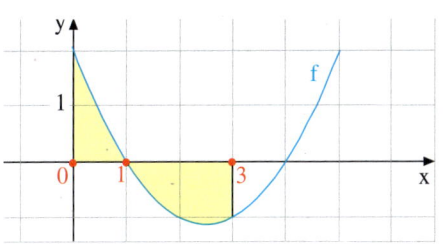

Lösung:
Wir errechnen zunächst die Nullstellen der Funktion, die bei x = 1 und x = 4 liegen, und skizzieren den Graphen.
Wir erkennen, dass die Fläche über [0; 3] aus zwei Teilstücken A_1 über [0; 1] und A_2 über [1; 3] besteht.

1. Nullstellen
$$\frac{1}{2}x^2 - \frac{5}{2}x + 2 = 0$$
$$x^2 - 5x + 4 = 0$$
$$x = 2{,}5 \pm \sqrt{2{,}25} \quad \Rightarrow \quad x = 1, \; x = 4$$

Die zugehörigen bestimmten Integrale haben die Werte $\frac{11}{12}$ (oberhalb der x-Achse) und $-\frac{5}{3}$ (unterhalb der x-Achse).

2. Bestimmte Integrale
$$\int_0^1 f(x)\,dx = \left[\frac{1}{6}x^3 - \frac{5}{4}x^2 + 2x\right]_0^1 = \frac{11}{12}$$

$$\int_1^3 f(x)\,dx = \left[\frac{1}{6}x^3 - \frac{5}{4}x^2 + 2x\right]_1^3 = -\frac{5}{3}$$

Der Gesamtinhalt von A ist somit gleich der Summe der Beträge dieser Werte:
$A = \frac{31}{12} \approx 2{,}58$.

3. Flächeninhalt
$A = A_1 + A_2 = \frac{11}{12} + \frac{5}{3} = \frac{31}{12} \approx 2{,}58$

Man darf nicht von 0 bis 3 „durchintegrieren", da man dann nur die Flächenbilanz
▶ $\frac{11}{12} - \frac{5}{3} = -\frac{3}{4}$ erhalten würde.

Übung 1
Gesucht sind die Inhalte der im Folgenden beschriebenen oder markierten Flächenstücke.

a) $f(x) = x^2 - x + 1$
Fläche über dem Intervall [0; 2]

b) $f(x) = \frac{1}{x^2}$
Fläche über dem Intervall [1; 3]

c) $f(x) = x^3 - x$
von Kurve und x-Achse im 4. Quadranten eingeschlossene Fläche

d) $f(x) = x^3 - x$
Fläche zwischen Kurve und x-Achse über dem Intervall [0; 2]

e)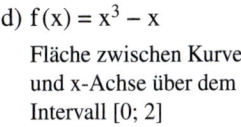
quadratische Parabel

f)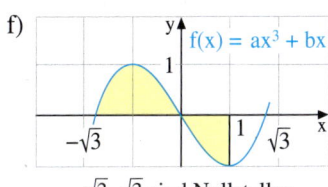
$-\sqrt{3}, \sqrt{3}$ sind Nullstellen

Die folgenden Beispiele betreffen Funktionen mit etwas komplizierteren Funktionstermen. Das Vorgehen bei Flächenbestimmungen ändert sich im Prinzip nicht, lediglich die nötige Bestimmung der Nullstellen der gegebenen Funktion ist aufwendiger.

▶ **Beispiel: Umschlossene Fläche**
Gegeben ist $f(x) = \frac{1}{4}x^3 + \frac{1}{2}x^2 - 2x$. Gesucht ist der Gesamtinhalt der Fläche, die vom Graphen von f und der x-Achse umschlossen wird.

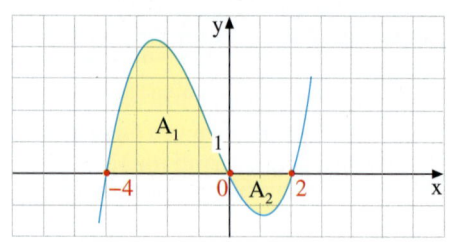

Lösung:
Wir bestimmen zunächst die Nullstellen von f durch Ausklammern von x und mit Hilfe der p-q-Formel. Diese liegen bei $x = 0$, $x = 2$ und $x = -4$.
Nun lässt sich der von unten links kommende und nach oben rechts gehende Graph von f gut skizzieren, evtl. benötigt man noch einige zusätzliche Funktionswerte.

Die Kurve und die x-Achse umschließen die gelb markierte Fläche. Sie besteht aus den Teilflächen A_1 und A_2. A_1 liegt oberhalb der x-Achse und ihr Inhalt lässt sich als bestimmtes Integral über $[-4; 0]$ darstellen.
Ergebnis: $A_1 = \frac{32}{3}$.
Für A_2 liefert das zugehörige bestimmte Integral über $[0; 2]$ den Inhalt $\frac{5}{3}$.

Insgesamt beträgt der Inhalt der gelben Fläche dann ca. 12,33 FE.

1. Nullstellen
$\frac{1}{4}x^3 + \frac{1}{2}x^2 - 2x = 0$
$x^3 + 2x^2 - 8x = 0$
$x(x^2 + 2x - 8) = 0$
$x = 0$ oder $x^2 + 2x - 8 = 0$
$\phantom{x = 0 \text{ oder }} x = -1 \pm \sqrt{1 + 8}$
$\phantom{x = 0 \text{ oder }} x = 2, x = -4$

2. Bestimmte Integrale
$\int_{-4}^{0} f(x)\,dx = \left[\frac{1}{16}x^4 + \frac{1}{6}x^3 - x^2\right]_{-4}^{0} = \frac{32}{3}$

$\int_{0}^{2} f(x)\,dx = \left[\frac{1}{16}x^4 + \frac{1}{6}x^3 - x^2\right]_{0}^{2} = -\frac{5}{3}$

3. Flächeninhalt
$A = A_1 + A_2 = \frac{32}{3} + \frac{5}{3} = \frac{37}{3} = 12\frac{1}{3} \approx 12{,}33$

Übung 2
Gesucht ist der Gesamtinhalt der Fläche zwischen dem Graphen von f und der x-Achse über dem angegebenen Intervall I. Skizzieren sie zunächst den Graphen von f.

a) $f(x) = \frac{1}{6}x^3 - \frac{1}{2}x^2$ \qquad $I = [-1; 2]$

b) $f(x) = x^3 - 4x$ \qquad $I = [-3; 2]$

c) $f(x) = \frac{1}{4}(x + 3)(x - 1)(x - 2)$ \quad $I = [-3; 2]$

d) $f(x) = \frac{2}{x^2}$ \qquad $I = [1; 3]$

Übung 3
Bestimmen Sie den Inhalt des abgebildeten eingefärbten Flächenstücks A.

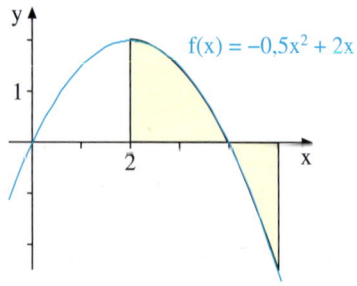

1. Flächenberechnungen

Parameteraufgaben

Die folgenden Beispiele erfordern die Verwendung von Parametern, wodurch der Schwierigkeitsgrad erhöht ist. Außerdem dienen die Aufgaben der Wiederholung von Elementen der Kurvenuntersuchung.

▶ **Beispiel: Parameterbestimmung**
Die Parabelschar $f_a(x) = ax^2 + 1$ sei gegeben. Wie muss $a > 0$ gewählt werden, damit die Fläche zwischen dem Graphen von f_a und der x-Achse über dem Intervall $[0; 1]$ den Inhalt 2 hat?

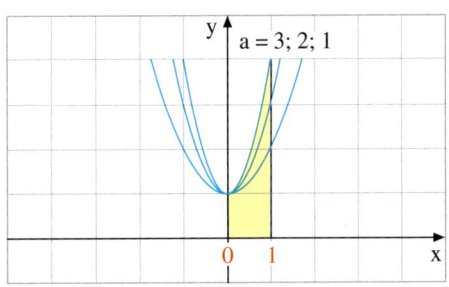

Lösung:
Wir berechnen das bestimmte Integral von f_a in den Grenzen von 0 bis 1. Den von a abhängigen Ergebnisterm setzen wir gleich 2. Auflösen der so entstandenen Bestimmungsgleichung liefert den gesuchten Pa-
▶ rameterwert $a = 3$.

$$\int_0^1 (ax^2 + 1)\,dx = \left[\tfrac{a}{3}x^3 + x\right]_0^1 = \tfrac{a}{3} + 1 \stackrel{!}{=} 2$$
$$\Rightarrow a = 3$$

▶ **Beispiel: Flächenteilung**
Gegeben ist die Parabel $f(x) = x^2$. Gesucht ist derjenige Wert des Parameters a, für den die senkrechte Gerade $x = a$ die Fläche unter f über dem Intervall $[0; 2]$ halbiert.

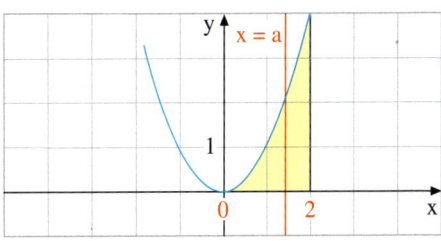

Lösung:
Wir errechnen den Inhalt A unter f über $[0; 2]$. Er beträgt $\tfrac{8}{3}$.
Der Inhalt A_1 unter f über dem Intervall $[0; a]$ beträgt $\tfrac{a^3}{3}$.
Der Ansatz $A_1 = \tfrac{1}{2} A$ liefert daraus den Parameterwert $a = \sqrt[3]{4}$. $x = \sqrt[3]{4}$ ist die Gleichung
▶ der gesuchten Geraden.

$$A = \int_0^2 x^2\,dx = \left[\tfrac{x^3}{3}\right]_0^2 = \tfrac{8}{3}$$

$$A_1 = \int_0^a x^2\,dx = \left[\tfrac{x^3}{3}\right]_0^a = \tfrac{a^3}{3}$$

$$A_1 = \tfrac{1}{2} A \Rightarrow \tfrac{a^3}{3} = \tfrac{4}{3} \Rightarrow a = \sqrt[3]{4} \approx 1{,}59$$

Übung 4
Gegeben ist $f_a(x) = x^3 - a^2 x$, $a > 0$. Wie muss a gewählt werden, damit die beiden von f_a und der x-Achse eingeschlossenen Flächen jeweils den Inhalt 4 haben?

Übung 5
Die Fläche unter $f(x) = x^2$ über $[0; 4]$ soll durch die senkrechte Gerade $x = a$ im Verhältnis $1 : 7$ geteilt werden.
Wie muss a gewählt werden?

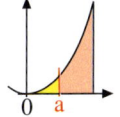

Bestimmung von Funktionsgleichungen

> **Beispiel: Bestimmung der Funktionsgleichung**
> Eine ganzrationale Funktion f dritten Grades hat die aufgeführten Eigenschaften I, II und III.
> Um welche Funktion handelt es sich?
>
>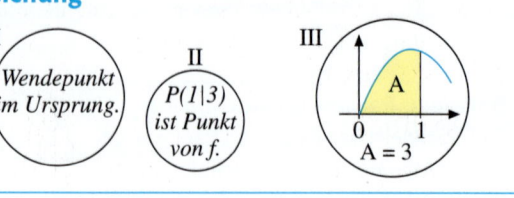

Lösung:
Ausgehend vom allgemeinen Ansatz für eine ganzrationale Funktion dritten Grades $f(x) = ax^3 + bx^2 + cx + d$ errechnen wir zunächst die benötigten Ableitungen f' und f''.

Anschließend stellen wir die Bedingungen für f, f′ und f″ auf, die den geforderten Eigenschaften I bis III entsprechen.

Nachdem die Parameter $b = 0$ und $d = 0$ feststehen, ergibt sich ein Gleichungssystem mit den Variablen a und c, das wir mittels Additionsverfahren lösen.

▶ Das Resultat ist $f(x) = -6x^3 + 9x$.

Ansatz:
$f(x) = ax^3 + bx^2 + cx + d$
$f'(x) = 3ax^2 + 2bx + c$
$f''(x) = 6ax + 2b$

Bedingungen:
I. $f''(0) = 0 \Rightarrow b = 0$
$f(0) = 0 \Rightarrow d = 0$

Neuer Ansatz: $f(x) = ax^3 + cx$
II. $f(1) = 3 \Rightarrow a + c = 3$
III. $\int_0^1 f(x)\,dx = 3 \Rightarrow \frac{1}{4}a + \frac{1}{2}c = 3$
$\Rightarrow a = -6, c = 9$

Resultat: $f(x) = -6x^3 + 9x$

Übung 6
Eine quadratische Funktion mit einer Nullstelle bei $x = 1$ hat einen Graphen, dessen Hochpunkt auf der y-Achse liegt. Dieser schließt mit den Koordinatenachsen im 1. Quadranten eine Fläche mit dem Inhalt 1 ein. Um welche Funktion handelt es sich?

Übung 7
Eine quadratische Parabel schneidet die y-Achse bei −1 und nimmt ihr Minimum bei $x = 4$ an. Im 4. Quadranten liegt unterhalb der x-Achse über dem Intervall [0; 1] ein Flächenstück zwischen der Parabel und der x-Achse, dessen Inhalt 12 beträgt. Um welche Kurve handelt es sich?

Übung 8
Es handelt sich um eine nicht maßstäbliche Skizze einer Parabel. Bestimmen Sie deren Funktionsgleichung.

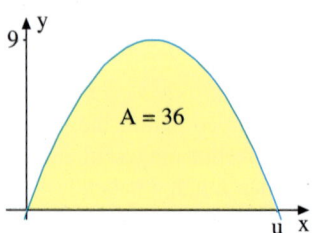

1. Flächenberechnungen

Übungen

9. Gesucht ist der Inhalt A der markierten Fläche.

a)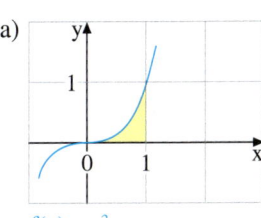
$f(x) = x^3$

b)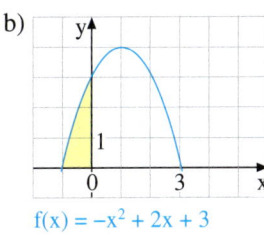
$f(x) = -x^2 + 2x + 3$

c)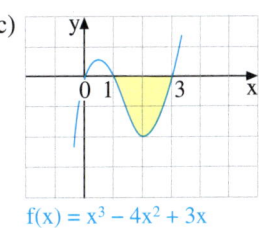
$f(x) = x^3 - 4x^2 + 3x$

10. Skizzieren Sie den Graphen von f. Berechnen Sie sodann den Inhalt der Fläche, die über dem Intervall I zwischen dem Graphen von f und der x-Achse liegt.

a) $f(x) = -\frac{1}{3}x^2 + \frac{4}{3}x + \frac{5}{3}$, $I = [-1; 6]$
b) $f(x) = 0{,}5x^2 - x - 1{,}5$, $I = [-2; 3]$
c) $f(x) = 2x^3 - 8x$, $I = [-1; 2]$
d) $f(x) = \frac{2}{x^2}$, $I = [1; 5]$
e) $f(x) = x^4 - 1$, $I = [0{,}5; 2]$
f) $f(x) = x^3 - 4x$, $I = [-1; 2{,}5]$

11. Zeichnen Sie den Graphen von f. Ermitteln Sie die Nullstellen von f sowie den Inhalt der Fläche, die über dem Intervall I zwischen dem Graphen von f und der x-Achse liegt.

a) $f(x) = -\frac{1}{2}x^3 - \frac{1}{2}x^2 + 2x + 2$, $I = [-2; 2]$
b) $f(x) = \frac{1}{2}x^4 - \frac{5}{2}x^2 + 2$, $I = [-2; 1]$
c) $f(x) = \frac{1}{6}(x^5 - x^3 - 12x)$, $I = [-1; 2]$
d) $f(x) = -\frac{1}{2}x^3 + \frac{3}{2}x^2$, $I = [-1; 2]$

12. Gesucht ist der Gesamtinhalt der Fläche zwischen dem Graphen von f und der x-Achse über dem Intervall I. Bestimmen Sie zunächst die Nullstellen von f.

a) $f(x) = x^3 + 2x^2 - 3x$, $I = [-2; 2{,}5]$
b) $f(x) = (x+2)(x-1)^2$, $I = [-2; 2]$
c) $f(x) = (x-1)(x+2)(x-3)$, $I = [-1; 2]$
d) $f(x) = x^4 + x^2 - 2$, $I = [-2; 3]$

13. Das abgebildete Logo soll durch die folgenden Randfunktionen grob modelliert werden:

$f(x) = \frac{1}{4}(1-x)(x+3)$

$g(x) = \frac{1}{4}(x+1)(3-x)$

$h(x) = \frac{1}{4}(x-3)(x+3)$

Wie groß ist die gefärbte Fläche (1 LE = 1 m)?

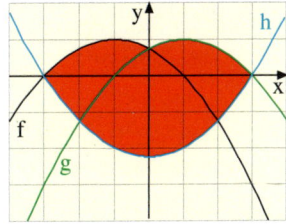

Modellierungsaufgaben mit Anwendungen

▶ **Beispiel: Luftvolumen einer Halle**
Eine Bahnhofshalle wird über zwei Ventilatoren belüftet, deren Leistung jeweils ca. 80 Kubikmeter pro Minute beträgt.
Welche Zeit wird für einen kompletten Luftaustausch benötigt?
Das Dach der Halle ist eine parabelförmige Holzkonstruktion.

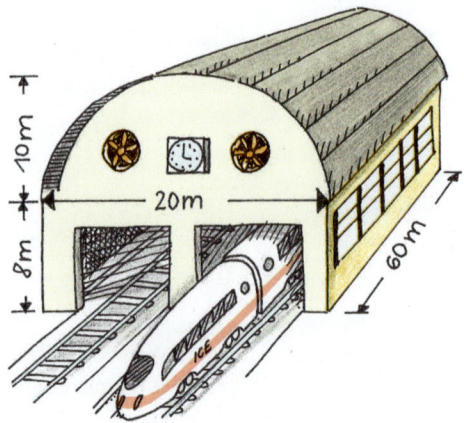

Lösung:
Wir errechnen zunächst die Parabelgleichung aus den gegebenen Bedingungen. In dem festgelegten Koordinatensystem lässt sich nach nebenstehender Rechnung das Dach der Halle durch die Gleichung $f(x) = -\frac{1}{10}x^2 + 10$ beschreiben.

Das Luftvolumen der Halle erhalten wir als Produkt aus dem Inhalt der Hallenquerschnittsfläche und der gegebenen Hallenlänge. Die Querschnittsfläche der Halle setzt sich aus zwei Teilflächen zusammen, einer Rechteckfläche und einer Parabelfläche.

Den Inhalt dieser Fläche zwischen der Parabel und der x-Achse errechnen wir nun durch Integration. Er beträgt $133,\overline{3}$ m². Die Vorderfront der Halle besitzt also einen Flächeninhalt von $293,\overline{3}$ m².

Multiplikation mit der Hallenlänge ergibt das Hallenvolumen von 17 600 m³.

Zum Luftaustausch der gesamten Halle benötigen die beiden Ventilatoren dann eine
▶ Stunde und 50 Minuten.

Gleichung der Parabel:
$f(x) = ax^2 + c$
$f(0) = 10$
$f(10) = 0$
$\Rightarrow c = 10,\ a = -\frac{1}{10}$
$f(x) = -\frac{1}{10}x^2 + 10$

Fläche unter der Parabel:
$$A_1 = 2 \cdot \int_0^{10} f(x)\,dx = 2 \cdot \left[-\tfrac{1}{30}x^3 + 10x\right]_0^{10}$$
$$= 2 \cdot \left(-\tfrac{1000}{30} + 100\right) = 133,\overline{3}$$

Gesamtfläche:
$A = 8 \cdot \underbrace{160\,m^2}_{20} + \underbrace{133,\overline{3}}\ m^2 = 293,\overline{3}\,m^2$

Gesamtvolumen:
$V = 293,\overline{3}\,m^2 \cdot 60\,m = 17\,600\,m^3$

Zeit für Luftaustausch:
$t = \dfrac{V}{160\,m^3/min} = \dfrac{17\,600\,m^3}{160\,m^3/min} = 110\,min$
$= 1\,h\,50\,min$

1. Flächenberechnungen

▶ **Beispiel: Pflasterfläche**
Am Ufer führt ein Radweg entlang. Dieser soll auf 20 m Länge durch eine neue Trasse ersetzt werden, die einen Brunnen umgeht. Die Übergänge sollen fließend sein.
Welche ganzrationale Funktion wäre zur Linienführung geeignet?
Wie groß wäre dann die markierte neu zu pflasternde Fläche zwischen dem Ufer und der neuen Trasse?

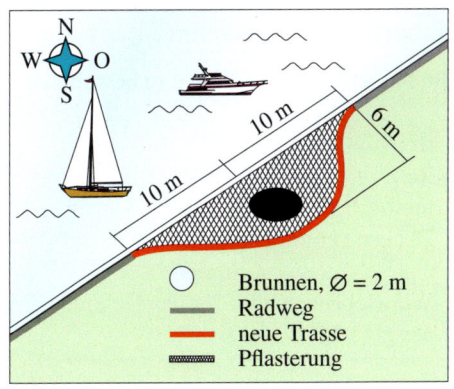

Lösung:
Es handelt sich um eine Konstruktionsaufgabe mit einer zusätzlichen Inhaltsbestimmung.
Zunächst führen wir ein passend liegendes Koordinatensystem ein und überlegen, welche Kurvenart die geforderten Eigenschaften haben könnte. Eine ganzrationale Funktion 4. Grades erscheint prinzipiell geeignet. Sie sollte symmetrisch zur y-Achse sein, woraus sich der Ansatz $f(x) = ax^4 + bx^2 + c$ mit geraden Exponenten ergibt. Ihr Tiefpunkt sollte $T(0|-6)$ sein und ihr rechter Hochpunkt wegen des fließenden Übergangs in die x-Achse bei $H(10|0)$ liegen. Der linke Hochpunkt liegt symmetrisch. Hieraus erhalten wir die Bedingungen I bis IV für f und f', die auf 3 Bestimmungsgleichungen für a, b und c führen. Die Auflösung des Gleichungssystems ergibt das Resultat $f(x) = -0{,}0006 x^4 + 0{,}12 x^2 - 6$.

Zur Inhaltsberechnung der Pflasterfläche verwenden wir das bestimmte Integral von f von 0 bis 10, das uns, abgesehen vom negativen Vorzeichen, den halben Flächeninhalt liefert. Nach Verdopplung erhalten wir die Pflasterfläche, wovon evtl. noch $3{,}14\,m^2$ für den Brunnen abgezogen werden müssen, sodass $60{,}86\,m^2$ verbleiben. ◀

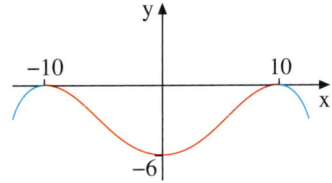

Ansatz für f:
$f(x) = ax^4 + bx^2 + c$
$f'(x) = 4ax^3 + 2bx$

Eigenschaften von f:
Tiefpunkt $T(0|-6)$
Hochpunkt $H(10|0)$
I: $f(0) = -6: c = -6$
II: $f'(0) = 0$: durch Symmetrie erfüllt
III: $f(10) = 0: 10000a + 100b - 6 = 0$
IV: $f'(10) = 0: 4000a + 20b = 0$

Auflösung des Gleichungssystems:
$c = -6,\ a = -0{,}0006,\ b = 0{,}12$
$f(x) = -0{,}0006 x^4 + 0{,}12 x^2 - 6$

Flächeninhalt:
$$\int_0^{10} f(x)\,dx = \int_0^{10} (-0{,}0006 x^4 + 0{,}12 x^2 - 6)\,dx$$
$$= [-0{,}00012 x^5 + 0{,}04 x^3 - 6x]_0^{10} = -32$$
$\Rightarrow A = 2 \cdot 32\,m^2 = 64\,m^2$

Exkurs: Flächenberechnungen bei nichtganzrationalen Funktionen

Im Folgenden sind Flächen zu bestimmen, die von nichtganzrationalen Funktionen berandet sind.

▶ **Beispiel: Sinusprofil**
Rollt man das abgebildete Blechteil zylindrisch auf, bis die roten Kanten zur Deckung kommen, so entsteht ein schräg angeschnittener Zylinder.
Wie viel Blech wird für das Gebilde benötigt (1 LE = 1 m)?

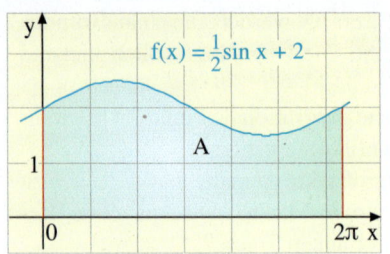

Lösung:
Zunächst bestimmen wir eine Stammfunktion von f. Wir erhalten $F(x) = -\frac{1}{2}\cos x + 2x$.

Nun berechnen wir das bestimmte Integral der Randkurve über dem Intervall $[0; 2\pi]$. Es hat den Wert $A = 4\pi \approx 12{,}57$. Benötigt
▶ werden also knapp 13 m² Blech.

Flächeninhalt:

$$A = \int_0^{2\pi} f(x)\,dx = \int_0^{2\pi} \left(\tfrac{1}{2}\sin x + 2\right) dx$$
$$= \left[-\tfrac{1}{2}\cos x + 2x\right]_0^{2\pi}$$
$$= \left(-\tfrac{1}{2} + 4\pi\right) - \left(-\tfrac{1}{2} + 0\right)$$
$$= 4\pi \approx 12{,}57$$

Gelegentlich treten Flächen auf, die sich *unendlich weit* ausdehnen. Man kann ihren Inhalt durch eine Integration in Verbindung mit einem *Grenzwertprozess* bestimmen.

▶ **Beispiel: Unbegrenzte Fläche**
Gesucht ist der Inhalt des nach rechts unbegrenzten Flächenstücks A, das im 1. Quadranten zwischen dem Graphen von $f(x) = \frac{3}{x^2}$ und der x-Achse liegt.

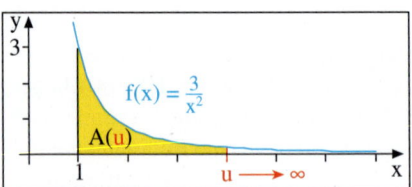

Lösung:
Wir berechnen zunächst den Inhalt der Fläche A(u) zwischen dem Graphen von f und der x-Achse über dem begrenzten Intervall $[1; u]$, $u > 1$ (siehe Abb.).
Resultat: $A(u) = 3 - \frac{3}{u}$
Der gesuchte Inhalt von A ergibt sich, indem wir die rechte Intervallgrenze u immer weiter nach rechts schieben.
Es wird also der Grenzwert von A(u) für
▶ $u \to \infty$ bestimmt: $A = \lim_{u \to \infty} A(u) = 3$

Fläche A(u) über dem Intervall [1; u]:

$$A(u) = \int_1^u \frac{3}{x^2}\,dx = \left[-\tfrac{3}{x}\right]_1^u$$
$$= \left(-\tfrac{3}{u}\right) - (-3) = 3 - \tfrac{3}{u}$$

Fläche A über dem Intervall [1; ∞[:

$$A = \lim_{u \to \infty} A(u) = \lim_{u \to \infty}\left(3 - \tfrac{3}{u}\right) = 3 - 0 = 3$$

Übung 14
Gesucht ist der Inhalt der Fläche A, die vom Graphen von $f(x) = \dfrac{-4}{(x+1)^2}$ und den beiden Koordinatenachsen im 4. Quadranten umschlossen wird.

1. Flächenberechnungen

▶ **Beispiel: Funktion mit Wurzelterm**
Der Graph von $f(x) = x + 4 - 4\sqrt{x}$ ist rechts dargestellt.
Welchen Inhalt hat die von den Koordinatenachsen und dem Graphen von f begrenzte Fläche im 1. Quadranten des Koordinatensystems?

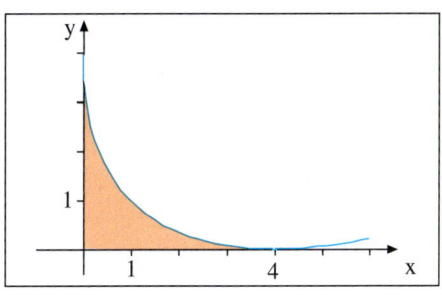

Lösung:
Die untere Integrationsgrenze liegt bei null, die obere Grenze kann der Zeichnung entnommen werden. Sie liegt bei x = 4, wie auch der direkte Nachweis einer Nullstelle bei x = 4 durch Einsetzen bestätigt.

Nun benötigen wir eine Stammfunktion von $\sqrt{x}$. Sie wird mit der allgemeinen Potenzregel ermittelt und lautet $\frac{2}{3}x^{\frac{3}{2}}$.
(Potenzregel: siehe S. 228).

Damit erhalten wir als Stammfunktion von f:
$F(x) = \frac{x^2}{2} + 4x - \frac{8}{3}x^{\frac{3}{2}}$.

Nun können wir den gesuchten Flächeninhalt A als das bestimmte Integral von f über dem Intervall [0;4] ermitteln.

▶ Resultat $A = \frac{8}{3}$.

Nullstelle von f:
$f(4) = 4 + 4 - 4\sqrt{4}$
$ = 8 - 4 \cdot 2 = 0$

Stammfunktion von $\sqrt{x}$:
$\int \sqrt{x}\,dx = \int x^{\frac{1}{2}}\,dx = \frac{2}{3}x^{\frac{3}{2}} + C$

Flächeninhalt:
$$A = \int_0^4 f(x)\,dx = \int_0^4 (x + 4 - 4\sqrt{x})\,dx$$
$$= \left[\frac{1}{2}x^2 + 4x - \frac{8}{3}x^{\frac{3}{2}}\right]_0^4$$
$$= \left(8 + 16 - \frac{8}{3} \cdot 8\right) - (0)$$
$$= \frac{8}{3}$$

Übung 15
Gegeben ist die Funktion $f(x) = x + 2 - 3\sqrt{x}$.
a) Zeichnen Sie den Graphen von f. Zeigen Sie, dass x = 1 und x = 4 die Nullstellen von f sind.
b) Prüfen Sie, ob die beiden von den Koordinatenachsen bzw. der x-Achse und dem Graphen von f eingeschlossenen Flächenstücke den gleichen Inhalt haben.

Übung 16
Wie groß ist der Inhalt der Fläche unter dem Graphen von $f(x) = \sqrt{x} - 1 + \frac{1}{x^2}$ über dem Intervall $I = [1; 4]$?

Übung 17
Bestimmen Sie den Inhalt der Fläche unter dem Graphen von $f(x) = x + \frac{2}{\sqrt{x}} - 2$ über dem Intervall $I = [1; 6]$.

Übungen

18. Bestimmen Sie den Querschnitt des abgebildeten Kanals (Breite 20 m). Zwischen A und B verläuft die rechte Begrenzung des Kanalbettes gemäß
$f(x) = \frac{3}{100}\left(-\frac{1}{3}x^3 + 5x^2\right)$.

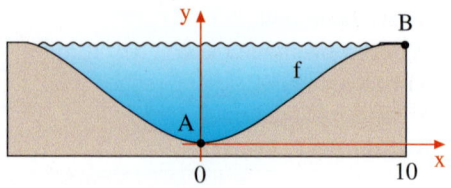

19. Der alte Stadtmauerturm soll einen neuen Fassadenanstrich erhalten. Für Angebote hat die Stadtverwaltung die nebenstehende Planskizze an die ortsansässigen Maler verteilt.
Malermeister Husch will 25 Euro pro m² kalkulieren. In welcher Höhe wird sein Angebot liegen?

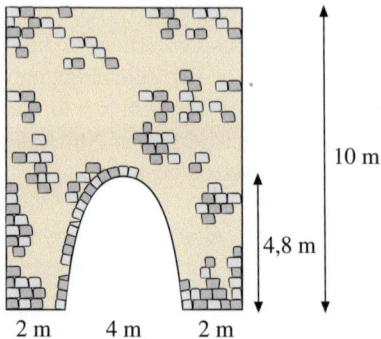

20. Ein Grundstück wird durch zwei Straßen und einen Fluss begrenzt.
a) Modellieren Sie den Fluss durch ein Polynom 3. Grades. Verwenden Sie die gesicherten Punkte aus der Planskizze. Im Punkt P(2|3) verläuft der Fluss exakt von Westen nach Osten.
b) Berechnen Sie die Grundstücksgröße. 1 LE = 1 km

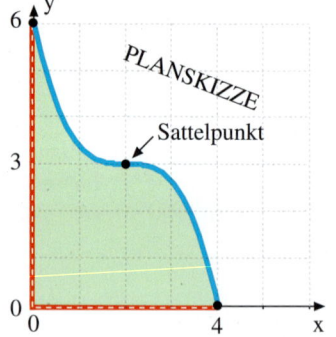

21. Eine Hängebrücke wird von zwei Stahlseilen getragen, die parabelförmig zwischen den Pylonen verlaufen. Acht Tragseile auf jeder Seite tragen die eigentliche Fahrbahn.

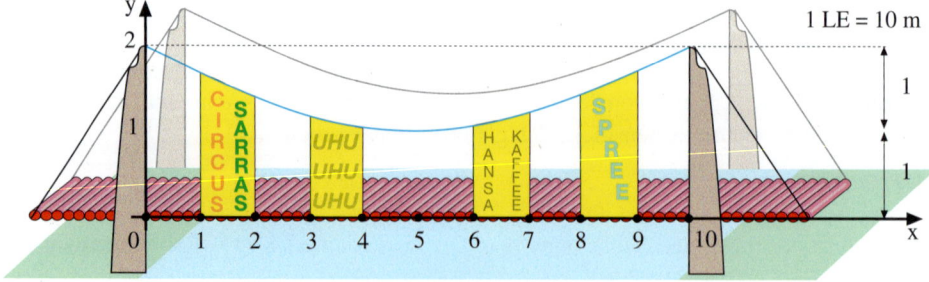

a) Stellen Sie das vordere Stahlseil durch eine quadratische Funktion dar.
b) Wie lang sind die acht Tragseile, die am vorderen Stahlseil hängen?
c) Welchen Flächeninhalt haben die vier Werbeverkleidungen zwischen den Tragseilen?

1. Flächenberechnungen

B. Flächen zwischen Funktionsgraphen

Grundlagen

Wir befassen uns nun mit Flächen, die von zwei oder mehr Kurven berandet sind. Wir erläutern das Prinzip am einfachsten Fall zweier Randkurven, die genau zwei Schnittpunkte haben. Es gibt im Wesentlichen zwei Methoden, die wir nun näher ausführen.

Methode 1: Zurückführung auf den Fall nur einer Randfunktion

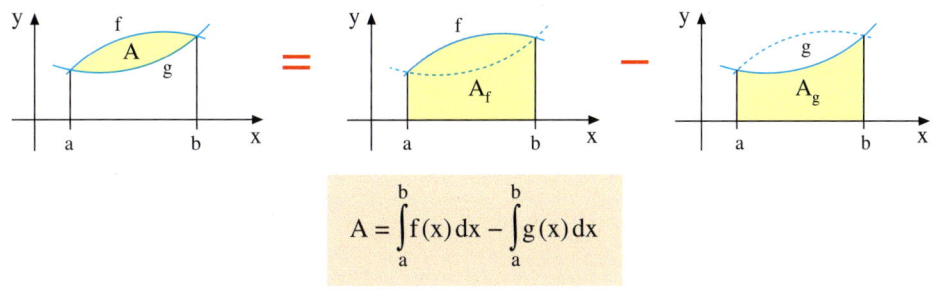

$$A = \int_a^b f(x)\,dx - \int_a^b g(x)\,dx$$

Inhalt A der Fläche **zwischen** f und g über dem Intervall [a; b]	=	Inhalt A_f der Fläche **unter** f über dem Intervall [a; b]	−	Inhalt A_g der Fläche **unter** g über dem Intervall [a; b]

▶ **Beispiel:** Gesucht ist der Inhalt A der Fläche zwischen den Graphen von $f(x) = \frac{1}{4}x^2 + 1$ und $g(x) = -\frac{1}{4}x^2 + x$ über dem Intervall [1; 2].

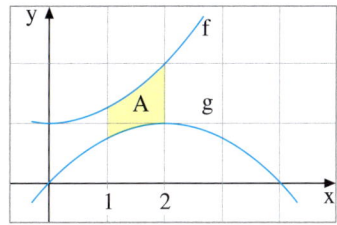

Lösung:

$$A_f = \int_1^2 f(x)\,dx = \int_1^2 \left(\tfrac{1}{4}x^2 + 1\right) dx = \left[\tfrac{1}{12}x^3 + x\right]_1^2 = \tfrac{32}{12} - \tfrac{13}{12} = \tfrac{19}{12}$$

$$A_g = \int_1^2 g(x)\,dx = \int_1^2 \left(-\tfrac{1}{4}x^2 + x\right) dx = \left[-\tfrac{1}{12}x^3 + \tfrac{1}{2}x^2\right]_1^2 = \tfrac{16}{12} - \tfrac{5}{12} = \tfrac{11}{12}$$

▶ $A = A_f - A_g = \tfrac{19}{12} - \tfrac{11}{12} = \tfrac{8}{12} = \tfrac{2}{3}$

Übung 22
Berechnen Sie den Inhalt A der Fläche zwischen den Graphen der Funktionen $f(x) = x^2 + 2$ und $g(x) = x + 1$ über dem Intervall [−1; 2]. Fertigen Sie zunächst eine Skizze an.

Übung 23
Die Graphen der Funktionen $f(x) = 1 - x^2$ und $g(x) = x^2 - 2x + 1$ schneiden sich. Zwischen den Schnittpunkten umschließen sie die Fläche A vollständig. Bestimmen Sie deren Inhalt.

Methode 2: Verwendung der Differenzfunktion

Man denkt sich die Fläche zwischen f und g aus unendlich vielen senkrechten Strecken zusammengesetzt. Die Länge der Strecke an der Stelle x ist die Differenz der Funktionswerte von f(x) und g(x). Senkt man alle Strecken auf die x-Achse ab, so entsteht dort eine neue Fläche mit dem gleichen Inhalt, deren obere Berandung die Differenzfunktion h(x) = f(x) − g(x) ist. Der Inhalt dieser Fläche kann mit dem bestimmten Integral von h berechnet werden.

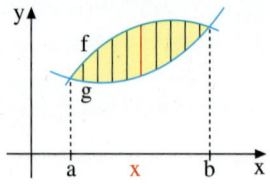
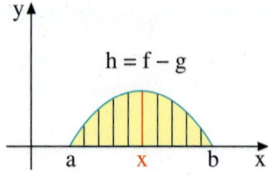

$$A = \int_a^b (f(x) - g(x))\,dx$$

| Inhalt der Fläche **zwischen f und g** über dem Intervall [a; b] | = | Inhalt der Fläche **unter der Differenzfunktion h = f − g** über dem Intervall [a; b] |

▶ **Beispiel:** Berechnen Sie nun den Inhalt A der Fläche zwischen den Graphen $f(x) = \frac{1}{4}x^2 + 1$ und $g(x) = -\frac{1}{4}x^2 + x$ über dem Intervall [1; 2] mit Hilfe der Differenzfunktion h = f − g.

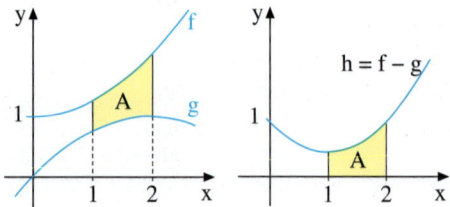

Lösung:
Die Differenzfunktion von f und g ist $h(x) = \frac{1}{2}x^2 - x + 1$. Das bestimmte Integral der Funktion h von 1 bis 2 hat den Wert $\frac{2}{3}$.
Die Fläche unter dem Graphen von h bzw. zwischen den Graphen von f und g
▶ über [1; 2] hat also den Inhalt $\frac{2}{3}$.

$$A = \int_1^2 h(x)\,dx = \int_1^2 \left(\tfrac{1}{2}x^2 - x + 1\right)dx$$
$$= \left[\tfrac{1}{6}x^3 - \tfrac{1}{2}x^2 + x\right]_1^2 = \tfrac{2}{3}$$

Übung 24
Gesucht ist der Inhalt A der Fläche zwischen den Graphen von $f(x) = 4 - x^2$ und $g(x) = \frac{1}{2}x + 4$ über dem Intervall [1; 2].

Übung 25
Die Graphen von $f(x) = -x^2 + 2x$ und $g(x) = x^3$ umschließen im 1. Quadranten eine Fläche vollständig.
Wie groß ist der Inhalt dieser Fläche?

1. Flächenberechnungen

Standardaufgaben

Im Folgenden werden verschiedene Standardaufgaben zur Berechnung des Inhalts der von zwei sich schneidenden Funktionsgraphen eingeschlossenen Flächenstücke behandelt. Gibt es mehrere Schnittpunkte und demzufolge auch mehrere Flächenstücke, so berechnet man die Inhalte der Teilflächen einzeln. Das erste Beispiel behandelt den einfachsten Fall.

▶ **Beispiel: Schnittfläche**
Gesucht ist der Inhalt A der Fläche, die von den Graphen der Funktionen
$f(x) = -x^2 + \frac{3}{2}x + 4$ und $g(x) = \frac{1}{2}x^2 + 1$
eingeschlossen wird.

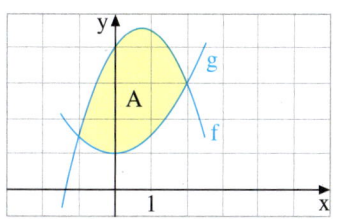

Lösung:
Zunächst fertigen wir eine Planungsskizze an. So können wir die Lage der betrachteten Fläche grob einschätzen.
Außerdem können wir sehen, dass f obere und g untere Randfunktion der Fläche ist. Die genaue Lage der Flächenbegrenzungen a und b müssen wir allerdings errechnen. Es sind die Schnittstellen von f und g. Wir erhalten a = −1 und b = 2.

Nun errechnen wir die Differenzfunktion $h(x) = f(x) - g(x)$ wie rechts dargestellt.

Der gesuchte Flächeninhalt ergibt sich dann als Wert des bestimmten Integrals der Funktion h in den Grenzen von −1 bis 2.

▶ **Resultat:** $A = \frac{27}{4} = 6{,}75$

1. Schnittstellen von f und g
$$f(x) = g(x)$$
$$-x^2 + \tfrac{3}{2}x + 4 = \tfrac{1}{2}x^2 + 1$$
$$-\tfrac{3}{2}x^2 + \tfrac{3}{2}x + 3 = 0$$
$$x^2 - x - 2 = 0 \Rightarrow x_1 = -1,\ x_2 = 2$$

2. Bestimmung der Differenzfunktion
$$h(x) = f(x) - g(x)$$
$$= \left(-x^2 + \tfrac{3}{2}x + 4\right) - \left(\tfrac{1}{2}x^2 + 1\right)$$
$$= -\tfrac{3}{2}x^2 + \tfrac{3}{2}x + 3$$

3. Flächeninhaltsbestimmung
$$A = \int_{-1}^{2} h(x)\,dx = \int_{-1}^{2} \left(-\tfrac{3}{2}x^2 + \tfrac{3}{2}x + 3\right) dx$$
$$= \left[-\tfrac{1}{2}x^3 + \tfrac{3}{4}x^2 + 3x\right]_{-1}^{2} = \tfrac{27}{4} = 6{,}75$$

Übung 26
Berechnen Sie den Inhalt der von den Graphen der Funktionen f und g begrenzten Fläche.
a) $f(x) = 2x$, $g(x) = x^2$
b) $f(x) = -x^2 + 8$, $g(x) = x^2$
c) $f(x) = \frac{1}{4}x^2$, $g(x) = (x-1)^2$

Übung 27
Bestimmen Sie $a > 0$ so, dass die von den Graphen der Funktionen f und g eingeschlossene Fläche den angegebenen Inhalt A hat.
a) $f(x) = -x^2 + 2a^2$
   $g(x) = x^2$
   $A = 72$
b) $f(x) = x^2$
   $g(x) = ax$
   $A = \frac{4}{3}$
c) $f(x) = x^2 + 1$
   $g(x) = (a^2 + 1) \cdot x^2$
   $A = \frac{4}{3}$

Alle bisher betrachteten Beispiele hatten eines gemeinsam: Die zu betrachtende Fläche A lag oberhalb der x-Achse. Wir untersuchen nun, wie man vorgeht, wenn die Fläche A zwischen den Kurven von der x-Achse in zwei Teilflächen zerschnitten wird, von denen eine oberhalb und die andere unterhalb der x-Achse liegt.

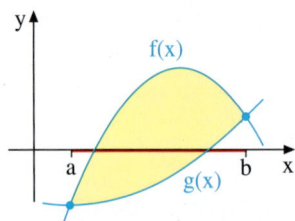 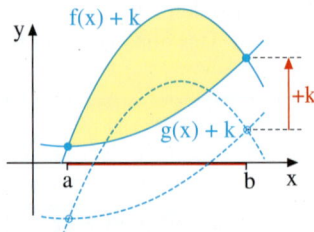

Man kann die Graphen von f und g wie abgebildet so weit nach oben verschieben, dass die Fläche A ganz oberhalb der x-Achse liegt. Nun lässt sich der Inhalt von A nach der Differenzfunktionsmethode berechnen:

$$A = \int_a^b ((f(x) + k) - (g(x) + k)) \, dx = \int_a^b (f(x) - g(x)) \, dx$$

Im Integranden fällt dann die Verschiebungsgröße k wieder heraus. Die Verschiebung muss also praktisch gar nicht ausgeführt werden.

Fazit: Der Inhalt der Fläche zwischen zwei Kurven f und g lässt sich – unabhängig von der Lage der Fläche – stets durch Integration der Differenzfunktion f – g bestimmen. Es muss jedoch gesichert sein, dass im Integrationsintervall kein Vorzeichenwechsel von h auftritt.

▶ **Beispiel: Schnittfläche**
Gesucht ist der Flächeninhalt A zwischen den Graphen von
$f(x) = x + 1$
und $g(x) = x^2 + 2x - 1$.

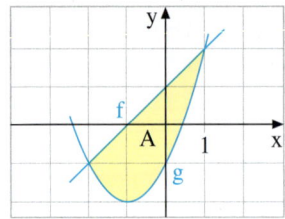

Lösung:
Die Kurven schneiden einander an den Stellen a = −2 und b = 1. Daher gilt:

▶ $A = \int_{-2}^{1} (f(x) - g(x)) \, dx = \int_{-2}^{1} (-x^2 - x + 2) \, dx = \left[-\frac{1}{3}x^3 - \frac{1}{2}x^2 + 2x \right]_{-2}^{1} = \frac{9}{2} = 4{,}5$

Übung 28
Gesucht ist der Inhalt A der Fläche, die von den Graphen von $f(x) = -x^3 + 1$ und $g(x) = 6x^2 - 7x + 1$ im ersten und vierten Quadranten umschlossen wird.

Übung 29
Gesucht ist der Inhalt A der rechts abgebildeten Fläche.

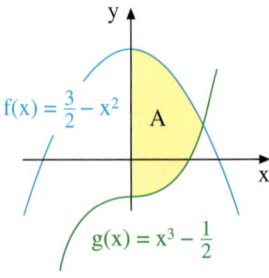

Übungen

30. Die Graphen von f und g besitzen zwei Schnittpunkte. Bestimmen Sie diese und fertigen Sie eine Skizze an.
Zwischen den Schnittpunkten schließen f und g eine Fläche A ein. Berechnen Sie den Inhalt von A.

a) $f(x) = 0{,}5x^2 - 2$ b) $f(x) = -x^2 + 4x$
   $g(x) = -0{,}5x + 1$ $g(x) = -0{,}5x^2 - 2x$

c) $f(x) = x^3 + 4x^2$ d) $f(x) = \frac{1}{4}x^3 + \frac{5}{4}x^2$
   $g(x) = 2x^2$ $g(x) = \frac{3}{4}x^2$

31. Zwei bzw. drei Graphen begrenzen die abgebildete Fläche A.
Bestimmen Sie zunächst, über welchem Intervall die Fläche A liegt. Berechnen Sie dann den Inhalt von A.

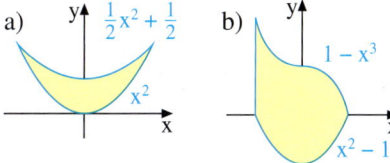

32. Gesucht ist jeweils der Inhalt der markierten Fläche A.
a) A wird durch zwei Geraden und eine Hyperbel mit gegebenen Gleichungen eingeschlossen.
b) A wird durch eine Gerade und zwei Kurven eingeschlossen. Im ersten Schritt müssen die Gleichungen dieser Funktionen bestimmt werden.

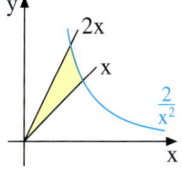
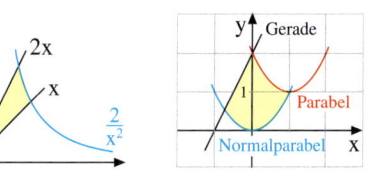

33. Bestimmen Sie, für welchen Wert des Parameters a > 0 die von f und g eingeschlossene Fläche A den angegebenen Inhalt hat.
Berechnen Sie zunächst die beiden Schnittpunkte von f und g in Abhängigkeit vom Parameter a.

a) $f(x) = ax^2$ b) $f(x) = x^2$
   $g(x) = x$ $g(x) = -ax + 2a^2$
   $A = \frac{2}{3}$ $A = 4{,}5$

c) $f(x) = x^2 - 2x + 2$ d) $f(x) = x^3$
   $g(x) = ax + 2$ $g(x) = a^2 x$
   $A = 36$ $A = 8$

34. Wie muss a > 0 gewählt werden, damit die markierte Fläche den Inhalt $\frac{1}{8}$ hat?

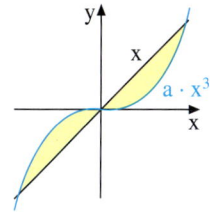

35. Wie muss a > 0 gewählt werden, wenn die beiden markierten Flächen gleich groß sein sollen?

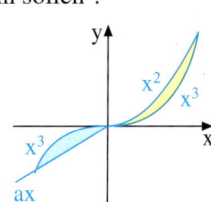

Modellierungsaufgaben

▶ **Beispiel:** Das Dach einer 20 m breiten und 60 m langen Tennishalle soll einen Parabelbogen spannen. Welchen Zuwachs erhält das Luftvolumen der Halle, wenn anstelle der ursprünglich geplanten Bauhöhe von 8 m eine Höhe von 10 m gewählt wird?

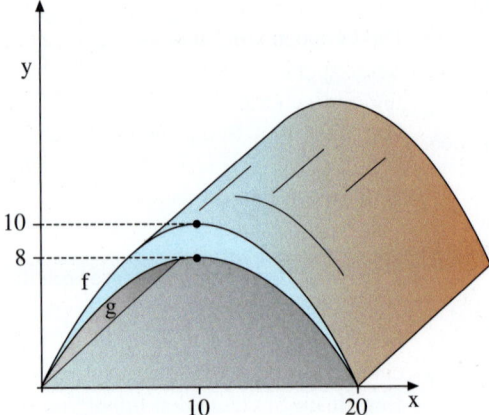

Lösung:
Die Skizze lässt uns erkennen, dass es genügt, den Inhalt A der Fläche zwischen dem aktuellen Dachprofil f und dem ursprünglich geplanten, niedrigeren Dachprofil g zu berechnen. Der Luftzuwachs ergibt sich durch Multiplikation von A mit der gegebenen Länge der Halle.

Wir modellieren nach Festlegung des Koordinatensystems f und g durch quadratische Parabeln der Form $ax^2 + bx + c$. Aus den ablesbaren Informationen $f(0) = 0$, $f(10) = 10$, $f(20) = 0$ bzw. $g(0) = 0$, $g(10) = 8$, $g(20) = 0$ ergeben sich mittels linearer Gleichungssysteme die Funktionsgleichungen:
$f(x) = -\frac{1}{10}x^2 + 2x$, $g(x) = -\frac{2}{25}x^2 + \frac{8}{5}x$.

Anschließend bestimmen wir A, indem wir die Differenzfunktion $f - g$ von 0 bis 20 integrieren. Wir erhalten so den Flächeninhalt von $A = \frac{80}{3} m^2$.

Hieraus ergibt sich ein Volumenzuwachs
▶ von 1600 m³ Luft.

Ansatz: $f(x) = ax^2 + bx + c$

$\left.\begin{array}{l} f(0) = 0 \\ f(10) = 10 \\ f(20) = 0 \end{array}\right\} \Rightarrow \begin{array}{r} c = 0 \\ 100a + 10b + c = 10 \\ 400a + 20b + c = 0 \end{array}$

$\Rightarrow a = -\frac{1}{10}, b = 2, c = 0$

Also gilt: $f(x) = -\frac{1}{10}x^2 + 2x$

Analog: $g(x) = -\frac{2}{25}x^2 + \frac{8}{5}x$

$A = \int_0^{20} (f(x) - g(x))dx = \int_0^{20} \left(-\frac{1}{50}x^2 + \frac{2}{5}x\right)dx$

$= \left[-\frac{1}{150}x^3 + \frac{1}{5}x^2\right]_0^{20} = \frac{80}{3}$

$V = \frac{80}{3} m^2 \cdot 60 m = 1600 m^3$

Übung 36
Aus 16 mm dickem Plexiglas wird eine Bikonvexlinse ausgeschnitten. Ihre beiden Brechungsflächen sollen parabelförmiges Profil sowie die in der Zeichnung angegebenen Maße (in mm) besitzen. Wie groß ist der Materialverbrauch (in mm³)?

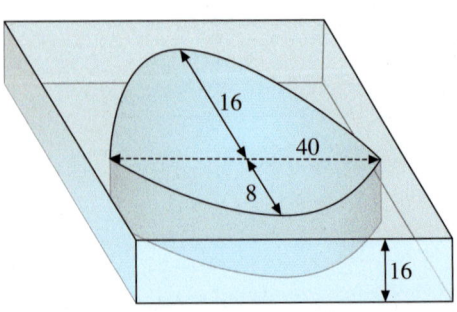

1. Flächenberechnungen

Übungen

37. Das Foto zeigt eine Gebäudefront, welche parabelförmig begrenzt ist. Die Front ist 12 m breit und 9 m hoch, wobei 5 m auf die untere und 4 m auf die obere Parabel entfallen.
  a) Bestimmen Sie die Gleichungen der beiden Parabeln (Ursprung in der Mitte zwischen den Parabeln).
  b) Welchen Querschnitt hat die Front?

38. Ein Grundstück wird wie abgebildet durch eine Straße f, einen Fluss g und zwei Parallelen durch $x = -10$ und $x = 10$ begrenzt. Der Fluss wird durch $g(x) = 0{,}005\,x^3 - 1{,}5\,x$ erfasst.
  a) Bestimmen Sie die Gleichung der Straßengerade.
  b) Bestimmen Sie die Größe des Grundstücks.

39. Mac Fish plant als Firmenlogo für die Fenster ein transparentes Symbol. Ein Designer liefert den Entwurf rechts.
  a) Bestimmen Sie die quadratischen Parabelgleichungen von f und g.
  b) Welchen Inhalt A hat das Logo?
  c) Das Logo lässt nur 50 % des Lichtes durch. Wie stark reduziert sich der Lichteinfall des gesamten Fensters?
  d) In welchem Bereich ist das Logo mindestens 25 cm hoch?

40. Eine neue Campinganlage wird geplant. Sie soll von der Straße g, dem Küstenabschnitt $f(x) = -\frac{1}{4}x^4 + x^2$ sowie den Geraden h und k begrenzt werden (1 LE = 100 m).
  a) Bestimmen Sie die Gleichungen der Parabel g sowie der Geraden h.
  b) Welchen Flächeninhalt hat die geplante Anlage insgesamt?
  c) Der Bereich zwischen der Straße g und der Parabel n durch A(−3|0,5), B(0|2) und C(3|0,5) soll in je 100 m² große Parzellen geteilt werden. Wie viele Parzellen sind möglich?

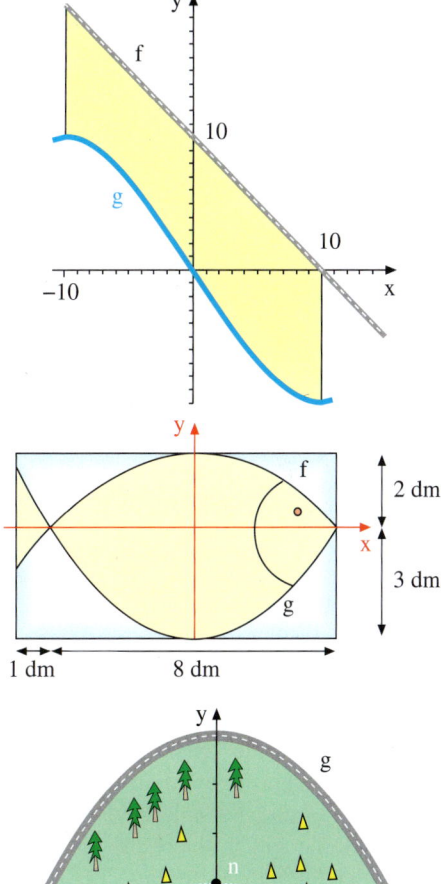

41. Ein Innenarchitekt plant für ein neues Thermalbad einen Whirlpool.
   a) g läuft bei P(4|2) horizontal aus. Wie lauten die Gleichungen der Randfunktionen f und g?
   b) Wie viele Liter Wasser fasst das 1,5 m tiefe Becken?
   c) Wie groß ist der Winkel α, unter dem die Kurven f und g sich im Punkt P(4|2) treffen?

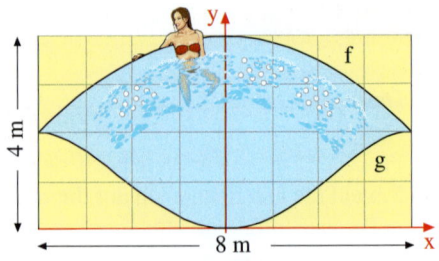

$f(x) = ax^2 + b$
$g(x) = ux^4 + vx^2$

42. Ein Hang, der 1000 m lang, 100 m breit und 40 m hoch ist, wird durch eine Aufschüttung neu gestaltet, um am oberen Hangende einen horizontalen Übergang zu schaffen.
   a) Modellieren Sie die Randkurve f der Aufschüttung durch ein Polynom 2. Grades sowie die Randkurve g des alten Hanges durch eine Gerade.
   b) Berechnen Sie das Volumen der Aufschüttung in m³.

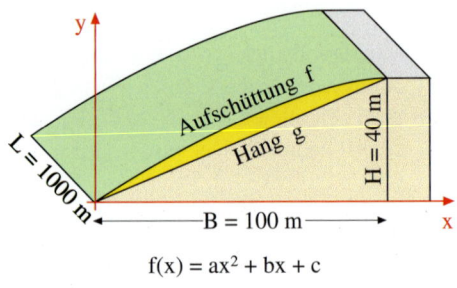

$f(x) = ax^2 + bx + c$
$g(x) = ux$

43. Eine Wippe aus Kunststoff hat die abgebildete Form. Obere und untere Berandung können durch Polynome 4. Grades bzw. 2. Grades erfasst werden. Die Breite der Sitzfläche beträgt 30 cm.
   a) Wie lauten die Gleichungen der Randkurven f und g?
   b) Wie groß ist die Masse der Wippe? (Dichte Kunststoff: 0,7 g/cm³)

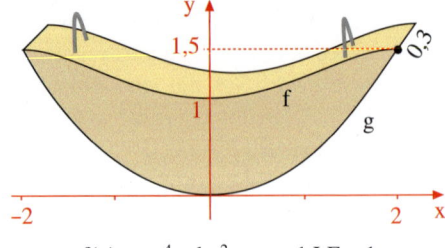

$f(x) = ax^4 + bx^2 + c$ 1 LE = 1 m
$g(x) = ux^2$ W(2|1,5)

44. Der Marineclub erhält ein neues 5 m langes Vereinslogo in Form eines stilisierten Wals. Es soll beidseitig mit Zinkfarbe gestrichen werden, um es wetterfest zu machen. Der Anstrich soll mindestens 1 mm dick sein. Reichen 10 Liter Farbe aus?
Hinweis: Zeigen Sie zunächst, dass die Schwanzflosse des Logos 1 m lang ist.

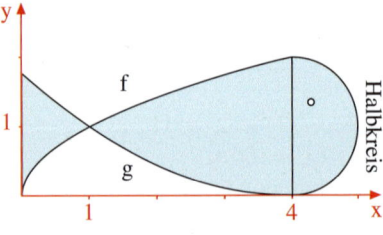

$f(x) = \sqrt{x}$, $0 \leq x \leq 4$
$g(x) = \frac{1}{9}(x^2 - 8x + 16)$, $0 \leq x \leq 4$

2. Volumenberechnungen

Zahlreiche Körper sind rotationssymmetrisch. Beispiele sind Flaschen, Linsen, Scheinwerfer, Zylinder, Kegel, Kugeln und Fässer. Man kann ihre Form durch Rotation ihrer Randkurve um eine Achse erzeugen. Mit Hilfe der Integralrechnung ist es dann möglich, das Volumen des Körpers durch theoretische Rechnungen zu bestimmen. Die Grundidee der dabei verwendeten Zylinderscheibenapproximation geht auf Archimedes zurück.

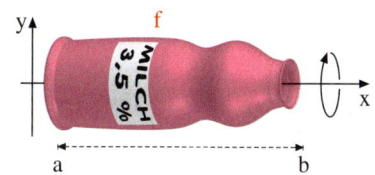

A. Volumen von Rotationskörpern

Analog zur Einschachtelung von Flächen durch Rechteckstreifen kann man *Rotationskörper* durch Zylinderscheiben einschachteln. Die folgende Gegenüberstellung verdeutlicht dies und führt so zur entscheidenden Formel.

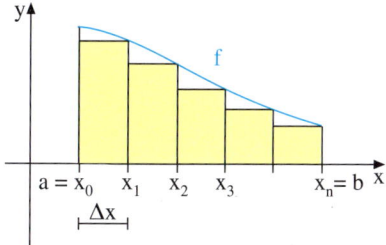 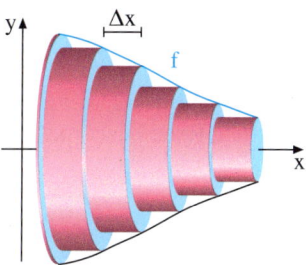

Die Fläche A unter dem Graphen von f über dem Intervall [a; b] wird durch eine *Treppenfläche* aus n rechteckigen Streifen approximiert. Der Inhalt dieser Treppenfläche ist eine Produktsumme:

$$A \approx \sum_{i=1}^{n} f(x_i) \cdot \Delta x$$

Das Rechteck Nr. i besitzt nämlich gerade den Inhalt $f(x_i) \cdot \Delta x$.
Lässt man die Anzahl n der Rechteckstreifen gegen unendlich streben und damit ihre Breiten Δx gegen null, so strebt die Produktsumme gegen das bestimmte Integral von $f(x)$ in den Grenzen von a bis b. Daher gilt für den Flächeninhalt A:

$$A = \int_a^b f(x)\,dx$$

Das Volumen V des Körpers, der bei Rotation von f um die x-Achse über [a; b] entsteht, wird durch einen *Treppenkörper* aus n zylindrischen Scheiben approximiert. Dessen Volumen ist eine Produktsumme:

$$V \approx \sum_{i=1}^{n} \pi \cdot f^2(x_i) \cdot \Delta x$$

Der Zylinder Nr. i besitzt gerade das Volumen $\pi \cdot f^2(x_i) \cdot \Delta x$.
Lässt man die Anzahl n der Zylinderscheiben gegen unendlich streben und damit ihre Höhe Δx gegen null, so strebt die Produktsumme gegen das bestimmte Integral von $\pi \cdot f^2(x)$ in den Grenzen von a bis b. Daher gilt für das Volumen V:

$$V = \pi \cdot \int_a^b (f(x))^2\,dx$$

Wir fassen das Ergebnis der Betrachtung zur Zylinderscheibenmethode in der folgenden allgemeinen Formel zur Berechnung des Volumens von Rotationskörpern zusammen.

Volumenformel für Rotationskörper

f sei eine über dem Intervall [a; b] stetige Funktion. Rotiert der Graph von f über dem Intervall [a; b] um die x-Achse, so entsteht ein Rotationskörper, dessen Volumen sich nach folgender Formel berechnen lässt:

$$V = \pi \cdot \int_a^b (f(x))^2 \, dx$$

Der Integrand in der Volumenformel ist das Quadrat des Funktionsterms der Randkurve f des Rotationskörpers.

B. Grundlegende Beispiele

▶ **Beispiel: Rotation um die x-Achse**
Die Parabel $f(x) = \frac{1}{2} x^2$ rotiert über dem Intervall [0; 1] um die x-Achse und erzeugt auf diese Weise einen Rotationskörper. Berechnen Sie das Volumen dieses Körpers.

Lösung:
Der entstehende Rotationskörper ist rechts abgebildet.
Er hat die Form eines Spitzhutes.
Sein Volumen beträgt nach der im Folgenden aufgeführten Rechnung exakt $V = \frac{\pi}{20}$.
Angenähert sind dies also ca. 0,16 VE (Volumeneinheiten).

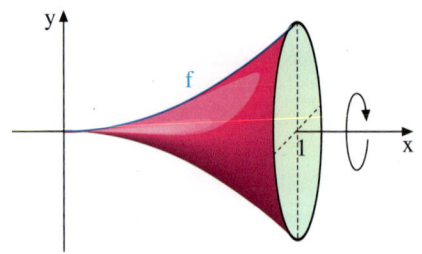

Rechnung:
▶ $V = \pi \cdot \int_a^b f^2(x)\,dx = \pi \cdot \int_0^1 \left(\frac{1}{2} x^2\right)^2 dx = \pi \cdot \int_0^1 \frac{1}{4} x^4 \, dx = \pi \cdot \left[\frac{1}{20} x^5\right]_0^1 = \frac{\pi}{20} \approx 0{,}16$

Übung 1
$f(x) = \frac{3}{2} \sqrt{x}$ rotiert über dem Intervall [0; 9] um die x-Achse. Fertigen Sie eine Skizze an, und berechnen Sie das Volumen des entstehenden Rotationskörpers.

Übung 2
Das rechts dargestellte JO-JO hat eine parabelförmige Kontur. Bestimmen Sie die Parabelgleichung, und berechnen Sie das Volumen des Körpers.

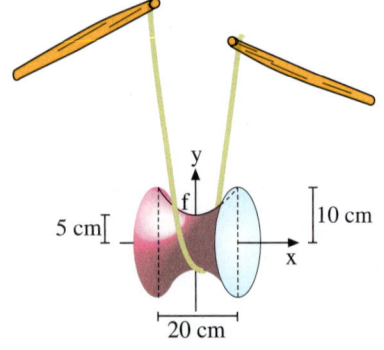

2. Volumenberechnungen

▶ **Beispiel:** Welches Volumen hat das rechts dargestellte Glas? Die Randkurve ist eine quadratische Parabel vom Typ $f(x) = ax^2$.

1. Bestimmung der Parabelgleichung

Aus der Zeichnung kann man ablesen, dass der Punkt $P(8|2)$ auf der Parabel liegt.
Daher gilt $f(8) = 2$, d.h. $64 \cdot a = 2$.
Hieraus folgt $a = \frac{1}{32}$.

Die Gleichung der Parabel lautet also $f(x) = \frac{1}{32}x^2$.

2. Berechnung des Rotationsvolumens

Das Flüssigkeitsvolumen reicht von $x = 3$ bis maximal $x = 8$.
Daher ergibt sich der Inhalt des Glases nach der Rotationsformel.

$$V = \pi \cdot \int_3^8 \left(\frac{1}{32}x^2\right)^2 dx = \pi \cdot \int_3^8 \frac{1}{1024} x^4 dx$$

▶ $= \pi \cdot \left[\frac{1}{5120} x^5\right]_3^8 \approx 19{,}96$

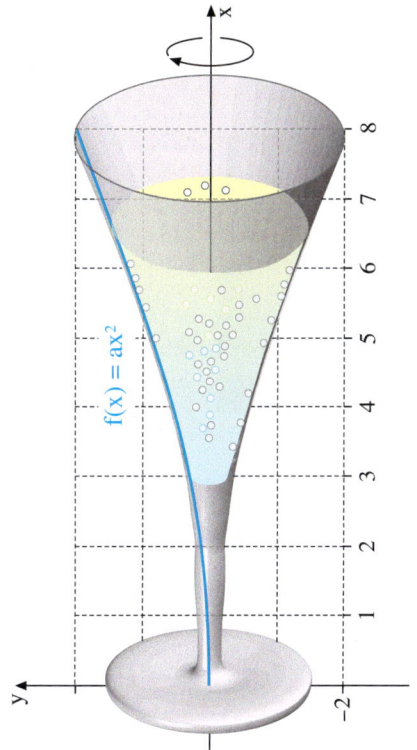

Übung 3

Durch Fotografieren eines Hühnereies kann man seine Querschnittsmaße a und b gut bestimmen. Man kann es aber auch mit einem Lineal gut abmessen.

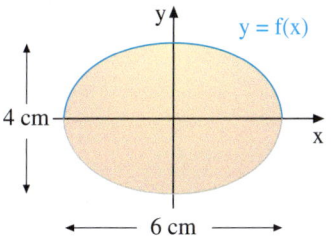

a) Das Ei hat angenähert die Form einer Ellipse mit der Gleichung
$$\left(\frac{x}{a}\right)^2 + \left(\frac{y}{b}\right)^2 = 1.$$
Bestimmen Sie durch Auflösen nach y die Gleichung der oberen Randkurve des Eies und berechnen Sie sein Volumen.
b) Man kann die obere Randkurve auch als Parabel der Form $f(x) = a \cdot x^2 + b$ erfassen. Bestimmen Sie a und b und berechnen Sie das Volumen des Eies.
c) Vergleichen Sie die beiden Eimodelle mit der Realität.

Wir untersuchen nun einen komplexeren Körper. Wir betrachten den Fall, dass nicht nur eine Randkurve den Körper erzeugt, sondern zwei Randkurven, nämlich eine obere und eine untere Randkurve.

Beispiel: Das Volumen eines Reifens

Der Luftraum eines Reifens kann als Körper betrachtet werden, der durch Rotation der Querschnittfläche des Reifens um die Radachse entsteht.
Unten ist eine von den Graphen von $f(x) = -\frac{1}{16}x^4 + 4$ und $g(x) = \frac{1}{4}x^2 + 2$ über dem Intervall $[-2; 2]$ nach oben bzw. unten berandete Fläche A dargestellt, die bei Rotation um die x-Achse ebenfalls einen reifenähnlichen Körper erzeugt. Gesucht ist das Volumen dieses Körpers.

Lösung:
Idee: Der durch Rotation der Fläche A entstehende Körper kann als Differenzkörper der durch Rotation der Graphen von f und g entstehenden beiden Körpern betrachtet werden.

Wir berechnen zunächst das Volumen V_f des Körpers, der durch Rotation der oberen Randkurve f um die x-Achse entsteht.

$$V_f = \pi \cdot \int_{-2}^{2} \left(-\frac{1}{16}x^4 + 4\right)^2 dx = \pi \left[\frac{1}{256} \cdot \frac{x^9}{9} - \frac{1}{2} \cdot \frac{x^5}{5} + 16x\right]_{-2}^{2} \approx 182{,}35$$

Nun errechnen wir das Volumen V_g des Körpers, der durch Rotation der unteren Randkurve g entsteht.

$$V_g = \pi \cdot \int_{-2}^{2} \left(\frac{1}{4}x^2 + 2\right)^2 dx = \pi \left[\frac{1}{16} \cdot \frac{x^5}{5} + \frac{x^3}{3} + 4x\right]_{-2}^{2} \approx 69{,}53$$

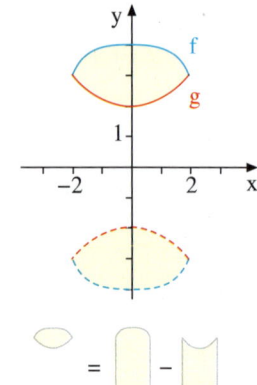

Das Volumen V des durch Rotation der Fläche A um die x-Achse entstehenden Körpers ist dann gerade die Differenz:
▶ $V = V_f - V_g = 112{,}82$.

Übung 4

Gesucht ist das Volumen des Körpers, der bei Rotation des Flächenstücks A um die x-Achse entsteht. A wird begrenzt von
a) $f(x) = \sqrt{x}$ und $g(x) = x^2$.
b) $f(x) = 3 - 2x^2$, $g(x) = x$ und der waagerechten Gerade $h(x) = 3$.

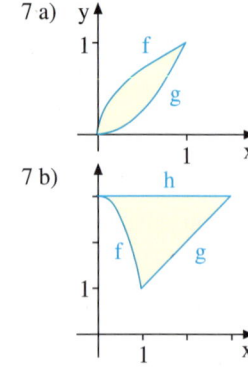

Übungen

5. Rotation um die x-Achse
Der Graph von f rotiert über dem Intervall [a; b] um die x-Achse. Bestimmen Sie das Volumen des dabei entstehenden Rotationskörpers.
a) $f(x) = \frac{1}{2}x + 1$ $a = 0, b = 4$
b) $f(x) = \frac{1}{x^2}$ $a = 1, b = 4$
c) $f(x) = \frac{1}{3}x^3 + \frac{2}{3}x$ $a = 1, b = 2$
d) $f(x) = \frac{1}{x^2}$ $a = 2, b = 10$

6. Rotation einer von zwei Graphen begrenzten Fläche
Ein um die x-Achse rotierendes Flächenstück A wird über dem Intervall [1; 3] nach oben durch den Graphen von $f(x) = x + 3$ und nach unten durch den Graphen von $g(x) = -x^2 + 4x - 3$ begrenzt. Seitlich bilden die senkrechten Geraden $x = 1$ und $x = 3$ den Abschluss. Berechnen Sie das Volumen des Rotationskörpers.

7. Rotation einer durch zwei Graphen und die x-Achse begrenzten Fläche
Die Funktion $f(x) = -x^2 + 6$, die Gerade $g(x) = x$ und die x-Achse schließen im ersten Quadranten ein Flächenstück A ein, das um die x-Achse rotiert.
Wie groß ist das Volumen des Rotationskörpers?

8. Rotation einer durch zwei Graphen und die y-Achse begrenzten Fläche
Die Graphen von $f(x) = x^2$ und $g(x) = 2 - x$ sowie die y-Achse schließen im 1. Quadranten ein Flächenstück A ein, das um die y-Achse rotiert.
a) Fertigen Sie eine Skizze an.
b) Bestimmen Sie die Umkehrfunktionen f^{-1} und g^{-1}.
c) Berechnen Sie das Volumen des entstandenen Rotationskörpers.

9. Scheinwerfervolumen
Bestimmen Sie angenähert das Innenvolumen des rechts abgebildeten Scheinwerfers.
Modellieren Sie seine beiden Umrisse durch zwei Wurzelfunktionen der Form $f(x) = a \cdot \sqrt{x}$ und $g(x) = b \cdot \sqrt{c - x}$.

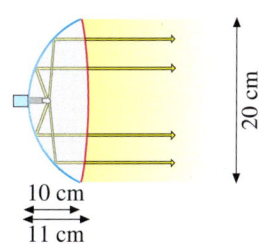

10. Ringförmige Rotationskörper
Die rechts abgebildete Fläche rotiert und erzeugt dabei einen ringartigen Körper.
Wie groß ist das Volumen dieses Körpers

a) bei Rotation um die x-Achse?
b) bei Rotation um die y-Achse?

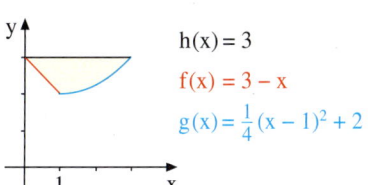

C. Volumenformel für Kegel und Kugeln

Mit der allgemeinen Volumenformel lassen sich zahlreiche Volumenformeln herleiten. Wir zeigen dies am Beispiel des *Kegels* und der *Kugel*.

▶ **Beispiel: Das Volumen des Kegels**
Die Formel für das Volumen eines geraden Kreiskegels mit dem Radius r und der Höhe h soll bestimmt werden.

Lösung:
Idee: Anwendung der allgemeinen Volumenformel auf eine Strecke.

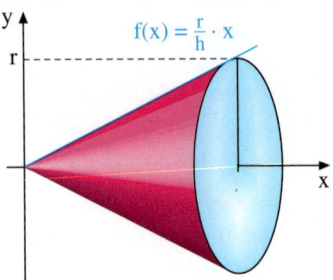

Wir legen einen Querschnitt des Kegels wie abgebildet in ein Koordinatensystem.
Die Randkurve f ist dann die Gerade $f(x) = m \cdot x$.
Die Steigung der Geraden ist $m = \frac{r}{h}$. Daher gilt für die Randkurve des Kegels: $f(x) = \frac{r}{h} \cdot x$.
Das Rotationsintervall ist [0; h]. Die allgemeine Volumenformel liefert uns nach folgender Rechnung die bekannte Volumenformel $V = \frac{1}{3} \pi r^2 h$ für den Kegel.

▶ $V = \pi \cdot \int_a^b f^2(x)\,dx = \pi \cdot \int_0^h \left(\frac{r}{h} \cdot x\right)^2 dx = \pi \cdot \int_0^h \frac{r^2}{h^2} \cdot x^2\,dx = \pi \cdot \left[\frac{r^2}{h^2} \cdot \frac{1}{3} x^3\right]_0^h = \frac{1}{3} \pi r^2 h$

▶ **Beispiel: Das Volumen der Kugel**
Eine Kugel mit dem Radius r hat das Volumen $V = \frac{4}{3} \pi r^3$. Leiten Sie diese Formel mit Hilfe der allgemeinen Volumenformel her.

Lösung:
Idee: Anwendung der allgemeinen Volumenformel auf einen Halbkreis.
Ein Ursprungskreis mit dem Radius r hat bekanntlich die Gleichung $x^2 + y^2 = r^2$.
Auflösen nach y ergibt $y = \pm \sqrt{r^2 - x^2}$.
Der obere Halbkreis hat also die Funktionsgleichung $f(x) = \sqrt{r^2 - x^2}$.
Die Kugel entsteht durch Rotation des oberen Halbkreises um die x-Achse. Ihr Volumen erhalten wir daher mit der allgemeinen Volumenformel:

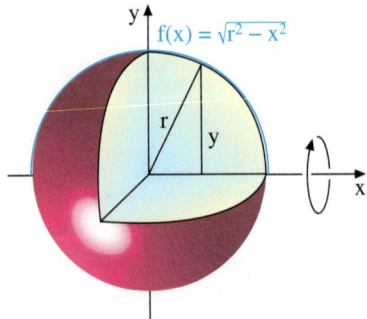

▶ $V = \pi \cdot \int_a^b f^2(x)\,dx = \pi \cdot \int_{-r}^r (\sqrt{r^2 - x^2})^2\,dx = \pi \cdot \int_{-r}^r (r^2 - x^2)\,dx = \pi \cdot \left[r^2 x - \frac{1}{3} x^3\right]_{-r}^r = \frac{4}{3} \pi r^3$

Übungen

11. Zylindervolumen
Die Formel für das Volumen eines Zylinders mit dem Radius r und der Höhe h soll gewonnen werden.
a) Der *Zylinder* lässt sich als Rotationskörper darstellen. Begründen Sie dies anhand der Abbildung.
b) Stellen Sie mit Hilfe der allgemeinen Volumenformel die gesuchte Zylindervolumenformel auf.

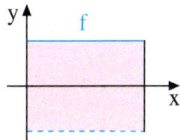

12. Kugelkappe
Die Formel für das Volumen einer *Kugelkappe* soll hergeleitet werden. Der Radius der Kugel sei r, die Höhe der Kugelkappe sei h. Verwenden Sie die Funktionsgleichung des oberen Halbkreises $f(x) = \sqrt{r^2 - x^2}$.

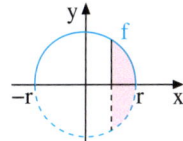

13. Kegelstumpf
Die Formel für das Volumen eines *Kegelstumpfes* mit den beiden Radien R und r sowie der Höhe h soll bestimmt werden. Verwenden Sie die Rotationsmethode. Orientieren sie sich hierbei an der Abbildung rechts.

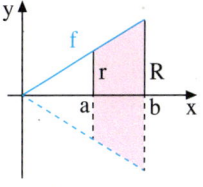

a) Zeigen Sie, dass die als Randkurve verwendbare Ursprungsgerade die Gleichung $f(x) = \frac{R-r}{h} \cdot x$ hat.
b) Zeigen Sie, dass für das Rotationsintervall [a, b] gelten muss:
$a = \frac{r \cdot h}{R-r}$ und $b = \frac{R \cdot h}{R-r}$
c) Leiten Sie nun eine Formel für das Volumen des Kegelstumpfes her.

14. Fass
Das abgebildete *Fass* hat ein parabelförmiges gebogenes Randprofil. Der Minimaldurchmesser sei r, der Maximaldurchmesser sei R, die Höhe sei h. Verwenden Sie für die obere Randkurve des Fasses den Ansatz $f(x) = ax^2 + b$. Bestimmen Sie a und b in Abhängigkeit von r, R und h.
Leiten Sie dann die *Keplersche Fassformel* mit der Rotationsmethode her.

$V = \frac{h}{15} \cdot \pi \cdot (8R^2 + 4Rr + 3r^2)$

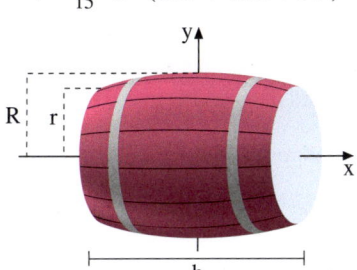

Die Querschnittsformel

Auch der Volumeninhalt von Körpern, die nicht rotationssymmetrisch sind, kann mit Hilfe der Integralrechnung bestimmt werden.

Wir stellen uns einen Körper, dessen Volumen bestimmt werden soll, so vor, dass er orthogonal zur x-Achse in dünne Scheiben der Dicke Δx zerschnitten ist.

Scheibe mit: Querschnittsfläche: $Q(x)$
Dicke: Δx
Volumen: $Q(x) \cdot \Delta x$

Die Grundfläche der an der Stelle x liegenden Scheibe ist praktisch die Querschnittsfläche $Q(x)$ des Körpers an der Stelle x.
Diese Scheibe hat also näherungsweise das Volumen $V_x = Q(x) \cdot \Delta x$.

Summieren wir alle Scheibenvolumina, so erhalten wir eine Produktsumme:

$$\sum Q(x) \cdot \Delta x.$$

Lassen wir nun die Anzahl n der Scheiben gegen unendlich und ihre Dicke Δx gegen null streben, so strebt die Produktsumme gegen das bestimmte Integral von $Q(x)$ in den Grenzen von a bis b.

Wir erhalten daher für das Volumen des Körpers die nachstehend aufgeführte Formel, die als *Querschnittsformel* bezeichnet wird.

> **Die Querschnittsformel**
> V sei der Inhalt des über dem Intervall [a; b] liegenden Volumenanteils eines Körpers. V kann durch Integration der Querschnittsflächenfunktion $Q(x)$ des Körpers bestimmt werden.
> $$V = \int_a^b Q(x)\, dx$$

Diese Querschnittsscheibenmethode wurde bereits von dem italienischen Mathematiker und Astronomen *Francesco Bonaventura Cavalieri* (1598–1647) angewandt.

> **Das Prinzip des Cavalieri:** Wenn zwei Körper in gleicher Höhe stets gleich große Querschnittsflächen besitzen, so sind ihre Volumina gleich.

Die Querschnittsformel

Beispiel: Leiten Sie die Volumenformel für eine quadratische Pyramide mit der Grundlinienlänge a und der Höhe h her.

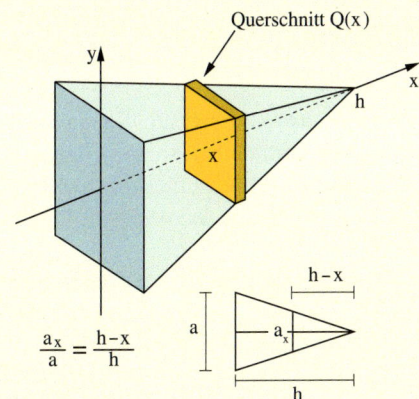

Lösung:
Wir betrachten den Querschnitt $Q(x)$ der Pyramide an der Stelle x.
Es handelt sich um ein Quadrat, dessen Seitenlängen wir mit a_x bezeichnen.
Für a_x gilt nach dem Strahlensatz die Formel
$a_x = \frac{a}{h}(h-x)$.

$$\frac{a_x}{a} = \frac{h-x}{h}$$

Die Querschnittsfläche hat daher den Inhalt
$Q(x) = \frac{a^2}{h^2}(h-x)^2$.

Das Volumen der Pyramide erhalten wir durch Integration dieser Querschnittsfunktion in den Grenzen von 0 bis h.

$$V = \int_a^b Q(x)\,dx = \int_0^h \frac{a^2}{h^2}(h-x)^2\,dx$$

$$= \int_0^h \frac{a^2}{h^2}(h^2 - 2hx + x^2)\,dx$$

$$= \left[\frac{a^2}{h^2}\left(h^2 x - hx^2 + \frac{1}{3}x^3\right)\right]_0^h$$

Als Resultat ergibt sich $V = \frac{1}{3}a^2 \cdot h$, das heißt die schon aus der Mittelstufe bekannte Formel für das Volumen der quadratischen Pyramide.

$$= \frac{a^2}{h^2} \cdot \frac{1}{3}h^3 = \frac{1}{3}a^2 h$$

Übungen

Übung 1
Gesucht ist das Volumen des abgebildeten Zeltes der Höhe h, dessen rechteckige Grundfläche die Seitenlängen a und b besitzen.

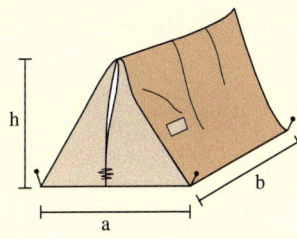

Übung 2
Ein Filter hat oben die Form eines Rechtecks (a = 10, b = 6) mit zwei angesetzten Halbkreisen (r = 3). Nach unten verjüngt sich der Filter wie abgebildet derart, dass die untere Auslassöffnung ein Kreis ist. Bestimmen Sie den Rauminhalt des Filters.

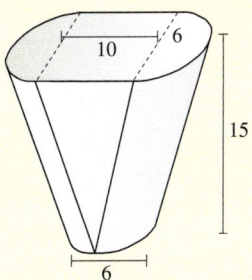

Übung 3
Leiten Sie die Formel für das Volumen eines regelmäßigen Tetraeders mit der Kantenlänge a her. Errechnen Sie zunächst die Höhe des Tetraeders.

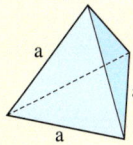

3. Rekonstruktion von Beständen

Bei zahlreichen Anwendungssituationen kennt man die Bestandsfunktion, die den Sachverhalt beschreibt, nicht unmittelbar, sondern deren Änderungsrate. Dann ist es möglich, von der Änderungsrate auf die Funktion zurückzuschließen. Man bezeichnet dies als *Bestandsrekonstruktion*. Dieses Verfahren soll nun an zwei typischen Beispielen verdeutlicht werden.

A. Rekonstruktion des Bestandes aus der Wachstumsrate

▶ **Beispiel: Insel des Todes**
Auf der Insel des Todes Quaimada vor der Küste Brasiliens lebt eine giftige Schlangenart, die Lanzenotter. Bei einer Expedition vor 20 Jahren wurde die Schlangenpopulation erfasst. Es lebten damals ca. 2000 Schlangen auf der Insel und die Wachstumsgeschwindigkeit der Population betrug $N'(t) = \frac{1}{30}(23 - 2t)$ (t: Zeit in Jahren; $N'(t)$: Wachstumsgeschwindigkeit zum Zeitpunkt t in Tausend Schlangen/Jahr).
a) Wie groß war der *Zuwachs* an Schlangen in den verflossenen 20 Jahren?
b) Wie lautet die *Bestandsfunktion* der Schlangen, wenn bei der ersten Expedition 2000 Schlangen gezählt wurden?
c) Wann existierten ca. 6000 Schlangen?

Lösung zu a:
Die Änderungsrate N' ist gegeben. Den Zuwachs ΔN erhalten wir, indem wir die Änderungsrate über das Intervall [0; 20] integrieren, d. h. „aufsummieren".

Der Zuwachs ΔN entspricht nämlich der „orientierten" Fläche unter der Funktion der Änderungsrate N' im Intervall [0; 20].

Wir erhalten $\Delta N = 2$, d. h., es sind 2000 Schlangen hinzugekommen.

Lösung zu b:
Die Funktion der Änderungsrate N' ist gegeben. Wir bestimmen N als Stammfunktion: $N(t) = \frac{1}{30}(23t - t^2) + C$.

Die Konstante C ergibt sich aus der *Anfangsbedingung* $N(0) = 2$, d. h. $C = 2$.

Damit lautet die endgültige Bestandsfunktion $N(t) = \frac{1}{30}(23t - t^2) + 2$.

Gleichung der Änderungsrate N':
$N'(t) = \frac{1}{30}(23 - 2t)$

Anschauliche Bedeutung des Zuwachses ΔN als Flächeninhalt:

Bestimmung des Zuwachses ΔN:
$$\Delta N = \int_0^{20} N'(t)\, dt = \int_0^{20} \frac{1}{30}(23 - 2t)\, dt$$
$$= \left[\frac{1}{30}(23t - t^2)\right]_0^{20}$$
$$= 2 - 0 = 2$$

Bestimmung der Bestandsfunktion N:
$N(t) = \int \frac{1}{30}(23 - 2t)\, dt = \frac{1}{30}(23t - t^2) + C$
$N(0) = 2 \Rightarrow C = 2$
$\Rightarrow N(t) = \frac{1}{30}(23t - t^2) + 2$

Lösung zu c:
Wenn die Bestandsfunktion rekonstruiert ist, kann man leicht weitere Fragestellungen beantworten. Hier führt der Lösungsansatz $N(t) = 6$ (6000 Schlangen) zum Ziel.
▶ Nach 8 Jahren und dann noch einmal nach 15 Jahren war dieser Bestand erreicht.

Zeitbestimmung

$N(t) = 6$

$\frac{1}{30}(23t - t^2) + 2 = 6$

$23t - t^2 = 120$

$t^2 - 23t + 120 = 0 \Rightarrow t = 8 \text{ oder } t = 15$

B. Rekonstruktion des Weges aus der Geschwindigkeit

▶ **Beispiel: Fallschirmspringer**
Ein Fallschirmspringer springt ab und zählt im Sekundentakt bis 10. Dann zieht er die Reißleine und der Schirm öffnet sich. Seine Geschwindigkeit steigt dabei gemäß der Funktion $v(t) = 5t$ an.
a) Welche Strecke hat er bis zum Ziehen der Leine zurückgelegt?
b) Wie lautet seine Weg-Zeit-Funktion $s(t)$?

Lösung zu a:
Die Geschwindigkeit v ist gegeben. Sie ist bekanntlich die Änderungsrate des Weges s nach der Zeit t. Also gilt $v = s'$.

Formel für die Änderungsrate:
$v(t) = 5t$
$s'(t) = 5t$

Den Wegzuwachs Δs erhalten wir, indem wir die Geschwindigkeit über das Intervall $[0; 10]$ integrieren, d. h. „aufsummieren".

Der Zuwachs entspricht auch hier der „orientierten" Fläche unter der Geschwindigkeitsfunktion über dem Intervall $[0; 10]$.

Anschauliche Bedeutung des Wegzuwachses Δs als Flächeninhalt:

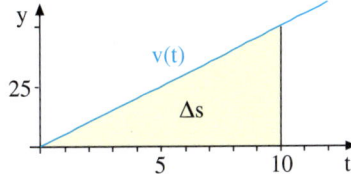

Wir erhalten $\Delta s = 250$, d. h., der Springer legt 250 m im freien Fall zurück.

Bestimmung des Wegzuwachses:
$$\Delta s = \int_0^{10} s'(t)\,dt = \int_0^{10} v(t)\,dt = \int_0^{10} 5t\,dt$$
$$= [2{,}5\,t^2]_0^{10}$$
$$= (250) - (0) = 250$$

Lösung zu b:
Die Geschwindigkeitsfunktion v ist gegeben. Wir bestimmen s als Stammfunktion:
$s(t) = 2{,}5\,t^2 + C$.

Die Konstante C ergibt sich aus der Anfangsbedingung $s(0) = 0$, d. h. $C = 0$.

▶ Damit lautet die endgültige Weg-Zeit-Funktion $s(t) = 2{,}5\,t^2$.

Bestimmung der Weg-Zeit-Funktion s:
$$s(t) = \int v(t)\,dt = \int s'(t)\,dt = \int 5t\,dt = 2{,}5\,t^2 + C$$
$s(0) = 0 \Rightarrow C = 0$
$\Rightarrow s(t) = 2{,}5\,t^2$

Wir fahren mit einem weiteren Beispiel zu einer Bewegung fort, diesmal ist es ein Abnahmeprozess in Form eines Bremsvorgangs.

▶ **Beispiel: Bremsweg**
Ein Schlitten wird gebremst. Während des Bremsens wird seine Geschwindigkeit durch die Funktion $v(t) = 40 - 8t$ beschrieben (t in s, v in m/s). Wie lautet die Funktion s für den Bremsweg? Wie lang ist der Bremsweg bis zum Stillstand des Schlittens?

Lösung:
Hier gilt wieder $s'(t) = v(t)$. Um den Weg s zu erhalten, bestimmen wir zunächst wieder das unbestimmte Integral von v. Es lautet $s(t) = 40t - 4t^2 + C$.
Da $s(0) = 0$ gilt, folgt $C = 0$.
Also gilt $s(t) = 40t - 4t^2$.

Der Schlitten steht still, wenn $v(t) = 0$ ist, also zum Zeitpunkt $t = 5$.
Der Bremsweg bis zum Stillstand ist das bestimmte Integral von v über dem Intervall
▶ [0; 5]. Es hat den Wert 100 m.

Gleichung der Funktion s:
Ansatz: $s'(t) = v(t) = 40 - 8t$
$$\Rightarrow s(t) = \int v(t)\,dt = \int (40 - 8t)\,dt$$
$$= 40t - 4t^2 + C$$
Anfangswert: $s(0) = 0 \Rightarrow C = 0$
$$\Rightarrow s(t) = 40t - 4t^2$$

Berechnung des Bremsweges:
$$\int_0^5 v(t)\,dt = [s(t)]_0^5 = s(5) - s(0)$$
$$= 100 - 0 = 100$$

Übung 1
Eine Stadt hat zu Beginn eines Planungszeitraumes 2 Millionen Einwohner. Ein Prognoseinstitut geht davon aus, dass die Änderungsrate der Einwohnerzahl N in den nächsten 20 Jahren durch die lineare Funktion $N'(t) = 0{,}002\,x + 0{,}05$ modelliert werden kann. Wie lautet die Gleichung von N? Wie viele Einwohner gewinnt die Stadt in dem 20-Jahres-Zeitraum hinzu?

Übung 2

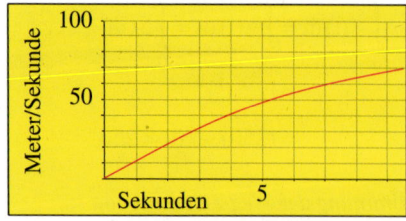

Der Fahrtenschreiber zeichnet bei der Testfahrt eines Sportwagens die Geschwindigkeit v auf. Sie kann durch die quadratische Funktion $v(t) = -\frac{1}{2}t^2 + 12t$ beschrieben werden.
(t in s, v in m/s)
a) Wie lautet die Weg-Zeit-Funktion des Fahrvorgangs?
b) Welche Strecke hat das Fahrzeug insgesamt, also bis zum abschließenden Stillstand, zurückgelegt?

C. Ein Prozess mit abschnittsweise definierter Änderungsrate

Im folgenden Beispiel tritt sowohl Zuwachs als auch Abnahme auf. Außerdem ist die Änderungsrate nur abschnittsweise definiert und zunächst nur graphisch erfasst.

▶ **Beispiel: Steigflug**
Ein Heißluftballon ändert seine Steiggeschwindigkeit v gemäß dem abgebildeten Diagramm. Er startet in einer Höhe von 350 m über dem Meeresspiegel.
a) Stellen Sie die Steiggeschwindigkeit als zusammengesetzte Funktion dar.
b) Welcher Höhengewinn wird erzielt?

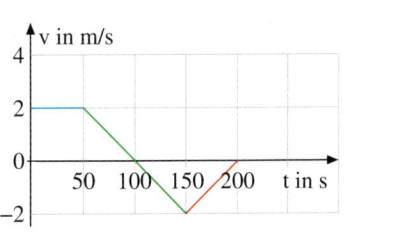

Lösung:
Wir bestimmen zunächst die drei Teilgeraden der Geschwindigkeitsfunktion v und ihre Definitionsmengen.

Geschwindigkeitsfunktion:
$$v(t) = \begin{cases} 2, & 0 \leq t \leq 50 \\ -0{,}04t + 4, & 50 \leq t \leq 150 \\ 0{,}04t - 8, & 150 \leq t \leq 200 \end{cases}$$

Anschließend berechnen wir das bestimmte Integral von v über dem Intervall [0; 200] in drei Schritten.
Es geht zunächst 100 m nach oben, dann weitere 50 m nach oben und gleich darauf wieder 50 m nach unten und schließlich noch einmal 50 m nach unten.
Der Höhengewinn beträgt also in der Bilanz nur 50 m. Der Ballon befindet sich 200 Sekunden nach Beobachtungsbeginn in 400 m
▶ Höhe über dem Meeresspiegel.

Berechnung des Höhengewinns:
$$\int_0^{50} 2\, dt = [2t]_0^{50} = 100\,m$$
$$\int_{50}^{150} (-0{,}04t + 4)\, dt = [-0{,}02t^2 + 4t]_{50}^{150} = 0\,m$$
$$\int_{150}^{200} (0{,}04t - 8)\, dt = [0{,}02t^2 - 8t]_{150}^{200} = -50\,m$$

D. Beispiele zu Bestandsrekonstruktionen

Wir stellen nun im Überblick einige Anwendungssituationen dar, bei denen es um Bestandsrekonstruktionen geht und die im Folgenden angesprochen werden.

Sachverhalt	Bestandsfunktion f	Änderungsrate f'
Bevölkerungswachstum	Bevölkerung in Personen	Zuwachsrate in Personen/Jahr
Bewegungsvorgang	Zurückgelegter Weg in m	Geschwindigkeit in m/s
Ballonflug	Höhe des Ballons in m	Steiggeschwindigkeit in m/s
Fassentleerung	Wasserhöhe im Fass in cm	Abnahmerate in cm/min
Lernprozess	Anzahl gelernter Vokabeln in Stück	Lernrate in Stück/min
Festbesuch	Besucheranzahl in Personen	Zustrom/Abstrom in Pers./h
Heizvorgang	Heizkosten eines Jahres in Euro	Kostenrate in Euro/Tag
Staudammleck	Wasserverlust in m³	Verlustrate in m³/Tag
Arbeitsvorgang	Verrichtete Arbeit in Joule	Kraft in Joule/m bzw. Newton

E. Etwas Theorie zum Thema „Bestandsrekonstruktionen"

In den vorhergehenden Beispielen wurden im Prinzip jeweils zwei Probleme gelöst:

▶ **Problem I: Bestandsfunktion gesucht**
Die Änderungsrate **f′** einer Funktion f ist gegeben. Die Bestandsfunktion **f** ist gesucht.

Hier muss weiter noch ein Punkt $P(x_0|y_0)$ des Funktionsgraphen als *Anfangswert* gegeben sein, damit das Problem eindeutig lösbar ist. Die Lösung besteht darin, das *unbestimmte Integral* von f′ zu bestimmen (blaue Graphen). Die Integrationskonstante C wird dann mit Hilfe des Anfangswertes
▶ bestimmt (blauer Graph durch P).

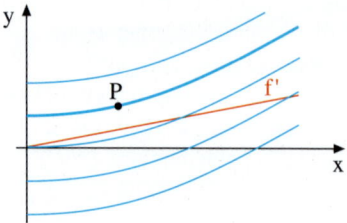

▶ **Problem II: Bestandsänderung Δf gesucht**
Die Änderungsrate **f′** einer Funktion f ist gegeben. Die Bestandsänderung **Δf** über einem Intervall [a; b] ist gesucht.

Ist die Änderungsrate f′ konstant, so gilt $f'(x) = \frac{\Delta f}{\Delta x}$, woraus $\Delta f = f'(x) \cdot \Delta x$ folgt.
Dieses Produkt lässt sich als Flächeninhalt des Rechtecks mit der Breite Δx und der Höhe f′(x) interpretieren.
Δf ist daher der Inhalt der Fläche unter dem Graphen von f′ über [a; b] (Bild 1).

Zuwachs bei konstanter Änderungsrate:

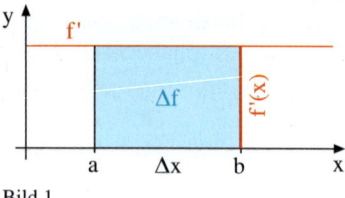

Bild 1

Ist die Änderungsrate f′ variabel wie in Bild 2, so teilt man das Intervall [a; b] in eine Vielzahl kleiner Streifen der gleichen Breite Δx ein. Über jedem dieser Teilintervalle verwendet man als Streifenhöhe die Änderungsrate $f'(x_i)$ in der Intervallmitte.
Wegen $f'(x_i) \approx \frac{\Delta f_i}{\Delta x}$ gilt $\Delta f_i \approx f'(x_i) \cdot \Delta x$.
Dieses Produkt kann als Flächeninhalt des i-ten Rechteckstreifens mit der Breite Δx und der Höhe $f'(x_i)$ gedeutet werden. Die gesamte Zuwachsrate entspricht der Summe dieser Rechtecksflächen.

Zuwachs bei variabler Änderungsrate:

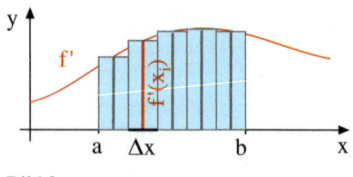

Bild 2

Vergrößert man die Streifenzahl zunehmend bei gleichzeitiger Verminderung der Streifenbreite, so wird klar, dass der Zuwachs Δf auch hier dem *Flächeninhalt* unter der Kurve f′ entspricht (Bild 3) und
▶ sich als *bestimmtes Integral* berechnen lässt.

Zuwachs Δf als orientierte Fläche:

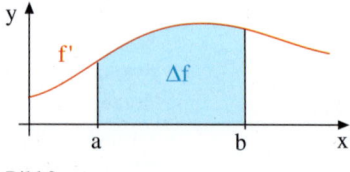

Bild 3

F. Die Berechnung des Wasserstands aus der Abflussrate

▶ **Beispiel: Wasserstand**
Ein zylindrischer Wasserspeicher ist 300 cm hoch und misst im Durchmesser 60 cm. Er ist bis oben mit Wasser gefüllt, als versehentlich der Abflusshahn geöffnet wird.
Der Wasserstand erniedrigt sich mit der Geschwindigkeit $h'(t) = \frac{1}{54}t - \frac{10}{3}$
(t in min, h' in cm/min).
a) Wie lautet die Gleichung von h?
b) Nach 1,5 Stunden wird der Schaden entdeckt. Welche Wassermenge ging verloren?

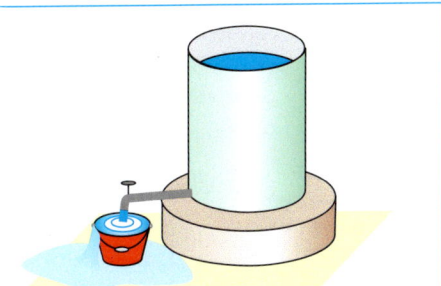

Lösung zu a:
Die Funktion h für den Wasserstand kann durch Integration ihrer Änderungsrate h' gewonnen werden:
$h(t) = \frac{1}{108}t^2 - \frac{10}{3}t + C$.
Der Anfangsstand $h(0) = 300$ ist bekannt. Damit kann die Integrationskonstante C ermittelt werden. Wir erhalten $C = 300$.
$h(t) = \frac{1}{108}t^2 - \frac{10}{3}t + 300$

Lösung zu b:
Nach 1,5 Stunden, d.h. nach 90 Minuten hat sich die Wasserstandshöhe um -225 cm verändert und beträgt nur noch 75 cm.
Der Wasserverlust entspricht einem Zylinder mit dem Radius $r = 30$ cm und der Höhe $h = 225$ cm.
▶ Das ergibt ca. 636 Liter.

Bestimmung der Gleichung von h:
$h'(t) = \frac{1}{54}t - \frac{10}{3}$
$h(t) = \int\left(\frac{1}{54}t - \frac{10}{3}\right)dt$
$h(t) = \frac{1}{108}t^2 - \frac{10}{3}t + C$
Aus $h(0) = 300$ folgt $C = 300$.
$h(t) = \frac{1}{108}t^2 - \frac{10}{3}t + 300$

Berechnung des Wasserverlustes:
Höhenabnahme:
$\Delta h = \int_0^{90} h'(t)\,dt = [h(t)]_0^{90} = h(90) - h(0)$
$= 75 - 300 = -225$
Wasserverlust:
$\Delta V = \pi \cdot r^2 h = \pi \cdot 30^2 \cdot (-225) = -636173$
$-636173 \text{ cm}^3 \approx -636 \text{ Liter}$

Übung 3
Die Wachstumsgeschwindigkeit v einer Spiralblume (flos helica) wurde in einer Graphik erfasst (t in Tage, v in cm/Tag).
a) Modellieren Sie v durch eine quadratische Funktion.
b) Zu Beginn der 3-tägigen Wachstumsperiode ist die Blume 1 m hoch. Wie hoch ist sie am Ende der Periode?
c) Wann ändert sich die Höhe nur noch um 1 cm/Tag? Wie hoch ist die Blume dann?

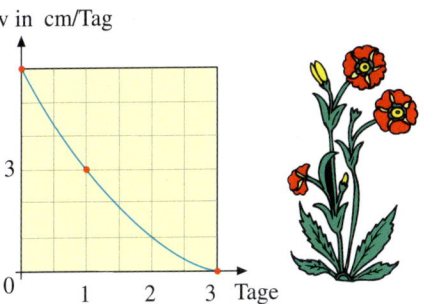

G. Die Berechnung der Arbeit W aus der Kraft F

Eine Maschine, die längs ihres Weges s die Kraft F aufbringt, verrichtet die Arbeit $W = F \cdot s$. Dies führt auf die Gleichung $F = \frac{\Delta W}{\Delta s}$ bzw. $F = W'$ (s. rechts).

Die Kraft ist die Ableitung der Arbeit nach dem Weg: $F = W'$.

Arbeit = Kraft · Weg
$\Delta W = F \cdot \Delta s$
$F = \frac{\Delta W}{\Delta s} \Rightarrow F = W'$

▶ **Beispiel: Hubarbeit**
Ein Bagger hebt eine Ladung Kies aus dem Meer um 9 m auf einen Kahn. Beim Heben fließt Wasser ab, so dass sich die benötigte Kraft stetig verringert, und zwar nach der Formel:
$F(s) = 50\,000 - 9000 \cdot \sqrt{s}$.
(s: Hubweg in m, F: Kraft in N)
Wie lautet die Arbeitsfunktion W? Welche Arbeit wird insgesamt verrichtet?

Lösung:
Die Kraft F ist die lokale Änderungsrate der Arbeit W bezüglich des Weges s.
Daher kann die Arbeitskurve durch Integration der Kraftkurve gewonnen werden:
$W(s) = -6000\, s^{3/2} + 50\,000\, s$.

Die Integrationskonstante ist 0, da zu Beginn des Prozesses noch keine Arbeit verrichtet wurde: $W(0) = 0$.

Die Gesamtarbeit ist das bestimmte Integral der Kraftkurve über dem Wegintervall [0;9].
▶ Sie beträgt 288 000 Joule = 288 kJoule.

Gleichung der Arbeitsfunktion W:
$$W(s) = \int F(s)\, ds$$
$$= \int \left(50\,000 - 9000 \cdot s^{\frac{1}{2}}\right) ds$$
$$= -6000 \cdot s^{\frac{3}{2}} + 50\,000\, s + C$$
$W(0) = 0 \Rightarrow C = 0$
$W(s) = -6000 \cdot s^{\frac{3}{2}} + 50\,000\, s$

Berechnung der Gesamtarbeit:
$$\Delta W = \int_0^9 F(s)\, ds = [W(s)]_0^9$$
$$= W(9) - W(0) = 288\,000 - 0 = 288\,000$$

Übung 4
Bei einer Bergtour wird die Leistung des Fahrers durch $P(t) = -\frac{1}{3240}t^3 + \frac{1}{36}t^2$ erfasst.
(t in min, P in Watt)
Hinweis: Die Leistung P ist die momentane Änderungsrate der Arbeit W nach der Zeit t $\left(P = \frac{\Delta W}{\Delta t},\ P = W'\right)$.
a) Wie lautet die Gleichung von W(t)?
b) Welche Arbeit wird bei der 90-minütigen Tour insgesamt erbracht?
c) Wann war die Leistung maximal?

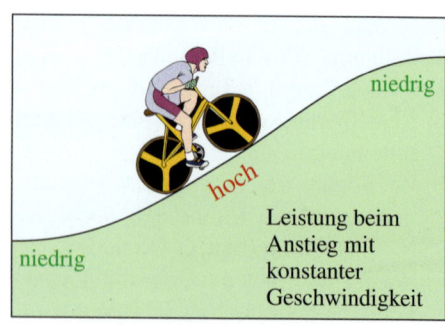

Leistung beim Anstieg mit konstanter Geschwindigkeit

H. Berechnung der Manntage aus der Beschäftigtenzahl

Bei großen Bauprojekten wird in Manntagen gerechnet. m = 50 Mann über t = 20 Tage bedeutet M = 1000 Manntage. Es gilt m = M'. Daher berechnet man die Manntage M durch Integration von m.

$$\text{Manntage} = \text{Mann} \cdot \text{Tage}$$
$$\Delta M = m \cdot \Delta t$$
$$m = \frac{\Delta M}{\Delta t} \Rightarrow m = M'$$

> **Beispiel: Staudammbau**
> Beim Bau eines Staudamms kann die Anzahl der eingesetzten Männer durch die Funktion $m(t) = 800 - 2t$ beschrieben werden (t in Tagen, m in Personen), $0 \leq t \leq 400$. Pro Mann und Stunde entstehen Kosten von 30 Euro.
> a) Wie lautet die Gleichung der Funktion M(t), welche die Anzahl der Manntage angibt, die bis zum Zeitpunkt t zustande kamen?
> b) Wie viele Manntage erfordet der Dammbau insgesamt?
> c) Die tägliche Arbeitszeit beträgt 8 Stunden. Welche Arbeitskosten erfordert das Projekt?

Lösung zu a:
Die Funktion m ist die Änderungsrate der Funktion M: m = M'.
Daher kann M durch Integration von m gewonnen werden. Unter Berücksichtigung von M(0) = 0 erhalten wir:
$M(t) = -t^2 + 800\,t$.

Lösung zu b:
Das gesamte Projekt dauert 400 Tage. Daher werden 160 000 Manntage eingesetzt.

Lösung zu c:
Pro Manntag entstehen 240 Euro Kosten. Insgesamt betragen die Arbeitskosten daher
▶ 38,4 Millionen Euro.

$$\text{Mann} = \frac{\text{Manntage}}{\text{Tage}} \Rightarrow m = \frac{\Delta M}{\Delta t} \Rightarrow m = M'$$

Bestimmung der Funktion M:
$M(t) = \int m(t)\,dt = \int (800 - 2t)\,dt$
$M(t) = -t^2 + 800\,t + C$
Aus M(0) = 0 folgt C = 0
$M(t) = -t^2 + 800\,t$

Berechnung der gesamten Manntage:
$$\Delta M = \int_0^{400} m(t)\,dt = [M(t)]_0^{400} = M(400) - M(0)$$
$$= 160\,000$$

Berechnung der Arbeitskosten:
Kosten = Manntage · Kosten pro Tag
$= 160\,000 \cdot 8 \cdot 30 = 38\,400\,000$

Übung 5
Für den Bau eines Hochhauses werden 400 Tage eingeplant. Die Anzahl der eingesetzten Arbeiter wird durch die Funktion $a(t) = \frac{1}{450}(-t^2 + 200\,t + 80\,000)$ erfasst, t in Tagen, a in Mann. Die Männer arbeiten durchschnittlich sechs Stunden pro Tag. Berechnen Sie den Aufwand in Manntagen.

Übungen

6. Der Wasserstand im Staubecken eines Gezeitenkraftwerkes verändert sich im Laufe eines Tages durch ein- und ausströmendes Wasser. Die Änderungsrate kann durch die Funktion
$h'(t) = \frac{1}{216}(5t^2 - 120t + 480)$ erfasst werden (t in Stunden, h in m/Std., $0 \leq t \leq 24$). Zur Zeit $t = 0$ beträgt der Wasserstand 5 m.

a) Wie lautet die Gleichung von h?
b) Wann war der Wasserstand am höchsten bzw. am niedrigsten?
c) Wann änderte sich der Wasserstand am schnellsten? Wie schnell änderte er sich?

7. Ein neues Hubschraubermodell wird auf einem Testflug erprobt, der eine Minute dauert. Durch außen angebrachte Staurohre kann die Fluggeschwindigkeit v permanent ermittelt werden.
Sie kann durch die Funktion $v(t) = -0{,}012t^2 + 7{,}2t$ erfasst werden (t in s, v in m/s). Welche Flugstrecke legt das Gerät zurück?

8. Auf einem Volksfest wird die Änderungsrate der Besucherzahl kontinuierlich festgestellt. Es zeigt sich, dass sie durch $B'(t) = 20t^3 - 300t^2 + 1000t$ erfasst wird.
(t in Std., B'(t) in Besucher/Std.)
Nach einer Stunde sind 405 Besucher anwesend.
a) Wie lautet die Gleichung der Funktion B(t), welche die Besucheranzahl zum Zeitpunkt t angibt?
b) Wie viele Besucher sind 3 Std. nach Eröffnung anwesend?
c) Wie groß ist die maximale Besucherzahl?
d) Wann steigt die Besucherzahl am schnellsten an?
e) In welchen Zeitgrenzen kann das Modell höchstens gelten?

9. Ein Ball wird in 35 m Höhe senkrecht nach oben geworfen.
Die Abwurfgeschwindigkeit beträgt 30 m/s.
a) Wie lautet die Gleichung der Funktion h, welche die Höhe des Balles zur Zeit t beschreibt?
Hinweis: Die Geschwindigkeitsfunktion lautet: $v(t) = 30 - 10t$. Dies ist eine zwangsläufige Folge des Gravitationsgesetzes.
b) Mit welcher Geschwindigkeit trifft der Ball auf dem Boden auf? Wie groß ist die Gipfelhöhe des Balles?

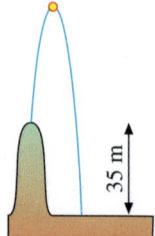

3. Rekonstruktion von Beständen

10. Ein LKW fährt mit einer Geschwindigkeit von 108 km/h, d. h. 30 m/s, als 100 m voraus plötzlich ein Reh auf die Fahrbahn springt. Der Fahrer reagiert eine Sekunde später mit einer Vollbremsung. Von diesem Zeitpunkt an verringert sich seine Geschwindigkeit nach der Formel $v(t) = 30 - 10t$ (t in s, v in m/s). s sei der Bremsweg.

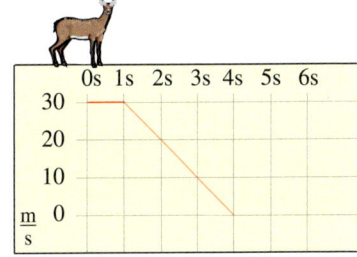

a) Wie lautet die Gleichung von s?
b) Wie lange dauert die Bremsung?
c) Wie groß ist der Anhalteweg (Bremsweg + Reaktionsweg)? Kommt es zu einem Unfall?

11. Ein Heißluftballon ändert seine Flughöhe h (über Normalnull) mit der Geschwindigkeit $v(t) = -0{,}12t^2 + 1{,}2t$, er startet zur Zeit t = 0 in einer Höhe von 520 m. (t in min, v in m/min)
Fünf Minuten nach dem Start befindet sich der Ballon in einer Höhe von 530 m.

a) Wie lautet die Gleichung der Höhenfunktion?
b) Welche maximale Höhe erreicht der Ballon?
c) Wann befindet sich der Ballon wieder auf Starthöhe?

12. Für den Bau einer Pyramide werden 100 Tage veranschlagt.
Die Anzahl der Arbeiter zur Zeit t wird durch $N(t) = 5 + 0{,}5 \cdot \sqrt{t} - 0{,}1\,t$ erfasst, $0 \leq t \leq 100$. Dabei ist t die Zeit in Tagen und N die Zahl der Arbeiter in Tausend.

a) Skizzieren Sie den Graphen von N.
b) Wann ist die Zahl der Arbeiter maximal?
c) Wann waren 3600 Arbeiter im Einsatz?
d) Wie viele Manntage waren insgesamt erforderlich?

13. Ein Tomatensetzling besitzt beim Einpflanzen eine Höhe von 5 cm. Seine Höhe nimmt mit der Geschwindigkeit $v(t) = -0{,}1t^3 + t^2$ zu.
(t in Wochen, v in cm/Woche)
Rekonstruieren Sie die Funktion h, die die Höhe der Pflanze erfasst. Klären Sie folgende Fragen:

a) Wie lange dauert die Wachstumsphase?
b) Wie hoch wird die Pflanze maximal?
c) Wie hoch wird die Pflanze zum Zeitpunkt des schnellsten Wachstums sein?

14. Der Fahrtenschreiber hat die Geschwindigkeit eines Busses zwischen zwei Haltestationen aufgezeichnet.
a) Stellen Sie die Geschwindigkeitsfunktion v als abschnittsweise definierte Funktion dar.
b) Wie weit liegen die Haltestellen voneinander entfernt?
c) Welche Durchschnittsgeschwindigkeit wird erzielt?

15. Eine Skaterin läuft ihr Trainingsprogramm ab, welches ihr die auf dem Smartphone dargestellte Geschwindigkeitskurve vorgibt. Diese Kurve besteht aus vier Teilfunktionen.
a) Bestimmen Sie die Gleichungen der drei linearen Teilfunktionen f_1, f_3 und f_4. Geben Sie jeweils auch deren Definitionsintervalle an.

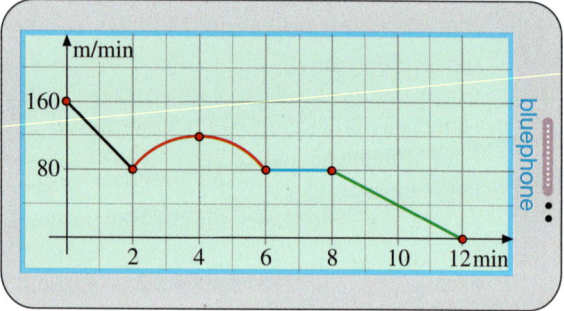

b) Die quadratische Teilfunktion f_2 hat die Gleichung $f_2(x) = -10x^2 + 80x - 40$. Bestätigen Sie dies.
c) Wie lang ist die gesamte Laufstrecke der Skaterin?
d) Wie groß ist ihre Durchschnittsgeschwindigkeit?

16. Bei einem Volksfest wird die Zustromrate durch die Funktion $z(t) = -24t^2 + 190t + 500$ und die Abstromrate durch die Funktion $a(t) = -7{,}8t^3 + 78t^2$ bestimmt.
(t: Zeit in Std. seit 12.00 Uhr; z, a: Zu- bzw. Abstromrate in Besucher/Std.)
a) Stellen Sie die Graphen von z und a für $0 \leq t \leq 10$ dar (DMW erlaubt).
b) Zu welchen Zeitpunkten sind die Raten maximal, wann sind sie gleich?
c) Wie viele Besucher hatte das Volksfest insgesamt?
d) Wie groß ist die maximale Zahl von Besuchern, die sich gleichzeitig auf dem Volksfest befanden?
e) Zeigen Sie, dass insgesamt alle Besucher das Fest wieder verließen.
Hinweis: Zustromrate und Abstromrate integrieren.

4. Exkurs: Uneigentliche Integrale

In diesem Abschnitt werden wir den Inhalt von Flächen untersuchen, die unbegrenzt sind. Auch solche Flächen können einen endlichen Inhalt haben. Es sind zwei Fälle zu unterscheiden.

Typ 1: Unbeschränktes Intervall

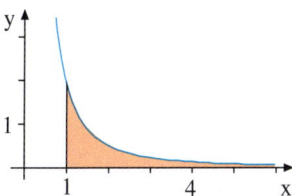

Die Variable x wird beliebig groß.

Typ 2: Unbeschränkte Funktionswerte

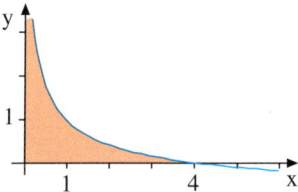

Der Funktionswert wird beliebig groß.

Da in beiden Fällen nicht nur ein bestimmtes Integral zu berechnen ist, sondern anschließend ein Grenzwert bestimmt werden muss, bezeichnet man diesen Grenzwert als *uneigentliches Integral*.

▶ **Beispiel: Uneigentliches Integral, Typ 1**

Der Graph der Funktion $f(x) = \frac{4}{x^3}$, die senkrechte Gerade bei $x = 1$ und die x-Achse schließen eine nach rechts unbegrenzte Fläche A ein. Bestimmen Sie ihren Inhalt.

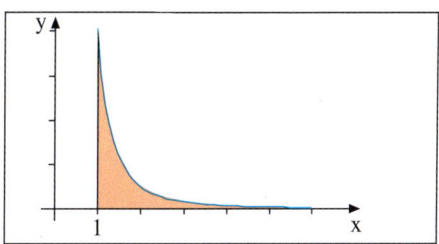

Lösung:
Wir bestimmen zunächst eine Stammfunktion von f.

Eine Stammfunktion von f:
$$f(x) = \frac{4}{x^3} = 4 \cdot x^{-3}, \quad F(x) = -2 \cdot x^{-2} = -\frac{2}{x^2}$$

Nun kann das bestimmte Integral A(k) von f über dem Intervall [1; k] mit einer beliebigen oberen Intervallgrenze k > 1 berechnet werden.

Das bestimmte Integral von 1 bis k:
$$A(k) = \int_1^k f(x)\,dx = F(k) - F(1)$$
$$= -\frac{2}{k^2} - (-2)$$

Wird k immer größer gewählt, wird das Flächenstück A(k) immer länger und erstreckt sich für $k \to \infty$ bis ins Unendliche.

Die Grenzwertbetrachtung $\lim_{k \to \infty} A(k)$ weist nach, dass der Inhalt der Fläche nicht über alle Grenzen wächst, sondern sich überraschenderweise der Zahl 2 nähert.

Das uneigentliche Integral:
$$\lim_{k \to \infty} A(k) = \lim_{k \to \infty} \int_1^k f(x)\,dx$$
$$= \lim_{k \to \infty} \left(2 - \frac{2}{k^2}\right) = 2$$

▶ **Beispiel: Uneigentliches Integral, Typ 2**

Berechnen Sie den Inhalt der Fläche A, die vom Graphen der Funktion $f(x) = \frac{1}{\sqrt{x}}$, von der Geraden $x = 2$ und der x-Achse im 1. Quadranten begrenzt wird.

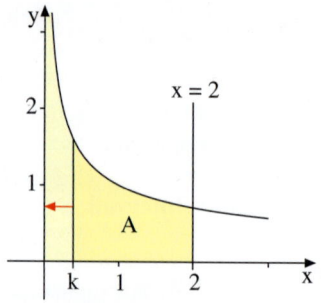

Lösung:
Die Funktion f ist für $x = 0$ nicht definiert und es gilt $\lim_{x \to 0} f(x) = \infty$.
Die Fläche A dehnt sich daher längs der y-Achse bis ins Unendliche aus.

Stammfunktion:
$f(x) = \frac{1}{\sqrt{x}} = x^{-0,5}$, $F(x) = 2 \cdot x^{0,5} = 2\sqrt{x}$

Um den Flächeninhalt von A zu bestimmen, gehen wir prinzipiell wie beim Typ 1 vor. Als erstes berechnen wir den Inhalt der Fläche A(k) unter dem Graphen von f über dem Intervall [k; 2] mit $0 < k < 2$, aber sonst beliebigem Wert für k.

Bestimmtes Integral:
$$A(k) = \int_k^2 f(x)\,dx = F(2) - F(k)$$
$$= 2\sqrt{2} - 2\sqrt{k}$$

Nun lassen wir k gegen null wandern. Der Flächeninhalt von A ergibt sich als Grenzwert von A(k) für $k \to 0$.
▶ **Ergebnis:** $A = 2\sqrt{2}$.

Uneigentliches Integral:
$$\lim_{k \to 0} A(k) = \lim_{k \to 0} \int_k^2 f(x)\,dx$$
$$= \lim_{k \to 0} (2\sqrt{2} - 2\sqrt{k}) = 2\sqrt{2}$$

Übung 1
Berechnen Sie, sofern sie existieren, die folgenden uneigentlichen Integrale.

a) $\int_2^\infty 4 \cdot x^{-5}\,dx$

b) $\int_1^\infty \frac{2}{\sqrt{x}}\,dx$

c) $\int_1^\infty \frac{x+1}{x^3}\,dx$

d) $\int_0^1 \left(x + \frac{2}{\sqrt{x}}\right)dx$

e) $\int_0^9 \left(\frac{1}{\sqrt{x}} - 1\right)dx$

f) $\int_0^8 \left(\frac{1}{\sqrt[3]{x^2}} + 1\right)dx$

Übung 2
Überprüfen Sie, ob die folgende Rechnung richtig ist.
$$\int_{-1}^4 \left(\frac{2}{x^2} + 1\right)dx = \left[-\frac{2}{x} + x\right]_{-1}^4 = \left(-\frac{1}{2} + 4\right) - (2 - 1) = \frac{5}{2}$$

Übung 3
Bestimmen Sie den Inhalt der Fläche A, die sich – begrenzt von den Graphen von $f(x) = \frac{1}{2}x$ und $g(x) = \frac{4}{x^2}$ und von der x-Achse – längs der positiven x-Achse ins Unendliche erstreckt.

VII. Anwendungen der Integralrechnung

Überblick

Flächeninhalt unter einem Graphen

Fall 1:
$f(x) \geq 0$

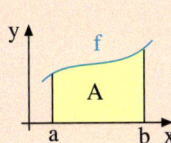

$$A = \int_a^b f(x)\,dx$$

Fall 2:
$f(x) \leq 0$

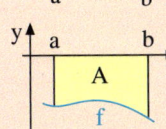

$$A = -\int_a^b f(x)\,dx$$

Fall 3:
f wechselt das Vorzeichen

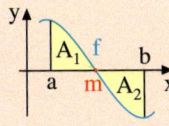

$$A = \int_a^m f(x)\,dx - \int_m^b f(x)\,dx$$

Flächeninhalt zwischen Graphen

Methode: Differenzfunktion

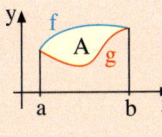

$$A = \int_a^b (f(x) - g(x))\,dx$$

$$= \int_a^b f(x)\,dx - \int_a^b g(x)\,dx$$

Volumenformel für Rotationskörper

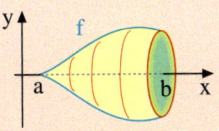

Die Funktion f sei über dem Intervall [a; b] stetig.
Rotiert der Graph von f über [a; b] um die x-Achse, so entsteht ein Rotationskörper mit dem Volumen

$$V = \pi \cdot \int_a^b (f(x))^2\,dx$$

Rekonstruktion der Bestandsfunktion f aus der Änderungsrate f′

Ist f′ gegeben sowie ein Funktionswert $f(x_0)$ von f, so kann man die Funktion f mit Hilfe des unbestimmten Integrals von f′ bestimmen. Der Funktionswert von f wird benötigt, um die Integrationskonstante C festzulegen.

$$f(x) = \int f'(x)\,dx + C$$

Rekonstruktion der Bestandsänderung Δf aus der Änderungsrate f′

Ist die Änderungsrate f′ gegeben über dem Intervall [a; b], so kann man die Änderung Δf der Funktion f über dem Intervall mit Hilfe des bestimmten Integrals von f′ über [a; b] berechnen.

$$\Delta f = \int_a^b f'(x)\,dx = f(b) - f(a)$$

Numerische Integration mit dem Simpson-Verfahren

Im Gegensatz zu den vielfältigen Ableitungsregeln der Differentialrechnung stehen uns bisher nur Integrationsregeln für Potenzfunktionen sowie deren Zusammensetzung zu ganzrationalen Funktionen zur Verfügung. Im vorstehenden Kapitel kamen Integrationsregeln für einfache trigonometrische Funktionen hinzu. Im weiteren Verlauf werden zwar Integrationsregeln für zusammengesetzte Funktionen entwickelt. Trotzdem erfordern zahlreiche Anwendungen die Berechnung bestimmter Integrale, die man nur sehr schwer oder auch gar nicht auf analytischem Wege berechnen kann. Einen Ausweg bietet die Berechnung von Streifensummen (vgl. S. 232 f.). Diese Methode ist ein einfaches numerisches Verfahren zur Berechnung bestimmter Integrale. Im Folgenden wird ein effektiveres numerisches Integrationsverfahren vorgestellt.

Vorstufe: Die Kepler'sche Fassregel

Der bekannte Mathematiker und weltberühmte Astronom Johannes Kepler (1571–1630) war ein Freund des Weines. Eines Tages überkam ihn der Verdacht, beim Weinkauf von den Händlern übervorteilt zu werden, da diese den Inhalt der Weinfässer mit Messstäben maßen, was Kepler suspekt war. Fortan beschäftigte er sich mit Verfahren zur Berechnung des Rauminhaltes von Fässern, und hierbei fand er auch ein Näherungsverfahren zur Berechnung bestimmter Integrale, die sogenannte *Kepler'sche Fassregel*, die eine überraschende Genauigkeit besitzt.

Die Grundidee des Kepler'schen Verfahrens ist, die zu integrierende Funktion in einem Streifen durch eine quadratische Parabel zu approximieren in der Erwartung, dass diese sich der Kurve noch besser anpassen kann als eine Strecke wie bei der Trapezstreifenmethode.

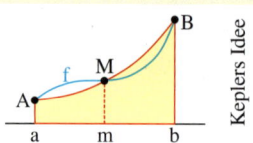

Keplers Idee

Kepler wählte diejenige Parabel, welche durch die drei Kurvenpunkte A und B an den Streifenenden und M in der Streifenmitte geht. Der Inhalt der Fläche unter dieser Parabel lässt sich nach Keplers Formel errechnen, die wir aber hier nicht beweisen:

$$\text{Kepler'sche Fassregel:} \quad \int_a^b f(x)\,dx \approx \frac{b-a}{6}(f(a) + 4 \cdot f(m) + f(b)) \text{ mit } m = \frac{a+b}{2}$$

Beispiel:
Gesucht ist der Inhalt der Fläche unter dem Graphen von $f(x) = \sin x$ über dem Intervall $[0;\pi]$. Verwenden Sie zur Approximation die Keppler'sche Fassregel.

Lösung:
Wir wenden die Keppler-Formel an mit $a = 0$, $b = \pi$ und $m = \frac{\pi}{2}$ an und erhalten:
$$\int_0^\pi \sin x\, dx \approx \frac{\pi - 0}{6}(\sin 0 + 4 \cdot \sin\frac{\pi}{2} + \sin\pi) = \frac{\pi}{6} \cdot 4 = \frac{2}{3}\pi \approx 2{,}09.$$
Da der exakte Wert des Integrals tatsächlich 2 ist, beträgt der Fehler nur knapp 5%.

Numerische Integration mit dem Simpson-Verfahren

Das Simpson-Verfahren
Der englische Mathematiker Thomas Simpson (1710–1761) entwickelte ein Näherungsverfahren, das auf der Mehrfachanwendung der Kepler'schen Fassregel beruhte.
Dieses Verfahren liefert schon mit geringen Streifenzahlen sehr gute Näherungswerte. Es wird als *Simpson-Verfahren* bezeichnet.

Beispiel:
Berechnen Sie das bestimmte Integral $\int_1^5 \frac{5}{x}\,dx$ mit Hilfe des Simpson-Verfahrens näherungsweise. Verwenden Sie als Streifenzahl n = 2.

Lösung:
Wir teilen die Fläche über dem Integrationsintervall [1; 5] in zwei Streifen ein, welche wir als *Simpson-Streifen* bezeichnen. In jedem der zwei Simpson-Streifen wird die Kepler'sche Fassregel angewandt. Der Integrand wird also streifenweise durch Parabelbögen approximiert.
Durch zweimalige Anwendung von Keplers Formel erhalten wir dann:

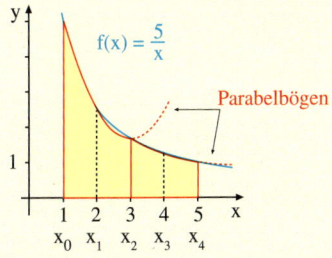

Inhalt des 1. Streifens: $\quad \int_1^3 \frac{5}{x}\,dx \approx \frac{3-1}{6} \cdot (f(1) + 4 \cdot f(2) + f(3)) \approx 5{,}555$

Inhalt des 2. Streifens: $\quad \int_3^5 \frac{5}{x}\,dx \approx \frac{5-3}{6} \cdot (f(3) + 4 \cdot f(4) + f(5)) \approx 2{,}555$

Inhalt der Gesamtfläche: $\quad \int_1^5 \frac{5}{x}\,dx \approx \frac{2}{6} \cdot (f(1) + 4 \cdot f(2) + 2 \cdot f(3) + f(4) + f(5)) \approx 8{,}11$

Formel für das Simpsonverfahren
Anhand des Beispiels können wir problemlos die verallgemeinerte Formel für das Simpson-Verfahren aufstellen. Wir gehen von einer Unterteilung $a = x_0, x_2, x_4, \ldots, x_{2n} = b$ des Intervalls [a; b] in n Simpson-Streifen aus, deren Mittelpunkt bei $x_1, x_3, x_5, \ldots, x_{2n-1}$ liegen. Dann gilt:

Näherungsformel zum Simpson-Verfahren
f sei eine auf dem Intervall [a; b] stetige Funktion. Dann gilt die Näherungsformel
$$\int_a^b f(x)\,dx \approx \frac{b-a}{6n} \cdot (y_0 + 4y_1 + 2y_2 + 4y_3 + \ldots$$
$$\ldots + 2y_{2n-2} + 4y_{2n-1} + y_{2n})$$
mit $y_i = f(x_i) = f\left(a + i \cdot \frac{b-a}{2n}\right)$, $0 \leq i \leq 2n$.

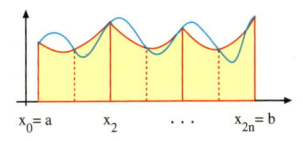

Übung
Errechnen Sie den Inhalt der Fläche unter dem Graphen von $f(x) = x^3 + 1$ über [–1; 1]. Verwenden Sie a) 2 Simpson-Streifen, b) 4 Simpson-Streifen.

Test

Anwendungen der Integralrechnung

1. Flächenberechnungen
   a) Gesucht ist der Inhalt des rechts abgebildeten markierten Flächenstücks A.
   b) Wie groß ist der Inhalt der Fläche A, die vom Graphen der Funktion $f(x) = -x^2 + 4x - 3$ und der x-Achse umschlossen wird?
   c) Der Graph von $f(x) = x^2 - 6x + 10$ und die Gerade $g(x) = x$ beranden gemeinsam ein Flächenstück A. Bestimmen Sie die Schnittpunkte von f und g. Fertigen Sie dann eine Skizze an. Berechnen Sie anschließend den Inhalt von A.

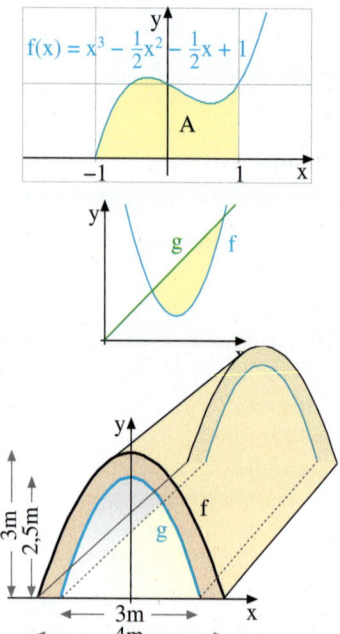

2. Tunnel
Ein 10 m langer Fußgängertunnel aus Beton hat die eingezeichneten Maße. Die innere Berandungsparabel hat die Gleichung $g(x) = -\frac{10}{9}x^2 + \frac{5}{2}$.
   a) Bestimmen Sie die Gleichung der äußeren Berandungsparabel f.
   b) Wie viel m³ Beton werden für den Bau des Tunnels benötigt?

3. Wolfspopulation
Ein Rudel Wölfe hat sein Revier auf einer abgelegenen Halbinsel in Alaska gefunden. Die Wolfspopulation vermehrt sich nun mit der Wachstumsgeschwindigkeit
$w'(t) = -0{,}024 t^2 + 0{,}12 t + 9{,}8$.
t: Zeit in Jahren; w'(t): Wachstumsgeschwindigkeit der Population zur Zeit t in Wölfen/Jahr.
   a) Wie viele Wölfe kommen in den ersten zehn Jahren hinzu?
   b) Nach 20 Jahren besteht die Population aus 172 Wölfen. Wie viele Tiere waren es zu Beginn?

4. Rekonstruktion einer Bestandsfunktion
Ein Heißluftballon befindet sich in 2000 m Höhe, als der Pilot die Landung einleitet. Die Sinkgeschwindigkeit kann durch die Funktion $v(t) = 0{,}0015 t^2 - 0{,}3 t$ erfasst werden.
t: Zeit in Sekunden; v(t): Geschwindigkeit in m/s.
   a) Wie lautet die Gleichung der Funktion h(t), welche die Höhe des Ballons beschreibt?
   b) In welcher Höhe ist der Ballon nach zwei Minuten? Wie schnell sinkt er dann?
   c) Die Landung erfolgt weich, d. h. die Sinkgeschwindigkeit ist dann gleich null. Nach welcher Zeit und in welcher Höhe erfolgt die Landung?

5. Rotationsvolumen
Die Fläche zwischen den Graphen von $f(x) = 2\sqrt{x}$ und $g(x) = \frac{1}{4}x^2$ rotiert um die x-Achse. Berechnen Sie das Volumen des Rotationskörpers.

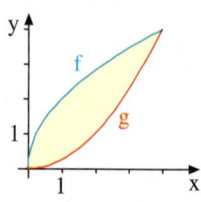

Lösungen: S. 346

VIII. Exponentialfunktionen

1. Grundlagen/Wiederholung zu exponentiellem Wachstum

A. Wachstums- und Zerfallsprozesse

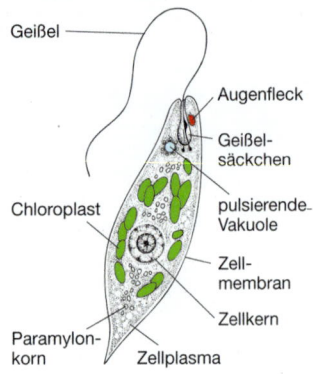

Euglena gracilis
In grün verfärbten Tümpeln lebt ein erstaunliches Wesen, nur 50 μm groß, halb Tier und halb Pflanze. Das sogenannte Augentierchen, lat. Euglena, ernährt sich von Bakterien, aber auch durch Fotosynthese. Mit Hilfe einer Geißel peitscht es sich nach dem Propellerprinzip voran, wobei es sich um seine Längsachse dreht. Obwohl es keinerlei Denkorgan besitzt, kann es fototaktisch reagieren. Es erkennt Lichteinfall mit Hilfe eines Fotorezeptors, der aus den lichtempflichen Zellen einer Geißelverdickung besteht, die im Geißelsäckchen liegt. Der rote Augenfleck – der der Mikrobe ihren Namen gab – verschattet den Fotorezeptor bei jeder Drehung, wodurch Euglena sich zum Licht hin orientieren kann.

Euglena ist ein Einzeller, der sich durch Teilung vermehrt. Wenn es eine gewisse Größe erreicht hat, schnüren Zellkern und Zelle sich ab. Zwei Tochterzellen entstehen auf diese Weise. Diese teilen sich nach etwa der gleichen Zeit wiederum, sodass ein starkes Populationswachstum entsteht, das erst endet, wenn Licht, Nahrung oder Raum ausgehen.

> **Beispiel: Das Wachstum einer Euglena-Kolonie**
> Im Labor wurde eine Euglena-Kolonie angelegt. Deren Populationswachstum wurde durch Auszählen unter dem Mikroskop über einen Zeitraum von 5 Tagen beobachtet und in einer Tabelle protokolliert. Modellieren Sie mit diesen Daten das Wachstum der Kolonie durch eine geeignete Funktion N. Skizzieren Sie den Graphen von N.
>
> | t: | Zeit seit Beobachtungsbeginn in Tagen | 0 | 1 | 2 | 3 | 4 | 5 |
> |---|---|---|---|---|---|---|---|
> | N: | Bestand der Augentierchen (Anzahl) | 300 | 388 | 510 | 670 | 870 | 1125 |

Lösung:
Es liegt exponentielles Wachstum vor. Dies erkennt man durch *Quotientenbildung*:
$\frac{N(1)}{N(0)} \approx 1{,}29 \quad \frac{N(2)}{N(1)} \approx 1{,}31 \quad \frac{N(3)}{N(2)} \approx 1{,}31$ usw.
Die Quotienten aufeinander folgender Funktionswerte bleiben relativ konstant gleich 1,3. Jeder Funktionswert entsteht daher aus dem Vorhergehenden durch Multiplikation mit dem Faktor 1,3.
Der Bestand N kann daher durch die Exponentialfunktion $N(t) = 300 \cdot 1{,}3^t$ erfasst werden.

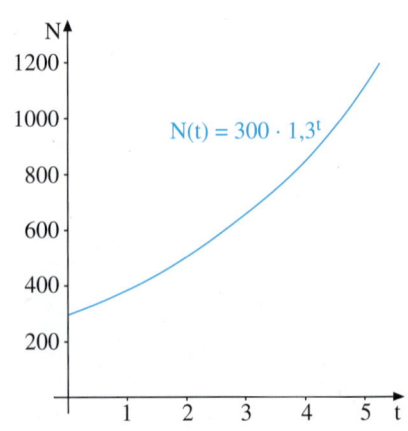

1. Grundlagen/Wiederholung zu exponentiellem Wachstum

Viele Wachstumsprozesse und Zerfallsprozesse besitzen die Eigenschaft, dass die *Quotienten aufeinander folgender Bestände konstant* sind. Man spricht dann von *exponentiellem Wachstum* bzw. *Zerfall* und kann eine *Exponentialfunktion* zur Modellierung des Prozesses verwenden.

> **Definition VIII.1: Exponentialfunktion zur Basis a**
> c und a seien reelle Zahlen. Es gelte a > 0.
> Dann bezeichnet man die reelle Funktion
> $$f(x) = c \cdot a^x$$
> als Exponentialfunktion zur Basis a.
>
> Wachstum   Zerfall
> a > 1   a < 1
>
> Beispiele:
> $f(x) = 3 \cdot 2^x$ $f(x) = 4 \cdot 0{,}5^x$

▶ **Beispiel: Radioaktiver Zerfall**
In einem Experiment zerfallen minütlich 30% der noch vorhandenen Stoffmenge eines radioaktiven Elementes. Zu Beobachtungsbeginn sind 2 mg des Stoffes vorhanden. Stellen Sie die noch nicht zerfallene Stoffmenge N als Funktion der Zeit t in Minuten dar.

Lösung:
Hier liegt ein Zerfalls- oder Abnahmeprozess vor. Der Wachstumsfaktor ist in diesem Fall 0,7, d. h. kleiner als 1, denn 100% Bestand minus 30% Verlust ergibt 70%. Die Bestandsfunktion N hat also die Gestalt $N(t) = 2 \cdot 0{,}7^t$.

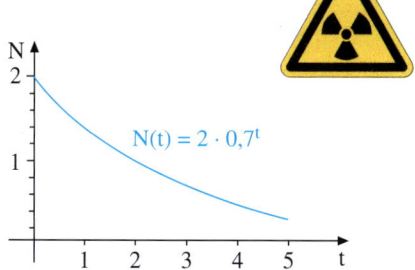

Bei Wachstumsprozessen ist die sogenannte Verdopplungszeit, bei Zerfallsprozessen die sogenannte Halbwertszeit eine charakteristische Größe.

Ist T die Halbwertszeit bei einem Zerfallsprozess, so muss allgemein $N(T) = 0{,}5 \cdot N_0$ gelten.
Dieser Ansatz führt nach nebenstehender Rechnung auf die allgemeine Formel für die Halbwertszeit.

Herleitung der Formel zur

Halbwertszeit	Verdopplungszeit
$N(T) = 0{,}5 \cdot N_0$	$N(T) = 2 \cdot N_0$
$c \cdot a^T = 0{,}5 \cdot c$	$c \cdot a^T = 2 \cdot c$
$a^T = 0{,}5$	$a^T = 2$
$T = \dfrac{\log 0{,}5}{\log a}$	$T = \dfrac{\log 2}{\log a}$

> **Die Halbwertszeit**
> Die Formel für die Halbwertszeit eines **Zerfallsprozesses** mit der Bestandsfunktion $N(t) = c \cdot a^t$, a < 1 lautet:
> $$T = \frac{\log 0{,}5}{\log a}$$

> **Die Verdopplungszeit**
> Die Formel für die Verdopplungszeit eines **Wachstumsprozesses** mit der Bestandsfunktion $N(t) = c \cdot a^t$, a > 1 lautet:
> $$T = \frac{\log 2}{\log a}$$

Übung 1
In jeder Stunde zerfallen 13% des radioaktiven Stoffes Plutonium 243. Zu Beobachtungsbeginn sind 20 g Plutonium vorhanden. Stellen Sie die Zerfallsfunktion auf und berechnen Sie die Halbwertszeit.

B. Grundlegende Techniken

Der praktische Umgang mit exponentiellen Prozessen erfordert einige lösungstechnische Fähigkeiten. Häufig kann man mit Hilfe von Logarithmen rechnerische Lösungen erzielen. Aber auch zeichnerische Lösungen und Probierlösungen mit dem Taschenrechner kommen infrage.

> ▶ **Beispiel: Berechnung von Umkehrwerten**
> Zu Beobachtungsbeginn (t = 0) existieren 200 Mikroben, deren Wachstum durch die Wachstumsgleichung $N(t) = 200 \cdot 1{,}6^t$ beschrieben wird. Wie lange dauert es, bis dieser Anfangsbestand von 200 Mikroben auf ca. 1000 Tierchen angewachsen ist?
> Lösen Sie die Aufgabe auf folgende Arten:
> 1. durch Probieren mit Hilfe des Taschenrechners,
> 2. durch zeichnerische Darstellung des Graphen,
> 3. rechnerisch mit Hilfe von Logarithmen.

Lösung:

1. Probieren mit dem Taschenrechner
Wir berechnen die Funktionswerte für t = 2 (zu klein), für t = 3 (zu klein) und für t = 4 (zu groß). Nun gehen wir etwas zurück und erhalten für t = 3,5 ein ganz gutes Resultat. Das exakte Ergebnis dürfte noch etwas kleiner sein. Die Methode geht schnell und reicht für praktische Zwecke aus.

$200 \cdot 1{,}6^2 \approx 512$
$200 \cdot 1{,}6^3 \approx 819$
$200 \cdot 1{,}6^4 \approx 1311$
$200 \cdot 1{,}6^{3{,}5} \approx 1036$

Nach etwas weniger als 3,5 Tagen sind ca. 1000 Mikroben vorhanden.

2. Graphische Lösung
Mit Hilfe eine Wertetabelle zeichnen wir den Graphen von f sowie die horizontale Gerade y = 1000 ein.
Diese schneidet den Graphen der Bestandsfunktion etwa bei x = 3,5. Nach 3,5 Tagen beträgt die Population ca. 1000 Tierchen. Die Methode ist zeitaufwendig, aber sehr anschaulich.

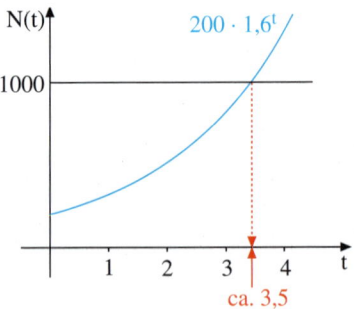

3. Rechnerische Lösung
Die rechnerische Lösung beruht auf dem Ansatz $N(t) = 200 \cdot 1{,}6^t = 1000$ und dem Rechengesetz für das Logarithmieren einer Potenz und ist rechts dargestellt.
Das Ergebnis ist 3,42 Tage, d. h. also etwa 3 Tage 10 Stunden.
Die rechnerische Methode liefert ein genaueres Ergebnis.

Rechnung:

$200 \cdot 1{,}6^t = 1000$

$1{,}6^t = 5$

$\log 1{,}6^t = \log 5$

$t \cdot \log 1{,}6 = \log 5$

$t = \dfrac{\log 5}{\log 1{,}6} \approx \dfrac{0{,}6990}{0{,}2041} \approx 3{,}42$

Hinweis:
Auf Taschenrechnern erhält man den dekadischen Logarithmus mit der log-Taste.

1. Grundlagen/Wiederholung zu exponentiellem Wachstum

> **Beispiel: Schnittpunkt von Exponentialfunktionen**
> In einem Teich werden zwei Algenkolonien ausgesetzt. Zu Beginn bedeckt Kolonie Alpha 300 cm² und Kolonie Beta 800 cm² der Wasseroberfläche. Alpha vermehrt sich Tag für Tag um 60 %. Beta wächst etwas langsamer, nämlich täglich um 20 %.
> a) Nach welcher Zeit sind die Bestände gleich stark?
> b) Wie lange dauert es, bis der 100 m² große Teich völlig bedeckt ist? Welchen Prozentanteil des Teiches bedeckt dann die Kolonie Alpha?

Lösung zu a):
Die beiden Wachstumsfunktionen sind hier $N_1(t) = 300 \cdot 1{,}6^t$ und $N_2(t) = 800 \cdot 1{,}2^t$.
Der Bestand der Population Alpha ist zu Beginn niedriger als der von Beta, holt jedoch schnell auf.
Laut Zeichnung ist nach ca. t = 3,5 Tagen Gleichstand erreicht.

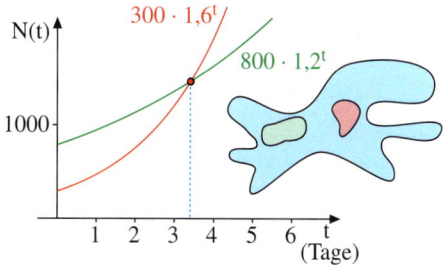

Durch Gleichsetzen der Funktionsterme lässt sich die Schnittstelle rechnerisch genauer bestimmen.
Wir erhalten t ≈ 3,41 Tage, also theoretisch 3 Tage 9 Stunden 50 Minuten.
Prinzipiell reicht die zeichnerische Lösung aus, da der reale Wachstumsprozess ohnehin Schwankungen aufweist.

Rechnung:

$$300 \cdot 1{,}6^t = 800 \cdot 1{,}2^t$$

$$\frac{1{,}6^t}{1{,}2^t} = \frac{800}{300}$$

$$\left(\frac{4}{3}\right)^t = \frac{8}{3}$$

$$t \cdot \log\left(\frac{4}{3}\right) = \log \frac{8}{3}$$

$$t = \frac{\log \frac{8}{3}}{\log \frac{4}{3}} \approx 3{,}41 \text{ Tage}$$

Lösung zu b):
100 m² sind 1 000 000 cm². Wir verwenden daher den Ansatz $N_1(t) + N_2(t) = 1\,000\,000$.
Dies führt auf die Exponentialgleichung $300 \cdot 1{,}6^t + 800 \cdot 1{,}2^t = 1\,000\,000$, die wir mit einem TR/Computer lösen.
Wir erhalten als Resultat: t ≈ 17,2 Tage. Der Anteil von Kolonie Alpha beträgt dann ca. $300 \cdot 1{,}6^{17{,}2} \approx 972\,714$ cm² von insgesamt 991 122 cm².
Das sind etwa 98 %.

Ansatz:

$$N_1(t) + N_2(t) = 1\,000\,000$$
$$300 \cdot 1{,}6^t + 800 \cdot 1{,}2^t = 1\,000\,000$$

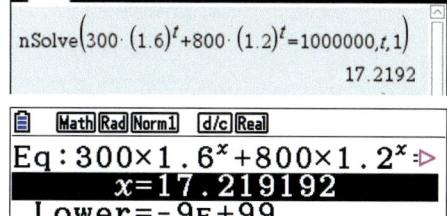

Übung 2
Müller und Dorn wollen ihr Kapital durch Sparen vermehren. Müller legt 10 000 € zu einem jährlichen Zinssatz von 5 % an. Wie lange muss er warten, bis sein Kapitel auf 20 000 € angewachsen ist? Dorn hat nur 8000 €, kann diese aber zu 7 % anlegen. Wann ist sein Kapital ebenso groß wie das von Müller? Nach welcher Zeit besitzen die beiden zusammen 30 000 €?

Übungen

3. Auswertung von Tabellen
Führen Sie den Nachweis für exponentielles Wachstum bzw. exponentiellen Zerfall und stellen Sie die Wachstumsfunktion bzw. die Zerfallsfunktion auf.

t	0	1	2	3	4
N(t)	50	90	162	291	525

t	3	4	5	6	7
N(t)	2000	1200	720	432	259

t	0	2	4	6	8
N(t)	100	196	384	753	1476

t	0	2	4	6	10
N(t)	200	242	293	354	519

4. Auswertung von Graphen
Eine Hasenpopulation im Jahnpark wurde graphisch protokolliert.
a) Überprüfen Sie, ob der Prozess tatsächlich exponentiell verläuft.
b) Stellen Sie die Funktionsgleichung der Wachstumsfunktion auf.
c) Entnehmen Sie dem Graphen, in welcher Zeit sich der Bestand verdoppelt (Verdoppelungszeit).
d) Für welches t gilt N(t) = 10?

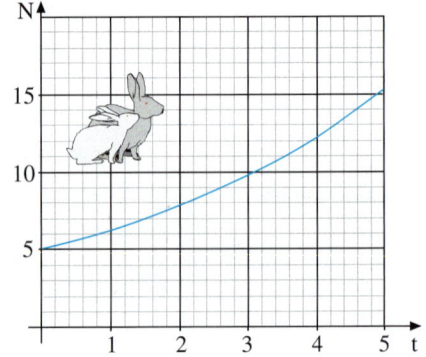

5. Elementare Rechentechniken für Exponentialfunktionen
Gegeben sind die Funktionen $f(x) = 0{,}5 \cdot 1{,}5^x$ und $g(x) = 3 \cdot 0{,}4^x$.
a) Skizzieren Sie die Graphen von f und g für $0 \leq x \leq 5$.
b) Für welchen Wert von x nimmt die Funktion f bzw. die Funktion g den Wert 10 an?
c) An welcher Stelle schneiden sich die Graphen von f und g?
d) Gesucht ist ein Intervall [a; b], in welchem sich die Werte von f und g höchstens um 1 unterscheiden. Bestimmen Sie a und b angenähert.

6. Bakterienwachstum
Das Bakterium *Salmonella enteritidis* löst schwere Magen-Darm-Erkrankungen aus. Die infektiöse Dosis beträgt ca. 1 Million Keime. Das Bakterium kommt bevorzugt in Eispeisen vor und vermehrt sich bei Temperaturen über 8 °C.
Die Tabelle zeigt die Vermehrung in einem infizierten Ei, das bei 25 °C gelagert wird.

a) Wie lautet die Wachstumsfunktion?
b) Wie groß ist die Verdoppelungszeit?
c) Wann wird die Infektionsdosis erreicht?
d) Das Ei wird bis 18:00 bei 25 °C gelagert und dann in ein Kühlfach mit 12 °C gelegt. Hierdurch vervierfacht sich die Verdoppelungszeit. Wann wird nun die Infektionsdosis erreicht?

Uhrzeit	10:00	12:00	14:00	16:00
Keimzahl	1000	5500	30 000	160 000

2. Die natürliche Exponentialfunktion $f(x) = e^x$

A. Näherungsweise Differentiation von $f(x) = 2^x$

In diesem Abschnitt wenden wir uns zunächst der Aufgabe zu, die Ableitung der Exponentialfunktion $f(x) = a^x$ zu bestimmen, die wir später häufig benötigen.

> **Beispiel:** Gegeben sei die Exponentialfunktion $f(x) = 2^x$. Bestimmen Sie zeichnerisch und rechnerisch die Ableitung von f.

Lösung:
Graphisches Differenzieren:
Wir zeichnen den Graphen von f mittels einer Wertetabelle und lesen näherungsweise die Steigungen des Graphen an einigen Stellen ab, indem wir dort die Tangenten einzeichnen.

x	−1	0	1	2
m	0,4	0,7	1,4	2,8

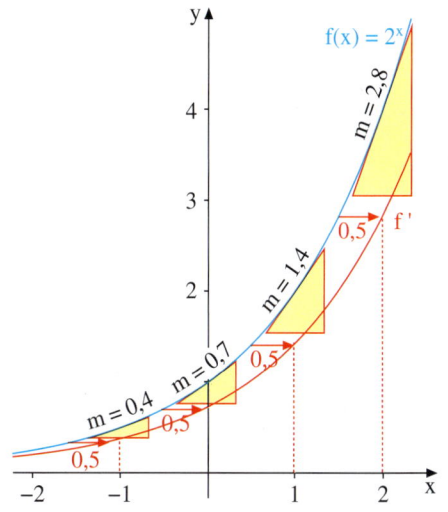

Auf dieser Grundlage skizzieren wir die Ableitungsfunktion f', deren Funktionswerte die Steigungen von f sind. Aufgrund des Verlaufs der skizzierten Ableitungsfunktion f' liegt die Vermutung nahe, dass es sich ebenfalls um eine Exponentialfunktion handelt. Da die Ableitungsfunktion nicht durch den Punkt $P(0|1)$ geht, müssen wir den Ansatz $f'(x) = c \cdot a^x$ verwenden. Ablesen der Steigung von f an der Stelle $x = 0$ ergibt die Näherung $c \approx 0{,}7$.

Vermutung: $f'(x) = c \cdot a^x$

$f'(0) \approx 0{,}7 \;\Rightarrow\; c \approx 0{,}7$

Offensichtlich kann man den Graphen von f' auch durch Verschiebung* von f in x-Richtung erhalten (durch Pfeile angedeutet). Am Graphen lässt sich eine Verschiebung um ca. 0,5 in x-Richtung feststellen. Die nebenstehende Anwendung eines Potenzgesetzes führt auf die Näherungsfunktion $f'(x) \approx 0{,}7 \cdot 2^x$.

Vermutung: $(2^x)' \approx 0{,}7 \cdot 2^x$

Verschiebung des Graphen von f um ca. 0,5 in x-Richtung:

$f'(x) = 2^{x-0{,}5} = 2^x \cdot 2^{-0{,}5} \approx 0{,}7 \cdot 2^x$

---

* Diese Verschiebung lässt sich durch Verwendung zweier übereinander liegender OH-Folien gut zeigen.

Rechnerisches Differenzieren:

Um unsere Vermutung zu bestätigen und eine bessere Näherung zu erhalten, bestimmen wir die Ableitung von f rechnerisch mit Hilfe des Differentialquotienten.

Hierbei tritt der Grenzwert $\lim\limits_{h \to 0} \frac{2^h - 1}{h}$ auf.

Diesen können wir allerdings mit unseren Mitteln nur näherungsweise ermitteln.*
Wir nähern uns dem Grenzwert mit Hilfe eines Taschenrechners. Dazu setzen wir für h kleine Testwerte ein, die wir an null heranrücken lassen.

h	0,1	0,01	0,001	0,0001
$\frac{2^h - 1}{h}$	0,718	0,696	0,6934	0,6932

Die nebenstehende Rechnung bestätigt die graphisch gewonnene Vermutung und liefert das Resultat: $(2^x)' \approx 0{,}693 \cdot 2^x$.

$$f'(x) = \lim_{h \to 0} \frac{f(x+h) - f(x)}{h}$$
$$= \lim_{h \to 0} \frac{2^{x+h} - 2^x}{h}$$
$$= \lim_{h \to 0} \left(\frac{2^h - 1}{h} \cdot 2^x \right)$$
$$= \left(\lim_{h \to 0} \frac{2^h - 1}{h} \right) \cdot 2^x$$
$$\approx 0{,}693 \cdot 2^x$$

Resultat:

$$(2^x)' \approx 0{,}693 \cdot 2^x$$

Übung 1
Gegeben sei die Funktion $f(x) = 3^x$.
a) Skizzieren Sie den Graphen von f über dem Intervall $[-1; 1]$.
b) Bestimmen Sie die Ableitungsfunktion f' näherungsweise graphisch.
c) Bestimmen Sie die Ableitungsfunktion f' näherungsweise rechnerisch.
d) Berechnen Sie $f'(0{,}5)$ näherungsweise auf 3 Nachkommastellen.
e) Ermitteln Sie näherungsweise die Gleichung der Tangente an den Graphen von f bei $x = 1$.

Übung 2
Gegeben sei die Funktion $f(x) = 1{,}5^x$.
a) Skizzieren Sie den Graphen von f über dem Intervall $[-3; 3]$.
b) Bestimmen Sie die Ableitungsfunktion f' näherungsweise graphisch.
c) Bestimmen Sie die Ableitungsfunktion f' näherungsweise rechnerisch.

Übung 3
Ermitteln Sie den Differentialquotienten der Funktion $f(x) = a^x$ in Abhängigkeit von a. Gehen Sie dabei wie im obigen Beispiel für $f(x) = 2^x$ vor.

---

* Man kann zeigen, dass $\lim\limits_{h \to 0} \frac{2^h - 1}{h} = \ln 2$ gilt ($\ln 2 \approx 0{,}693$).

B. Die natürliche Exponentialfunktion f(x) = e^x

Berechnen wir die Ableitung von $f(x) = a^x$ für verschiedene Basen a zwischen 1 und 3 näherungsweise, so lassen die nebenstehend aufgeführten Resultate die Vermutung plausibel erscheinen, dass es eine ganz bestimmte Basis e gibt, für die der Grenzwert $\lim_{h \to 0} \frac{e^h - 1}{h}$ den Wert 1 hat.

$$(1{,}5^x)' = \left(\lim_{h \to 0} \frac{1{,}5^h - 1}{h}\right) \cdot 1{,}5^x \approx 0{,}405 \cdot 1{,}5^x$$

$$(2^x)' = \left(\lim_{h \to 0} \frac{2^h - 1}{h}\right) \cdot 2^x \approx 0{,}693 \cdot 2^x$$

$$(3^x)' = \left(\lim_{h \to 0} \frac{3^h - 1}{h}\right) \cdot 3^x \approx 1{,}099 \cdot 3^x$$

$$(e^x)' = \left(\lim_{h \to 0} \frac{e^h - 1}{h}\right) \cdot e^x = 1 \cdot e^x$$

Diese Zahl e existiert tatsächlich. Sie liegt offensichtlich zwischen 2 und 3 und man nennt sie die *Euler'sche Zahl*.

Der bedeutende Mathematiker Leonhard EULER (1707–1783) stellte in seinem Werk „Introductio in Analysin Infinitorum", das 1748 in lateinischer Sprache erschien, Exponentialgrößen und Logarithmen durch konvergente unendliche Reihen dar. Ebendort führte er die Abkürzung e für eine der von ihm untersuchten Reihen ein, die gegen den Zahlenwert e konvergiert.

Leonhard Euler hat die Bezeichnung e vermutlich nicht aufgrund seines Familiennamens, sondern möglicherweise für den Zusammenhang mit „Exponentialgrößen" gewählt.

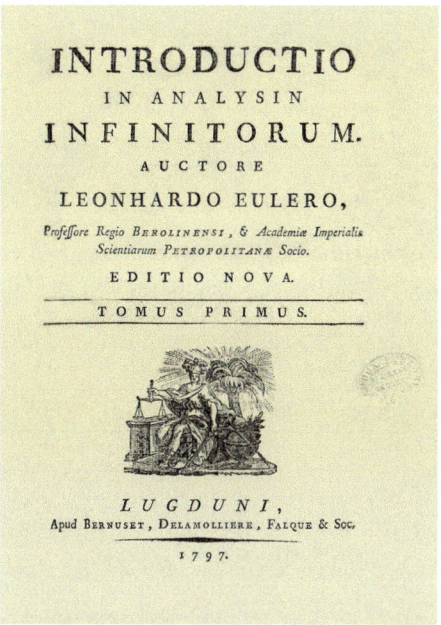

Die Zahl e ist deshalb so interessant, weil die Exponentialfunktion mit der Basis e nach den obigen Überlegungen bemerkenswerterweise zugleich ihre eigene Ableitung darstellt. Sie ist praktisch* die einzige Funktion mit dieser Eigenschaft. Die Exponentialfunktion zur Basis e wird auch *natürliche Exponentialfunktion* genannt.

Satz VIII.1: Es gibt eine reelle Zahl e, so dass gilt:
$$(e^x)' = e^x.$$

Die Zahl e ist definiert durch
$$\lim_{h \to 0} \left(\frac{e^h - 1}{h}\right) = 1.$$

Auf den Nachweis der Existenz dieses Grenzwertes verzichten wir und wenden uns nun der näherungsweisen Berechnung der Euler'schen Zahl e zu.

---

* Nur die Funktionen $f(x) = a \cdot e^x$ mit $a \in \mathbb{R}$ besitzen diese Eigenschaft.

Man kann die Euler'sche Zahl e wie rechts angegeben auch als Folgengrenzwert definieren. Wegen ihrer großen Bedeutung ist die Funktion $f(x) = e^x$ auf jedem Taschenrechner zu finden. Taste $\boxed{e^x}$.

> Die Euler'sche Zahl e ist als Folgengrenzwert darstellbar:
> $$e = \lim_{n \to \infty} \left(1 + \frac{1}{n}\right)^n.$$
> Es gilt: $e = 2{,}718\ldots$

▶ **Beispiel:** Gegeben ist die Funktion $f(x) = e^x$, $x \in \mathbb{R}$.

a) Zeichnen Sie den Graphen der Funktion f für $-2 \leq x \leq 2$ auf der Basis einer Wertetabelle mit der Schrittweite 0,5.
b) Beschreiben Sie das Verhalten der Funktion für $x \to \infty$ bzw. für $x \to -\infty$.
c) Bestimmen Sie die Gleichung der Tangente an den Graphen von f an der Stelle $x = 0$.

Lösung:
a) Mit Hilfe des Taschenrechners wird eine Wertetabelle erstellt, welche der Skizzierung des Graphen zugrunde liegt.

x	−2	−1,5	−1	−0,5	0	0,5	1	1,5	2
e^x	0,14	0,22	0,37	0,61	1	1,65	2,72	4,48	7,39

b) Mit wachsendem x steigt der Graph immer steiler an. Für $x \to \infty$ wächst der Funktionsterm e^x wegen $e \approx 2{,}718 > 1$ über alle Grenzen.
Für $x \to -\infty$ schmiegt sich der Graph immer dichter an die x-Achse, der Funktionsterm strebt dem Grenzwert 0 zu.

c) Wir wählen $y(x) = mx + n$ als Ansatz für die Tangentengleichung. Aus $f(x) = e^x$ und $f'(x) = e^x$ folgt $n = f(0) = 1$ und $m = f'(0) = 1$. Also ist $y(x) = x + 1$ die Gleichung der Tangente an den Graphen von f an der Stelle $x = 0$.

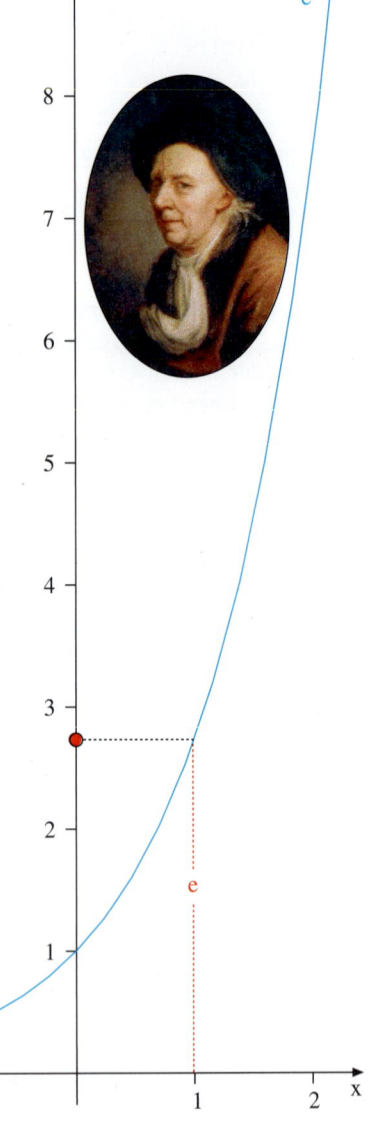

C. Die natürliche Logarithmusfunktion f(x) = ln x

Die Funktion $f(x) = e^x$ ist streng monoton steigend, da $f'(x) = e^x > 0$ für alle $x \in \mathbb{R}$ gilt.

Aus dem Unterricht der Klasse 10 ist uns bekannt, dass die Umkehrfunktion einer Exponentialfunktion die Logarithmusfunktion zur gleichen Basis ist, deren Graphen man durch Spiegelung an der Winkelhalbierenden des 1. Quadranten erhält.

Die Funktion zu $f(x) = e^x$ hat also die Logarithmusfunktion zur Basis e als Umkehrfunktion. Diese wird als *natürliche Logarithmusfunktion* $g(x) = \ln x$ bezeichnet ($\ln x = \log_e x$, **l**ogarithmus **n**aturalis).

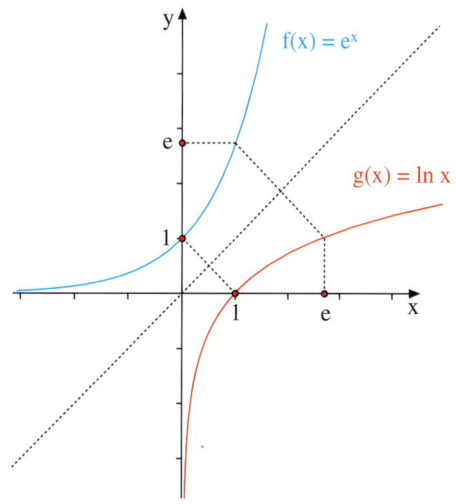

Wir können daher insbesondere die folgenden Rechengesetze verwenden:

$\ln(e^x) = x, \quad e^{\ln x} = x.$

Logarithmusfunktionen werden hier nicht näher untersucht. Wir verwenden sie lediglich zur Berechnung von Funktionswerten.*

▶ **Beispiel:** Gegeben sei die Funktion $f(x) = e^x$. Berechnen Sie, für welches x die Funktion f den Funktionswert 1,5 annimmt.

Lösung:
Wir lösen die Exponentialgleichung durch Logarithmieren, wobei wir hier den natürlichen Logarithmus verwenden.
Wenden wir die obigen Rechenregeln an,
▶ erhalten wir als Resultat $x = \ln 1{,}5 \approx 0{,}41$.

Ansatz: $\qquad e^x = 1{,}5$
Logarithmieren: $\ln(e^x) = \ln 1{,}5$
Resultat: $\qquad x = \ln 1{,}5 \approx 0{,}41$

Übung 4
Gegeben sei die Funktion $f(x) = e^{-x}$.
a) Zeichnen Sie den Graphen von f für $-2 \leq x \leq 2$.
b) Zeichnen Sie den Graphen der Umkehrfunktion g durch Spiegelung des Graphen von f an der Winkelhalbierenden des 1. Quadranten.
c) Berechnen Sie, für welches x die Funktion f den Funktionswert 5 annimmt.

---

* Taschenrechner besitzen eine (LN)-Taste (oder man muss die Tastenkombination (INV)(e^x) betätigen).

3. Die Produktregel

Die Summenregel der Differentialrechnung lautet: Ist $f(x) = u(x) + v(x)$, so gilt für die Ableitung $f'(x) = u'(x) + v'(x)$. Summen können gliedweise differenziert werden.

Es stellt sich die Frage, ob in Analogie hierzu ein Produkt faktorweise differenziert werden kann, ob also $f(x) = u(x) \cdot v(x)$ die Ableitung $f'(x) = u'(x) \cdot v'(x)$ besitzt.

▶ **Beispiel:** Untersuchen Sie anhand der Funktion $f(x) = x^2 \cdot x^3 = u(x) \cdot v(x)$, ob die Ableitung von Produkten durch faktorweises Differenzieren gewonnen werden kann.

Gegebene Funktion f:
$f(x) = x^2 \cdot x^3 = u(x) \cdot v(x)$

Vermutete Regel:
$f'(x) = u'(x) \cdot v'(x)$
$f'(x) = 2x \cdot 3x^2 = 6x^3$

Lösung:
Faktorweises Differenzieren führt auf das Ergebnis $f'(x) = 2x \cdot 3x^2 = 6x^3$.
Dieses Resultat kann nicht richtig sein, denn $f(x) = x^2 \cdot x^3 = x^5$ besitzt nach der
▶ Potenzregel die Ableitung $f'(x) = 5x^4$.

Kontrollrechnung mit der Potenzregel:
$f(x) = x^2 \cdot x^3 = x^5 \Rightarrow f'(x) = 5x^4$

Folgerung:
$f'(x) \neq u'(x) \cdot v'(x)$

▶ **Beispiel:** Gegeben sei wiederum die Funktion $f(x) = x^2 \cdot x^3 = u(x) \cdot v(x)$. Versuchen Sie nun, das richtige Ableitungsergebnis $f'(x) = 5x^4$ aus den Termen u, u′, v und v′ zu kombinieren. Stellen Sie eine Regel für das Ableiten von Produkten auf.

Zielterm:
$f(x) = x^2 \cdot x^3 = x^5 \Rightarrow f'(x) = 5x^4$

Faktoren und ihre Ableitungen:
$u = x^2 \qquad v = x^3$
$u' = 2x \qquad v' = 3x^2$

Lösung:
$f(x) = x^2 \cdot x^3 = x^5$ hat nach der Potenzregel die Ableitung $f'(x) = 5x^4$. Aus den Termen u, u′, v und v′ lassen sich Potenzen vierten Grades, die wir benötigen, nur durch Multiplikation erzielen. Die Produkte u′v und uv′ führen auf solche Potenzen. Man erkennt, dass die Addition dieser Terme den Zielterm $5x^4$ liefert. Dies legt die Regel
▶ $(u \cdot v)' = u' \cdot v + u \cdot v'$ nahe.

Kombination zu Potenzen 4. Grades:
$u' \cdot v = 2x \cdot x^3 = 2x^4$
$u \cdot v' = x^2 \cdot 3x^2 = 3x^4$

$u' \cdot v + u \cdot v' = 5x^4$

Regel:

$(u \cdot v)' = u' \cdot v + u \cdot v'$

3. Die Produktregel

Wir formulieren nun die oben vermutete *Produktregel* in mathematisch exakter Form:

Satz VIII.2: Die Produktregel

Die Funktion f sei das Produkt der beiden differenzierbaren Faktoren u und v.

$$f(x) = u(x) \cdot v(x)$$

Produktregel
$$(u \cdot v)' = u' \cdot v + u \cdot v'$$

Dann ist auch die Funktion f differenzierbar und für ihre Ableitung f′ gilt die Formel:

$$f'(x) = u'(x) \cdot v(x) + u(x) \cdot v'(x).$$

Beweis der Produktregel:
Wir versuchen, im Differenzenquotienten von f die Differenzenquotienten von u und v durch Umformungen zu erzeugen. Das gelingt durch die künstliche Hinzufügung geeigneter Terme, was aber im Gegenzug durch deren Gegenterme wieder ausgeglichen werden muss.

$$f'(x) = \lim_{h\to 0} \frac{f(x+h) - f(x)}{h} = \lim_{h\to 0} \frac{u(x+h) \cdot v(x+h) - u(x) \cdot v(x)}{h}$$
Definition der Ableitung f′

$$= \lim_{h\to 0} \frac{u(x+h) \cdot v(x+h) - u(x) \cdot v(x+h) + u(x) \cdot v(x+h) - u(x) \cdot v(x)}{h}$$
Ergänzung von Term und Gegenterm

$$= \lim_{h\to 0} \frac{[u(x+h) - u(x)] \cdot v(x+h) + u(x) \cdot [v(x+h) - v(x)]}{h}$$
Ausklammern, Grenzwertsätze für Funktionen

$$= \underbrace{\lim_{h\to 0} \frac{u(x+h) - u(x)}{h}}_{u'(x)} \cdot \underbrace{\lim_{h\to 0} v(x+h)}_{v(x)} + \underbrace{\lim_{h\to 0} u(x)}_{u(x)} \cdot \underbrace{\lim_{h\to 0} \frac{v(x+h) - v(x)}{h}}_{v'(x)}$$
Definitionen von u′ und v′

$$= u'(x) \cdot v(x) + u(x) \cdot v'(x)$$

Hinweis: Die hier aufgeführten Beispiele und Übungen könnten durch Termzusammenfassungen auch ohne die Produktregel gelöst werden. Die Regel wird erst beim Auftreten von trigonometrischen Termen und Exponentialtermen unverzichtbar.

Übung 1
Berechnen Sie f′ mit Hilfe der Produktregel. Berechnen Sie anschließend f′ auf eine zweite Art ohne Anwendung der Produktregel. Formen Sie hierzu den Funktionsterm jeweils um.

a) $f(x) = x^4 \cdot x^5$
b) $f(x) = (2x^2) \cdot (3x^4)$
c) $f(x) = (x^3 + x^2) \cdot (x^2 + x)$
d) $f(x) = \sqrt{x} \cdot \sqrt{x}$, $x > 0$
e) $f(x) = x^3 \cdot \frac{1}{x}$, $x \neq 0$
f) $f(x) = (ax^3 + bx^2) \cdot \frac{1}{x^2}$, $x \neq 0$

Übung 2
Erklären Sie den Unterschied zwischen der Produktregel und der Faktorregel. Leiten Sie die Faktorregel durch Anwendung der Produktregel her.

Übung 3
Die Produktregel lässt sich auch auf Produkte aus drei und mehr Faktoren ausweiten. Beispielsweise gilt bei drei Faktoren: $(u \cdot v \cdot w)' = u' \cdot v \cdot w + u \cdot v' \cdot w + u \cdot v \cdot w'$
Überprüfen Sie dies an der Funktion $f(x) = x^2 \cdot x^3 \cdot x^4$.

Wir wenden nun die Produktregel auf die bereits bekannten Funktionsklassen an.

> **Beispiel: Produktregel**
> Differenzieren Sie die Funktion f. a) $f(x) = (x - 2) \cdot e^x$ b) $f(x) = x \cdot \sin x$

Lösung zu a):
$f'(x) = (x - 2)' \, e^x + (x - 2)(e^x)'$
$ = 1 \cdot e^x + (x - 2) \cdot e^x$
$ = (x - 1) \cdot e^x$

Lösung zu b):
$f'(x) = (x)' \cdot \sin x + x \cdot (\sin x)'$
$ = 1 \cdot \sin x + x \cdot \cos x$
$ = \sin x + x \cdot \cos x$

Übung 4 Produktregel
Differenzieren Sie die Funktion f mit Hilfe der Produktregel.
a) $f(x) = x \cdot e^x$ b) $f(x) = x \cdot \cos x$ c) $f(x) = x^2 \cdot e^x$ d) $f(x) = e^x \cdot \sin x$
e) $f(x) = x^2 \cdot \sqrt{x}$ f) $f(x) = (x + 3) \cdot \frac{1}{x}$ g) $f(x) = \sin^2 x$ h) $f(x) = \frac{1}{x^2} \cdot (x + 1)$

Übung 5 Paare bilden
Bilden Sie Paare aus Funktionsterm (A–F) und zugehörigem Ableitungsterm (I–VI).

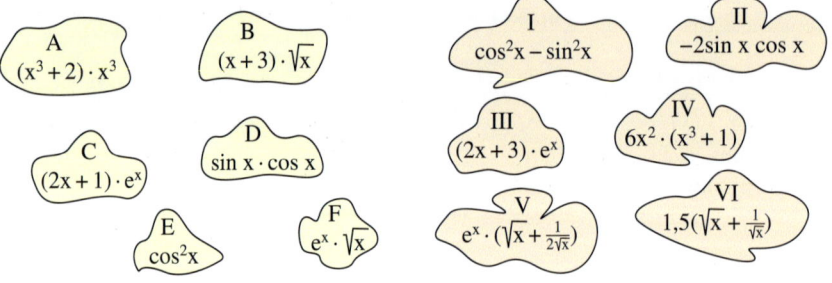

Übung 6 Steigung und Tangente
Welche Steigung hat die Funktion $f(x) = x \cdot \sin x$ an der Stelle $x_0 = \pi$? Wie lautet die Gleichung der Tangente an den Graphen von f an dieser Stelle?

Übung 7 Achtung, Fehler
Welcher Fehler wurde beim Differenzieren der Funktion f gemacht?
a) $f(x) = \sin x \cdot \cos x$
$f'(x) = \cos x \cdot \cos x + \sin x \cdot \sin x$
$ = \cos^2 x + \sin^2 x$

b) $f(x) = x^2 \cdot e^x$
$f'(x) = 2x \, e^x + x^2 e$

c) $f(x) = e^x \cdot e^x$
$f'(x) = (e^x)' \cdot (e^x)' = e^x \cdot e^x$

4. Exkurs: Die Kettenregel

Das Problem auf der Tafel scheint eine einfache Lösung zu haben. Die Ableitung von $k(x) = (2x + 1)^{40}$ dürfte doch nach Potenzregel $k'(x) = 40(2x + 1)^{39}$ sein, oder? Darf man die Potenzregel wirklich auf eine Klammer anwenden? Um dies überprüfen zu können, betrachten wir zunächst die einfacheren Funktionen $k(x) = (2x + 1)^3$ und $k(x) = (5x + 1)^3$.

Hier liegen *verkettete Funktionen* vor. Beispielsweise lässt sich die betrachtete Funktion $k(x) = (2x + 1)^3$ als Verkettung der beiden einfacheren Funktionen $f(x) = x^3$ und $g(x) = 2x + 1$ darstellen.
Mit diesen Bezeichnungen gilt nämlich $k(x) = f(g(x))$. f heißt *äußere* Funktion und g *innere* Funktion der Verkettung k.

Die Verkettung von f und g

$f(x) = x^3$ *äußere Funktion*
$g(x) = 2x + 1$ *innere Funktion*

$k(x) = f(g(x))$
$ = f(2x + 1)$
$ = (2x + 1)^3$ *Verkettung*

> **Beispiel:** Die Funktion $k(x) = (2x + 1)^3$ ist die Verkettung von $f(x) = x^3$ und $g(x) = 2x + 1$. Gesucht ist die Ableitung von k. Versuchen Sie, k auf zwei unterschiedliche Arten zu differenzieren. Wiederholen Sie anschließend das Vorgehen am Beispiel $k(x) = (5x + 1)^3$.

Lösung für $(2x + 1)^3$:

Weg 1:
Wir wenden die Potenzregel direkt an, denn der Funktionsterm ist die dritte Potenz einer Klammer.

$$k(x) = (2x + 1)^3$$
$$k'(x) = 3 \cdot (2x + 1)^2$$

Um den Vergleich zum Resultat von Weg 2 ziehen zu können, lösen wir die Klammern auf.

$$k'(x) = 3 \cdot (4x^2 + 4x + 1)$$
$$k'(x) = 12x^2 + 12x + 3$$

Weg 2:
Wir gehen strikt nach bereits bekannten Regeln vor. Da wir keine Regel für das Differenzieren einer Klammerpotenz kennen, lösen wir zunächst die Klammer auf.

$$k(x) = (2x + 1)^3$$
$$ = (2x)^3 + 3 \cdot (2x)^2 + 3 \cdot (2x) + 1$$
$$ = 8x^3 + 12x^2 + 6x + 1$$

Nun differenzieren wir das Polynom und erhalten

$$k'(x) = 24x^2 + 24x + 6.$$

Lösung für $(5x + 1)^3$:

Weg 1:
$$k'(x) = 75x^2 + 30x + 3$$

Weg 2:
$$k'(x) = 375x^2 + 150x + 15$$

Für $k(x) = (2x + 1)^3$ erhalten wir zwei unterschiedliche Ergebnisse. Eines der beiden Ergebnisse muss falsch sein. Da wir uns bei Weg 2 strikt an bekannte Regeln gehalten haben, muss Weg 1 falsch sein. Er ist aber nicht völlig falsch, da das Ergebnis ja nur mit dem Faktor 2 multipliziert werden muss, um das korrekte Resultat zu ergeben.

Wiederholt man das Experiment mit $k(x) = (5x + 1)^3$, so fehlt der Faktor 5. Offenbar stellt der fehlende Faktor in beiden Fällen die Ableitung der linearen inneren Funktion g dar.

Die richtigen Ergebnisse liefert also das rechts dargestellte korrigierte Vorgehen:

$k(x) = (2x + 1)^3 \Rightarrow k'(x) = 3 \cdot (2x + 1)^2 \cdot 2$
$k(x) = (5x + 1)^3 \Rightarrow k'(x) = 3 \cdot (5x + 1)^2 \cdot 5$

Wir können also wie vermutet mit der Potenzregel vorgehen, müssen allerdings zusätzlich im Nachgang mit der Ableitung der inneren Funktion multiplizieren. Man bezeichnet das auch als *Nachdifferenzieren*.

Nun können wir auch unser Einstiegsproblem lösen. Ohne die neue Regel – also mit Hilfe von Weg 2 – wäre dies wahrlich ein mühseliger Prozess geworden, denn wer möchte schon $(2x + 1)^{40}$ freiwillig ausmultiplizieren?

$k(x) = (2x+1)^{40}$

$k'(x) = 40 \cdot (2x+1)^{39} \cdot 2$

Wir fassen nun die gefundene Regel in einem Satz zusammen:

> **Satz VIII.3: Die lineare Kettenregel**
> Ist f eine differenzierbare Funktion, so hat die Funktion $k(x) = f(ax + b)$ die Ableitung $k'(x) = f'(ax + b) \cdot a$
>
> **Lineare Kettenregel**
> $[f(ax + b)]' = f'(ax + b) \cdot a$

▶ **Beispiel: Lineare Kettenregel**
Differenzieren Sie die Funktion f. a) $f(x) = e^{-2x+1}$ b) $f(x) = \frac{1}{2x - 4}$

Lösung zu a):
$f'(x) = e^{-2x+1} \cdot (-2)$
$ = -2e^{-2x+1}$

Lösung zu b):
$f'(x) = -\frac{1}{(2x - 4)^2} \cdot 2$
$ = -\frac{2}{(2x - 4)^2}$

Übung 1   Lineare Verkettung
Differenzieren Sie die verkettete Funktion f.
a) $f(x) = (3x + 1)^2$ b) $f(x) = 4 \cdot e^{1 - 0,5x}$ c) $f(x) = \sin(\pi x)$ d) $f(x) = \sqrt{\frac{1}{2}x - 1}$
e) $f(x) = (ax + b)^2$ f) $f(x) = e^{ax + b}$ g) $f(x) = a \sin(bx)$ h) $f(x) = a \cdot \sqrt{\frac{x}{b}}$

4. Exkurs: Die Kettenregel

Die lineare Kettenregel lässt sich verallgemeinern, wenn man für die innere Funktion der Verkettung nicht nur lineare Terme, sondern beliebige Terme zulässt. Auf diese Weise erhält man die *allgemeine Kettenregel*, die in der Mathematik eine sehr wirkungsvolle Regel darstellt. Auf ihren exakten Beweis mit den Methoden der Differentialrechnung müssen wir hier aber verzichten.

Satz VIII.4: Die Kettenregel

f und g seien differenzierbare Funktionen.
Dann ist auch ihre Verkettung $k(x) = f(g(x))$ differenzierbar.
Die Ableitung von k lautet:
$k'(x) = f'(g(x)) \cdot g'(x)$

Kettenregel
$[f(g(x))]' = f'(g(x)) \cdot g'(x)$

| Ableitung der Verkettung k an der Stelle x | = | Ableitung der äußeren Funktion f an der Stelle $g(x)$ | $\cdot$ | Ableitung der inneren Funktion g an der Stelle x |

▶ **Beispiel: Kettenregel**
Differenzieren Sie die Funktion f: a) $f(x) = e^{x^2+1}$ b) $f(x) = \sin\left(\frac{1}{x}\right)$

Lösung zu a):

$f'(x) = \underbrace{(e^{x^2+1})}_{\text{äußere Ableitung}} \cdot \underbrace{2x}_{\text{innere Ableitung}} = 2x \cdot (e^{x^2+1})$

Lösung zu b):

$f'(x) = \underbrace{\cos\left(\frac{1}{x}\right)}_{\text{äußere Ableitung}} \cdot \underbrace{\left(-\frac{1}{x^2}\right)}_{\text{innere Ableitung}} = -\frac{1}{x^2}\cos\left(\frac{1}{x}\right)$

Übung 2 Ableitungsübungen
Bestimmen Sie die Ableitung der Funktion f mit Hilfe der allgemeinen Kettenregel.

a) $f(x) = (1 - 3x^4)^2$ b) $f(x) = e^{x^2}$ c) $f(x) = \cos(x^2)$ d) $f(x) = e^{\frac{1}{x}}$

e) $f(x) = \sqrt{x^2 + x}$ f) $f(x) = \frac{1}{x^2+1}$ g) $f(x) = e^{2x^2+3x}$ h) $f(x) = e^{e^x}$

Übung 3 Innermathematische Anwendungen

a) Welche Steigung hat die Funktion $f(x) = e^{-0,5x^2}$ an der Stelle $x_0 = 1$?

b) Wie lautet die Gleichung der Tangente von $f(x) = \sqrt{2x + 2}$ an der Stelle $x_0 = 1$?

Übungen

4. Produktregel
Differenzieren Sie die Funktion f durch Anwendung der Produktregel.
a) $f(x) = x^2 \cdot e^x$
b) $f(x) = \frac{1}{x}$
c) $f(x) = x \cdot \sqrt{x}$
d) $f(x) = \cos x \cdot e^{2x+1}$
e) $f(x) = \sqrt{x} \cdot e^x$
f) $f(x) = \sqrt{x} \cdot \cos x$

5. Kettenregel
Differenzieren Sie die Funktion f unter Verwendung der Kettenregel.
a) $f(x) = e^{2-3x}$
b) $f(x) = e^{-\frac{x^2}{2}}$
c) $f(x) = \sin(2x - 1)$
d) $f(x) = e^{2\sqrt{x}}$
e) $f(x) = (e^x + 1)^2$
f) $f(x) = \frac{1}{e^x + 1}$

6. Produkt- und Kettenregel
Ermitteln Sie die Ableitung von f mit Hilfe von Produkt- *und* Kettenregel.
a) $f(x) = x \cdot e^{-4x}$
b) $f(x) = \frac{e^{2x-1}}{x}$
c) $f(x) = \sin(2x+1) \cdot e^{-x}$
d) $f(x) = x^2 - e^{x^2}$
e) $f(x) = x^2 \cdot e^{-2x}$
f) $f(x) = x \cdot e^{\sqrt{x}}$
g) $f(x) = \frac{1}{e^{2x}}$
h) $f(x) = \sqrt{e^x}$
i) $f(x) = (x^2 - e^{-2x})^2$

7. Fehlersuche
Suchen Sie den Fehler in den folgenden Rechnungen. Wie lauten die richtigen Resultate?
a) $[(x^2 + 2) \cdot e^{4x}]' = 2x \cdot e^{4x} + (x^2 + 2) \cdot e^{4x} = (x^2 + 2x + 2) \cdot e^{4x}$
b) $[(e^x - 1)^2]' = [(e^x)^2 - 2e^x + 1]' = 2e^x - 2e^x = 0$
c) $[(2e^x + 4)^2]' = 2(2e^{2x} + 4) = 4e^{2x} + 8$

8. Maximaler Inhalt
Ein Reststück Spiegelglas hat auf einer Seite eine krumme Berandung, die angenähert durch den Graphen der Funktion $f(x) = 2 \cdot e^{-x}$ erfasst werden kann.
Aus der Spiegelscherbe soll wie abgebildet ein rechteckiges Teil A ausgeschnitten werden.
Welche Breite x und welche Länge y muss dieses Teil erhalten, damit seine Fläche maximal wird?

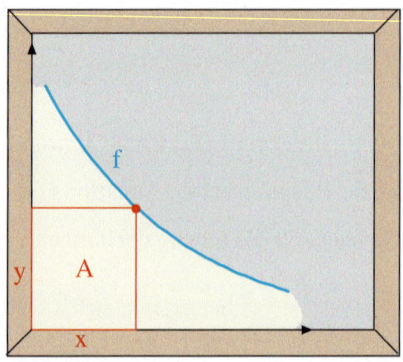

9. Zwei Lösungswege
Berechnen Sie die Ableitung der Funktion f auf zwei verschiedene Weisen.
a) $f(x) = (x + 2) \cdot (x^2 - x)$
b) $f(x) = (2x + 1)^2 + x$

4. Exkurs: Die Kettenregel

10. Zuordnung
Die Funktion F hat die Ableitung f, d. h. F' = f. Ordnen Sie jeder Funktion F die zugehörige Funktion f zu.

a) $f(x) = x \cdot e^x + 6e^{2x}$
b) $f(x) = 3x^2 + e^{2x}$
c) $f(x) = x^2 \cdot e^{2x}$
d) $f(x) = -2x \cdot e^{2x}$

I $F(x) = x^3 + \frac{1}{2} e^{2x} + 1$

II $F(x) = \left(\frac{1}{2} x^2 - \frac{1}{2} x + \frac{1}{4}\right) \cdot e^{2x} + 2$

III $F(x) = (0{,}5 - x) \cdot e^{2x}$

IV $F(x) = (x - 1 + 3 \cdot e^x) \cdot e^x$

11. Steigung und Steigungswinkel
Welche Steigung hat die Funktion f an der Stelle x_0? Wie groß ist der Steigungswinkel?
a) $f(x) = (x + 2) \cdot e^{-x}$, $x_0 = 0$
b) $f(x) = x \cdot \sin\left(\frac{x}{2}\right)$, $x_0 = \pi$

12. Tangente
Die Tangente von $f(x) = 4x \cdot e^{-x}$ an der Stelle $x_0 = 2$ schneidet die x-Achse in P und die y-Achse in Q. Welchen Flächeninhalt hat das Dreieck PQR, wenn R der Ursprung ist?

13. Stammfunktionsnachweis bei Exponentialfunktionen
Zeigen Sie, dass F eine Stammfunktion von f ist.
a) $f(x) = (x + 3) \cdot e^x$
   $F(x) = (x + 2) \cdot e^x$
b) $f(x) = (2x + 1) \cdot e^{2x}$
   $F(x) = x \cdot e^{2x}$
c) $f(x) = (2x - x^2) \cdot e^{-x}$
   $F(x) = x^2 \cdot e^{-x}$

14. Stammfunktionsbestimmung bei Exponentialfunktionen
Bestimmen Sie eine Stammfunktion F der Funktion f.
Orientieren Sie sich an der linearen Kettenregel.
a) $f(x) = 2e^{-x}$
b) $f(x) = e^{0{,}5x}$
c) $f(x) = e^{-0{,}5x}$
d) $f(x) = (x + 1) \cdot e^{-x}$
e) $f(x) = 4 \cdot e^{2x - 2}$
f) $f(x) = a \cdot e^{bx}$

15. Kurvenuntersuchung
Untersuchen Sie die Funktion $f(x) = (2x + 2) e^{-0{,}25x}$ bezüglich folgender Punkte.
a) Nullstellen
b) Extrema
c) Wendepunkte

16. Pulsmessung
Während des Trainings absolviert eine Sportlerin ein festes Laufprogramm. Dabei wird die Pulsfrequenz gemessen. Sie kann durch $p(t) = 80 + 120 t \cdot e^{-0{,}5t}$ beschrieben werden, wobei t die Zeit in Minuten ist.
a) Welchen Puls hat der Läufer nach einer Minute?
b) Wann erreicht der Puls seinen höchsten Wert?
c) Wie groß ist die Änderungsrate des Pulses zum Zeitpunkt t = 3?
d) Wann verringert sich der Puls am stärksten?

5. Funktionsuntersuchungen

In diesem Abschnitt werden unterschiedliche Problemstellungen aus der Differential- und Integralrechnung der Exponentialfunktionen exemplarisch angesprochen, um Lösungsprinzipien zu wiederholen und zu sammeln, die später im Rahmen umfassender Kurvenuntersuchungen gezielt angewendet werden können.

A. Funktionswerte und Graphen

▶ **Beispiel:** Gegeben sei die Funktion $f(x) = 2 \cdot e^{-0,5x} + 1$.

a) Skizzieren Sie den Graphen von f für $-1 \leq x \leq 4$.

b) An welcher Stelle hat die Funktion den Wert 2?

c) Untersuchen Sie das Verhalten der Funktion für $x \to \infty$.

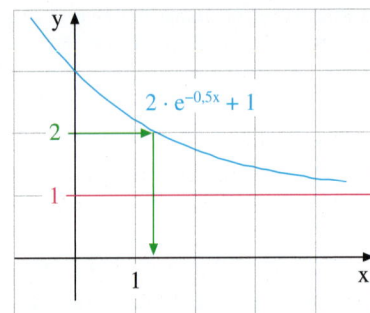

Lösung:

a) Den Graphen von f erstellen wir mit Hilfe einer Wertetabelle.

b) Der Funktionswert $y = 2$ wird etwa bei $x = 1,3$ angenommen, was wir der Zeichnung entnehmen können. Genauer ist das rechnerische Resultat, das sich aus dem Ansatz $f(x) = 2$ durch Logarithmieren ergibt: $x \approx 1,39$.

c) Mit zunehmendem x-Wert verläuft der Graph von f zusehends flacher. Er schmiegt sich der horizontalen Geraden $y = 1$ von oben immer dichter an. Dies liegt daran, dass sich der Exponentialterm $e^{-0,5x}$ mit wachsendem x dem
▶ Grenzwert 0 *asymptotisch* nähert.

Wertetabelle:

x	−1	0	1	2	3	4
y	4,30	3,00	2,21	1,74	1,45	1,27

Berechnung des x-Wertes zu $f(x) = 2$:

$$f(x) = 2$$
$$2 \cdot e^{-0,5x} + 1 = 2$$
$$e^{-0,5x} = 0,5$$
$$-0,5x = \ln 0,5$$
$$x = \frac{\ln 0,5}{-0,5} \approx 1,39$$

Berechnung des Grenzwertes für $x \to \infty$:

$$\lim_{x \to \infty} (2 \cdot e^{-0,5x} + 1) = 1$$

Übung 1

Gegeben ist die Funktion $f(x) = e^{2x} + 1$.
a) Skizzieren Sie den Graphen von f für $-3 \leq x \leq 0,5$.
b) Welche Wertemenge hat f? Untersuchen Sie das Verhalten der Funktion für $x \to -\infty$.
c) In welchem Bereich sind die Funktionswerte von f kleiner als 1,1?
d) Für welches x gilt $f(x) \approx 1000$?

B. Schnittpunkte von Graphen

▶ **Beispiel: Schnittpunkte von Graphen**
Gegeben seien die Funktionen $f(x) = e^x$ und $g(x) = 3 \cdot e^{-x}$.
In welchem Punkt schneiden sich die Graphen von f und g?

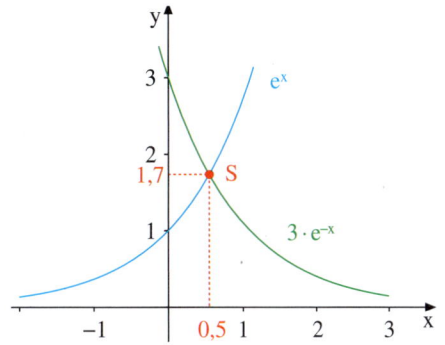

Zeichnerische Lösung:
Wir zeichnen die Funktionsgraphen und lesen den Schnittpunkt S ab. Er liegt etwa bei S (0,5 | 1,7).

Rechnerische Lösung:
Wir verwenden die Bestimmungsgleichung $f(x) = g(x)$ für die Schnittstelle x.
Durch Umformung und Logarithmieren können wir die Gleichung nach x auflösen.
Die Schnittstelle liegt bei $x \approx 0{,}55$.
▶ Der zugehörige y-Wert beträgt $y \approx 1{,}73$.

$f(x) = g(x)$
$e^x = 3 \cdot e^{-x}$
$e^{2x} = 3$
$2x = \ln 3$
$x = \dfrac{\ln 3}{2} \approx \dfrac{1{,}099}{2} \approx 0{,}55$
$y = f(0{,}55) \approx 1{,}73$

Der Schnittpunkt zweier Funktionen kann bei Beteiligung einer Exponentialfunktion leicht mit einem geeigneten Taschenrechner oder einem Funktionenplotter ermittelt werden.

▶ **Beispiel: Schnittpunkt**
Ermitteln Sie den Schnittpunkt der beiden Funktionen $f(x) = e^x$ und $g(x) = 4 - x$.

Lösung:
Die beiden Funktionen werden eingegeben und im Graphikfenster dargestellt.
Nun kann der Schnittpunkt näherungsweise bestimmt werden.

Resultat: Die Funktionen schneiden sich
▶ angenähert im Punkt S (1,07 | 2,93).

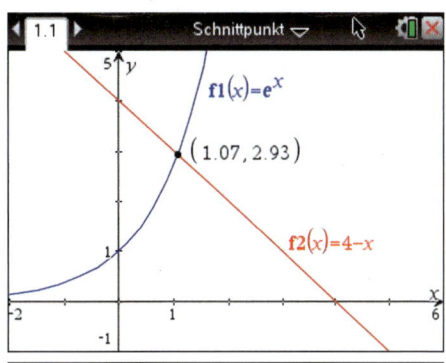

Übung 2
Gesucht ist der Schnittpunkt der Funktionen $f(x) = 2{,}5 \cdot e^x$ und $g(x) = e^{2x}$.

Übung 3
Bestimmen Sie die kleinste positive Schnittstelle von $f(x) = e^x$ und $g(x) = 2 \cdot x^2$.

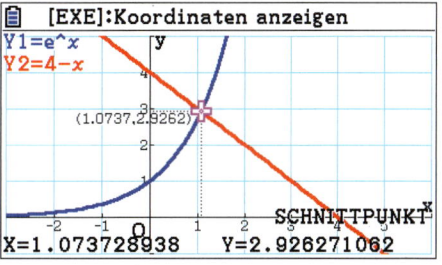

C. Tangenten

In diesem Abschnitt werden Tangentenprobleme bei Exponentialfunktionen untersucht.

> **Beispiel: Holzproduktion**
> Der abgebildete Graph der Funktion $h(t) = \frac{1}{10}(50 - t) \cdot e^{\frac{1}{20}t}$ zeigt die Planung des monatlichen Holzeinschlags in einem Urwaldgebiet, $0 \leq t \leq 50$.
>
>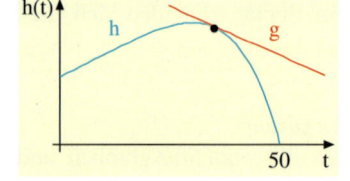
>
> t: Zeit in Monaten; h(t): Holzeinschlag in Kubikmeter pro Hektar.
> Nach 35 Monaten wird der Plan geändert: Der Holzeinschlag soll von nun an linear als Tangente von h zurückgeführt werden (Funktion g). Wie lange wird die Zeitdauer des Holzeinschlags durch diese Maßnahme verlängert?

Lösung:
Wir bestimmen durch Anwendung der Produktregel die Ableitung von h.

Ableitung der Funktion h:
$h(t) = (5 - 0,1 t) \cdot e^{0,05 t}$
$h'(t) = (-0,1) \cdot e^{0,05 t} + (5 - 0,1 t) \cdot (0,05 \cdot e^{0,05 t})$
$= (0,15 - 0,005 t) \cdot e^{0,05 t}$

Anschließend ermitteln wir die Gleichung der Tangente g bei $t_0 = 35$.
Dazu wenden wir die allgemeine Formel für die Tangente an. Sie lautet:
$g(t) = h'(t_0) \cdot (t - t_0) + h(t_0)$.
Wir erhalten angenähert das Resultat:
$g(t) \approx -0,144 t + 13,67$

Gleichung der Tangente g bei $t_0 = 35$:
$g(t) = h'(t_0) \cdot (t - t_0) + h(t_0)$ (Ansatz)
$g(t) = h'(35) \cdot (t - 35) + h(35)$

$g(t) \approx -0,144 \cdot (t - 35) + 8,632$
$g(t) \approx -0,144 t + 13,67$

Nun bestimmen wir die Nullstelle dieser Tangente. Sie liegt angenähert an der Stelle $t = 95$.

Nullstelle der Tangente g:
$g(t) = 0$
$-0,144 t + 13,67 = 0$
$t \approx 95$

Insgesamt wird also die Dauer des Holzeinschlags von 50 auf 95 Monate ausgeweitet, d. h. um 45 Monate verlängert.

Übung 4 Tangente

Bei einem Motorradrennen stürzt ein Fahrer unglücklich im Wendepunkt W der Kurve. Das Motorrad rutscht tangential weiter. Landet er in der Auffangbarriere aus Stroh, die zwischen den Positionen A(2|1) und B(2|2) aufgebaut ist?
Der Kurvenverlauf wird durch die Funktion $f(x) = (1 - x) \cdot e^x$ beschrieben.

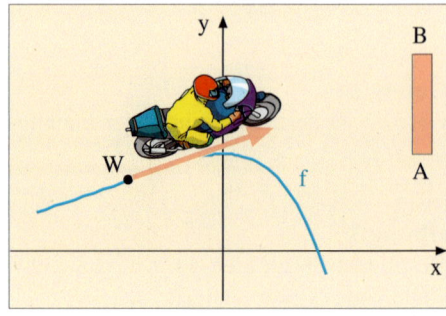

D. Extrema und Wendepunkte

Mit Hilfe der bekannten notwendigen und hinreichenden Bedingungen untersuchen wir nun exemplarisch einfache Exponentialfunktionen auf Extrema und Wendepunkte.

▶ **Beispiel:** Skizzieren Sie den Graphen der Funktion $f(x) = e^x - 2x$ und errechnen Sie anschließend die genaue Lage des Extremums der Funktion.

Lösung:
Der mit einer Wertetabelle oder durch Überlagerung von e^x und $-2x$ erstellte Graph zeigt ein Minimum bei $x \approx 0{,}5$.

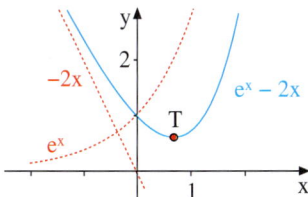

Notwendige Bedingung:
$f'(x) = 0$
$e^x - 2 = 0$
$\quad e^x = 2$
$\quad\quad x = \ln 2 \approx 0{,}69$

Zugehöriger Funktionswert:
$y = e^{\ln 2} - 2 \cdot \ln 2 \approx 0{,}61$

Überprüfung mit f'':
$f''(\ln 2) = e^{\ln 2} = 2 > 0 \Rightarrow$ Minimum

Resultat:
▶ Tiefpunkt bei $T(0{,}69 | 0{,}61)$

▶ **Beispiel:** Skizzieren Sie den Graphen der Funktion $f(x) = x \cdot e^x$ für $-3 \leq x \leq 1$. Berechnen Sie die genaue Lage des Wendepunktes der Funktion.

Lösung:
Mit einer Wertetabelle erhalten wir den Graphen, der im 3. Quadranten einen Rechts-Links-Wendepunkt aufweist.

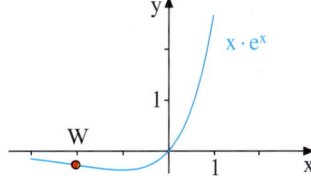

Notwendige Bedingung:
$f''(x) = 0$
$(x + 2) \cdot e^x = 0$
$(x + 2) = 0$, da $e^x > 0$
$\quad\quad x = -2$

Zugehöriger Funktionswert:
$y = -2 \cdot e^{-2} \approx -0{,}27$

Überprüfung mit f''':
$f'''(-2) = 1 \cdot e^{-2} > 0 \Rightarrow$ Rechts-links-Wp

Resultat:
▶ Wendepunkt bei $W(-2 | -0{,}27)$

Übung 5
Untersuchen Sie die Funktion f auf lokale Extrempunkte und stellen Sie den Graphen dar.
a) $f(x) = x - 2 + e^{-x}$
b) $f(x) = x^2 \cdot e^{x+1}$

Übung 6
Untersuchen Sie die Funktion f auf Wendepunkte und stellen Sie den Graphen dar.
a) $f(x) = 2 \cdot e^x - e^{-x}$
b) $f(x) = (x^2 - 1) \cdot e^{-0{,}5x}$

E. Extremalprobleme

> **Beispiel: Wachstum von Obstbäumen**
> Das Höhenwachstum eines Kirschbaumes wird durch die Funktion $f_1(x) = 200 - 160\,e^{-0,2x}$ erfasst. Das Wachstum eines Apfelbaumes wird modellhaft durch $f_2(x) = 60 + 10x$ erfasst. (x: Zeit in Jahren; f_1, f_2: Höhe in cm)
> a) Wann haben beide Bäume die gleiche Höhe?
> b) Zu welchem Zeitpunkt ist der Höhenunterschied maximal? Lösen Sie die Aufgabe graphisch und alternativ auf rechnerischem Weg.

Lösung zu a:
Die Funktionsgleichungen werden eingegeben und mit einem TR/Plotterprogramm gezeichnet. Nun können die beiden Schnittpunkte der Graphen näherungsweise bestimmt werden.
Resultat: $S_1(1,06\,|\,70,6)$ und $S_2(12,8\,|\,188)$.

Graphische Lösung zu b:
Wir lösen das Problem, indem wir die Differenzfunktion $f_3(x) = f_1(x) - f_2(x)$ bilden, diese im Graphikfenster des GTR zeichnen und dort ihr Maximum bestimmen.
Das Maximum liegt ca. bei $M(5,82\,|\,31,8)$.

Rechnerische Lösung zu b:
Die Ableitung der Differenzfunktion $f_3(x)$ lautet $f_3'(x) = 32\,e^{-0,2x} - 10$.
Wir bestimmen die Nullstelle von f_3 mit Hilfe einer logarithmischen Rechnung.
Sie liegt bei $x = 5 \cdot \ln 3{,}2 \approx 5{,}82$.
Der maximale Höhenunterschied beträgt daher $f_3(5{,}82) \approx 31{,}8$ cm.

Rechnerische Lösung zu b:
Differenzfunktion $f_3 = f_1 - f_2$:
$f_3(x) = f_1(x) - f_2(x)$
$\quad\quad = 140 - 160\,e^{-0,2x} - 10x$

Ableitungen von f_3:
$f_3'(x) = 32\,e^{-0,2x} - 10$
$f_3''(x) = -6{,}4\,e^{-0,2x}$

Bestimmung des Maximums von f_3:
$f_3'(x) = 32\,e^{-0,2x} - 10 = 0$
$\quad\quad e^{0,2x} = 3{,}2$
$\quad\quad x = 5 \cdot \ln 3{,}2 \approx 5{,}82$
$\quad\quad y = f_3(5{,}82) \approx 31{,}8$

Übung 7 Extremalproblem

a) Für welchen Wert von x wird die Differenz der Funktionswerte von $f(x) = e^{-x}$ und $g(x) = -e^{x-1}$ minimal?

b) Im Berghang liegt eine Eislinse, die senkrecht durchbohrt werden soll. An welcher Stelle ist der Bohrweg durch die Linse am längsten?

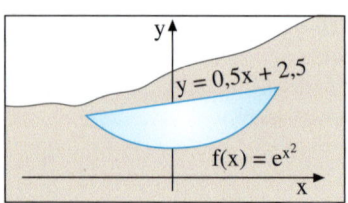

Übungen

8. Tangente
Gegeben ist die Funktion $f(x) = (x - 1) \cdot e^{-0,5x}$.
a) Wie lautet die Gleichung der Tangente g von f in der Nullstelle x_0 der Funktion?
b) Zeigen Sie, dass die Tangente h_b an den Graphen von f bei $x_1 = -1$ eine Ursprungsgerade ist.
c) An welcher weiteren Stelle x_2 ist die Tangente h_c an f ebenfalls eine Ursprungsgerade?
d) Zeichnen Sie die Graphen von f, g, h_b und h_c für $-1 \leq x \leq 6$.

9. Extrema
Zeichnen Sie den Graphen von f. Untersuchen Sie f anschließend rechnerisch auf lokale Extrema.
a) $f(x) = 2x - 3 + e^{-x}$ b) $f(x) = (x + 1) \cdot e^{-0,5x}$ c) $f(x) = (x^2 - 1) \cdot e^{-x}$

10. Wendepunkte
Untersuchen Sie die Funktion f auf Wendepunkte.
a) $f(x) = 0,5 e^x - e^{-x}$ b) $f(x) = (x^2 - x) \cdot e^{-0,5x}$ c) $f(x) = e^x - x^2 - 2$

11. Eingesperrtes Rechteck
Zwischen den beiden Straßen und dem Fluss soll eine achsenparallele rechteckige Sandfläche so angeordnet werden, dass eine ihrer Ecken im Ursprung und die diagonal gegenüberliegende Ecke P auf dem südlichen Flussufer $f(x) = 4 \cdot e^{-x}$ liegt. Wo muss der Punkt P liegen, damit der Inhalt A des Rechtecks maximal wird?

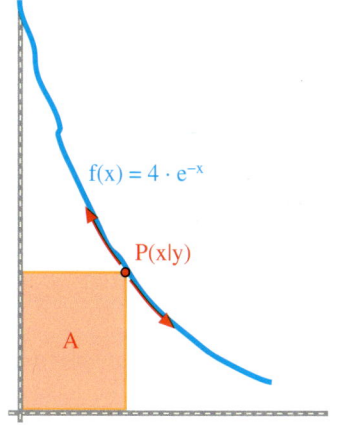

12. Eingesperrtes Rechteck
Das in der vorigen Übung beschriebene Rechteck soll einen minimalen Umfang erhalten. Wo muss der Punkt P nun liegen?

13. Anwendungsproblem
Ein Waldgebiet wird im Norden durch die Randkurve $f(x) = x \cdot e^{-0,5x}$ begrenzt.
a) Bestimmen Sie f' und f''.
b) Welche Koordinaten hat der am weitesten nördlich liegende Ort des Waldes?
c) Ein Wanderweg trifft im Wendepunkt W orthogonal auf die nördliche Randkurve des Waldes. Wie lautet die Geradengleichung des Wanderweges?

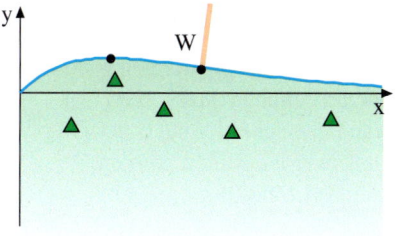

F. Flächenberechnungen mit Exponentialfunktionen

Jeder Ableitungsregel für Exponentialfunktionen entspricht eine Integrationsregel.

Ableitungsregel:

$(e^x)' = e^x$

$(e^{-x})' = -e^{-x}$

$(e^{ax+b})' = a \cdot e^{ax+b}$

Integrationsregel:

$\int e^x dx = e^x + C$

$\int e^{-x} dx = -e^{-x} + C$

$\int e^{ax+b} dx = \frac{1}{a} e^{ax+b} + C$

Diese Integrationsregeln ermöglichen die Berechnung des Inhalts von Flächenstücken, die durch einfache Exponentialfunktionen begrenzt sind.

▶ **Beispiel: Fläche unter Graphen**
Gegeben ist die Funktion $f(x) = \frac{1}{2} \cdot e^{-x}$.
Wie groß ist der Inhalt des abgebildeten Flächenstücks?

Lösung:
Wir bestimmen zunächst eine Stammfunktion F von f: $F(x) = -\frac{1}{2} \cdot e^{-x}$.
Nun berechnen wir das bestimmte Integral von f in den Grenzen von −1 bis 2 und erhalten so den gesuchten Flächeninhalt.
▶ Er lautet $A \approx 1{,}29$.

$$A = \int_{-1}^{2} \frac{1}{2} \cdot e^{-x} dx = \left[-\frac{1}{2} \cdot e^{-x}\right]_{-1}^{2}$$

$$= -\frac{1}{2} \cdot e^{-2} + \frac{1}{2} \cdot e^1 \approx 1{,}29$$

▶ **Beispiel: Fläche zwischen Graphen**
Gesucht ist der Inhalt der Fläche A, die von den Graphen der Funktionen $f(x) = 2 \cdot e^{\frac{1}{4}x}$ und $g(x) = e^{\frac{5}{4}x - 1}$ sowie der y-Achse begrenzt wird.

Lösung:
Nach Eingabe der Gleichungen von f und g werden die Graphen gezeichnet.
Nun kann der Schnittpunkt S der Graphen näherungsweise ermittelt werden.
Resultat: $S(1{,}69 | 3{,}05)$.

Anschließend wird näherungsweise das bestimmte Integral der Differenzfunktion f − g über dem Intervall [0; 1,69] berechnet.
▶ Resultat: $A \approx 2{,}07$

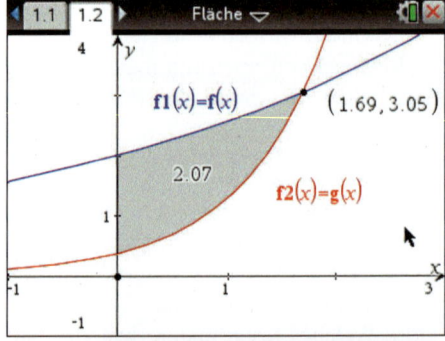

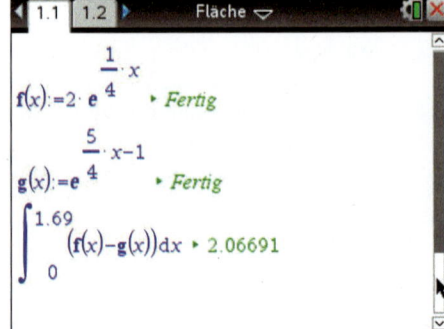

Das folgende Beispiel zeigt (vgl. S. 283), dass auch ein unendlich langes Flächenstück einen endlichen Flächeninhalt besitzen kann.

▶ **Beispiel: Unbegrenzte Fläche**
Gesucht ist der Inhalt des nach rechts unbegrenzten Flächenstückes, das im 1. Quadranten zwischen dem Graphen von $f(x) = e^{-x}$ und der x-Achse liegt.

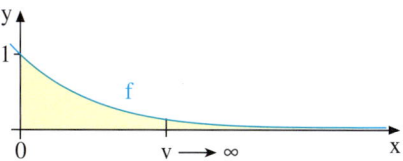

1. Fläche unter f über [0; v]:
$$A(v) = \int_0^v e^{-x} dx = (-e^{-x})_0^v = 1 - e^{-v}$$

2. Fläche unter f über [0; ∞):
$$A = \lim_{v \to \infty} A(v) = \lim_{v \to \infty} (1 - e^{-v}) = 1$$

Lösung:
Wir berechnen zunächst den Inhalt der Fläche unter f über dem endlichen Intervall [0; v]. Er ist $A(v) = 1 - e^{-v}$.
Nun schieben wir v immer weiter nach rechts, d.h. wir betrachten den Grenzwert für $v \to \infty$.
▶ Wir erhalten $A = \lim_{v \to \infty} (1 - e^{-v}) = 1$.

▶ **Beispiel: Anwendung**
Welches Luftvolumen hat das abgebildete Festzelt?
$f(x) = 20 \cdot e^{-\frac{1}{40}x}$ und $g(x) = 20 \cdot e^{\frac{1}{40}x}$
sind die Randfunktionen des Zeltdaches.

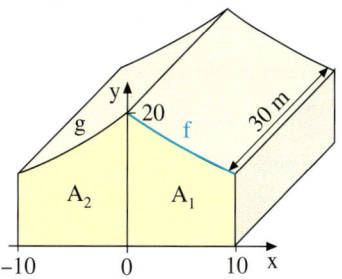

Lösung:
Wir berechnen die Querschnittsfläche A des Zeltes. Sie beträgt ca. 353,92 m². Diese multiplizieren wir mit der Tiefe des Zeltes, die 30 m beträgt.
▶ Das Volumen beträgt ca. 10 618 m².

Querschnittsfläche:
$$A_1 = \int_0^{10} 20 \cdot e^{-\frac{1}{40}x} dx = \left[-800 \cdot e^{-\frac{1}{40}x}\right]_0^{10}$$
$$\approx 176{,}96$$
$A = A_1 + A_2 = 2A_1 \approx 353{,}92$
Luftvolumen:
$V = A \cdot 30 \approx 10 617{,}6$

Übung 14
Gegeben sind die Funktionen $f(x) = e^x$ und $g(x) = e^{1-x}$. Diese begrenzen gemeinsam mit der x-Achse und den beiden senkrechten Geraden $x = -1$ und $x = 1$ ein Flächenstück. Skizzieren Sie dieses und berechnen Sie seinen Flächeninhalt.

Übung 15
Gesucht ist der Inhalt derjenigen Fläche A, die von den Graphen der Funktionen f und g sowie der y-Achse begrenzt wird. Fertigen Sie zunächst eine Grobskizze an.
a) $f(x) = \frac{1}{4}(e^x - 1)$, $g(x) = 2 - e^x$
b) $f(x) = \frac{1}{2}e^{\frac{1}{2}x}$, $g(x) = e^{1-\frac{1}{4}x}$

Übung 16
Gesucht ist der Inhalt des im 1. Quadranten liegenden Flächenstückes zwischen den Graphen von $f(x) = e^{-x}$ und $g(x) = e^{-2x}$, das nach rechts unbegrenzt ist.

6. Wachstums- und Zerfallsprozesse

A. Unbegrenztes Wachstum und ungestörter Zerfall

Im Idealfall verläuft ein Wachstumsprozess völlig ungestört. Es gibt weder Mangel an Platz und Raum noch an Nahrung, Energie und Zeit. Dann ist meistens eine Wachstumsfunktion der Form $N(t) = c \cdot e^{kt}$ zur Beschreibung des Prozesses gut geeignet.

Man spricht in diesem Fall von einem *unbegrenzten Wachstum*. Die Größe c ist der Anfangsbestand zur Zeit t = 0. Der Faktor k im Exponenten beeinflusst die Wachstumsgeschwindigkeit.

Man kann die Eignung der Funktionsgleichung $N(t) = c \cdot e^{kt}$ gut begründen:
Es ist klar, dass eine Verdoppelung des Bestandes N auch zur Verdopplung der Wachstumsrate N' führt. Die Wachstumsrate N' ist also proportional zum Bestand N. Es gilt daher $N'(t) = k \cdot N(t)$.
Diese Wachstumsgleichung wird – wie man leicht durch Einsetzen von N und N' überprüfen kann – durch die Wachstumsfunktion $N(t) = c \cdot e^{kt}$ erfüllt.

Typisch für einen unbegrenzten Wachstumsprozess ist die *Verdopplungszeit*.
In einer festen Zeitspanne $T_2 = \frac{\ln 2}{k}$ verdoppelt sich der Bestand N jeweils.

Ganz analog verhalten sich ungestörte exponentielle *Zerfalls-* oder *Abnahmeprozesse* wie der radioaktive Zerfall oder die Abnahme einer Medikamentenkonzentration im Blut.
Sie beruhen auf der „negativen" Proportionalität $N'(t) = -k \cdot N(t)$ und werden durch $N(t) = c \cdot e^{-kt}$ beschrieben.
Vom Anfangsbestand $N(0) = c$ ausgehend fällt der Bestand und nähert sich asymptotisch dem Wert null.

Zerfallsprozesse besitzen eine typische *Halbwertszeit* $T_{1/2} = \frac{\ln 0{,}5}{-k}$, in welcher die Bestandsfunktion N sich halbiert.

Modell des ungestörten Wachstums

Unbegrenztes Wachstum wird durch folgende Wachstumsfunktion erfasst:

$$N(t) = c \cdot e^{kt}, \; k > 0.$$

c ist der Anfangsbestand zur Zeit t = 0.

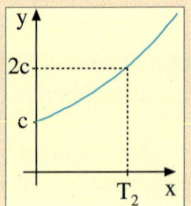

Verdopplungszeit

$$T_2 = \frac{\ln 2}{k}$$

Modell des ungestörten Zerfalls

Ein ungestörter Zerfalls- oder Abnahmeprozess wird durch folgende Bestandsfunktion erfasst:

$$N(t) = c \cdot e^{-kt}, \; k > 0.$$

c ist der Anfangsbestand zur Zeit t = 0.

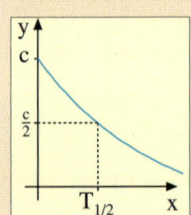

Halbwertszeit

$$T_{1/2} = \frac{\ln 0{,}5}{-k}$$

B. Beispiele zum unbegrenzten Wachstum und Zerfall

▶ **Beispiel: Bevölkerungswachstum der USA**
Die Tabelle gibt die Bevölkerungsentwicklung der Vereinigten Staaten von Nordamerika in der ersten Hälfte des 19. Jahrhunderts wieder. Damals lag nahezu unbegrenztes Wachstum vor.
a) Stellen Sie die Wachstumsfunktion auf.
b) In welcher Zeitspanne verdoppelte sich die Bevölkerung?
c) Wie groß war die momentane Wachstumsrate 1790 bzw. 1850?
Wie groß war die mittlere Wachstumsrate?

Jahr	1790	1800	1810	1820	1830	1840	1850
Mio.	3,9	5,3	7,2	9,6	12,9	17,1	23,4

Lösung zu a):
Wir verwenden den Ansatz des unbegrenzten Wachstums $N(t) = N_0 \cdot e^{kt}$. Dabei ist t die Zeit in Jahren seit 1790.
$N_0 = N(0) = 3,9$ ist der Anfangsbestand.
Um k zu berechnen, verwenden wir eine zweite Information aus der Tabelle, z. B. $N(60) = 23,4$. Dies führt auf $k \approx 0,03$.
Resultat: $N(t) = 3,9 \cdot e^{0,03t}$

Bestimmung von N_0:
$N_0 = N(0) = 3,9$ Mio.

Bestimmung von k:
Ansatz: $N(60) = 23,4$
$$3,9 \cdot e^{60k} = 23,4$$
$$e^{60k} = 6$$
$$60k = \ln 6$$
$$k \approx 0,03$$

Lösung zu b):
Wir verwenden den Ansatz $N(t) = 2N_0$, d. h. $N(t) = 7,8$. Dies führt auf eine Verdoppelungszeit von 23,1 Jahren.
Alle 23,1 Jahre verdoppelte sich die amerikanische Bevölkerung.

Verdopplungszeit:
Ansatz: $N(t) = 2N_0$
$$3,9 \cdot e^{0,03t} = 7,8$$
$$e^{0,03t} = 2$$
$$0,03t = \ln 2$$
$$t \approx 23,1$$

Lösung zu c):
Die momentanen Wachstumsgeschwindigkeiten (Zuwachsraten) berechnen wir mit Hilfe der Ableitung N'.
Die Dynamik ist deutlich zu erkennen.

Die mittlere Zuwachsrate berechnen wir mit dem Differenzenquotienten $\frac{\Delta N}{\Delta t}$.

Sie beträgt ca. 325 000 Personen/Jahr, das sind 27 083 Pers./Monat bzw. 890 Pers./Tag.
▶ Das ist also eine Kleinstadt pro Monat.

Momentane Wachstumsraten:
$N'(t) = 0,117 \cdot e^{0,03t}$
$N'(0) = 0,117$ Mio./Jahr = 321 Pers./Tag
$N'(60) = 0,708$ Mio./Jahr = 1939 Pers./Tag

Mittlere Zuwachsrate von 1790–1850:
$$\frac{\Delta N}{\Delta t} = \frac{N(60) - N(0)}{60 - 0} = \frac{23,4 - 3,9}{60}$$
$$= 0,325 \text{ Mio./Jahr} = 890 \text{ Pers./Tag}$$

▶ **Beispiel: Radioaktiver Zerfall**
Beim Reaktorunfall von Fukushima im März des Jahres 2011 in Japan wurden zahlreiche radioaktive Isotope freigesetzt, unter anderem das Cäsiumisotop 137 Cs, durch das Pflanzen und Tiere und über die Nahrungskette auch der Mensch kontaminiert wurden.
Eine Probe mit 100 Mikrogramm des radioaktiven Isotops Cäsium, das eine Halbwertszeit von ca. 30 Jahren hat, soll untersucht werden.
a) Wie lautet die Zerfallsfunktion?
b) Wann ist die Aktivität auf 1% des Ausgangswertes abgesunken?

Lösung zu a):
Für die Zerfallsfunktion verwenden wir den Ansatz $N(t) = N_0 \cdot e^{-kt}$, $k > 0$.
$N_0 = 100\,\mu g$ ist vorgegeben.
k errechnen wir anhand der bekannten Halbwertszeit von 30 Jahren: $k \approx 0{,}0231$.
Resultat: $N(t) = 100 \cdot e^{-0{,}0231 \cdot t}$

Zerfallsfunktion:
$$N(0) = 100 \Rightarrow N_0 = 100\,\mu g$$
$$N(30) = \tfrac{1}{2} N_0 = 50$$
$$100 \cdot e^{-30k} = 50$$
$$e^{-30k} = 0{,}5$$
$$-30k = \ln 0{,}5$$
$$k \approx 0{,}0231$$
$$\Rightarrow N(t) = 100 \cdot e^{-0{,}0231 \cdot t}$$

Lösung zu b):
Der Ansatz $N(t) = \frac{1}{100} \cdot N_0$ führt auf eine Abklingzeit von knapp 200 Jahren. Nach dieser Zeit beträgt die Strahlung nur noch 1% des Anfangswertes. In der Praxis sinkt die Aktivität durch Verdunstungs- und Ausschwemmprozesse aber stärker. ▶

Abklingen (1%):
$$N(t) = 0{,}01 \cdot N_0$$
$$100 \cdot e^{-0{,}0231 \cdot t} = 1$$
$$e^{-0{,}0231 \cdot t} = 0{,}01$$
$$-0{,}0231 \cdot t = \ln 0{,}01$$
$$t \approx 199{,}36 \text{ Jahre}$$

Übung 1 Abnahmeprozess
Während einer Konjunkturflaute sinkt der Absatz eines Autoherstellers im Verlauf von 6 Monaten von 27 000 Autos pro Monat auf 20 000 Autos pro Monat.
a) Wie lautet die Abnahmefunktion, wenn der Rückgang dem exponentiellen Modell $f(t) = a \cdot e^{-kt}$ folgt?
(t: Zeit in Monaten; f(t): Anzahl der monatlich abgesetzten Autos).
b) Wann hat sich der Absatz halbiert?
c) Um wie viele Autos sinkt der Absatz im Verlauf des 6. Monats?

6. Wachstums- und Zerfallsprozesse

Übungen

2. Ameisenkolonie
Eine Ameisenkolonie von 10 000 Tieren wächst jährlich um 10 %. Wie lautet die Wachstumsfunktion? Wann ist eine Bevölkerung von 1 Million erreicht?

3. Radioaktivität
Eine Probe des radioaktiven Isotops Actinium 225 zerfällt gemäß dem Gesetz
$N(t) = 1000 \cdot e^{-0,069t}$ (t: Zeit in Tagen; N(t): Rad. Substanz in mg).
a) Wie groß ist der Anfangsbestand? Wie groß ist der Bestand nach einem Tag? Welcher prozentuale Anteil der Probe zerfällt täglich?
b) Wie groß ist die Halbwertszeit? Eine Probe wird als ausgebrannt betrachtet, wenn die Strahlung auf 1 % des Ausgangswerts gefallen ist. Schätzen Sie die Zeit hierfür mit Hilfe der Halbwertszeit ab.

4. Städte
Die Einwohnerzahl einer Stadt wird modellhaft beschrieben durch $N_1(t) = 30 000 \cdot e^{-0,0513t}$. Dabei ist t die Zeit in Jahren und $N_1(t)$ die Einwohnerzahl zum Zeitpunkt t.
a) Welche Einwohnerzahl liegt nach fünf Jahren vor?
b) Wann fällt die Einwohnerzahl auf 20 000 Einwohner?
c) Wie groß ist die momentane Abnahmerate zu Beginn des Prozesses bzw. nach 10 Jahren?
d) Die Einwohnerzahl einer anderen Stadt wird beschrieben durch $N_2(t) = 10 000 \cdot e^{0,09531t}$. Wann sind beide Städte gleich groß? Wie groß sind sie dann?
e) Wann ist die Summe der Einwohnerzahlen beider Städte minimal?

5. Blutalkohol
Ein Zecher hat sich um 24^{00} Uhr einen Alkoholspiegel von 1,8 Promille angetrunken. Nach einer linearen Faustformel werden stündlich 0,2 Promille abgebaut. Ein anderes exponentielles Modell geht davon aus, dass stündlich ca. 20 % des aktuellen Gehaltes abgebaut werden.
a) Stellen Sie für das lineare Modell eine Abnahmefunktion a(t) auf.
b) Weisen Sie nach, dass das zweite exponentielle Modell durch die Funktion
$b(t) = 1,8 \cdot e^{-0,2231t}$ erfasst wird. Zeichnen Sie beide Graphen in ein System.
c) Welchen Alkoholspiegel hat der Mann morgens um 6.00 Uhr nach dem linearen Modell? Darf er nun wieder fahren (Die erlaubte Grenze beträgt 0,5 Promille)?
d) Wann wird die Grenze von 0,5 Promille nach dem exponentiellen Modell erreicht?
e) Zu welchem Zeitpunkt ist der Unterschied zwischen den Modellen maximal?
f) Bestimmen Sie näherungsweise, zu welchem Zeitpunkt beide Modelle den gleichen Alkoholspiegel anzeigen.

6. Luftdruck
Auf Meereshöhe beträgt der Luftdruck p 1013 mbar. Die Funktion p erfüllt die Gleichung
$p'(h) = -0,00013 \cdot p(h)$. h: Höhe in m, p: Luftdruck in mbar.
a) Begründen Sie, dass $p(h) = 1013\, e^{-0,00013h}$ die Abnahmefunktion ist.
b) Wie groß ist der Luftdruck in 2000 m Höhe bzw. auf dem Mount Everest?
c) Untrainierte Menschen benötigen ab 500 mbar Luftdruck eine Sauerstoffzufuhr per Maske. Ab welcher Höhe ist dies erforderlich?

C. Begrenztes exponentielles Wachstum

Reales Wachstum ist meistens begrenzt. Es gibt eine Obergrenze, die nicht überschritten werden kann. Eine Bevölkerung kann nicht endlos wachsen, ein Baum kann nur eine bestimmte Höhe erreichen, und eine Epidemie ist spätestens zu Ende, wenn alle Einwohner erfasst sind.

Rechts ist der typische Verlauf des sog. *begrenzten Wachstums* dargestellt. Ausgehend von einem gewissen Anfangsbestand zur Zeit t = 0 steigt der Bestand N an, wobei sich die Wachstumsgeschwindigkeit N' zunehmend verkleinert. Schließlich nähert sich die Wachstumsfunktion einer Obergrenze a, die man als *Grenzbestand* oder auch als *Sättigungsgrenze* bezeichnet.

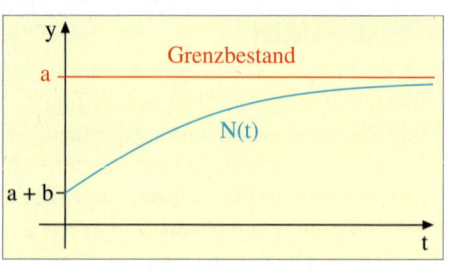

Das begrenzte Wachstum wird durch eine Bestandsfunktion der Gestalt $N(t) = a + b \cdot e^{-kt}$ beschrieben, wobei a positiv und b negativ ist.

a stellt dabei den Grenzbestand oder auch die Sättigungsgrenze dar.

Der Anfangsbestand ist $N(0) = a + b$.

Modell des begrenzten Wachstums
Begrenztes Wachstum kann durch folgende Funktion beschrieben werden.

Wachstumsfunktion:
$$N(t) = a + b \cdot e^{-kt},\ k > 0$$

Dabei ist a die Sättigungsgrenze und $N(0) = a + b$ der Anfangsbestand.

▶ **Beispiel: Die Höhe eines Kaktus**
Ein kleiner Kaktus wird gepflanzt. Seine Höhe wird durch die Wachstumsfunktion $h(t) = 9{,}90 - 9{,}85 \cdot e^{0{,}01t}$ beschrieben (t: Zeit in Jahren; h: Höhe in m).
Wie groß war die Pflanzhöhe des Kaktus? Welche Größe kann er maximal erreichen? Nach welcher Zeit wird der Kaktus 2 m hoch sein?

Lösung:
Die Anfangshöhe ist:
$h(0) = 9{,}90\,\text{m} - 9{,}85\,\text{m} = 0{,}05\,\text{m}$.

Die Grenzhöhe ergibt sich, wenn t immer weiter vergrößert wird und schließlich gegen unendlich strebt. Dabei strebt der Teilterm $e^{-0{,}01t}$ gegen 0. Die Funktion h strebt gegen die Grenzhöhe 9,90 m.

Der Kaktus erreicht ca. 22 Jahre nach der Pflanzung die Höhe von 2 Metern, wie die ▶ Rechnung rechts zeigt.

Anfangshöhe:
$h(0) = 9{,}90 - 9{,}85 \cdot e^{0} = 9{,}90 - 9{,}85 = 0{,}05$

Grenzhöhe:
$\lim\limits_{t \to \infty} h(t) = \lim\limits_{t \to \infty} (9{,}90 - 9{,}85 \cdot e^{-0{,}01t}) = 9{,}90$

Berechnung der Zeit:
$$h(t) = 2$$
$$9{,}90 - 9{,}85 \cdot e^{-0{,}01t} = 2$$
$$e^{-0{,}01t} = \tfrac{7{,}90}{9{,}85} \approx 0{,}802$$
$$-0{,}01\,t = \ln 0{,}802$$
$$t \approx 22{,}06$$

6. Wachstums- und Zerfallsprozesse

▶ **Beispiel: Tropfinfusion**

Ein Medikament wird dem Patienten per Tropfinfusion zugeführt. Die Konzentration im Blut steigt gemäß der Funktion $k(t) = a - ae^{-0,04t}$ (t: Zeit in min; k(t): Konzentration zur Zeit t in µg/ml). Nach 23 Minuten beträgt die Konzentration 30,07 µg/ml.

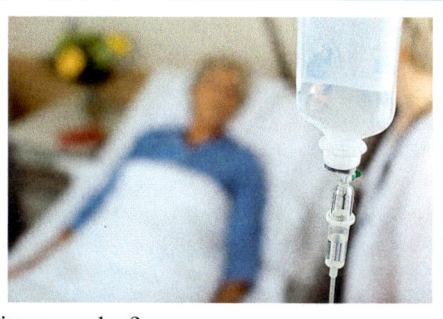

a) Wie lautet die Wachstumsfunktion?
b) Welche Grenzkonzentration kann nicht überschritten werden?
c) Wann wird die therapeutische Wirkschranke von 40 µg/ml erreicht?
d) Wie groß ist die Anstiegsgeschwindigkeit zu Beginn des Prozesses?

Lösung zu a):
Hier muss a bestimmt werden. Die Information $k(23) = 30,07$ führt nach nebenstehender Rechnung auf $a \approx 50$.
Die Gleichung der Wachstumsfunktion lautet daher $k(t) = 50 - 50e^{-0,04t}$.

Gleichung der Wachstumsfunktion:
$k(23) = 30,07$
$a - a \cdot e^{-0,04 \cdot 23} = 30,07$
$a(1 - e^{-0,92}) = 30,07$
$a = \frac{30,07}{1 - e^{-0,92}} \approx 49,99$
$a \approx 50$

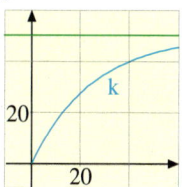

Lösung zu b):
Die Konzentration nähert sich langfristig, d. h. für $t \to \infty$, einer oberen Grenze an. Da der exponentielle Teilterm $e^{-0,04t}$ dabei gegen null strebt, nähert sich die Wachstumsfunktion k der Grenze 50 an.

Grenzkonzentration:
$\lim_{t \to \infty} k(t) = \lim_{t \to \infty} (50 - 50e^{-0,04t}) = 50$

Lösung zu c):
Die Schranke, ab der die gewünschte therapeutische Wirkung einsetzt, liegt bei 40 mg/ml. Der Ansatz $k(t) = 40$ führt nach einer logarithmischen Rechnung auf die Zeit $t \approx 40,24$ Minuten.

Therapeutische Schranke:
$k(t) = 40$
$50 - 50 \cdot e^{-0,04 \cdot t} = 40$
$50 \cdot e^{-0,04 \cdot t} = 10$
$e^{-0,04 \cdot t} = 0,2$
$-0,04t = \ln 0,2$
$t = \frac{\ln 0,2}{-0,04} \approx 40,24$

Lösung zu d):
Die Wachstumsgeschwindigkeit der Konzentration k ist deren Ableitung k'. Mit der Kettenregel folgt $k'(t) = 2 \cdot e^{-0,04t}$.
▶ Hieraus ergibt sich $k'(0) = 2$ µg/ml.

Anstiegsgeschwindigkeit zu Beginn:
$k'(t) = (50 - 50 \cdot e^{-0,04 \cdot t})'$
$= 0 - 50 \cdot e^{-0,04 \cdot t} \cdot (-0,04)$
$= 2 \cdot e^{-0,04 \cdot t}$
$k'(0) = 2$

Übung 7 Wachstum von Pilzen

Die Masse eines Pilzes wächst nach der Formel $m(t) = 40 - 25e^{-kt}$ (t: Tage, m: Gramm), wobei k vom Nährboden abhängt (Boden A: k = 0,10; Boden B: k = 0,20). Skizzieren Sie beide Graphen im gleichen Koordinatensystem. Wann werden 30 Gramm erreicht? Vergleichen Sie die Wachstumsgeschwindigkeiten zur Zeit t = 0 und t = 10.

Das Newtonsche Abkühlungsgesetz

Heiße Körper geben Wärme an die kältere Umgebung ab und kühlen so im Laufe der Zeit auf die Umgebungstemperatur ab. Der berühmte Physiker Isaac Newton (1643–1727) stellte auch ein Gesetz auf, das die exponentielle Abnahme der Temperatur bei Abkühlungsvorgängen erfasst.

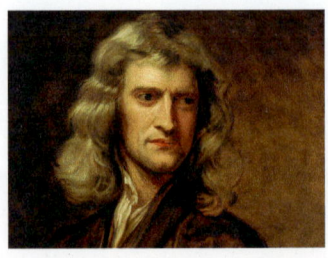

$T(t)$ sei die Temperatur eines sich abkühlenden Körpers zur Zeit t. Die Temperatur kann nicht niedriger werden als die Umgebungstemperatur.
Daher liegt auch hier das Modell der begrenzten Abnahme vor. Es kann also der Ansatz $T(0) = a + be^{-kt}$ verwendet werden.
Dabei ist $T(0) = a + b$ die Anfangstemperatur des Körpers zu Beginn des Abkühlungsprozesses.
Weiter strebt $T(t)$ mit zunehmender Zeitdauer, also für $t \to \infty$, offensichtlich gegen den Wert a. Also muss a die Umgebungstemperatur sein.
So erhalten wir das rechts dargestellte Newtonsche Abkühlungsmodell.

Modell des Abkühlungsprozesses
Ein Abkühlungsprozess kann durch die folgende *Abkühlungsfunktion* beschrieben werden.

$$T(t) = a + b \cdot e^{-kt}, k > 0$$

Dabei gelten zwei Zusammenhänge:
a + b ist die Anfangstemperatur $T(0)$.
a ist die Umgebungstemperatur, der sich T langfristig annähert.

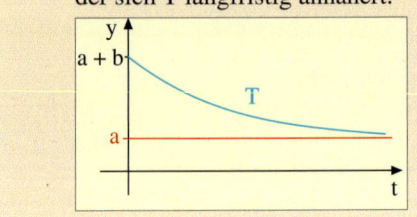

▶ Beispiel: Teatime
Mathelehrer Peter Pim hat 15 Minuten Pause. Die Temperatur in seiner Teekanne fällt in den ersten beiden Minuten von 98 °C auf 88 °C. Schnell errechnet Peter, wie heiß der Tee in der Kanne am Ende seiner Pause noch ist. Übrigens, im Raum ist es 20 °C warm.

Lösung:
Zunächst muss die Abkühlungsfunktion $T(t) = a + be^{-kt}$ bestimmt werden.
a ist die Umgebungstemperatur, also gilt a = 20. Wegen $T(0) = a + b = 98$ folgt damit b = 78.
Nun muss noch k bestimmt werden.
Der Ansatz $T(2) = 88$ führt laut der rechts aufgeführten logarithmischen Rechnung auf den Wert k = 0,069. Damit ist die Abkühlungsfunktion komplett:
▼ $T(t) = 20 + 78 \cdot e^{-0,069t}$

Ansatz: $T(t) = a + be^{-kt}$
a = Umgebungstemperatur = 20
a + b = Anfangstemperatur = 98 ⇒ b = 78

Zwischenergebnis:
$$T(2) = 88 \Rightarrow 20 + 78e^{-2k} = 88$$
$$e^{-2k} = 0{,}5$$
$$-2k = \ln 0{,}8718$$
$$k \approx 0{,}069$$

Endergebnis: $\quad T(t) = 20 + 78 \cdot e^{-0,069t}$

Nun können wir die Temperatur nach 15 Minuten bestimmen. Sie beträgt ca. 48°.
▶ Der Tee ist also gut zu genießen.

Temperatur nach 15 Minuten:
$T(15) = 20 + 78 \cdot e^{-0,069 \cdot 15} \approx 47,71\,°C$

Übungen

8. Population
Der Bestand einer Population wird durch die Funktion $N(t) = 10 - 8 \cdot e^{-0,2t}$ erfasst. Dabei gibt t die Zeit in Stunden seit Beobachtungsbeginn an und $N(t)$ die Anzahl der Individuen in Tausend.
a) Zeichnen Sie den Graphen von N mit Hilfe einer Wertetabelle ($0 \le t \le 20$, Schrittweite 5).
b) Bestimmen Sie den Anfangsbestand und den Grenzbestand der Population.
c) Welcher Bestand liegt zur Zeit $t = 3$ vor?
d) Nach welcher Zeit hat sich der Anfangsbestand vervierfacht?
e) Wie groß ist die Wachstumsgeschwindigkeit (gemessen in Tausend Individuen pro Stunde) zu Beginn des Wachstumsprozesses bzw. nach 10 Stunden?

9. Stausee
Ein neuer natürlicher Stausee wird angelegt. Er wird durch einen konstanten Zufluss gefüllt, verliert aber mit zunehmender Füllung aufgrund des steigenden Wasserdrucks wieder Wasser durch den undichten Seeboden.
Berechnungen ergaben, dass die Erstbefüllung durch die Funktion W erfasst werden kann:
$W(t) = 1\,000\,000 \cdot (1 - e^{-0,025\,t})$
(t: Zeit in Std., W: Wasservolumen in m³)

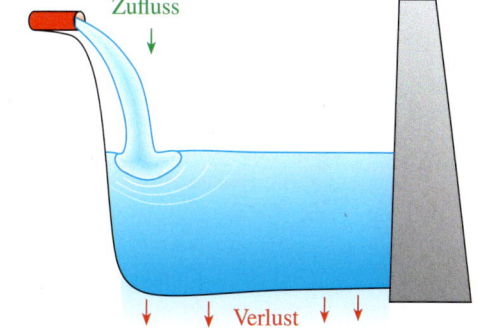

a) Fertigen Sie eine Wertetabelle für die Funktion W an ($0 \le t \le 100$, Schrittweite 20). Skizzieren Sie den Graphen von W.
b) Wie groß wird das Wasservolumen nach 50 bzw. nach 200 Stunden sein? Welches Wasservolumen wäre maximal erreichbar?
c) Der See hat ein Leervolumen von $1\,200\,000$ m³. Kann er völlig gefüllt werden? Nach welcher Zeit ist er zur Hälfte gefüllt?
d) Mit welcher Geschwindigkeit (in m³/h) füllt sich der See zur Zeit $t = 20$? Wie stark ist der konstante Zufluss?

10. Eisenschmelze
Eisen schmilzt bei 1538 °C. Eine glühende Eisenschmelze kühlt sich bei einer Umgebungstemperatur von 20 °C innerhalb von 10 Minuten von 2000 °C auf 1800 °C ab.
a) Wie lautet die Abkühlungsfunktion?
b) Wie lange dauert es bis zur Erstarrung des Eisens?
c) Wie groß ist die Abkühlungsrate zu Beginn des Prozesses?

11. Chinesisch

Anja möchte China besuchen. Daher nimmt sie an einem Chinesisch-Kurs teil. Erfahrungsgemäß beginnen die Teilnehmer ohne Vorkenntnisse und besitzen eine maximale Lernkapazität von 500 Vokabeln. Ein durchschnittlicher Teilnehmer beherrscht nach einer Stunde 40 Vokabeln.

a) Wie lautet die Lernkurve eines durchschnittlichen Teilnehmers?
(t: Stunden, L(t): Anzahl der Vokabeln)
b) Wie lange benötigt ein Teilnehmer für die Hälfte der maximalen Kapazität?
c) Anja beherrscht nach einer Stunde schon 50 Vokabeln, nach zwei Stunden sind es sogar 98 Vokabeln.
Wie lautet ihre persönliche Lernkurve? Wo liegt ihre Kapazitätsgrenze?
d) Wann sinkt die Lernrate eines durchschnittlichen Teilnehmers auf 10 Vokabeln/Stunde? Welche Lernrate hat Anja zur Zeit t = 10?

12. Wölfe

In einem Waldgebiet ist Revierplatz vorhanden für maximal 800 Wölfe. Zu Beobachtungsbeginn werden 500 Wölfe gezählt. Nach drei Jahren sind es schon 700 Tiere.

a) Wie lautet die Bestandsfunktion N(t)?
b) Wie viele Wölfe gibt es nach fünf Jahren?
c) Zeichnen Sie den Graphen von N.
d) Durch intensivere Beforstung beginnt die Wolfspopulation seit Beginn des zehnten Jahres um 10% pro Jahr zu sinken.
Wann unterschreitet sie 100 Tiere?

13. Fanmeile

Die Fanmeile zur Fußball-WM wurde 60 Minuten vor Spielbeginn geöffnet. Nach 5 Minuten wurden bereits 32 135 Personen eingelassen. Es wird angenommen, dass die Anzahl der eingelassenen Personen durch $P(t) = 300\,000\,(1 - e^{-kt})$ beschrieben werden kann (t: Zeit in Minuten, P(t): Personenzahl).

a) Bestimmen Sie den Koeffizienten k.
b) Wie viele Personen sind nach 30 Minuten auf der Fanmeile?
c) Wie groß ist die Maximalkapazität der Meile? Wann erreicht die Auslastung 90%?
d) Wie groß ist die Einlassgeschwindigkeit zu Beginn bzw. nach 30 Minuten?

D. Modellierung mit exponentiellen Termen

> **Beispiel: Wachstum von Kletterbohnen**
> Das Höhenwachstum zweier Kletterbohnensorten I, II wird durch folgende Funktionen erfasst:
> $h_1(t) = 180 - 150e^{-0,05t}$, $h_2(t) = 10e^{0,1t}$ (t in Tagen, h in cm)
>
> a) Wann ist eine Bohne der Sorte I 1 m hoch? Bestimmen Sie einen Näherungswert für den Zeitpunkt, an dem beide Sorten gleich hoch gewachsen sind.
> b) Sorte I wächst zur Zeit t = 0 mit einer Geschwindigkeit von 7,5 cm/Tag. Wann erreicht Sorte II diese Geschwindigkeit?
> c) Zu welchem Zeitpunkt sind die Wachstumsgeschwindigkeiten beider Sorten gleich?

Lösung zu a):
Der Ansatz $h_1(t) = 100$ führt nach nebenstehender Rechnung auf eine Zeit von ca. 12,57 Tagen.

Die Lösungen der Gleichung $h_1(t) = h_2(t)$ können nicht durch Umformungen bestimmt werden. Man legt eine Wertetabelle mit dem GTR an. Beide Sorten sind am 27. Tag gleich hoch. Genauer Wert: 26,38 Tage

Lösung zu b):
Gesucht sind die Lösungen der Gleichung $h_2'(t) = 7,5$, d. h. $e^{0,1t} = 7,5$.
Nach ca. 20 Tagen wächst die Sorte II mit der Geschwindigkeit 7,5 cm/Tag.

Lösung zu c):
Die Ansatzgleichung $h_1'(t) = h_2'(t)$ hat die Lösung $t \approx 13,43$ Tage. Zu diesem Zeitpunkt wachsen beide Sorten gleich schnell.

Zeit für 1 m Höhe bei Sorte I:
$h_1(t) = 180 - 150e^{-0,05t} = 100$
$e^{-0,05t} \approx 0,5333$
$\quad t \approx 12,57$ Tage

Zeit für gleiche Höhe beider Sorten:

t	25	26	27
$h_1(t)$	137,02	139,12	141,11
$h_2(t)$	121,82	134,67	148,80

Zeit für Geschwindigkeit 7,5 cm/Tag:
$h_2'(t) = e^{0,1t} = 7,5$
$\quad 0,1t = \ln 7,5$
$\quad\quad t \approx 20,15$ Tage

Zeitpunkt gleicher Geschwindigkeit:
$\quad h_1'(t) = h_2'(t)$
$7,5 e^{-0,05t} = e^{0,1t}$
$\quad e^{0,15t} = 7,5$
$\quad\quad t \approx 13,43$ Tage

Übung 14
Die Masse einer Hefekultur wird erfasst durch $m(t) = 20 - 18e^{-0,12t}$ (t in Stunden, m in mg)
a) Nach welchem Zeitpunkt werden 15 mg Masse erreicht?
b) Wie groß ist die Wachstumsgeschwindigkeit zum Zeitpunkt t = 0 bzw. t = 24?

Beispiel: Aufstellen der Wachstumsfunktion

Die Höhe eines Kirschbaumes wird angenähert durch die Funktion $h(t) = 4 - ae^{-kt}$ modelliert, wobei t die Zeit in Jahren seit der Pflanzung und $h(t)$ die Baumhöhe in Metern angibt.

5 Jahre nach der Pflanzung war der Baum 1,8 m hoch, nach weiteren 5 Jahren hatte er eine Höhe von 2,6 m.

a) Bestimmen Sie die Parameter a und k sowie die Gleichung der Funktion h.
b) Wie hoch war der Baum zum Zeitpunkt der Pflanzung? Wann erreicht er die Höhe 3 m?
c) Welches durchschnittliche Höhenwachstum hatte der Baum während der ersten 5 Jahre? Welches momentane Höhenwachstum hat er zu Beginn des 6. Jahres?

Lösung zu a):
Aus den beiden Bedingungen $h(5) = 1,8$ und $h(10) = 2,6$ erhalten wir ein Gleichungssystem mit den Variablen a und k.

Das Gleichungssystem wird, wie nebenstehend angegeben, gelöst. Die Lösungen sind $a \approx 3,46$ und $k \approx 0,0904$. Die Gleichung für die Funktion h lautet:
$h(t) = 4 - 3,46 e^{-0,0904 t}$.

Bestimmung der Parameter k und a:
$h(5) = 1,8$:   I: $4 - ae^{-5k} = 1,8$
$h(10) = 2,6$:   II: $4 - ae^{-10k} = 2,6$
II nach a auflösen: III: $a = 1,4 e^{10k}$
III in I einsetzen: $4 - 1,4 e^{5k} = 1,8$
$e^{5k} = \frac{11}{7}$
$k \approx 0,0904$
Rückeinsetzen von $k = 0,0904$ in (I):
$4 - ae^{-0,452} = 1,8 \Rightarrow a \approx 3,46$

Lösung zu b):
Für $t = 0$ erhalten wir die Höhe $h(0) = 0,54$.
Der Baum war zu Beginn 0,54 m hoch.

Aus dem Ansatz $h(t) = 3$ erhalten wir, dass der Baum nach ca. 13,73 Jahren eine Höhe von 3 m erreicht.

Baumhöhe zur Zeit t = 0:
$t = 0$: $h(0) = 4 - 3,46 = 0,54$ m

Bestimmung von t mit $h(t) = 3$:
$h(t) = 4 - 3,46 e^{-0,0904 t} = 3$
$e^{-0,0904 t} \approx 0,289$
$t \approx 13,73$ Jahre

Lösung zu c):
Zu berechnen ist die mittlere Änderungsrate im Zeitintervall [0; 5] sowie die Ableitung von h zur Zeit $t = 5$, d. h. $h'(5)$.

Die mittlere Höhenwachstumsgeschwindigkeit beträgt etwa 0,25 m/Jahr.
Die momentane Wachstumsgeschwindigkeit zur Zeit $t = 5$ beträgt nur 0,20 $\frac{m}{Jahr}$.

Mittlere Wachstumsgeschwindigkeit:
$\frac{\Delta h}{\Delta t} = \frac{h(5) - h(0)}{5 - 0} \approx \frac{1,80 - 0,54}{5 - 0} \approx 0,25$ m/Jahr

Momentane Wachstumsgeschwindigkeit:
$h'(t) = 0,31 e^{-0,0904 t}$
$h'(5) \approx 0,20$ m/Jahr

Übung 15

Die Flughöhe eines Flugzeugs in einer Flugphase ist in der nebenstehenden Tabelle erfasst. Beschreiben Sie die Flughöhe durch eine Funktion $h(t) = 4 + ae^{-kt}$. Wie groß sind die durchschnittliche sowie die maximale Sinkgeschwindigkeit während der 10-minütigen Flugphase?

t (in min)	2	5
h (in km)	4,69	4,47

Übungen

16. Höhenwachstum einer Pfingstrose

Das Höhenwachstum einer Pfingstrose wurde in einer Messreihe erfasst.

t (in Tage)	0	4	8	12	16
h(t) (cm)	2,0	3,5	6,13	10,73	18,79

a) Zeichnen Sie den Graphen der Funktion h.
b) Weisen Sie nach, dass unbegrenztes exponentielles Wachstum vorliegt.
c) Wie groß ist die mittlere Wachstumsgeschwindigkeit in den ersten 10 Tagen und die momentane zu Beginn des 10. Tages?
d) Wann erreicht die Pflanze eine Höhe von 40 cm?

17. Desinfektion

Durch Zugabe eines Desinfektionsmittels soll die Anzahl der Keime (in Mio. pro ml) in einem Erlebnisbad verringert werden. Die danach vorhandene Keimanzahl wird nach Ansicht eines Experten beschrieben durch $h_1(t) = 5 + 10e^{-0,02t}$ (t in Stunden). Ein zweiter Experte vertritt die Meinung, dass die Funktion $h_2(t) = 15 - 0,12t$ die Anzahl der Keime zutreffend angibt.

a) Welche Anzahl von Keimen enthält 1 ml Wasser in beiden Modellen 10 Stunden nach der Desinfektion?
b) Wann ist in beiden Modellen die Keimzahl auf die Hälfte des Anfangsstandes gefallen?
c) Für welchen Zeitpunkt ist der Unterschied beider Prognosen am größten?

18. Wachstum von Krokodilen

Ein Zoologe stellt fest, dass das Längenwachstum eines Krokodils durch $L(t) = 3 - ae^{-kt}$ (0 < t < 12, t in Monaten, L in Metern) erfasst wird. Zu Beginn (t = 0) war das Krokodil 1,8 m lang, ein Jahr später wurde seine Länge mit 2,48 m gemessen.

a) Stellen Sie das Wachstumsgesetz auf.
b) Welche maximale Länge erreicht das Krokodil?
c) Wann hat es 75 % seiner maximalen Länge erreicht? Wie groß ist zu diesem Zeitpunkt seine momentane Wachstumsgeschwindigkeit?
d) Das Längenwachstum eines zweiten Krokodils wird modelliert durch die Funktion $L_2(t) = 2,5 - 2e^{-0,2t}$. Zeichnen Sie beide Graphen in ein gemeinsames Koordinatensystem. Wann ist die Größendifferenz beider Krokodile am geringsten?

19. Drosophila, das Haustier der Genforscher

Im Labor wurde eine kleine Population der Fruchtfliege Drosophila angelegt, deren Bestand angenähert durch $N(t) = 40t^2 \cdot e^{1-0,4t}$ beschrieben wird (t in Tagen, t > 0).

a) Bestimmen Sie für die Bestandsfunktion die Nullstellen, Extrema und Wendepunkte. Zeichnen Sie den Graphen für 0 < t < 20.
b) Zu welchem Zeitpunkt ist die Population am stärksten? Wie groß ist sie dann?
c) Zu welchem Zeitpunkt wächst bzw. verringert sich der Bestand besonders stark?

Das Wachstumsmodell von Verhulst

Im Jahre 1845 gelang es dem belgischen Mathematiker P. F. Verhulst, die Entwicklung der Bevölkerungszahl der Vereinigten Staaten von Amerika mit erstaunlicher Genauigkeit vorherzusagen. Seine Prognose war so gut, dass selbst 1930, also 85 Jahre nach Prognosestellung, die Abweichung von der tatsächlichen Bevölkerungsentwicklung weniger als 1 % betrug.

Verhulst entwickelte ein verfeinertes exponentielles Modell, welches berücksichtigte, dass sich jedes natürliche Wachstum im Laufe der Zeit abschwäche, das so genannte **logistische Modell** mit einer nun S-förmigen Kurve. Als weitere Grundlage seiner Vorhersage verwendete er die Ergebnisse der seit 1790 in Amerika im Abstand von 10 Jahren durchgeführten allgemeinen Volkszählungen.

Jahr	Tatsächliche Entwicklung	Prognose von Verhulst (1845)
1790	3,9 Mio.	3,9 Mio
1800	5,3	5,3
1810	7,2	7,2
1820	9,6	9,7
1830	12,9	13,1
1840	17,1	17,5
1850	23,2	23,1
1860	31,4	30,4
1870	38,6	39,3
1880	50,2	50,2
1890	62,9	62,8
1900	76,0	76,9
1910	92,0	92,0
1920	106,5	107,5
1930	123,2	122,5

(Zeitpunkt der Prognosestellung)

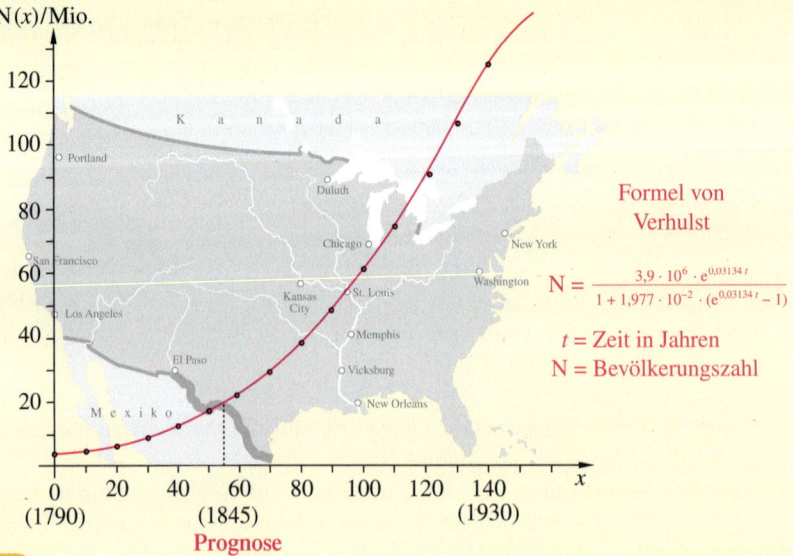

Formel von Verhulst

$$N = \frac{3{,}9 \cdot 10^6 \cdot e^{0{,}03134\,t}}{1 + 1{,}977 \cdot 10^{-2} \cdot (e^{0{,}03134\,t} - 1)}$$

t = Zeit in Jahren
N = Bevölkerungszahl

Übung

a) Überprüfen Sie durch Quotientenbildung $\frac{N(t+10)}{N(t)}$, dass das exponentielle Bevölkerungswachstum der amerikanischen Bevölkerung sich im Laufe der Zeit tatsächlich abschwächte.
b) Legen Sie nun nur die Daten von 1790 (3,9 Mio.) und 1830 (12,9 Mio.) zugrunde. Stellen Sie hieraus die rein exponentielle Wachstumsfunktion auf (Ansatz: $N(t) = N_0 \cdot e^{kt}$). In welchen zeitlichen Grenzen gilt dieses Modell in guter Näherung?
c) Welche Bevölkerungszahl für 1930 ergibt sich mit dem Modell aus b)?

7. Exkurs: Modellierung mit Exponentialfunktionen

A. Randkurven

Die Form eines Grundstücks, der Querschnitt eines Gegenstands, der Verlauf einer Straße und das Höhenprofil eines Berges haben eines gemeinsam: Sie können durch **Randkurven** beschrieben werden. Der Vorteil besteht darin, dass diverse Eigenschaften der so erfassten realen Objekte rechnerisch mit den Methoden der Differential- und Integralrechnung untersucht werden können. Exemplarisch verdeutlichen wir am Beispiel des folgenden Inselproblems, was gemeint ist.

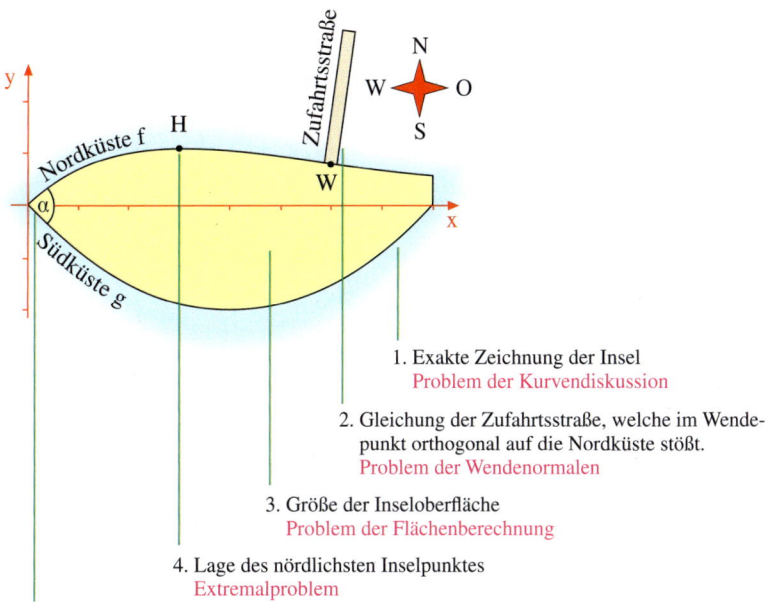

1. Exakte Zeichnung der Insel
   Problem der Kurvendiskussion
2. Gleichung der Zufahrtsstraße, welche im Wendepunkt orthogonal auf die Nordküste stößt.
   Problem der Wendenormalen
3. Größe der Inseloberfläche
   Problem der Flächenberechnung
4. Lage des nördlichsten Inselpunktes
   Extremalproblem
5. Größe des Winkels zwischen Nord- und Südküste
   Schnittwinkelproblem

▶ **Beispiel: Inselproblem**
Wie groß ist die abgebildete Insel, wenn die Nordküste durch die Randkurve $f(x) = x \cdot e^{-\frac{1}{3}x}$ und die Südküste durch die Randkurve $g(x) = \frac{1}{8}x^2 - x$ erfasst wird (1 LE = 1 km)?
Hinweis: Verwenden Sie, dass $F(x) = (-3x - 9) \cdot e^{-\frac{1}{3}x}$ eine Stammfunktion von f ist.

Lösung:
Die Stammfunktion F der Nordküste ist gegeben. Die Südküste $g(x) = \frac{1}{8}x^2 - x$ hat die Stammfunktion $G(x) = \frac{1}{24}x^3 - \frac{1}{2}x^2$.
Nun können wir durch Integration den Inhalt des nördlichen Inselteils und den Inhalt des südlichen Teils bestimmen (6,71 km² bzw. 10,67 km²).
Die Insel hat also eine Gesamtfläche von
▶ A = 17,38 km².

$$\int_0^8 f(x)\,dx = [F(x)]_0^8 = F(8) - F(0)$$
$$= (-33 e^{-\frac{8}{3}}) - (-9) \approx 6{,}71$$

$$\int_0^8 g(x)\,dx = [G(x)]_0^8 = G(8) - G(0)$$
$$= \left(-\frac{32}{3}\right) - (0) \approx -10{,}67$$

A = 6,71 + 10,67 = 17,38

Wir erweitern nun das Inselproblem um einige typische Untersuchungspunkte.

▶ **Beispiel: Inselproblem, Teil 2**
Eine Insel wird nach Norden durch die Randkurve $f(x) = x \cdot e^{-\frac{1}{3}x}$ und nach Süden durch $g(x) = \frac{1}{8}x^2 - x$ begrenzt ($0 \leq x \leq 8$, 1 LE = 1 km).

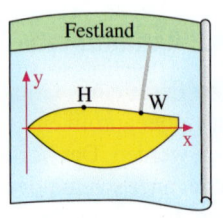

a) Bestimmen Sie f' und f''.
b) Wo liegt der nördlichste Inselpunkt?
c) Eine vom Festland kommende Zufahrtsbrücke trifft im Wendepunkt W auf die Nordküste. Wie lautet die Geradengleichung der Brücke?

Lösung zu a:
Wir bestimmen f' mit Produkt- und Kettenregel, ausgehend von
$f(x) = u \cdot v = x \cdot e^{-\frac{1}{3}x}$.
$f'(x) = u' \cdot v + u \cdot v' = 1 \cdot e^{-\frac{1}{3}x} + x \cdot \left(-\frac{1}{3} e^{-\frac{1}{3}x}\right)$
$f'(x) = \left(1 - \frac{1}{3}x\right) e^{-\frac{1}{3}x}$

Lösung zu b:
Der nördlichste Inselpunkt ist der Hochpunkt der Randkurve f. Diesen bestimmen wir mit Hilfe der notwendigen Bedingung $f'(x) = 0$. Er liegt bei $H(3 \mid 1{,}10)$.
Die Überprüfung mit der hinreichenden Bedingung $f'(x) = 0$, $f''(x) < 0$ ergibt, dass es sich tatsächlich um ein Maximum handelt.

Lösung zu c:
Die Brücke schneidet die Kurve im Wendepunkt orthogonal. Also handelt es sich um die Wendenormale von f.
Wir berechnen zunächst den Wendepunkt von f. Er liegt bei $W(6 \mid 0{,}81)$. Als nächstes wird die Steigung von f an der Wendestelle bestimmt: $f'(6) = -e^{-2} \approx -0{,}135$.
Nun werden diese Ergebnisse in die allgemeine Normalengleichung eingesetzt.

▶ **Resultat:** $n(x) \approx 7{,}39x - 43{,}52$

1. Ableitungen:
$f'(x) = \left(1 - \frac{1}{3}x\right) \cdot e^{-\frac{1}{3}x}$
$f''(x) = \left(\frac{1}{9}x - \frac{2}{3}\right) \cdot e^{-\frac{1}{3}x}$

2. Hochpunkt von f:
$f'(x) = 0$
$\left(1 - \frac{1}{3}x\right) \cdot e^{-\frac{1}{3}x} = 0$
$1 - \frac{1}{3}x = 0$
$x = 3, \; y = 3 \cdot e^{-1} \approx 1{,}10$
Hochpunkt $H(3 \mid 1{,}10)$

3. Wendepunkt von f:
$f''(x) = 0$
$\frac{1}{9}x - \frac{2}{3} = 0$
$x = 6, \; y = 6e^{-2} \approx 0{,}81$
Wendepunkt $W(6 \mid 0{,}81)$

4. Wendenormale:
$n(x) = -\frac{1}{f'(x_0)}(x - x_0) + f(x_0)$
$n(x) = e^2(x - 6) + 6e^{-2}$
$n(x) \approx 7{,}39x - 43{,}52$

Übung 1 Zoo
Ein Tiergehege wird durch einen Zaun $f(x) = (4 - x) \cdot e^{\frac{x}{2}}$, einen Wassergraben und eine Mauer bei $x = -4$ wie abgebildet begrenzt (1 LE = 100 m).

a) Wie groß ist die maximale Nord-Süd-Ausdehnung des Geheges? Wie lang ist die Begrenzungsmauer?
b) Bestimmen Sie den Parameter a so, dass $F(x) = (a - 2x) \cdot e^{\frac{x}{2}}$ eine Stammfunktion von f ist. Welchen Flächeninhalt hat das Gehege?

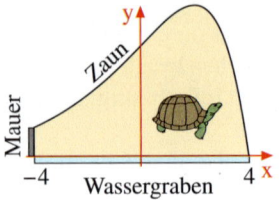

Übungen

2. Historisches Stadttor

Für eine Theateraufführung in der Schule wird ein historisches Stadttor aus Sperrholzplatten benötigt.
Der Regisseur hat den Wunsch, dass die Toröffnung in der Mitte ca. 2 m hoch und unten 2 m breit ist.
Die Randkurve des Torbogens soll modelliert werden durch die Funktion
$f(x) = 2{,}4 - 0{,}2\,(e^{2{,}5x} + e^{-2{,}5x})$.

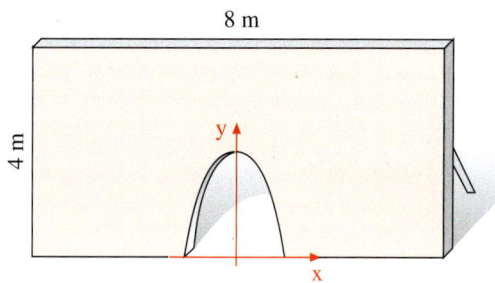

a) Werden die Vorgaben des Regisseurs in etwa eingehalten?
b) In welchem Winkel muss die Säge beim Ausschneiden des Torbogens angesetzt werden?
c) Der Aufbau wird nach dem Ausschneiden des Tors gestrichen. Wie groß ist die zu streichende Fläche?

3. Inseln

In Dubai werden im Meer künstliche Inseln aufgeschüttet. Die Küsten einer Insel werden wie abgebildet durch die Funktionen f (Strand) und g (Wohnen) beschrieben.
(1 LE = 100 m)

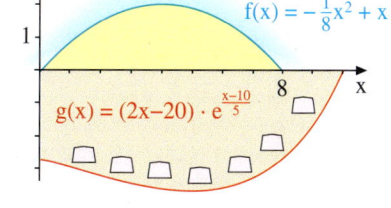

a) Zeigen Sie, dass $G(x) = (10x - 150) \cdot e^{\frac{x-10}{5}}$ eine Stammfunktion von g ist.
Berechnen Sie den Flächeninhalt der Insel.
b) Welche maximale Nord-Süd-Ausdehnung hat der untere Teil der Insel, d. h. das Wohngebiet?

4. Schwimmbad

Ein Wasserbecken wird durch die beiden Geraden $x = 4$ und $y = 4$ sowie die Funktion $f(x) = -10x \cdot e^{-x-1}$ begrenzt (1 LE = 10 m).

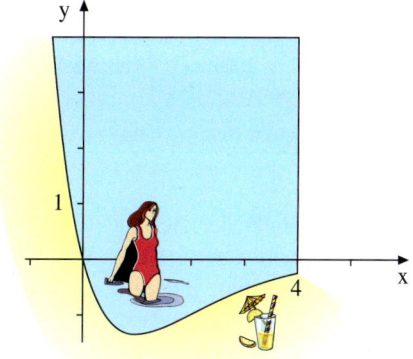

a) Wie lang ist der rechte Beckenrand? Zeigen Sie, dass der obere Beckenrand ca. 46 m lang ist.
b) An welcher Stelle ist die vertikale Ausdehnung des Beckens am größten?
c) Wie viele Quadratmeter Fliesen werden für den Beckenboden benötigt? Zeigen Sie zunächst, dass die Funktion $F(x) = 10(x+1)e^{-x-1}$ Stammfunktion von f ist.

B. Beschreibung von Prozessen

Im Folgenden werden Prozesse untersucht, deren zeitlicher Ablauf durch Exponentialfunktionen erfasst werden kann. Beispiele sind das Höhenwachstum einer Pflanze, der Temperaturverlauf bei einem Aufheizvorgang oder auch die Populationsentwicklung einer Tierart. Mit Hilfe der Differentialrechnung können dann Aussagen über diverse Aspekte des beobachteten Prozesses gewonnen werden. Exemplarisch verdeutlichen wir am Beispiel des folgenden Wildschweinproblems, was gemeint ist.

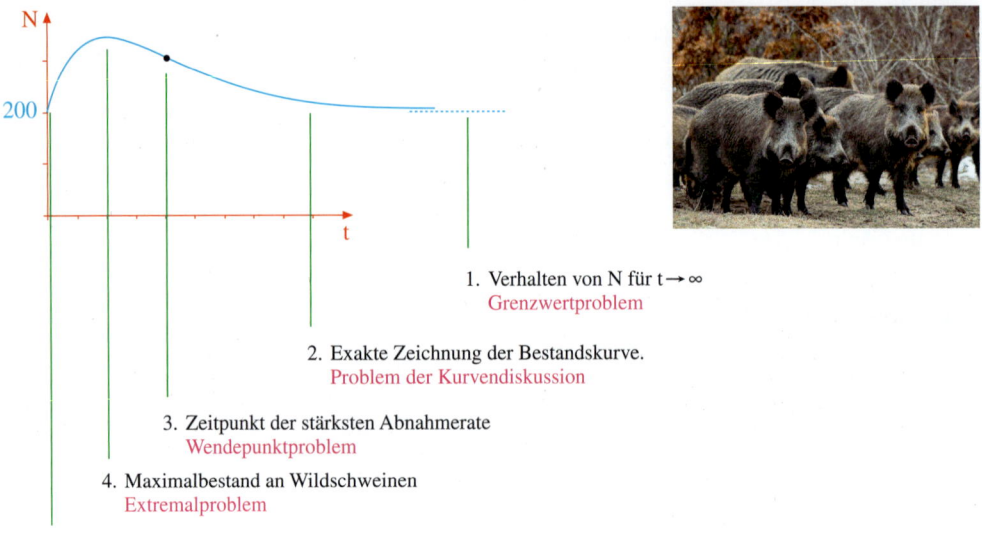

1. Verhalten von N für t → ∞
   Grenzwertproblem
2. Exakte Zeichnung der Bestandskurve.
   Problem der Kurvendiskussion
3. Zeitpunkt der stärksten Abnahmerate
   Wendepunktproblem
4. Maximalbestand an Wildschweinen
   Extremalproblem
5. Zunahmerate des Bestandes zu Beobachtungsbeginn
   Problem der momentanen Änderungsrate

> **Beispiel: Wildschweinplage**
> Im Stadtgebiet breiten sich die Wildschweine aus. Durch ein Wildpflegeprogramm hofft man, der Plage Herr zu werden. Der Bestand soll sich damit kontrolliert gemäß der Funktion $N(t) = 200 + 200t \cdot e^{-0{,}5t}$ entwickeln (t: Jahre; N(t): Anzahl der Schweine).
> Zu welchem Zeitpunkt nimmt der Bestand am stärksten ab? Wie groß ist die momentane Änderungsrate zu diesem Zeitpunkt?

Lösung:
Im Wendepunkt der Bestandsfunktion ist die Abnahmerate am größten. Wir bestimmen diesen Punkt, indem wir N″ gleich null setzen (notwendige Bedingung).

Dies führt auf die Wendestelle t = 4.

Die momentane Änderungsrate an dieser Stelle erhalten wir durch Berechnen von N′(4): Sie beträgt −27,07 Tiere/Jahr, was gleichbedeutend ist mit −2,26 Tiere/Monat.

Ableitungen von N:
$N'(t) = (200 - 100t) \cdot e^{-0{,}5t}$
$N''(t) = (50t - 200) \cdot e^{-0{,}5t}$

Wendepunkt von N:
$N''(t) = 0$
$(50t - 200) \cdot e^{-0{,}5t} = 0$
$50t - 200 = 0$
$t = 4$
$N'(4) = -27{,}07 \, \frac{\text{Tiere}}{\text{Jahr}} = -2{,}26 \, \frac{\text{Tiere}}{\text{Monat}}$

Beispiel: Wildschweinplage (Teil 2)

Ein Wildschweinbestand entwickelt sich gemäß der Bestandsfunktion $N(t) = 200 + 200t \cdot e^{-0,5t}$.
t: Zeit in Jahren; N(t): Bestand in Schweinen

a) Mit welcher Geschwindigkeit wächst der Bestand zu Beobachtungsbeginn? Wie groß ist die mittlere Zuwachsrate in den ersten beiden Jahren?
b) Welcher Maximalbestand wird erreicht?
c) Welchem Grenzbestand nähert sich die Population langfristig?

Lösung zu a:
Die momentane Änderungsrate zur Zeit t = 0 errechnen wir mit der Ableitungsfunktion N'. Resultat: Zu Beginn wächst die Population um ca. 17 Tiere pro Monat.

Die mittlere Zuwachsrate in den ersten zwei Jahren errechnen wir mit dem Differenzenquotienten. Sie beträgt 6 Tiere pro Monat.

Momentane Wachstumsrate zur Zeit T = 0:
$N'(t) = (200 - 100t) \cdot e^{-0,5t}$
$N'(0) = 200 \frac{\text{Tiere}}{\text{Jahr}} \approx 16{,}67 \frac{\text{Tiere}}{\text{Monat}}$

Mittlere Wachstumsrate in 2 Jahren:
$\frac{N(2) - N(0)}{2 - 0} \approx \frac{347{,}15 - 200}{2} \approx 73{,}58 \frac{\text{Tiere}}{\text{Jahr}}$
$\approx 6{,}13 \frac{\text{Tiere}}{\text{Monat}}$

Lösung zu b:
Mit Hilfe der notwendigen Bedingung für Extrema (N'(t) = 0) bestimmen wir die Lage des Maximums von N. Es liegt bei t = 2. Die Anzahl der Schweine beträgt maximal 347.

Maximaler Bestand:
$N'(t) = (200 - 100t) \cdot e^{-0,5t}$
$N'(t) = 0$
$200 - 100t = 0, t = 2$
$N(2) = 347{,}15$ Schweine

Lösung zu c:
Wir erkennen anhand einer Tabelle, dass die Bestandsfunktion N(t) sich mit wachsendem t dem Wert 200 nähert. Dies ist der langfristige Grenzbestand.

Grenzbestand $t \to \infty$:

t	0	1	10	20	$\to \infty$
N(t)	200	321,3	213,5	200,2	$\to 200$

$\lim_{t \to \infty} N(t) = 200$

Übung 5 Höhenwachstum

Eine Großgärtnerei vergleicht das Höhenwachstum zweier Kaiserkronensorten während der Blütezeit. Blume 1 wächst nach dem Gesetz $h_1(t) = 10 \cdot e^{0,1t}$, Blume 2 nach dem Gesetz $h_2(t) = 50 - 40 \cdot e^{-0,1t}$ (t in Tagen, h in cm, $0 \leq t \leq 20$).
a) Zeichnen Sie die Graphen von h_1 und h_2.
b) Wann erreichen die Blumen 20 cm Höhe?
c) Wann wächst Blume 2 mit der Rate 1 cm/Tag?
d) Wann ist die Höhendifferenz während der ersten 10 Tage maximal?
e) Wann sind die Blumen gleich hoch?

Übungen

6. Kapitalanlage
Franz hat sein gesamtes Sparguthaben bei der Sparkasse abgehoben und in einige Hasen investiert, die nun bei ihm zuhause leben. Die Hasen vermehren sich schnell, aber es kommt auch zunehmend zu Fluchtvorgängen. Insgesamt verändert sich die Population nach der Formel $h(t) = (240 + 20t) \cdot e^{-0{,}05t}$ (t: Monate; h(t): Anzahl der Hasen zur Zeit t).

a) Wie viele Hasen hat Franz gekauft? Wie viele sind es nach einem Jahr?
b) Mit welcher Rate wächst die Hasenpopulation zu Beginn (in Hasen/Monat)?
c) Wann erreicht die Population ihr Maximum?
d) Zu welchem Zeitpunkt verringert sich die Population am stärksten?

7. Grippeepidemie
Die jährliche Grippeepidemie hat gerade begonnen. Aus den ersten eingehenden Meldungen modellieren die Epidemiologen des Robert-Koch-Instituts eine Prognosefunktion für die Entwicklung der Erkranktenzahlen:
$N(t) = (6t - t^2) \cdot e^{t-6}$ $(t \geq 0)$.
Ihr Graph ist rechts grob skizziert.

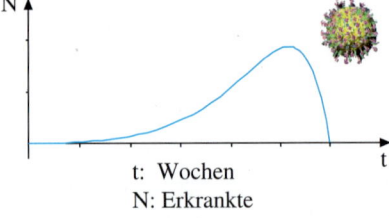

t: Wochen
N: Erkrankte

a) Wie lange wird die Epidemie dauern?
b) Wann ist das Maximum erreicht? Wie groß ist die maximale Erkranktenzahl?
c) Wann nimmt die Anzahl der Erkrankten am schnellsten zu? Wie groß ist sie zu diesem Zeitpunkt? Wie groß ist zu diesem Zeitpunkt die momentane Zunahmerate?

8. Segelflug
Ein Segelflugzeug wird in 100 m Höhe ausgeklinkt. Seine vertikale Steig- bzw. Sinkgeschwindigkeit in den ersten zehn Minuten nach dem Ausklinken wird durch die Funktion $v(t) = 100 - 100t \cdot e^{-0{,}5(t-1)}$ beschrieben (t: Zeit in Minuten, v(t): Steiggeschwindigkeit in Meter/min).

a) Begründen Sie, dass das Flugzeug in der ersten Minute steigt, in den anschließenden 2,51 Minuten sinkt und danach wieder steigt.
b) Wann ist die Sinkgeschwindigkeit am größten? Zeichnen Sie den Graphen von v.
c) Weisen Sie nach, dass $V(t) = (2t + 4)e^{-0{,}5(t-1)}$ eine Stammfunktion von $v(t) = -te^{-0{,}5(t-1)}$ ist.
Leiten Sie hieraus die Funktion h(t) her, welche angibt, in welcher Höhe sich das Flugzeug zum Zeitpunkt t nach dem Ausklinken befindet $(0 \leq t \leq 10)$.
Welche Höhe erreicht es vor dem Absinken? Welches ist seine geringste Höhe nach der Sinkphase? In welcher Höhe fliegt es 10 Minuten nach dem Ausklinken?

VIII. Exponentialfunktionen

Überblick

Natürliche Exponentialfunktion

Die Funktion $f(x) = e^x$ wird als natürliche Exponentialfunktion bezeichnet. Ihre Basis ist die Euler'sche Zahl $e \approx 2{,}72$.

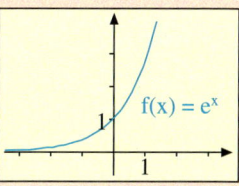

Natürliche Logarithmusfunktion

Die Umkehrfunktion zu $f(x) = e^x$ ist $g(x) = \ln x$. Sie heißt natürliche Logarithmusfunktion.

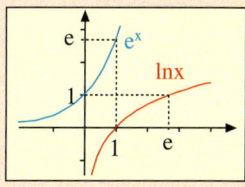

Ableitungsregeln

Name der Regel	Kurzform der Regel
Exponentialregel	$(e^x)' = e^x$
Produktregel	$(u \cdot v)' = u' \cdot v + u \cdot v'$
Kettenregel	$f(g(x))' = f'(g(x) \cdot g'(x))$
Lineare Kettenregel	$(f(ax+b))' = a \cdot f'(ax+b)$

Unbegrenztes Wachstum

Wachstumsgleichung: $N'(t) = k \cdot N(t),\ k > 0$

Wachstumsfunktion: $N(t) = c \cdot e^{kt}$

Verdopplungszeit: $T_2 = \frac{\ln 2}{k}$

Graph:
c: Anfangsbestand

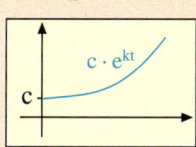

Ungestörter Zerfall

Zerfallsgleichung: $N'(t) = -k \cdot N(t),\ k > 0$

Zerfallsfunktion: $N(t) = c \cdot e^{-kt}$

Halbwertszeit: $T_{\frac{1}{2}} = \frac{\ln 0{,}5}{-k} = \frac{\ln 2}{k}$

Graph:
c: Anfangsbestand

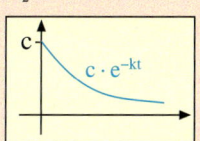

Begrenztes Wachstum

Wachstumsfunktion: $N(t) = a + b \cdot e^{-kt}$, $k > 0,\ b < 0$

Graph:
a + b: Anfangsbestand
a: Grenzbestand
      Sättigungsgrenze

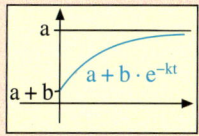

Newton'scher Abkühlungsprozess

Abkühlungsfunktion: $N(t) = a + b \cdot e^{-kt}$, $k > 0,\ b > 0$

Graph:
a + b: Anfangstemperatur
a: Umgebungstemperatur

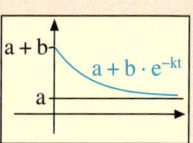

Die Radiokarbonmethode zur radioaktiven Altersbestimmung

Der amerikanische Chemiker Willard Frank Libby (1908–1980) entwickelte 1947 die sogenannte C-14-Methode zur radioaktiven Altersbestimmung prähistorischer organischer Überreste. Hierfür erhielt er 1960 den Nobelpreis für Chemie. Mit der C-14-Methode sind archäologische, anthropologische und geologische Datierungen möglich, die bis zu ca. 50 000 Jahre in die Vergangenheit zurückreichen.

Im Kohlendioxid der Luft und in den Körpern von Organismen kommt Kohlenstoff als *Isotopengemisch* vor. Das Gemisch besteht zu ca. 98,89 % aus dem stabilen Isotop $^{12}_{6}C$, zu 1,11 % aus dem stabilen Isotop $^{13}_{6}C$ und zu ca. $3 \cdot 10^{-11}$ % aus dem radioaktiven Isotop $^{14}_{6}C$ (Radiokarbon).

Das ^{14}C entsteht in den oberen Schichten der Atmosphäre ständig neu. Durch Neutronenbeschuss aus der kosmischen Strahlung wird Luftstickstoff ^{14}N in ^{14}C umgewandelt:

$$^{14}_{7}N + ^{1}_{0}n \rightarrow {}^{14}_{6}C + ^{1}_{1}p.$$

Das so entstandene ^{14}C verbindet sich mit dem Luftsauerstoff O_2 zu Kohlenstoffdioxid CO_2, welches sich sodann in der Atmosphäre verteilt, in der sich im Laufe der Zeiten durch Neubildung und Zerfall ein stabiles Gleichgewicht der Isotope im oben angegebenen Mischungsverhältnis herausbildet.

Das Kohlendioxid kommt schließlich über die Atmung in die Körper von Pflanzen und über die Nahrung und das Wasser auch in die Körper von Tieren und Menschen.

In den Organismen kommt Kohlenstoff daher im exakt gleichen Isotopenmischungsverhältnis vor wie in der Atmosphäre bzw. im Meer.

Allerdings gilt dies nur, solange der Organismus lebt. Nach dem Tode des Organismus wird das radioaktiv zerfallende ^{14}C nicht mehr von außen ersetzt, sodass sein Anteil im Laufe der Zeit im Vergleich zu den Anteilen der stabilen Isotope ^{12}C und ^{13}C schrumpft.

Da die Zerfallsrate des ^{14}C bekannt ist (Halbwertszeit 5730 Jahre), ist es möglich, das Alter eines fossilen Organismus aus dem ^{14}C-Anteil, der in seinen Überresten feststellbar ist, zu errechnen.

Diese Art der Altersbestimmung wird als *Radiokarbonmethode* oder als *C-14-Uhr* bezeichnet.

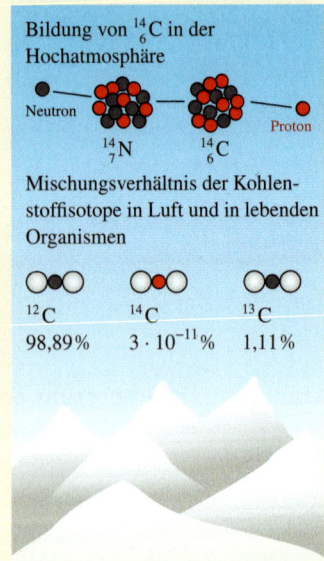

Bildung von $^{14}_{6}C$ in der Hochatmosphäre

Mischungsverhältnis der Kohlenstoffisotope in Luft und in lebenden Organismen

| ^{12}C | ^{14}C | ^{13}C |
| 98,89 % | $3 \cdot 10^{-11}$ % | 1,11 % |

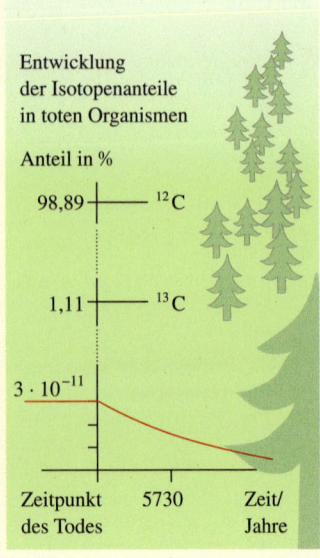

Entwicklung der Isotopenanteile in toten Organismen

Die Radiokarbonmethode zur radioaktiven Altersbestimmung

Die fehlerfreie Verwendung der Radiokarbonmethode zur Altersbestimmung in der Archäologie und der Paläontologie setzt allerdings voraus, dass sowohl die kosmische Höhenstrahlung als auch der Stickstoffgehalt der hohen atmosphärischen Schichten über extrem lange Zeiträume nahezu gleich geblieben sind. Schwankungen* können die Zuverlässigkeit beeinträchtigen. Da ^{14}C ohnehin recht schnell zerfällt, wächst die Unsicherheit der Methode mit dem Alter der untersuchten Probe.

Beispiel: Das radioaktive Isotop ^{14}C des Kohlenstoffs zerfällt unter β-Strahlung mit einer Halbwertszeit von ca. 5730 Jahren. Stellen Sie das exponentielle Zerfallsgesetz auf.

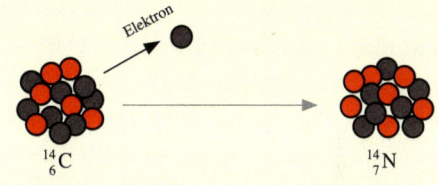

Lösung:
Mit der Formel für die Halbwertszeit bestimmen wir die Zerfallskonstante k. Es ergibt sich $k \approx 0{,}00012$.

Der Ansatz $N(t) = N_0 \cdot e^{-kt}$ liefert dann das nebenstehende Zerfallsgesetz.

$$k = \frac{\ln 2}{T_{1/2}} \approx \frac{0{,}6931}{5730} \approx 0{,}00012$$

$$N(t) = N_0 \cdot e^{-0{,}00012\,t} \quad (t \text{ in Jahren})$$

Beispiel: Im Moor wird beim Abstich von Torf ein Tierskelett gefunden. Die Überprüfung des Kohlenstoffgehalts ergibt, dass der Anteil des radioaktiven Isotops ^{14}C am Gesamtkohlenstoff im Laufe der Zeit auf $0{,}2 \cdot 10^{-11}\,\%$ abgesunken ist. Wie alt ist das Fundstück?

Lösung:
Der ^{14}C-Gehalt ist von $3 \cdot 10^{-11}\,\%$ auf $0{,}2 \cdot 10^{-11}\,\%$ gesunken, also auf $\frac{1}{15}$ des Ausgangswertes.
Die Berechnung von $T_{1/15}$ ergibt ein Alter von etwa 22 600 Jahren.

$$T_{1/15} = \frac{\ln 15}{k} \approx \frac{2{,}7081}{0{,}00012} \approx 22\,567 \text{ Jahre}$$

Übung

Ein Kunsthändler preist das Bild eines alten Meisters an, der vor 600 Jahren gewirkt hat. Ein Kunde möchte die Echtheit des Gemäldes mit der Radiokarbonmethode prüfen lassen. Welcher prozentuale ^{14}C-Anteil am Gesamtkohlenstoff müsste sich bei der Untersuchung des in der Leinwand enthaltenen Kohlenstoffes ergeben, wenn das Bild keine Fälschung ist?

---

* Fehlerquellen bei der Radiokarbonmethode: **1.** Schwankungen des Radiokarbonspiegels in früheren Jahrhunderten. Diese sind anhand von Baumringen feststellbar und eichbar. **2.** Seit 1952 ist durch atmosphärische Atomtests der ^{14}C-Gehalt angestiegen. Der Vorgang ist ebenfalls bekannt und eichbar. **3.** Wird ein Skelett von Flüssigkeit durchsickert, so setzt sich Kalziumkarbonat fest, das den schon abgesunkenen ^{14}C-Gehalt wieder erhöht. Solche Prozesse und labortechnische Verunreinigungen stellen das größte Problem dar.

Test

Exponentialfunktionen

1. Ableitungen
Bestimmen Sie die Ableitungsfunktion von f.
a) $f(x) = e^{-2x}$ b) $f(x) = (1-x) \cdot e^x$ c) $f(x) = x^2 \cdot e^{-4x}$

2. Funktionsuntersuchung
Gegeben ist die Funktion $f(x) = 2x \cdot e^{-x}$.
a) Untersuchen Sie die Funktion auf Nullstellen, Extrema und Wendepunkte.
b) Stellen Sie den Graphen von f für $-0{,}5 < x < 3$ dar.
c) Bestimmen Sie die Gleichung der Kurventangente im Ursprung.

3. Lineares und exponentielles Wachstum
Zu Beobachtungsbeginn ist ein Kaktus 90 cm hoch, ein Jahr später hat er eine Höhe von 150 cm erreicht.
Die Zeiteinheit sei 1 Monat.
a) Angenommen, es liegt lineares Wachstum vor. Wie lautet das Wachstumsgesetz?
b) Angenommen, es liegt unbegrenztes exponentielles Wachstum vor. Wie lautet das Wachstumsgesetz?
c) Wann im Verlauf des Jahres ist der Höhenunterschied zwischen den Modellen am größten?

4. Unbegrenzte Wachstumsprozesse
Eine Salmonellenkultur A wächst bei 20° C nach der Formel $N_A(t) = 300\, e^{0{,}22\,t}$.
Eine zweite Kultur B befindet sich im Kühlschrank. Sie vermehrt sich nach der Formel $N_B(t) = 900\, e^{0{,}15\,t}$. (t in Stunden, N in mg)
a) Wie lauten die Verdopplungszeiten der beiden Kulturen?
b) Stellen Sie die Graphen der beiden Funktionen ($0 < t < 20$) dar.
c) Wann haben die Kulturen einen Bestand von 2000 mg erreicht?
d) Wann sind beide Kulturen gleich groß?
e) Welche Wachstumsgeschwindigkeit hat Kultur B zur Zeit $t = 0$ (in mg/Stunde)? Wann erreicht Kultur A diese Wachstumsgeschwindigkeit?

5. Wachstumsprozesse
Bei einer Tropfinfusion kann die zur Zeit t im Blut vorhandene Wirkstoffmenge durch die Funktion $N(t) = 50 - 50\, e^{-0{,}04\,t}$ beschrieben werden (t in Minuten, N(t) in mg).
a) Wie groß ist die Wirkstoffmenge nach 10 Minuten? Nach welcher Zeit wird eine Wirkstoffmenge von 30 mg erreicht? Welche Wirkstoffmenge kann maximal erreicht werden?
b) Mit welcher Geschwindigkeit wächst die Wirkstoffmenge zum Zeitpunkt $t = 0$? Wann beträgt die Wachstumsgeschwindigkeit 1 mg pro Minute?
c) Nach einer Stunde wird die Infusion abgebrochen. Nun kann die Wirkstoffmenge durch $N(t) = N_1 e^{-0{,}04\,t}$ neu erfasst werden. Wie groß ist N_1? Wie lange dauert es, bis die Wirkstoffmenge auf 5 mg abgesunken ist?

Lösungen: S. 347

Testlösungen

Testlösungen zum Kapitel I (Seite 64)

1. a) $f(x) = mx + n$, $m = -\frac{3}{6} = -\frac{1}{2}$, $n = 5$: $f(x) = -\frac{1}{2}x + 5$
   b) $f(x) = 0$: $x = 10$
   c) $\tan^{-1}(-0,5) \approx -26,6° \Rightarrow \alpha \approx 26,6°$

2. $f(x) = x^2$ um 2 Einheiten in x-Richtung: $(x-2)^2$
   Stauchung um 0,5: $\frac{1}{2}(x-2)^2$; Spiegelung an der x-Achse: $-\frac{1}{2}(x-2)^2$
   Verschiebung um 1 in y-Richtung: $g(x) = -\frac{1}{2}(x-2)^2 + 1$

3. a) $f(x) = 2(x^2 - 2x) - 6 = 2(x-1)^2 - 8$
   b) $f(x) = 0$: $x^2 - 2x - 3 = 0$, $x = 1 \pm 2$, $x = -1$, $x = 3$
   c)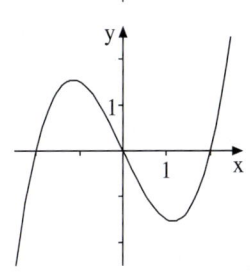

4. a) $f(x) = 0$: $\frac{1}{2}x(x^2 - 4) = 0$, $x = 0$, $x = \pm 2$
   b) Wegen $f(-x) = -\frac{1}{2}x^3 + 2x = -f(x)$
      ist f punktsymmetrisch zum Ursprung.
   c)
x	−2,5	−2	−1	0	1	2	2,5
y	−2,8125	0	1,5	0	−1,5	0	−2,8125

5. a) $h(t) = 0$: $t^2 - 12t + 36 = 0$ $t = 6 \min$
   b) $h(0) = 180 \,\text{cm}$
   c) $\frac{180}{4} = 45$, $t^2 - 12t + 27 = 0$, $t = 6 \pm 3 \Rightarrow t = 3 \min$
   d) $\left.\begin{array}{l} h(0) = 180 \\ h(1) = 125 \end{array}\right\} \Rightarrow$ um 55 cm in der ersten Minute

   $\left.\begin{array}{l} h(6) = 0 \\ h(5) = 5 \end{array}\right\}$ um 5 cm

Testlösungen zum Kapitel II (Seite 94)

1. a) $a_n = 1 + 2 \cdot n$ b) $a_n = (-1)^{n+1} \cdot \frac{3^n}{1+(n-1) \cdot 4}$ c) $a_n = n^2$

2. a) $K_{10} = 1000 \cdot 1{,}05^{10} \approx 1628{,}89$ b) $1000 \cdot 1{,}05^n = 3000$, $n = \frac{\ln 3}{\ln 1{,}05} \approx 22{,}52$ Jahre

3. a) $a_n = \frac{4 + \frac{4}{n} \to 4}{2 \to 2} \to 2$ b) $a_n = \frac{\frac{6}{n} + \frac{3}{n^2} \to 0}{\frac{1}{n} + 1 \to 1} \to 0$

   c) $a_n = \frac{n^2 - 1}{n} \cdot \frac{n+1}{n^2} = \frac{n-1}{n} \cdot \frac{(n+1)^2}{n^2} = \left(1 - \frac{1}{n}\right) \cdot \left(1 + \frac{2}{n} + \frac{1}{n^2}\right) \to 1 \cdot 1 = 1$

   d) Die Folge ist divergent, da Zählergrad > Nennergrad.

4. a) I. ... und nach oben beschränkt, so ist sie konvergent.
      II. ... und nach unten beschränkt, so ist sie konvergent.

   b) $a_n = 2 + \frac{4}{n}$ ist monoton fallend und durch 2 nach unten beschränkt, also konvergent.

   c) a_n ist monoton steigend und durch 3 nach oben beschränkt, also konvergent.

5. a_n ist konvergent für $a < -0{,}5$.

6. a) $\lim\limits_{x \to \infty} \frac{1-2x}{x+2} = -2$, $\lim\limits_{x \to -\infty} \frac{1-2x}{x+2} = -2$

   b) $\lim\limits_{x \to 4} \frac{2x^2 - 32}{x-4} = \lim\limits_{x \to 4} \frac{2(x-4)(x+4)}{x-4} = \lim\limits_{x \to 4} 2(x+4) = 16$

   $\lim\limits_{x \to 4} \frac{2x^2 - 32}{x-4} = \lim\limits_{h \to 0} \frac{2(4+h)^2 - 32}{h} = \lim\limits_{h \to 0} \frac{16h + 2h^2}{h} = \lim\limits_{h \to 0} (16 + 2h) = 16$

   c) $\lim\limits_{x \to \infty} \frac{1+x-x^2}{1-x+x^2} = -1$, $\lim\limits_{x \to \infty} \frac{2x+1}{x^2} = 0$, $\lim\limits_{x \to \infty} \frac{2x+1}{2+4x} = \frac{1}{2}$, $\lim\limits_{x \to \infty} \frac{x^2+1}{x+2} = \infty$

Testlösungen zum Kapitel III [Änderungsraten] (Seite 113)

1. a)

   b) mittlere Änderungsrate
   $\bar{h} = \frac{7-0}{14-0} = \frac{1}{2}$ cm/Tag

   c) $I_1: \bar{h} = \frac{1-0}{3-0} = \frac{1}{3}$ cm/Tag

   $I_2: \bar{h} = \frac{3-1}{5-3} = 1$ cm/Tag

   $I_3: \bar{h} = \frac{6-3}{9-5} = \frac{3}{4}$ cm/Tag

   $I_4: \bar{h} = \frac{7-6}{14-9} = \frac{1}{5}$ cm/Tag

   Im zweiten Intervall vom 3. bis zum 5. Tag wächst die Blume am schnellsten.

2. a) (Graph: h in m, Höhe 2000 bei t=4, fällt bis ca. t=12)

   b) $I_1: \frac{2000-0}{4-0} = 500$ m/min ↗

   $I_2: \frac{200-2000}{10-4} = -300$ m/min ↘

   $I_3: \frac{0-200}{12-10} = -100$ m/min ↘

   c) Um 400 m/min kann das Flugzeug nur im 1. Flugabschnitt steigen.

   Die Ursprungsgerade durch $P(4|2000)$ hat die mittlere Steigung 500 m/min. Die Steigung 400 m/min hat also die Ursprungsgerade durch $Q(4|1600)$. Man legt also ein Geodreieck längs dieser Geraden und verschiebt es parallel zur Geraden, bis es tangential am Graphen anliegt. Dies trifft bei ca. x = 1,5 zu. Zur Kontrolle die nicht geforderte Rechnung:

   $h'(t_0) = \lim_{t \to t_0} \frac{1000(\sqrt{t} - \sqrt{t_0})}{t - t_0} = \lim_{t \to t_0} \frac{1000(\sqrt{t} - \sqrt{t_0})}{(\sqrt{t} - \sqrt{t_0})(\sqrt{t} + \sqrt{t_0})} = \lim_{t \to t_0} \frac{1000}{\sqrt{t} + \sqrt{t_0}} = \frac{1000}{2\sqrt{t_0}} = 400$

   $\Rightarrow t_0 = 1{,}5625$ min

3. a) $\frac{f(2) - f(0)}{2 - 0} = \frac{2 - 0}{2 - 0} = 1$

   c) $f'(2) = \lim_{x \to 2} \frac{f(x) - f(2)}{x - 2} = \lim_{x \to 2} \frac{1}{2} \cdot \frac{x^2 - 4}{x - 2}$
   $= \lim_{x \to 2} \frac{1}{2} \cdot \frac{(x-2)(x+2)}{x-2} = \lim_{x \to 2} \frac{1}{2} \cdot (x+2)$
   $= 2$

   b)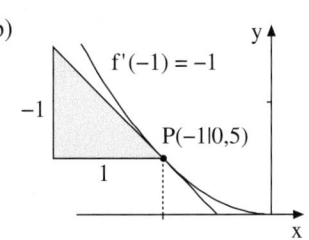

4. a)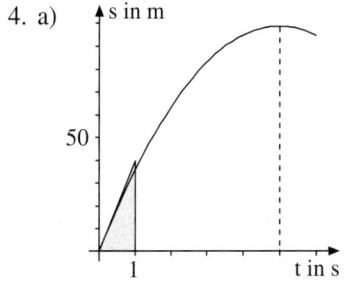

   b) Der Zeichnung kann man entnehmen, dass bei t = 5 eine waagerechte Tangente von s vorliegt, d.h. $s'(5) = v(5) = 0$. Das Auto steht nach 5 Sekunden.

   c) $\bar{v} = \frac{s(5) - s(0)}{5 - 0} = \frac{100 - 0}{5} = 20$ m/s
   $= 72$ km/h

   d) Steigungsdreieck bei x = 0 anlegen:
   v = 40 m/s

Testlösungen zum Kapitel III [Steigung und Ableitung] (Seite 142)

1.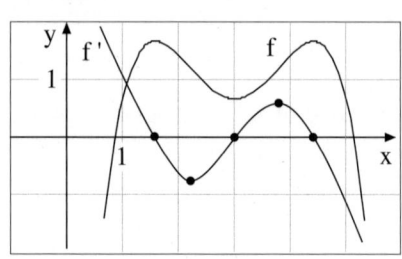

2. a) $\lim\limits_{h \to 0} \dfrac{\frac{3}{2}(1+h) - \frac{1}{2}(1+h)^2 - \frac{3}{2} + \frac{1}{2}}{h} = \lim\limits_{h \to 0} \dfrac{\frac{3}{2}h - h - \frac{1}{2}h^2}{h} = \lim\limits_{h \to 0} \left(\dfrac{3}{2} - 1 - \dfrac{1}{2}h\right) = \dfrac{1}{2}$
   b) $t(x) = \dfrac{1}{2}x + \dfrac{1}{2}$
   c) $f'(0) = 1{,}5;\ \gamma = 33{,}7°$
   d) $\tan 60° \approx 1{,}73,\quad f'(x_1) = 1{,}73 \Rightarrow x_1 \approx -0{,}23$

3. a) $f'(x) = 6x^2 + 6x$ Summenregel, Faktorregel, Potenzregel
   b) $f'(x) = 12x^3$ Summenregel, Faktorregel, Potenzregel, Konstantenregel
   c) $f'(x) = -2nx^{2n-1}$ Summenregel, Potenzregel, Konstantenregel
   d) $f'(x) = 8x - 4$ Summenregel, Faktorregel, Potenzregel, Konstantenregel
   e) $f'(x) = 2x - \dfrac{2}{x^2}$ Summenregel, Faktorregel, Potenzregel, Reziprokenregel
   f) $f(x) = 1 + x^{-0{,}5}$ Summenregel, Faktorregel, Potenzregel, Wurzelregel

4. a) Nullstellen von f: 0 und 4; Nullstelle von g: 0
      f = g: $4x - x^2 = x$, $x^2 - 3x = 0$ gilt für $x = 0$ und $x = 3$; $S(0|0)$ und $T(3|3)$
   b) $f'(x) = 4 - 2x$, $f'(0) = 4$, $\alpha \approx 76°$
      $g'(x) = 1$, $\beta = 45°$

      Schnittwinkel $\gamma \approx 31°$
   c) $2x + 1 = 4x - x^2$
      $2 = 4 - 2x,\ x = 1$
      Berührpunkt: $B(1|3)$
      $f'(1) = 2$

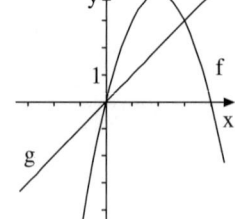

5. a) Aus einer Höhe von etwa 44,4 m.
   b) ca. 6 Sekunden
   c) $v = h'(0) = -5\,\text{m/s}$
   d) Fallzeit: 6 s; $v = h'(6) = -9{,}8\,\text{m/s} = -35{,}28\,\text{km/h}$, d. h. keine Gefahr
   e) $h'(t) = 14{,}28\,\text{m/s}$, $t = 11{,}60\,\text{s}$
      Es muss $-0{,}4t^2 - 5t + h = 0$ gelten, d. h. $h = 111{,}8\,\text{m}$

Testlösungen zum Kapitel IV (Seite 186)

1. a) $f'(x) = -3x^2 + 6x = 0$ gilt für $x = 0$ und $x = 2$
   $f'(x) < 0$ gilt für $x < 0$ und für $x > 2$, dort ist f streng monoton fallend
   $f'(x) > 0$ gilt für $0 < x < 2$, dort ist f streng monoton steigend

   b) $f''(x) = -6x + 6 = 0$ gilt für $x = 1$
   $f''(x) > 0$ gilt für $x < 1$, dort ist f linksgekrümmt
   $f''(x) < 0$ gilt für $x > 1$, dort ist f rechtsgekrümmt

2. a) $f'(x) = 0$ ist notwendig für einen Hochpunkt
   $f'(x) = 0$ und $f''(x) < 0$ ist hinreichend für einen Hochpunkt

3. a) Der Term von f enthält gerade und ungerade Exponenten, d.h. keine Standardsymmetrie.
   Nullstellen: $x = 0$ und $x = 3$
   Extrema: $f'(x) = \frac{3}{2}x^2 - 6x + \frac{9}{2} = 0$, $x = 1$, $x = 3$
   $f''(x) = 3x - 6$, $f''(1) = -3 < 0 \Rightarrow H(1|2)$
   $f''(3) = 3 > 0 \Rightarrow T(3|0)$
   Wendepunkt: $f''(x) = 0$ gilt für $x = 2$, $f'''(x) = 3 > 0$, $W(2|1)$

   b) $f'(0) = 4{,}5$, $\alpha \approx 77{,}5°$

4. a) $H(-2|-2)$, $T(2|2)$

   b) $f'(x) = 0{,}5 - \frac{2}{x^2}$, $f'(1) = -1{,}5$
   $t(x) = -1{,}5x + 4$
   Schnittpunkte mit den Achsen: $X\left(\frac{8}{3}\big|0\right)$, $Y(0|4)$

5. b) $d'(t) = -\frac{6}{5}t^2 + 12t = 0$, $t = 0$, $t = 10$, $d''(t) = -\frac{12}{5}t + 12$
   $d''(t) = 12 > 0$, $d''(10) = -12 < 0 \Rightarrow H(10|400)$

   c) im Wendepunkt:
   $d''(t) = 0$ gilt für $t = 5$ Für $t = 5$ ändert sich die Durchflussmenge am stärksten.

   d) $d(t) = 250$: $t^3 - 15t^2 + 125 = 0$ hat die Näherungslösungen 3,26 und 14,40. Der Alarm dauert ca. 11,14 min und beginnt ca. 3,26 min nach Beginn der Zeitrechnung.

6. a) Nullstellen: $x = 0$ und $x = 3a$
   Extrema: $f_a'(x) = \frac{3}{4}x^2 - \frac{6}{4}ax$, $f_a''(x) = \frac{3}{2}x - \frac{3}{2}a$
   $f_a'(x) = 0$, $x = 0$, $x = 2a$
   $f_a''(0) = -\frac{3}{2}a < 0 \Rightarrow H(0|0)$,
   $f_a''(2a) = \frac{3}{2}a > 0 \Rightarrow T(2a|-a^3)$
   Wendepunkte: $f_a''(x) = 0$ gilt für $x = a$, $W\left(a\big|-\frac{1}{2}a^3\right)$

   d)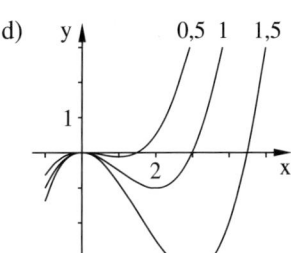

   b) Für $a = 1{,}5$.
   c) Für $a = 2$.
   e) $x = 2a$, $a = 0{,}5x$ $y = -a^3 = -\frac{1}{8}x^3$

Testlösungen zum Kapitel V (Seite 222)

1. a) $f(x) = ax^2 + bx + c$, $f'(x) = 2ax + b$
   $f(10) = 7{,}5$: $7{,}5 = 100a + 10b + c$, $f(0) = 0$, $c = 0$
   $f'(10) = 0{,}5$: $0{,}5 = 20a + b$, $5 = 5b$, $b = 1$, $a = -0{,}025$

   b) $f(x) = -0{,}025x^2 + x$, $f(x) = 0$: $x = 0$ und $x = 40$
   Der Bogen ist 40 m breit.
   In der Mitte gilt: $f(20) = 10$, also ist er 10 m hoch.

   c) $f'(x) = -0{,}05x + 1$, $f'(0) = 1$, also $\alpha = 45°$.

2. a) $f(x) = ax^3 + bx^2 + cx + d$, $f'(x) = 3ax^2 + 2bx + c$, $f''(x) = 6ax + 2b$
   $f(1) = 6$: $6 = a + b + c + d$
   $f'(1) = 0$: $0 = 3a + 2b + c$
   $f''(4) = 0$: $0 = 24a + 2b$
   $f(-1) = 2$: $2 = -a + b - c + d$, $4 = 2a + 2c$, $4 = -4a - 4b$, $a = \frac{1}{11}$
   $f(x) = \frac{1}{11}x^3 - \frac{12}{11}x^2 + \frac{21}{11}x + \frac{56}{11}$

   b) $f(4) = \frac{12}{11}$, $f'(4) = -\frac{27}{11}$
   $t(x) = -\frac{27}{11}(x - 4) + \frac{12}{11} = -\frac{27}{11}x + \frac{120}{11}$

3. a) $x \cdot y = 225$, $y = \frac{225}{x}$, $S = x + y$, $S(x) = x + \frac{225}{x}$
   $S'(x) = 1 - \frac{225}{x^2} = 0$, $x = 15$, $y = 15$ ($S''(x) = \frac{450}{x^3}$, $S''(15) = \frac{4}{30} > 0$)

4. x: Breite in m; h: Höhe in m
   $K = 0{,}5x \cdot 40 + 0{,}5x \cdot 20 + 0{,}5h \cdot 20 = 30$
   $30 = 30x + 10h$, $h = 3 - 3x$
   $V(x) = 0{,}25x \cdot h = 0{,}75(x - x^2)$, $V'(x) = 0{,}75(1 - 2x) = 0$
   $x = 0{,}5$, $h = 1{,}5$ ($V''(x) = -1{,}5 < 0$)

5. $A(x) = 2x \cdot f(x) = 8x - \frac{8}{3}x^3$
   $A'(x) = 8 - 8x^2 = 0$, $x = 1$ ($A''(x) = -16x$, $A''(1) = -16 < 0$)
   Resultat: $P\left(1 \middle| \frac{8}{3}\right)$

Testlösung zum Kapitel VI (Seite 242)

1. a) $F(x) = \frac{1}{5}x^5 + C$ b) $F(x) = -\frac{3}{x} + C$

   c) $F(x) = \frac{1}{2}x^4 - \frac{1}{2}x^2 + 3x + C$ d) $F(x) = 2ax^4 + C$

   e) $F(x) = nx^n + C$ f) $F(x) = -\cos x - \sin x$

2. a) $F'(x) = 3x^2 + 4x + 1 = 2(1{,}5x^2 + 2x - 1) + 3 = f(x)$

   b) $F'(x) = 9x^2 + 6x + 1 = (3x + 1)^2 = f(x)$

   c) $F'(x) = 2\sin x = f(x)$

   d) $F'(x) = 8x^3 + 4bx + 2ax^3 = (8 + 2a)x^3 + 4bx = f(x)$

   e) $F'(x) = -\frac{2}{x^2} = -2x^{-2} = f(x)$

   f) $F(x) = \sqrt{2} \cdot \sqrt{x}$, $F'(x) = \sqrt{2} \cdot \frac{1}{2\sqrt{x}} = \frac{1}{\sqrt{2} \cdot \sqrt{x}} = \frac{1}{\sqrt{2x}} = f(x)$

3. $F(x) = x^3 - x^2 + C$, $F(2) = -1$: $C = -5$, $F(x) = x^3 - x^2 - 5$

4. a) $\int (3 - x^2)\,dx = 3x - \frac{1}{3}x^3 + C$

   b) $\int_2^4 (2x - x^2)\,dx = \left[x^2 - \frac{1}{3}x^3\right]_2^4 = -\frac{20}{3}$

   c) $\int_1^2 (3x + 6x^3)\,dx = \left[\frac{3}{2}x^2 + \frac{3}{2}x^4\right]_1^2 = 27$

   d) $\int_0^a (6ax^2 - a^2 x)\,dx = \left[2ax^3 - \frac{1}{2}a^2 x^2\right]_0^a = 1{,}5a^4$

5. a) $F(x) = \frac{1}{9}x^3 + x$, $A = F(3) - F(1) = \frac{44}{9}$

   b) Spiegelung: $g(x) = -x^2 + 6x - 8$, Nullstellen: $x = 2$ und $x = 4$
   $G(x) = -\frac{1}{3}x^3 + 3x^2 - 8x$, $A = G(4) - G(2) = \frac{4}{3}$

6. a) Koordinatenursprung im linken Ufer.
   Scheitelpunkt der Parabel: $S(6|8)$
   Ansatz: $f(x) = a(x - 6)^2 + 8$, $f(0) = 6$: $36a + 8 = 6$, $a = -\frac{1}{18}$
   Resultat: $f(x) = -\frac{1}{18}(x - 6)^2 + 8 = -\frac{1}{18}x^2 + \frac{2}{3}x + 6$

   b) $F(x) = -\frac{1}{54}x^3 + \frac{1}{3}x^2 + 6x$, $A = F(12) - F(0) = 88$

Testlösung zum Kapitel VII (Seite 288)

1. a) $F(x) = \frac{1}{4}x^4 - \frac{1}{6}x^3 - \frac{1}{4}x^2 + x$, $A = F(1) - F(-1) = \frac{5}{3}$

   b) Nullstellen: $x = 1$ und $x = 3$
   $F(x) = -\frac{1}{3}x^3 + 2x^2 - 3x$, $A = F(3) - F(1) = 0 - \left(-\frac{4}{3}\right) = \frac{4}{3}$

   c) Schnittpunkte: $x^2 - 7x + 10 = 0$, $x = 2$, $x = 5$
   $D(x) = -\frac{1}{3}x^3 + \frac{7}{2}x^2 - 10x$, $A = D(5) - D(2) = -\frac{25}{6} - \left(-\frac{26}{3}\right) = 4{,}5$

2. a) Ansatz: $f(x) = ax^2 + 3$, $f(2) = 0 \Rightarrow a = -\frac{3}{4}$
   Resultat: $f(x) = -\frac{3}{4}x^2 + 3$

   b) $F(x) = -\frac{1}{4}x^3 + 3x$, $A_f = 2(F(2) - F(0)) = 8$
   $G(x) = -\frac{10}{27}x^3 + 2{,}5x$, $A_g = 2(G(1{,}5) - G(0)) = 5$
   Querschnittsfläche: $G = 3\,m^2$, Betonmenge: $V = 30\,m^3$

3. a) $\int_{0}^{10} w'(t)\,dt = [-0{,}008\,t^3 + 0{,}06\,t^2 + 9{,}8\,t]_0^{10} = 96$ Wölfe

   b) $F(20) = 156$
   Zu Beginn waren es 16 Wölfe.

4. a) $\int v(t)\,dt = 0{,}0005\,t^3 - 0{,}15\,t^2$
   $h(t) = 0{,}0005\,t^3 - 0{,}15\,t^2 + 2000$

   b) $h(120) = 704\,m$ Höhe nach 2 Minuten
   $v(120) = -14{,}4\,m/s$

   c) $v(t) = 0$: $t^2 - 200\,t = 0$: $t = 0$ und $t = 200$
   Nach 200 Sekunden erfolgt die Landung in $h(200) = 0\,m$ Höhe.

5. $V = \pi \int_{0}^{4} 4x\,dx - \pi \int_{0}^{4} \frac{1}{16}x^4\,dx = \pi \cdot [2x^2]_0^4 - \pi \left[\frac{1}{80}x^5\right]_0^4$
   $= \pi\left(32 - \frac{64}{5}\right) = 19{,}2 \cdot \pi \approx 60{,}32$

Testlösung zum Kapitel VIII (Seite 338)

1. a) $f'(x) = -2e^{-2x}$ b) $f'(x) = -x \cdot e^x$ c) $f'(x) = (2x - 4x^2) \cdot e^x$

2. a) Nullstellen: $x = 0$
   Extrema: $f'(x) = (2 - 2x) \cdot e^{-x}$, $f''(x) = (2x - 4) \cdot e^{-x}$
   $f'''(x) = (6 - 2x) \cdot e^{-x}$
   $f'(x) = 0$: $x = 1$, $f''(1) < 0$, $H(1|2/e)$
   Wendepunkte: $f''(x) = 0$: $x = 2$, $f'''(2) > 0$, $W(2|4/e^2)$

   c) $t(x) = 2x$

   b)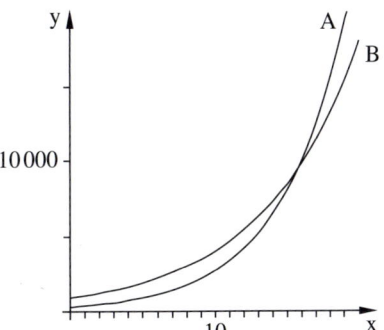

3. a) $f(t) = 90 + at$, $f(12) = 90 + 12t = 150$, $a = 5$
   $f(t) = 90 + 5t$

   b) $f(t) = a \cdot e^{bt}$, $a = 90$, $150 = 90 \cdot e^{12b}$, $b \approx 0{,}043$
   $f(t) = 90 \cdot e^{0{,}043t}$

   c) $d(t) = 90 \cdot e^{0{,}043t} - 90 - 5t$, $d'(t) = 3{,}87 \cdot e^{0{,}043t} - 5 = 0$, $t \approx 5{,}96$
   Im Verlauf des 6. Jahres.

4. a) $T_A = \frac{\ln 2}{0{,}22} \approx 3{,}15$, $T_B = \frac{\ln 2}{0{,}15} \approx 4{,}62$

   b)

t	0	5	10	15	20
A	300	901,25	2707,50	8133,79	24435,26
B	900	1905,30	4033,52	8538,96	18076,98

   c) A: $300 \cdot e^{0{,}22t} = 2000$, $t \approx 8{,}62$
   B: $900 \cdot e^{0{,}15t} = 2000$, $t \approx 5{,}32$

   d) $300 \cdot e^{0{,}22t} = 900 \cdot e^{0{,}15t}$, $e^{0{,}07t} = 3$, $t \approx 15{,}69$

   e) $N_B'(t) = 135 \cdot e^{0{,}15t}$, $N_B'(0) = 135$
   $N_A'(t) = 66 \cdot e^{0{,}22t} = 135$, $t \approx 3{,}25$

5. a) $N(10) \approx 16{,}48$, $N(t) = 30$: $t \approx 22{,}91$, maximal 50

   b) $N'(t) = 2 \cdot e^{-0{,}04t}$, $N'(0) = 2$, $N'(t) = 1$: $t \approx 17{,}33$

   c) $N(60) \approx 45{,}5$
   $N(t) = 45{,}5 \cdot e^{-0{,}04(t-60)} = 45{,}5 \cdot e^{2{,}4} \cdot e^{-0{,}04t}$
   $\approx 501{,}6 \cdot e^{-0{,}04t} = 5$, $t \approx 115{,}2$
   Nach weiteren 55,2 min.

Stichwortverzeichnis

Ableitung 104 ff.
– der natürlichen Exponentialfunktion 297
– der Normalparabel 116
– der Quadratwurzelfunktion 125
– einer Funktion an einer Stelle 106
– einer zusammengesetzten Funktion 117
– eines Produktes von Funktionen 300 ff.
– von e^x 297
– von Exponentialfunktionen 314
– von ganzrationalen Funktionen 120
– von Polynomen 120
– von Potenzfunktionen 118, 124 f.
– von sin x und cos x 126
Ableitungsfunktion 114 ff.
Ableitungsregeln 118 ff., 149
Abnahmeprozess 316
abschnittsweise definierte Änderungsrate 275
achsenparallele Verschiebung der Normalparabel 28 f.
achsensymmetrisch 43
allgemeine Kettenregel 303
Änderungsrate 96 ff., 272
Anfangsbedingung 272
Anfangswertproblem 229
Anwendung des Ableitungsbegriffs 127 ff.
Anwendungen der Differentialrechnung 188 ff.
Anwendungen der Integralrechnung 244 ff.
Arbeit und Kraft 277
Archimedes von Syrakus 240
arithmetische Folge 70 f.
Asymptote 83
asymptotisch 308
äußere Funktion 303

Basis 291
begrenztes exponentielles Wachstum 320
Beispiele zu Bestandsrekonstruktionen 275
Berechnung der Ableitung 106 ff.
Berechnung von Umkehrwerten 292
Berührproblem 133
Berührpunkt 133
Berührtangente 133
Beschäftigtenzahl und Manntage 279
Beschreibung von Prozessen 329
Bestandsfunktion 272
Bestandsrekonstruktion 272
bestimmtes Integral 237 ff.
Bestimmung von Funktionsgleichungen 196 ff., 248
Bestimmung von Geradengleichungen 17
Bestimmung von Parabelgleichungen 39
Bevölkerungswachstum 317, 328
Bildungsgesetz einer Folge 66 f.
binomische Formeln 87
Biquadratische Funktion 56
Bremsweg 274

C-14-Uhr 336
Cavalieri, Francesco Bonaventura 240, 270
charakteristische Punkte einer Funktion 144

Definitionsmenge 11
Differential 237
Differentialquotient 105
Differentialrechnung 105 ff., 144 ff., 188 ff.
Differentiation von sin x und cos x 126
Differenzenquotient 15, 96 ff., 105
Differenzfolge 81
Differenzfunktion 256
differenzierbar 106
Differenzieren 105, 227
Diskussion ganzrationaler Funktionen 165 ff.
divergent 77 f.

e-Funktion 297 f.
Eigenschaften von Funktionen 144 ff.
eindeutige Zuordnung 10

Einschachtelung durch Rechteckstreifen 240
elementare Ableitungsregeln 118 ff.
Euler, Leonhard 297
Euler'sche Zahl 297 f.
explizites Bildungsgesetz einer Folge 68
Exponentialfunktionen 290 ff.
exponentielles Wachstum/exponentieller Zerfall 291
Extrema und Wendepunkte von Exponentialfunktionen 311
Extremalprobleme 130, 206 ff.
– bei Exponentialfunktionen 312
Extrempunkte 154 ff.
Extremum der Steigung 160
Faktorregel 120
– der Differentialrechnung 228
– der Integralrechnung 228

fallend 44, 146
Fassvolumen 269, 286
Flächen zwischen Funktionsgraphen und x-Achse 244 ff.
Flächen zwischen zwei Funktionsgraphen 255 ff.
Flächenberechnungen 244 ff.
– bei Exponentialfunktionen 314 f.
– bei nichtganzrationalen Funktionen 252
Folge als Funktion 67
Folgen 66 ff.
Folgengrenzwert 77
Formel für das Simpson-Verfahren 287
Fraktale 92 f.
freier Fall 110
Funktion 10 f.
Funktionen-Mikroskop 111
Funktionenschar 176
Funktionsgleichung 11
Funktionsgraph 11
– einer Exponentialfunktion 290 ff., 298
– einer linearen Funktion 14
– einer Logarithmusfunktion 299
– eines Polynoms/einer ganzrationalen Funktion 52
Funktionsgrenzwert 83 ff.

Stichwortverzeichnis

Funktionsuntersuchungen 165 ff., 308 ff.
– bei realen Prozessen 188 ff.
Funktionswert 11
Funktionswerte und Graphen von Exponentialfunktionen 293, 308

Galileo Galilei 110
ganzrationale Funktionen 51 ff.
geometrische Bestimmung von Extrema, Wendepunkten und Steigungen 140
geometrische Folge 71 f.
geometrische Nebenbedingungen 212 f.
geometrische Summenformel 93
Gerade durch zwei Punkte 17
Geraden und Parabeln 37
Geradengleichungen 17
Geschwindigkeit und Weg 273
Gewinnfunktion 190
Gipfelpunkt einer Flugbahn 32
Gleichung der Tangente 131
Gleichungen von Tangente und Normale 172
Gleichungssystem 39, 196 ff.
Grad einer Potenzfunktion 42
Graph 11
– einer Exponentialfunktion 290 ff., 298
– einer linearen Funktion 14
– einer Logarithmusfunktion 299
– eines Polynoms/einer ganzrationalen Funktion 52
graphische Bestimmung der Ableitungsfunktion 114 f., 126
graphische Steigungsbestimmung 109
graphisches Differenzieren 295
Grenzwert einer Zahlenfolge 75 ff.
Grenzwertbestimmung 75 ff.
– durch Testeinsetzung 83, 85
– mit der h-Methode 86
– mittels Termvereinfachung 84 f.
Grenzwerte von Funktionen 83 ff.
Grenzwertsätze für Folgen 81

Halbwertszeit 291, 316
Hauptbedingung 206
Hauptsatz der Differential- und Integralrechnung 234

hinreichende Kriterien
– für lokale Extrema 156 f.
– für Wendepunkte 161 f.
Hochpunkt 53, 130, 144 ff., 154 ff.
Höhenwachstum 333
höhere Ableitungen 150
Hubarbeit 277
Hyperbel 46

innere Funktion 303
Integral von e^x 314
Integral, bestimmtes 237 ff.
Integral, unbestimmtes 226 ff.
Integralrechnung 224 ff., 244 ff.
Integrand 237
Integration
– von Exponentialfunktionen 314
– von ganzrationalen Funktionen 226 ff., 244 ff.
Integrationsgrenzen 237
Integrationskonstante 226
Integrieren 122, 227
Intervallhalbierungsverfahren 184 f.

Kegelstumpf 269
Kegelvolumen 268
Keppler, Johannes 269, 286
Keppler'sche Fassformel/Fassregel 269, 286 f.
Kettenregel 303
Knickstelle 108
Konstantenregel 119
konvergent 77
Kosinusregel (Differentiation) 126, 228
Kosinusregel (Integration) 228
Kostenfunktion 190
Kraft und Arbeit 277
Kriterien für lokale Extrema 155 ff.
Kriterien für Wendepunkte 160 ff.
Krümmung und zweite Ableitung 151 ff.
Krümmungskriterium 152
Krümmungsverhalten 145, 160
Kubikwurzelfunktion 49
Kugelkappe 269
Kugelvolumen 268
Kurvendiskussionen 165 ff.
Kurvenschar 176 ff.
Kurvenuntersuchungen 144 ff.
– bei realen Prozessen 188 ff.

Lage von Geraden 21
Leibniz, Gottfried Wilhelm 240
Libby, Willard Frank 336
Limes, Limesschreibweise 77, 83
linear approximierbar 108
lineare Funktionen 14 ff.
lineare Kettenregel 303
lineares Gleichungssystem 39, 196 ff.
Linientest 13
linksgekrümmt 151 f.
Links-Rechts-Wendepunkt 161
logarithmus naturalis 299
logistisches Modell 328
lokale Extremalpunkte 155, 165
lokale Steigung einer Funktion 104 ff.
Lösungen der Tests 339 ff.
Lösungsprinzip für Extremalprobleme 216

Mathematische Streifzüge 62, 92, 140, 184, 195, 204, 220, 224, 240, 270, 286, 328, 336
Methoden zur Bestimmung von Funktionsgrenzwerten 84 ff.
mittlere Änderungsrate 96 ff.
mittlere Geschwindigkeit 98, 192
mittlere Steigung einer Funktion 96 ff.
Modell des unbegrenzten Wachstums 316
Modell des ungestörten Zerfalls 316
Modellierung 200 ff., 250 ff., 260 ff.
– mit exponentiellen Termen/ Exponentialfunktionen 325 ff., 329 ff.
Momentangeschwindigkeit 110, 192
monoton steigend/fallend 44, 146
Monotonie und erste Ableitung 146 ff.
Monotonie von Funktionen 44, 146
Monotoniebereiche einer Funktion 147
Monotoniekriterium 147
Monotonieuntersuchung 146 f.

Nachdifferenzieren 303
Nachweis von exponentiellem Wachstum/Zerfall durch Quotientenbildung 290

Näherungsformel zum Simpson-Verfahren 287
Näherungsverfahren
– zur Berechnung bestimmter Integrale 286 f.
– zur Lösung von Gleichungen 184 f., 220 f.
näherungsweises Differenzieren 295
natürliche Exponentialfunktion 297 f.
natürliche Logarithmusfunktion 299
Nebenbedingung 206
Newton, Isaac 240, 322
Newton'sches Abkühlungsgesetz 322
Newton-Verfahren 220 ff.
nicht differenzierbare Funktionen 108
Nomogramm 62
Normale 171
Normalenbedingung 171
Normalparabel 27
notwendige Bedingung
– für lokale Extrema 155
– für Wendepunkte 160
Nullfolge 80
Nullstellen
– ganzrationaler Funktionen 55 f., 165
– quadratischer Funktionen 36
Nullstellensatz 184
numerische Integration mit dem Simpson-Verfahren 286 f.

Obersumme 240
orthogonale Geraden 24
Ortskurve 178

Parabel 27
Parabeln und Geraden 37
Parabelschar 176
Parameter einer Funktionenschar 176
Parameter in der Funktionsgleichung einer linearen Funktion 16
Parameteraufgaben 247
Passante 37
Pfeildiagramm 10
Pfeilschreibweise einer Funktion 11
Polynom 52 ff.
Potenzfunktionen 42 ff.
– mit negativen Exponenten 46, 124

– mit rationalen Exponenten 125
– mit reellen Exponenten 125
Potenzregel 118, 124 f.
– der Differentialrechnung 228
– der Integralrechnung 228
p-q-Formel 36
Prinzip des Cavalieri 270
Produktfolge 81
Produktregel 300 ff.
Prozesse zu Bestandsrekonstruktionen 275
Punktsteigungsform der Geradengleichung 17
punktsymmetrisch 43
quadratische Ergänzung 29
quadratische Funktionen 27 ff.
quadratische Gleichung 36
quadratische Parabel 27

Quadratwurzelfunktion 49
Quadratwurzelregel 125
Querschnittsformel 270 f.
Quotientenbildung zum Nachweis von exponentiellem Wachstum/Zerfall 290
Quotientenfolge 81

radioaktive Altersbestimmung 336 f.
radioaktiver Zerfall 291, 318
Radiumkarbonmethode 336 f.
Randkurven 329
Randwerte 214
Rauminhaltsberechnungen 263 ff.
Rechenregeln
– für bestimmte Integrale 237
– für unbestimmte Integrale 228
rechnerische Bestimmung der Ableitungsfunktion 116 f.
rechnerisches Differenzieren 296
Rechteckstreifen 240
Rechts- Links-Wendepunkt 161
rechtsgekrümmt 151 f.
reelle Funktionen 10 ff.
reelle Zahlenfolgen 66 ff.
Rekonstruktion
– von Beständen aus Änderungsraten 224 f., 272 ff.
– von Funktionen aus gegebenen Eigenschaften 196 ff.
rekursives Bildungsgesetz einer Folge 68

relative Lage von Geraden 21
Rotationsformel 264
Rotationskörper 263

Sattelpunkt 147, 159
Schar 176 ff.
Scharparameter 176
Scheitelpunkt 27
Scheitelpunktsberechnung 29
Scheitelpunktsform der Parabelgleichung 31
Schnittpunkt von Geraden 21
Schnittpunkte mit den Achsen 144
Schnittpunkte von Graphen von Exponentialfunktionen 309
Schnittwinkel von Geraden 21
Schnittwinkelproblem 132
Sekante 37, 104
senkrechter Wurf 192
Simpson, Thomas 287
Simpson-Verfahren 287
Sinusregel (Differentiation) 126, 228
Sinusregel (Integration) 228
Spiegelung der Normalparabel 30
Spiegelungen reeller Funktionen 34 f.
Sprungstelle 86, 108, 184
Stammfunktion 122, 225 ff.
– einer Potenzfunktion 122
Stauchung der Normalparabel 30
Stauchungen reeller Funktionen 33 f.
Steckbriefaufgaben 196 ff.
steigend 44, 146
Steigung
– einer Kurve in einem Punkt 104 ff.
– einer linearen Funktion 15
– und erste Ableitung 146 ff.
Steigungsberechnungen 106 ff.
Steigungsdreieck 104
Steigungsproblem 128 f.
Steigungsverhalten von Funktionen 44, 145
Steigungswinkel 128
– einer Geraden 19
Steigungswinkelproblem 128 f.
stetig 184
Streckung der Normalparabel 30
Streckungen reeller Funktionen 33 f.
Streifenmethode des Archimedes 240 f.

Streifensumme 237 ff.
streng monoton steigend/fallend 44, 146
Substitution 56
Summenfolge 81
Summenregel 119
– der Differentialrechnung 228
– der Integralrechnung 228
Symmetrie von Funktionen 43, 165
Symmetrietest 54
Symmetrieverhalten ganzrationaler Funktionen 54

Tangens des Steigungswinkels 19
Tangente 37, 104, 171
Tangenten von Exponentialfunktionen 310
Tangentenbedingung 171
Tangentenproblem 131
Testlösungen 339 ff.
Tiefpunkt 53, 130, 144 ff., 155 ff.
Treppenfläche 263
Treppenkörper 263

Umkehrfunktion des Tangens 19
Umkehrung des Ableitens 122 f.
Umkehrwerte 292
Umrechnungsformeln für Temperaturskalen 62 f.
Umsatzfunktion 190
unbegrenzte Fläche 252, 315
unbegrenztes Wachstum 316
unbeschränkte Funktionswerte 283
unbeschränktes Intervall 252, 283 f., 315
unbestimmter Ausdruck 105
unbestimmtes Integral 226 ff.
uneigentliche Integrale 283
uneigentlicher Grenzwert 78
ungestörter Zerfall 316
Untersumme 240

Verdoppelungszeit 291, 316
Verhulst, Pierre-François 328
Verkettung von Funktionen 303
Verschiebung der Normalparabel 28 f.
Verschiebung längs der Koordinatenachsen 28 f.
Verschiebungen reeller Funktionen 33 f.
Volumen von Rotationskörpern 263 ff.
Volumenberechnungen 263 ff.
Volumenformel für Rotationskörper 264
Vorzeichenverhalten 145
Vorzeichenwechselkriterium 157, 162

Wachstum und Zerfall 290 ff., 316 ff.
Wachstumsprozesse/Wachstumsfunktionen 316 ff.
Wachstumsmodell von Verhulst 328
Wachstumsrate 272
Wasserstand und Abflussrate 277
Weg und Geschwindigkeit 273
Weg-Zeit-Diagramme 23
Weg-Zeit-Funktionen 23
Wendepunkt 144, 151 f., 160 ff., 165
Wendepunkte und Extrema von Exponentialfunktionen 311
Wendetangente 177
Wertemenge 11
Wertetabelle einer Funktion 11
Wurzelfunktionen 49
Wurzelregel 125

Zahlenfolgen 66 ff.
Zahlenpaar 11
zeichnerische Bestimmung der Ableitungsfunktion 114 f.
zeichnerische Steigungsbestimmung 109
Zerfall und Wachstum 290 ff., 316 ff.
Zerfallsprozesse/Zerfallsfunktionen 316 ff.
Zielfunktion 207
Zielgröße 206
Zielmenge 11
Zinseszinsrechnung 74
Zuordnung 10
Zuordnungsvorschrift 11
Zweipunkteform der Geradengleichung 17
Zylindervolumen 268

Bildnachweis

Titelfoto shutterstock/Tupungato; **9** shutterstock/clawan; **15** Glow images/imagebroker; **18** F1online; **20** shutterstock/Burben; **27** Fotolia/Dennis Pikarek; **34** Fotolia/lassedesignen; **39** Fotolia/elnavegante; **41-1** shutterstock/Rudy Balasko; **41-2** shutterstock/Vadim Ponomarenko; **42** shutterstock/Michael Rosskothen; **45** Fotolia/Michael Shake; **48-1** shutterstock/2xSamara.com; **48-2** shutterstock/suronin; **48-3** shutterstock/kjuuurs; **62/63** Fotolia/Dinostock; **65** akg-images/Bildarchiv Steffens; **71** Reufsteck, G., Straelen; **73** Cornelsen/D. Ruhmke; **75** Fotolia/byrdyak; **84** Fotolia/Scanrail; **89** imago; **90-1** Fotolia/contrastwerkstatt; **90-2** Fotolia/2happy; **90-3** shutterstock/llaszlo; **95** Fotolia/zauberblicke; **98** picture-alliance/dpa; **100** OKAPIA/David Northcott; **101-1** Fotolia/struve; **101-2** laif/Markus Kirchgessner; **102-1** Fotolia/Brian Erickson; **102-2** shutterstock/neelsky; **103-1** Fotolia/gradt; **103-2** shutterstock/lelik759; **103-3** picture-alliance/landov; **110** shutterstock/Michael Wiggenhauser; **111** shutterstock/Josemaria Toscano; **112-1** shutterstock/Esteban De Armas; **112-2** picture-alliance/dpa; **112-3** shutterstock/Luna Vandoorne; **128** Fotolia/Marie-Thérèse GUIHAL; **136** Audi AG, Ingolstadt; **137-1** Fotolia/nakimori; **137-2** Fotolia / Dennis Pikarek; **141-1**, **141-2** Cornelsen/D. Ruhmke; **142** mauritius images/Phototake/Michael Carroll; **143** Fotolia/foto50; **145** Fotolia/biglabel; **163** Fotolia/Frank-Peter Funke; **164** Fotolia/goodluz; **166-1** shutterstock/bikeriderlondon; **166-2** mauritius images/Alamy; **168-1** shutterstock/Ammit Jack; **168-2** shutterstock/Sergey Uryadnikov; **169** Fotolia/lucadp; **170** shutterstock/Samot; **187** Fotolia/astadtler; **190** Fotolia/wellphoto; **191-1** Fotolia/Gina Sanders; **191-2** Fotolia/studiostoks; **193** shutterstock/Elenarts; **194-1** shutterstock/mezzotint; **194-2** Fotolia/Matze; **195** Fotolia/Kara; **203** Fotolia/Romolo Tavini; **204** picture-alliance/dpa; **210-1** shutterstock/Artisticco; **210-2** Fotolia/PRUSSIA ART; **212** shutterstock/Oleksii Mishchenko; **217** Fotolia/RGtimeline; **220** akg-images/Nimtallah; **223** Fotolia/mojolo; **224** mauritius images/imagoBROKER/Hans Blossey; **240** akg-images; **243** Fotolia/Fontanis; **261** imago; **265** Fotolia/Eric Isselée; **266** BMW AG; **272** VISUM/Photoshot; **273** Fotolia/Kaspars Grinvalds; **274-1** Fotolia/Visions-AD; **274-2** Fotolia/lassedesignen; **278** Fotolia/Peer Frings; **279-1** shutterstock/orin; **279-2** Fotolia/Hellen Sergeyeva; **280** Fotolia/Kovalenko Inna; **282** Fotolia/Digitalpress; **286**, **287** Gerlinde Keller, München; **289** Fotolia/Branko Srot; **290** Karin Mall, Berlin; **297** ullstein bild/Lebrecht Music & Arts; **298** akg-images; **307** shutterstock/Maridav; **312** shutterstock/GoodMood Photo; **317** shutterstock/Aleksandar Mijatovic; **318-1** shutterstock/deformer; **318-2** shutterstock/Krom1975; **321** shutterstock/racorn; **322-1** akg-images; **322-2** shutterstock/Fotofermer; **323** shutterstock/Andriy Solovyov; **324-1** shutterstock / viphotos; **324-2** shutterstock/kochanowski; **325** shutterstock/holwichaikawee; **326** shutterstock/yuris; **327-1** shutterstock/Teri Virbickis; **327-2** shutterstock/nattanan726; **332** shutterstock/Vetapi; **333** shutterstock/Zorandim; **334** shutterstock/Mikael Damkier; **337** shutterstock/Frenzel; **338** shutterstock/Ufuk ZIVANA

Im Material wurde der Casio fx-CG 20 verwendet. Das Produkt ist eingetragenes Warenzeichen von Casio.
Im Material wurde der TI-NspireTM CX verwendet. Das Produkt ist eingetragenes Warenzeichen von Texas Instruments.